Harald Lesch / Jörn Müller

Big Bang – zweiter Akt

Harald Lesch / Jörn Müller

Big Bang zweiter Akt

Auf den Spuren des Lebens im All

C. Bertelsmann

Umwelthinweis:
Dieses Buch und der Schutzumschlag
wurden auf chlorfrei gebleichtem Papier gedruckt.
Die Einschrumpffolie (zum Schutz vor Verschmutzung)
ist aus umweltschonender und recyclingfähiger PE-Folie.

2. Auflage

Umschlaggestaltung: Design Team München
Satz: Uhl + Massopust, Aalen
Druck und Bindung: GGP Media, Pößneck
Printed in Germany
ISBN 3-570-00776-6
www.bertelsmann-verlag.de

Inhalt

10. Extrasolare Planeten 264

Leben, wie wir es kennen, kann sich nur auf Planeten um einen Stern entwickeln. Gibt es außerhalb unseres Sonnensystems noch andere Sterne mit Planeten, die unserer Erde ähnlich sind?

11. Die Suche nach außerirdischem Leben 290

Wie wahrscheinlich ist außerirdisches Leben, wie wäre es zu entdecken, und wie könnte es aussehen? Wenn es tatsächlich noch andere intelligente Wesen geben sollte, warum haben wir sie bisher noch nicht bemerkt?

12. Raumfahrt 338

Warum ist es so schwierig, mit einem Raumschiff durch das Universum zu einem anderen Stern zu reisen?

Einleitung

Einige der Fragen, die uns Menschen schon immer beschäftigt haben, lauten: Ist unsere Existenz einmalig im Universum? Könnte es nicht sein, dass sich, ähnlich wie auf der Erde, auch anderswo im Kosmos Leben entwickelt hat? Mit anderen Worten: Sind wir wirklich allein im Universum, oder ist da draußen noch jemand? Und wenn ja, wie könnte ER oder SIE aussehen? Auskünfte zu diesem Thema erhielt man bis vor einigen Jahren lediglich aus der Science-Fiction-Literatur. Mittlerweile versuchen jedoch immer mehr Astronomen, Astrophysiker, Biologen, Biochemiker und sogar Kybernetiker diese Fragen zu beantworten. Woher kommt dieser plötzliche Umschwung? Nun, in den letzten Jahren hat man in der Astronomie eine Menge neuer Erkenntnisse gewonnen, die wie eine Flut alte Voreingenommenheiten hinweggespült und die Forscher wachgerüttelt haben. Plötzlich wetteifern zahlreiche Forschungsgruppen um die Entdeckung ferner Planeten, auf einmal bereiten Zeitschriften, die sich als Sprachrohr der Wissenschaft verstehen, auch komplexe astrophysikalische Zusammenhänge für den interessierten Laien populär auf, und die NASA schickt reihenweise Satelliten ins All, um die Verhältnisse auf den Planeten unseres Sonnensystems zu erkunden. Doch was hat das mit außerirdischem Leben zu tun?

Will man ernsthaft mit der Suche nach außerirdischem Leben beginnen, so muss man zunächst einmal wissen, was unter dem Begriff »Leben« zu verstehen ist. Ohne Zweifel ist eine genaue Kenntnis der Verhältnisse auf unserer Erde ein wesentlicher Schlüssel zum Verständnis des Phänomens »Leben«. Seit etwa

3,8 Milliarden Jahren gibt es Leben auf der Erde, und in dieser uns unendlich lang erscheinenden Zeitspanne ist ein Arten- und Formenreichtum entstanden, den sich kein Mensch hätte ausdenken können. Doch woher kommt das Leben? Dieses Rätsel ist nach wie vor ungelöst. War ein Schöpfer am Werk? Ist es das Ergebnis einer nach den Gesetzen von Ursache und Wirkung ablaufenden, natürlichen Entwicklung? Oder war es ein einmaliger Zufall?

Wie auch immer, das Leben ist da, und es steckt voller Wunder. Bereits in Goethes *Faust* heißt es: »Ein jeder lebt's, nicht vielen ist's bekannt.« Die Strukturen des Lebens zu entschlüsseln und damit einen Blick hinter die Kulissen der Natur zu tun ist außerordentlich mühsam, und die Forschung hat das Tor der Erkenntnis erst einen kleinen Spalt weit aufstoßen können. Gegenwärtig versteht die Biologie das Leben als ein sich selbst organisierendes Nichtgleichgewichtssystem, das zu identischer Reproduktion einschließlich seines genetischen Codes befähigt ist. Starker Tobak, was einem da die Lebenswissenschaftler auftischen! Doch wenn wir beurteilen wollen, ob außerirdisches Leben möglich ist, müssen wir uns zumindest über die Grundprinzipien des Lebens im Klaren sein. Wie sehen die Strukturen des Lebens aus, wie schaffen es seine Geschöpfe, sich anzupassen und fortzuentwickeln und ihre Stellung im Kräftespiel der Natur über Millionen, ja Milliarden von Jahren hinweg zu behaupten? Woher nimmt das Leben die dafür nötige Kraft?

Wo auch immer wir uns im Kosmos umsehen, als Studienobjekt steht uns bisher nur das Leben auf der Erde zur Verfügung – ein Leben, das auf der Chemie des Kohlenstoffs aufgebaut ist. Andere Lebensformen kennen wir nicht. Unsere Erkenntnisse beschränken sich daher zwangsläufig auf diese eine, vielleicht sogar einzigartige Form von Leben. Bei der Suche nach außerirdischem Leben mag das von großem Nachteil sein. Sollte es nämlich andere Lebensformen geben, so ist keineswegs sicher, dass wir sie auch als Leben erkennen. Da aber nach allem, was wir bisher wissen, die Naturgesetze überall gleichermaßen gelten, muss das auch auf die Chemie des Kohlenstoffs zutreffen, sodass andere Lebensformen, beispielsweise auf Siliziumbasis, eher unwahrscheinlich sein dürften. Natürlich kann man darüber spekulieren, aber suchen sollte man zunächst dort, wo die Erfolgswahrscheinlichkeit am größten ist – und zwar mit der Brille, mit der man am besten sieht.

Ist die Erde der einzige Platz im Universum, an dem sich Leben entwickeln konnte? Um das zu klären, müssen wir den Rahmen weiter spannen. Sind die Bausteine, aus denen die Materie, die Planeten und auch das Leben bestehen, überall im Universum vorhanden, und vor allem – sind sie überall gleich? Wenn dem nicht so ist, dann können wir uns bei der Suche nach außerirdischem Leben nicht an der Erde und ihren Lebewesen orientieren. Es bleibt uns nicht erspart, dem Ursprung der Materie nachzugehen und die Vorgeschichte des Lebens vom Urknall bis zur Entstehung der Elemente aufzurollen. Allein mit dem Wissen eines Brunnenfroschs lässt sich schlecht über das weite Meer diskutieren. Wir wollen jedoch nicht in die letzten Verästelungen der Theorien hineinleuchten, sondern uns allein auf die Entstehung der Materie konzentrieren und, um mit Goethe zu sprechen, sehen, »... wie alles sich zum Ganzen webt, / eins in dem andern wirkt und lebt!«

Ohne zu wissen, was unseren blauen Planeten gegenüber all den anderen im Sonnensystem auszeichnet, wird es schwierig, eine Suche nach lebensfreundlichen Orten im Kosmos zu beginnen. Was hat dieser Planet, was andere nicht haben? Und vor allem, warum sind die Voraussetzungen für Leben hier so günstig? Auf den ersten Blick scheint die Erde recht einfach aufgebaut zu sein: Wasser, Land und eine Atmosphäre aus Stickstoff und Sauerstoff. In Wirklichkeit ist sie ein hoch komplexes System, in dem die unterschiedlichsten Kräfte ihr Erscheinungsbild fortwährend verändern. Manches geht so langsam vor sich, dass man es nur bei genauerem Hinsehen bemerkt. Andererseits gibt es Prozesse, die schlagartig ganze Landstriche verändern. Sind dennoch – oder gerade deswegen – die Verhältnisse auf der

Erde so vorteilhaft, dass man diesen Himmelskörper gewissermaßen als Modell für einen lebensfreundlichen Planeten ansehen kann? Diesen Dingen müssen wir auf den Grund gehen, wenn wir die Bedeutung unserer Erde als Heimat für Leben verstehen und Kriterien für die Orte im Universum definieren wollen, die dem Leben freundlich gesinnt sind.

Nach diesem langen Anlauf können wir endlich konkrete Fragen bezüglich der Voraussetzungen für außerirdisches Leben stellen. Wie müssen Planeten beschaffen sein, damit Leben auf ihnen eine Chance hat? Welche geologischen, klimatischen und chemischen Verhältnisse müssen gegeben sein, damit Leben entstehen und sich entfalten kann? Dabei kommt es nicht nur auf die Planeten an, auch die Sterne, welche die Planeten umkreisen, haben ein gewichtiges Wort mitzureden. Allein die Masse eines Sterns liefert bereits einen Anhaltspunkt, ob Leben in seiner Nähe gedeihen kann. Und schließlich sind auch auf den ersten Blick eher unwichtig erscheinende Größen wie beispielsweise die Umdrehungsgeschwindigkeit eines Planeten mitverantwortlich für die Lebensbedingungen.

Solange nicht geklärt war, ob es überhaupt Planeten außerhalb unseres Sonnensystems gibt, erschienen all diese Überlegungen ziemlich hypothetisch. Doch im Jahre 1995 haben die Astronomen Mayor und Queloz die ersten Planeten gefunden, die andere Sterne umkreisen – eine astronomische Sensation! Mit dieser Entdeckung wurde die lang gehegte Vermutung zur Gewissheit, dass unser Sonnensystem eben doch nicht so einzigartig ist, wie bisher immer angenommen. Ab da begann weltweit eine verstärkte Suche nach extrasolaren Planeten, und die Frage, ob es noch andere Sterne gibt, die von Planeten umkreist werden, wurde zum zentralen Thema in der Astronomie. Mittlerweile, Stand Februar 2003, sind die Planetenjäger bei insgesamt 91 Sternen fündig geworden, und in der unmittelbaren Nähe von 13 weiteren Sternen vermutet man ebenfalls Planeten.

Wie so oft zieht die Lösung eines Rätsels einen Rattenschwanz weiterer Fragen nach sich. Hier geht es darum, in Erfahrung zu bringen, ob die entdeckten Planeten mit denen in unserem Sonnensystem, was ihre Entstehung und Entwicklung betrifft, vergleichbar sind. Ferner: Wie häufig kommen Planetensysteme im Universum vor, und, vor allem, sind sie unserem Sonnensystem ähnlich? Und falls es dort tatsächlich Leben geben sollte, wie sieht es aus, und wie hat es sich entwickelt? Doch was auch immer wir bei unseren Untersuchungen herausfinden werden, an einer Tatsache kann auch der Außerirdische nicht vorbei: Die Naturgesetze gelten auch für ihn! Er wird sich nicht wie Captain Kirk auf die Erde »beamen« oder mit Überlichtgeschwindigkeit durch das All reisen können. Auch für »Aliens« gibt es Grenzen!

Sollten wir schließlich zu dem Ergebnis kommen, dass es tatsächlich anderswo Leben gibt, möglicherweise sogar höher entwickelte intelligente Lebensformen, so dürfen wir uns nicht wundern, wenn gewisse Institutionen sofort versuchen, eine Reise dorthin zu planen. Doch ob das jemals zu schaffen ist, bleibt mehr als zweifelhaft. Die Entfernungen sind unvorstellbar, und mit den Geschwindigkeiten, die wir zurzeit mit unseren Raketen erreichen, bräuchten wir einige hunderttausend Jahre, nur um bis zu unserem allernächsten Stern zu gelangen. Zwar gehen manche Wissenschaftler davon aus, dass es dem Menschen gelingen kann, in zehn bis maximal 100 Millionen Jahren die gesamte Milchstraße zu besiedeln. Doch das garantiert noch lange nicht, dass wir dabei auch extraterrestrischem, intelligentem Leben begegnen. Außerdem sind zehn Millionen Jahre eine ungeheuer lange Zeit. Ob die Menschheit diese Spanne unbeschadet überstehen wird, ist alles andere als gewiss. Aber spekulieren ist erlaubt, und der Fantasie und der Neugier als wesentlichen Merkmalen einer intelligenten Spezies sind keine Grenzen gesetzt.

Fangen wir also an, die Geheimnisse des Lebens zu hinterfragen. Untersuchen wir, welchen Beitrag das Universum, die Sterne und die Planeten zum Entstehen und Gedeihen von Leben leisten.

1.

Das Handwerkszeug

Mystiker der Verhältnismäßigkeit wollen wissen, dass der Mensch nach seinem Wuchs die genaue Mitte halte zwischen der Welt des ganz Großen und der des ganz Kleinen. Sie sagen, der größte materielle Körper im All, ein roter Riesenstern, sei ebenso viel größer als der Mensch, wie der winzigste Bruchteil des Atoms, ein Etwas, das man um hundert Billionen im Durchmesser vergrößern müsste, um es sichtbar zu machen, kleiner ist als er.

(Thomas Mann: *Bekenntnisse des Hochstaplers Felix Krull*)

Beginnen wir mit einem kleinen Märchen: Ein Mann, neugierig und voller Wissensdurst, besuchte einst einen Astronomen und fragte ihn, ob er ihm nicht das Universum erklären könne. Der Gelehrte freute sich sehr, dass sich jemand für seine Wissenschaft interessierte, und erzählte dem Manne alles, was er über die Sterne wusste. Nachdem er geendet hatte, bedankte sich der Mann höflich und ging nach Hause. Dort erwartete ihn schon seine Frau und sagte: »Erzähl mir doch, was du gelernt hast.« Darauf wurde der Mann sehr betrübt und sprach: »Ich habe viel erfahren, aber ich habe wenig verstanden, da der Gelehrte und ich anscheinend in verschiedenen Sprachen geredet haben.«

So oder ähnlich könnte es vielleicht auch den Leserinnen und Lesern dieses Buches ergehen. Um das zu vermeiden, schlagen wir einen Kompromiss vor: Wir tun unser Bestes, Fachchinesisch zu vermeiden, und versuchen, wo immer erforderlich, physikalische und astronomische Zusammenhänge in der Alltagssprache zu erläutern. Dafür gestatten Sie uns, zunächst einige Redewendungen und Begriffe einzuführen, ohne die man in der

Physik und Astronomie nur schwer auskommt. Wenn Sie mit Physik und Astronomie bereits vertraut sind, können Sie dieses Kapitel getrost überschlagen, ohne dabei den roten Faden zu verlieren.

Keine Angst vor großen Zahlen

Machen wir uns zunächst mit einer Ausdrucksweise vertraut, die in der Physik und Astronomie zur Darstellung sehr großer beziehungsweise sehr kleiner Einheiten üblich ist. Eine »Million Milliarden Milliarden«, also eine Eins mit 24 Nullen dahinter, schreibt man: 1 000 000 000 000 000 000 000 000. Sprachlich und schriftlich ist das ziemlich umständlich. In exponentieller Schreibweise, also 10^{24}, wird die Zahl jedoch richtig handlich. Zwar ist es nach wie vor schwierig, sich den Wert einer so großen Zahl vorzustellen, aber wir haben zumindest Tinte gespart und brauchen die Nullen nicht zu zählen.

Wie funktioniert das nun? Beginnen wir mit der Zahl 1. In exponentieller Schreibweise lässt sich die 1 als 10^0, sprich »zehn hoch null«, darstellen. Die Zahl 10 wird zu 10^1 (»zehn hoch eins«), die Zahl 100 zu 10^2 (»zehn hoch zwei«), die Zahl 1000 zu 10^3 (»zehn hoch drei«). Jede weitere Null erhöht den Exponenten um eine Einheit. Eine Milliarde ist somit gleich 10^9.

Gehen wir in die andere Richtung, also zu kleinen Zahlen, so wird der Exponent negativ. Die Zahl 0,1, gleich ein Zehntel, schreibt man 10^{-1}, sprich: »zehn hoch minus eins«. Die Zahl 0,01, gleich ein Hundertstel, wird zu 10^{-2} und die Zahl 0,001, gleich ein Tausendstel, zu 10^{-3}. Ein Tausendstel Millimeter hat somit eine Länge von 10^{-6} Metern.

Neben dieser Art der Zahlendarstellung sind auch noch weitere Abkürzungen und Kurzzeichen üblich. Die gebräuchlichsten sind in der folgenden Tabelle zusammengefasst:

Vorsatz	Kurzzeichen	Bedeutung
Tera	T	10^{12}
Giga	G	10^{9}
Mega	M	10^{6}
Kilo	K	10^{3}
Milli	m	10^{-3}
Mikro	µ	10^{-6}
Nano	n	10^{-9}
Piko	p	10^{-12}
Femto	f	10^{-15}
Atto	a	10^{-18}

Demnach entsprechen 1000 oder 10^3 Gramm einem Kilogramm, kurz einem kg, und ein Tausendstel Millimeter oder ein Millionstel Meter wird zu einem µm.

Winzig klein und riesengroß

Probieren wir unser neues System gleich einmal aus: indem wir uns auf eine Reise vom ganz Kleinen zum ganz Großen begeben, um schon mal eine Vorstellung von den Dimensionen zu bekommen, mit denen wir es im Universum zu tun haben. Dass dabei einige Begriffe auftauchen, unter denen Sie sich vielleicht noch nicht viel vorstellen können, soll zunächst einmal nicht stören.

Starten wir bei den Atomen, den Einheiten, die aus einem Atomkern und den drum herum kreisenden Elektronen bestehen. Atome haben einen Durchmesser von 10^{-10} bis 10^{-9} Metern, der Kern selbst ist jedoch nur 10^{-14} Meter groß. Die aus mehreren Atomen zusammengesetzten Moleküle sind natürlich voluminöser und kommen schon auf Durchmesser von 10^{-9} bis 10^{-7} Meter. Ähnliche Abmessungen haben auch Viren oder die Partikel des interstellaren Staubes. Auch die Wellenlänge des sichtbaren grünen Lichts passt mit 5×10^{-7} Metern gut in diese

Reihe. Rund 1000-mal größer sind Bakterien, sie bringen es bereits auf 10^{-4} Meter oder 1/10 Millimeter. Der Mensch wird annähernd zwei Meter groß, der Mount Everest ist mehr als acht Kilometer hoch, und der Planet, auf dem sich das alles befindet, hat einen Durchmesser von $1{,}28 \times 10^7$ Metern beziehungsweise 12800 Kilometern.

Um zu noch größeren Strukturen zu kommen, müssen wir die Erde verlassen. Jupiter, der größte Planet in unserem Sonnensystem, hat einen Durchmesser von $1{,}43 \times 10^8$ Metern; unsere Sonne in der Mitte dieses gewaltigen Karussells ist mit $1{,}4 \times 10^9$ Metern nochmals rund zehnmal größer, und unser Sonnensystem schließlich misst von einem Rand zum anderen zirka 10^{13} Meter.

Nun wird es im wahrsten Sinne des Wortes astronomisch: Die Erde umläuft die Sonne auf einer fast kreisförmigen Bahn im Abstand von $1{,}496 \times 10^{11}$ Metern. Diese Distanz bezeichnet man auch als eine Astronomische Einheit (AE). Die Entfernung, die das Licht in einem Jahr zurücklegt, beträgt $2{,}9979 \times 10^8 \times 24 \times 3600 = 9{,}45 \times 10^{15}$ Meter = 1 Lichtjahr.

Mit diesen neu hinzugekommenen Einheiten wollen wir uns noch weiter ins Universum hinaus wagen, beispielsweise nach Proxima Centauri, dem uns am nächsten gelegenen Stern. 4,24 Lichtjahre sind es bis dahin, das ist rund 270 000-mal die Entfernung der Erde zur Sonne. Am Rand unserer Milchstraße mit ihren etwa 100 Milliarden Sternen angelangt, blicken wir zurück auf eine Spiralgalaxie mit einem Durchmesser von rund 100 000 Lichtjahren. Zur Andromeda-Galaxie, dem unserer Milchstraße am nächsten befindlichen Sternsystem, ist es noch um ein Vielfaches weiter, nämlich 2,2 Millionen Lichtjahre. Wollten wir das gesamte uns zugängliche Universum durchreisen, so hätten wir eine Strecke von etwa 14 Milliarden Lichtjahren zu bewältigen.

Wie viel wiegt die Sonne?

Wie auf Längen und Entfernungen lässt sich die exponentielle Schreibweise auch zur Größendarstellung von Massen anwenden. Eine der grundlegendsten Eigenschaften eines Körpers ist seine Masse. Sie ist ein Maß für sein Gewicht im Schwerefeld einer anderen Masse oder, anders gesagt, mit welcher Kraft der Körper auf eine Unterlage drückt. In der Astronomie ist die Masse oft der entscheidende Parameter, der festlegt, wie gewisse Prozesse ablaufen, beispielsweise wie schnell und auf welche Weise sich Sterne entwickeln.

Die Bandbreite der Massen, denen wir im Kosmos begegnen, ist gewaltig *(Abb.1)*. Wiegen wir zuerst eines der leichtesten Objekte, das Elektron, das als elektrisch negativ geladenes Teilchen die Atomkerne umkreist: Seine Masse entspricht der Winzigkeit von $9,11 \times 10^{-31}$ Kilogramm. Komplexe Makromoleküle, zusammengesetzt aus vielen einzelnen Atomen, können dagegen bereits mit Massen von bis zu 10^{-22} Kilogramm aufwarten, was aber immer noch 100 Billionen Mal weniger ist als das, was ein normales Sandkorn mit rund 10^{-8} Kilogramm auf die Waage bringt. Erst bei einem Kubikzentimeter Wasser mit einer Masse von 10^{-3} Kilogramm, also einem Gramm, kommen wir in vertraute Bereiche. Der Mensch besitzt größenordnungsmäßig eine Masse von 100 Kilogramm, der Dinosaurier Tyrannosaurus Rex soll etwa 10 000 Kilogramm beziehungsweise 10^4 Kilogramm oder 10 Tonnen gewogen haben, und ein 4000 Meter hoher Berg hat eine Masse von etwa 10^{14} Kilogramm. Für unseren Globus hat man eine Masse von $5,98 \times 10^{24}$ Kilogramm errechnet, was im Vergleich zur Sonne mit $1,99 \times 10^{30}$ Kilogramm oder gar zu unserer Milchstraße mit rund $2,6 \times 10^{42}$ Kilogramm kaum ins Gewicht fällt.

Das soll fürs Erste genügen. Man sieht, dass man mit einem Meterstab oder einer Küchenwaage im Universum nicht weit kommt. Vielleicht haben Sie nach dieser Aufzählung noch immer keine genaue Vorstellung von der Wenigkeit eines Elektrons oder von der Entfernung zur Andromeda-Galaxie, aber im Ver-

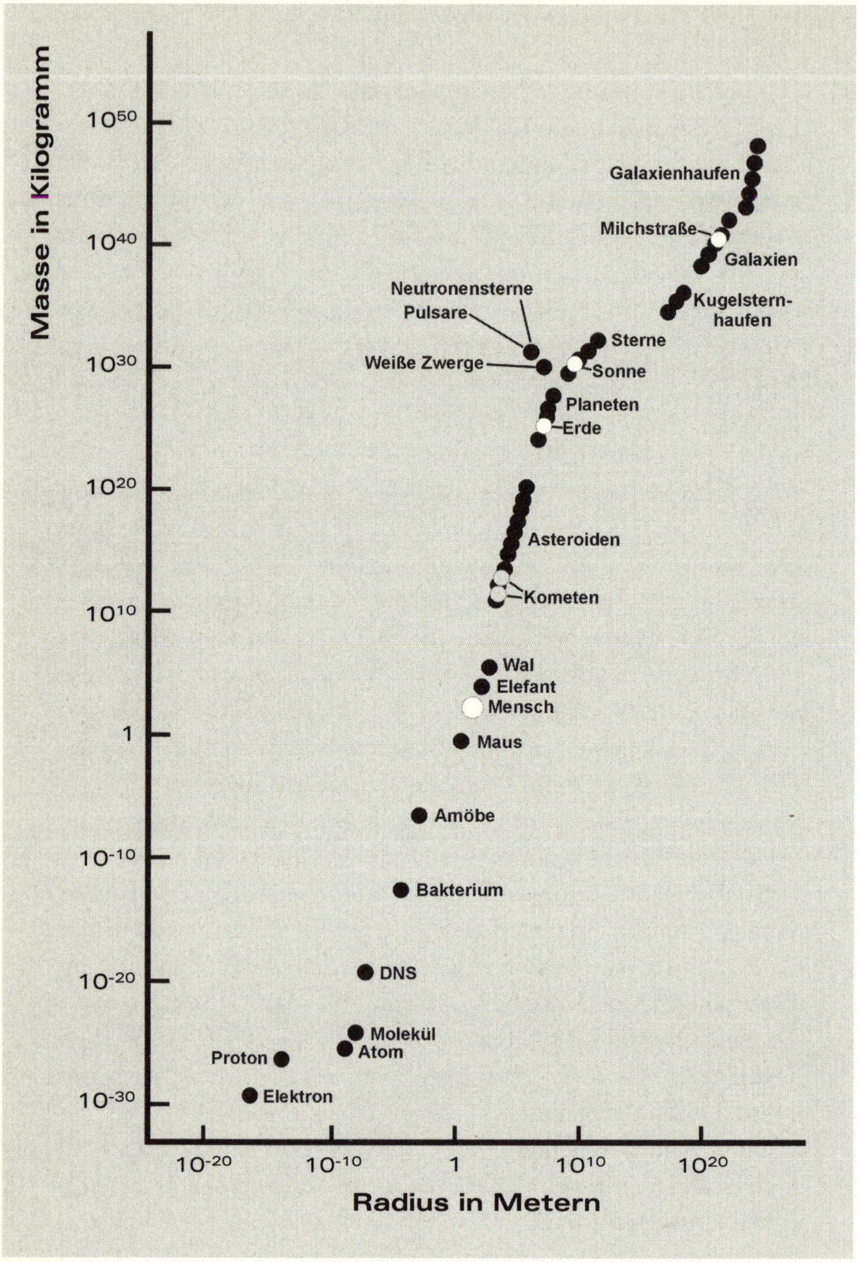

Abb. 1: Größen und Massen im Universum

gleich mit uns vertrauten Werten ein Gespür dafür bekommen, mit welch kleinen und leichten beziehungsweise großen und schweren Objekten wir es noch zu tun haben werden. Die Begriffe Größe, Länge und Masse begleiten uns durch das ganze Buch, und mit der eingeführten exponentiellen Schreibweise haben wir unserem Verlag mindestens fünf Druckseiten Papier erspart.

Wenn zwei sich streiten: Schwerkraft und Zentrifugalkraft

Ein weiterer Begriff, den wir immer wieder gebrauchen werden, ist der der Schwerkraft oder Gravitation. Massen ziehen sich gegenseitig an mit einer Kraft, die man als Gravitationskraft bezeichnet. Diese Kraft wird umso stärker, je größer die beiden Massen sind und je kleiner der Abstand ist. Physiker drücken das etwas präziser aus und sagen: Die Gravitationskraft ist proportional der Größe der beiden Massen und umgekehrt proportional zum Quadrat ihres Abstands. Der englische Physiker Isaac Newton war der Erste, der das Gravitationsgesetz so formuliert hat. Im Universum ist die Gravitationskraft eine der fundamentalen Kräfte. Sie ist verantwortlich dafür, dass Sterne und Galaxien entstehen, dass Planeten um einen Stern kreisen und dass Galaxien bei der Rotation um ihr Zentrum nicht auseinander fliegen. Sogar bei Supernova-Explosionen massereicher Sterne spielt die Gravitation die entscheidende Rolle. Ohne diese anziehende Kraft gäbe es kein Universum, so wie wir es kennen, es gäbe kein Leben und natürlich auch nicht uns Menschen.

Nicht minder bedeutend für die Bewegungsvorgänge im Universum ist die so genannte Zentrifugalkraft, die auftritt, wenn sich ein Körper um ein Massenzentrum dreht. So kann sich zum Beispiel der Mond auf seiner Bahn nur halten, weil die Zentrifugalkraft entgegengesetzt der Schwerkraft der Erde wirkt und ihr genau die Waage hält. Stünde der Mond still, so wäre er der

Erdanziehung gnadenlos ausgeliefert – er würde abstürzen. Gleiches gilt auch für die Planeten, welche die Sonne umkreisen. Ohne Zentrifugalkraft wäre das Sonnensystem nicht nur instabil, sondern hätte auch gar nicht erst entstehen können. Wie groß die Zentrifugalkraft ist, die auf einen Körper wirkt, hängt von seiner Masse und von der Geschwindigkeit ab, mit der er auf seiner Bahn den Drehpunkt umrundet. Damit der Mond da bleibt, wo er ist, muss er entsprechend seiner Masse von rund einem Achtzigstel der Erde und seinem mittleren Abstand zur Erde von 384 000 Kilometern immer mit einer Geschwindigkeit von im Mittel 25 Kilometern pro Sekunde dahinrasen. Im Mittel deshalb, weil sich der Mond nicht auf einer Kreis-, sondern auf einer Ellipsenbahn bewegt.

Worum sich alles dreht

Ein weiterer fundamentaler Begriff in der Physik und Astronomie ist der Drehimpuls eines Körpers. Physiker benutzen ihn, um eine rotierende Bewegung zu beschreiben. In der Astronomie spielt der Drehimpuls eine wichtige Rolle, da man es hier sehr häufig mit Drehbewegungen zu tun hat. Man unterscheidet zwischen dem so genannten Eigen- beziehungsweise Spindrehimpuls und dem Bahn- oder auch Orbitaldrehimpuls. Vom Eigendrehimpuls sprechen Physiker, wenn sich ein starrer Körper, zum Beispiel ein Planet, um seine Achse dreht. Der Bahndrehimpuls dagegen beschreibt die Bewegung eines Körpers, der um ein Massenzentrum rotiert wie beispielsweise ein Planet um die Sonne. Unser Mond besitzt beides – einen Eigen- und einen Bahndrehimpuls –, da er sich einerseits um seine Achse dreht, andererseits aber auch um die Erde kreist.

Man sollte sich unbedingt merken, dass der Drehimpuls weder ganz noch teilweise verloren gehen kann. Diese wichtige Eigenschaft bezeichnet man auch als Drehimpulserhaltung. In einem abgeschlossenen System mit mehreren Körpern kann zwar der Drehimpuls eines Körpers entweder ganz oder teilweise auf einen anderen Körper übertragen werden, insgesamt aber bleibt der ursprüngliche Gesamtdrehimpuls des Systems unverändert. Ein schönes Beispiel für die Erhaltung des Drehimpulses liefert das System Erde/Mond. Aufgrund der Gezeitenwechselwirkung zwischen den beiden Körpern verliert die Erde ständig an Eigendrehimpuls, sodass die Tage für uns zwar unmerklich, aber doch messbar immer länger werden. Der Verlust an Eigendrehimpuls wird auf den Mond als Bahndrehimpuls übertragen, weshalb seine Entfernung zur Erde pro Jahr um etwa 3,8 Zentimeter zunimmt.

Von Wellen und Teilchen

Zum Schluss wollen wir uns noch mit einer speziellen Energieform, der elektromagnetischen Strahlung, beschäftigen, der wir im Laufe der einzelnen Kapitel in den verschiedensten Formen immer wieder begegnen werden. Elektromagnetische Strahlung kann sowohl als elektromagnetische Welle als auch als Strom einzelner Teilchen, der Lichtquanten oder auch Photonen, aufgefasst werden. Einige Phänomene dieser Strahlung lassen sich besser mithilfe eines Wellenbilds erklären, beispielsweise die Beugung des Lichts an einem Spalt. Andere sind besser im Teilchenbild zu beschreiben, so zum Beispiel der Photoeffekt, bei dem Photonen Elektronen aus einer Metalloberfläche herausschlagen. Am bekanntesten ist die elektromagnetische Strahlung in Form des für unsere Augen sichtbaren Lichts.

Eine elektromagnetische Welle besitzt je nach ihrer Energie eine bestimmte Wellenlänge. Je kürzer diese ist, desto stärker ist die Wirkung der Strahlung. So hat ultraviolettes Licht eine kürzere Wellenlänge als das sichtbare Licht und kann daher auf unserer Haut einen Sonnenbrand hervorrufen. Behandelt dagegen der Arzt unseren Stirnhöhlenkatarrh mit Rotlicht, also infrarotem Licht, so geschieht der Haut nichts, weil die Wellenlänge dieser Strahlung größer ist als die des sichtbaren Lichts und somit viel energieärmer als ultraviolettes Licht. Der Bereich des ultravioletten Lichts über das sichtbare bis hin zum infraroten Licht mit Wellenlängen von etwa einem Hunderttausendstel bis zu einem Millimeter ist nur ein kleiner Ausschnitt aus dem gesamten elektromagnetischen Spektrum *(Abb. 2)*. An das infrarote Licht schließen sich mit noch größeren Wellenlängen bis zu einem Meter die so genannten Mikrowellen an, danach die Radiowellen mit Wellenlängen bis zu einigen hunderttausend Kilometern. Geht man zu kürzeren Wellenlängen, so folgt auf das ultraviolette Licht zunächst die Röntgenstrahlung, dann die Gammastrahlung. Diese zwei Bereiche sind nicht klar voneinander zu trennen, sie überlappen sich mehr oder weniger, sodass man ihnen keine scharf begrenzten Wellenlängenbänder zuordnen kann. Für Röntgenstrahlen liegt die Bandmitte bei etwa 10^{-4} µm, für Gammastrahlen bei 10^{-6} µm.

Zur Charakterisierung der langwelligen Strahlung wie Mikrowellen oder Radiostrahlung gibt man statt der Wellenlänge besser die Frequenz der Strahlung an, die Anzahl der Schwingungen pro Sekunde. Schwingt die Welle pro Sekunde nur einmal, so schwingt sie mit einem Hertz (1 Hz). Entsprechend schwingt eine Welle der Frequenz 1 MHz eine Million Mal pro Sekunde. Wellenlänge und Frequenz sind über die Lichtgeschwindigkeit eindeutig miteinander verknüpft, lassen sich also leicht ineinander umrechnen. So entspricht zum Beispiel eine 10 Zentimeter lange Mikrowelle einer Frequenz von rund 3000 MHz oder 3 GHz.

Hoch energetische Röntgen- und Gammastrahlung charakterisiert man besser durch die Energie, die ein Strahlungsteilchen, sprich: Photon, transportiert. Diese Energie ist gleich der Frequenz der Strahlung multipliziert mit dem so genannten Planckschen Wirkungsquantum, einer von dem Physiker Max Planck entdeckten Naturkonstanten. Als Energieeinheit benutzt man das so genannte Elektronenvolt, auch eV geschrieben. Beispielsweise gewinnt ein Elektron die Energiemenge 1 eV, wenn es im elektrischen Feld zwischen zwei Kondensatorplatten beschleunigt wird, an denen eine Spannung von einem Volt anliegt. Ein Photon einer Röntgenstrahlungsquelle mit einer Wellenlänge von 10^{-4} µm besitzt eine wesentlich höhere Energie,

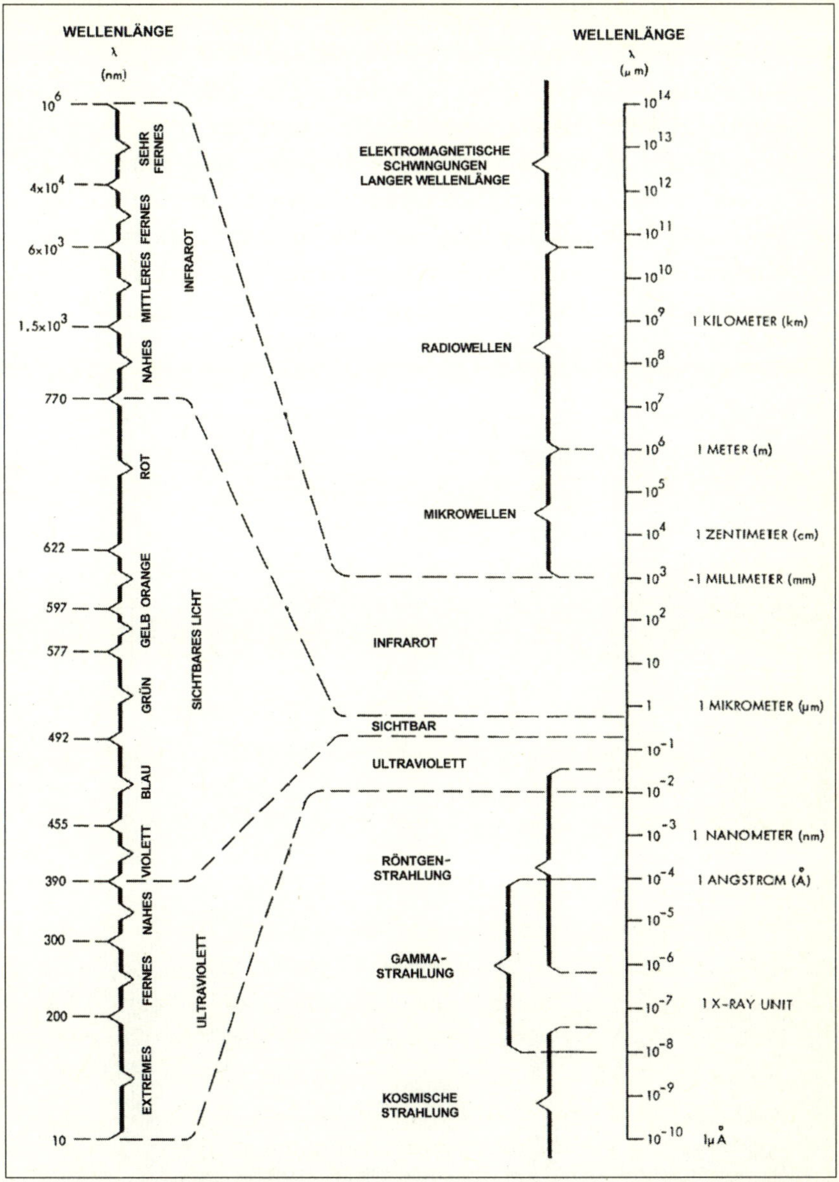

Abb. 2: Das elektromagnetische Spektrum erstreckt sich von den Radiowellen mit Wellenlängen von einigen hunderttausend Kilometern bis hin zu den energiereichen Gammastrahlen mit Wellenlängen bis herab zu einem Billiardstel Millimeter.

nämlich rund 12 400 eV oder 12,4 keV. In anderen Energieeinheiten ausgedrückt, sind das $4{,}7 \times 10^{-19}$ Kilokalorien oder 2×10^{-15} Joule. Wenn man bedenkt, dass eine Energie von einer Tausendstel Kilokalorie oder rund 4,2 Joule nötig ist, um ein Gramm Wasser um 1 Grad Celsius zu erwärmen, so ist das nicht besonders viel, was ein Röntgenphoton an Energie mitbringt. Dennoch reicht es aus, um das Gewebe unseres Körpers mühelos zu durchdringen.

Neben diesen Größen und Begriffen gibt es natürlich noch eine Menge anderer Parameter und Energieformen, wie beispielsweise die Wärmeenergie oder die Bindungsenergie. Aber darauf werden wir erst dann näher eingehen, wenn wir ohne eine Erklärung nicht mehr weiterkommen.

2.

Was ist Leben?

Was war das Leben? Man wusste es nicht. Es war sich seiner bewusst, unzweifelhaft, sobald es Leben war, aber es wusste nicht, was es sei.

(Thomas Mann: *Der Zauberberg*)

Kommen wir nun zu einer der grundlegenden Fragen unseres Themas: Was hat man überhaupt unter Leben zu verstehen, oder besser: Wodurch ist das Leben auf der Erde, das einzige, was wir derzeit kennen, charakterisiert?

Hierzu gibt einen netten Witz: Ein katholischer und ein evangelischer Theologe sowie ein Rabbiner diskutieren über die Frage: Wann beginnt das Leben? Der katholische Geistliche legt sich sofort fest: »Das Leben beginnt im Moment der Zeugung.« Der evangelische Pfarrer ist sich da nicht so sicher und bemerkt: »Na ja, einige Tage müssen schon vergehen, bis wir von Leben sprechen können.« Der Rabbiner aber schmunzelt und meint: »Das Leben, Freunde, beginnt, wenn die Kinder aus dem Haus sind und der Hund tot ist.«

Es kommt also auf den Standpunkt an, von dem aus man die Dinge betrachtet. Was das Leben wirklich ist, lässt sich schwer definieren, obwohl wir natürlich rein intuitiv ein gutes Gefühl dafür haben, was lebt und was nicht lebt. Sicher ist, ein Brikett lebt nicht, die Luft lebt nicht, und Wasser lebt auch nicht. In anderer Zusammensetzung und unter anderen Umständen beginnen jedoch die gleichen Stoffe, aus denen das Brikett, die Luft und das Wasser bestehen, zu leben. Der Kohlenstoff im Brikett, der Stickstoff und der Sauerstoff der Luft und der Wasserstoff im Wasser sind die fundamentalen Grundbausteine des Lebens auf der Erde. Einfache Zellen sind im Wesentlichen aus Verbindungen dieser wenigen Elemente aufgebaut. Doch warum verbinden sich Atome einmal zu totem Gestein, zu Flüssigkeiten oder zu Gasgemischen und dann wieder, in anderer Form, zu einem Lebewesen, dessen Bewegungen man unter einem Mikroskop verfolgen kann?

Tote Materie wie Steine können sich äußeren Kräften nicht entziehen, sie werden vom Eis gesprengt oder vom Wasser zermahlen. Dabei bleiben die Bruchstücke jedoch immer Gestein. Luft und Wasser können einer äußeren Kraft ausweichen. Luft und Wasser verdrücken sich, könnte man sagen. Tote Materie ist willenlos und damit passiv. Doch das Leben hat einen Willen, es will überleben! Eine einfache Zelle kann sich äußeren Einflüssen anpassen, vorausgesetzt, diese Einflüsse sind nicht so gravierend, dass sie zu ihrer Zerstörung führen. Leben kann sich mit seiner Umgebung arrangieren, es kann sogar seine Umwelt langfristig verändern, sodass für das Leben günstigere Umstände entstehen. Leben ist ein aktiver Prozess, der sich nicht zufrieden gibt mit dem, was ist. Diese Unzufriedenheit und Unruhe, die der lebenden Materie eigen sind, führen zu einem Vorgang, der in der Natur einzigartig ist: nämlich zur Vermehrung von Leben. Organismen reproduzieren sich, sie erzeugen Duplikate von sich selbst. Leben ist ein Generationenvertrag, der nie gekündigt wird.

Die Kraft für immerwährende Veränderung, Vermehrung und Anpassung bezieht das Leben aus der Sonne. Die Sonnenenergie treibt in den Pflanzen die Stoffwechselprozesse der Photosynthese an. Atome und Moleküle bilden Verbindungen, deren gespeicherte Energie für die Aktivitäten des Lebens benötigt wird. Dabei entsteht freier Sauerstoff, der in die Atmosphäre entweicht. Teilweise werden die Sauerstoffmoleküle in Höhen von einigen Kilometern über der Erdoberfläche durch die Ultraviolettstrahlung der Sonne gespalten, und es bildet sich Ozon, der einen Teil des energiereichen Sonnenlichts schluckt. Dieser Ozonschirm schützt die komplizierten Molekülverbände lebendiger Wesen auf der Erde vor der zerstörerisch wirkenden Ultraviolettstrahlung der Sonne.

Doch vor einigen Milliarden Jahren sahen die Erde und das Leben hier ganz anders aus: Es gab keinen freien Sauerstoff in der Atmosphäre, keine Pflanzen und keine Tiere, nur winzige einzellige Organismen, die von dem reichen Vorrat an Substanzen lebten, die in den Wassern der Meere enthalten waren. Als dieses chemische Futter zur Neige ging und der Bedarf der Zellen nicht mehr zu decken war, kam es zur ersten Energiekrise auf der Erde. Jetzt gewannen jene Lebewesen die Oberhand, welche gelernt hatten, das Licht der Sonne als Energiequelle zu nutzen. Damit hatten sie fortan eine unerschöpfliche Quelle zur Verfügung. Dieses uralte Rezept, aus Sonnenenergie Lebenskraft zu schöpfen, ist noch heute das eigentliche Geheimnis des Lebens auf der Erde. Aber das ist noch nicht alles, denn mit der Nutzung des Sonnenlichts bei gleichzeitiger Freisetzung des sehr aggressiven Gases Sauerstoff schuf sich das Leben seinen eigenen Schutzschild gegen die todbringenden Einflüsse aus dem Weltall – die Ozonschicht. Das Leben hat sich also in gewisser Weise mit der Sonne und ihrem Licht arrangiert. Die Pflanzen, die Algen und das Plankton dienen wiederum den Tieren und Menschen als Nahrung. Letztlich aber kommt alle Lebensenergie von der Sonne. Das Leben auf der Erde ist geronnenes Sonnenlicht, ist Manifestation kosmischer Energie. Auch eventuelles Leben anderswo im Universum braucht Sterne als Energiespender, braucht Quellen, die sehr lange sprudeln. Denn bis aus einer einfachen Zelle ein denkendes, möglicherweise sogar ein nachdenkendes Wesen geworden ist, braucht es schon eine gewisse Zeit: »Gut' Ding will Weile haben.« Der Sprung vom Atom über Moleküle zum reflektierenden Gehirn ist so gewaltig wie vom Atom in die Dimensionen des Weltalls.

Das alles schreibt sich so leicht hin. Doch wissen wir damit wirklich mehr über das Leben? Eigentlich nicht. Wollen wir als Naturwissenschaftler dem Leben als eine spezielle Struktur der Materie auf die Spur kommen, so müssen wir einen ziemlich großen Bogen schlagen – vor allem wenn uns die Frage interessiert, ob denn im Universum noch anderswo lebendige Wesen vorkommen können. Da es immer noch keinen Zoo gibt, in dem außerirdische Pflanzen und Tiere betrachtet werden können, müssen wir auf extraterrestrische Botanik und Tierkunde verzichten. Es gibt noch keine außerirdischen Zellen, die wir mit dem Mikroskop untersuchen können. Was also bleibt zu tun, beziehungsweise was können wir überhaupt Sinnvolles über außerirdisches Leben sagen, wenn doch nichts, aber auch gar nichts über außerirdisches Leben bekannt ist? Andersherum gefragt: Inwieweit kann denn das Leben auf der Erde als Beispiel für Leben im Universum herhalten? Die Methoden der Biologie können wir nur sehr eingeschränkt anwenden, denn sie orientiert sich ja gerade am Anschauungsmaterial des irdischen Lebens.

Wie sich zeigen wird, sind hier die Methoden der Chemie und Physik weit besser geeignet. Die Ergebnisse dieser beiden Disziplinen lassen sich nämlich im Rahmen der Astronomie auf das gesamte Universum übertragen. Daher wollen wir zunächst damit beginnen, irdische Lebewesen auf ihre nüchternen, weil allgemeinen physikalisch-chemischen Eigenschaften zu reduzieren. Natürlich wird das dem Leben und seiner wunderbaren Artenvielfalt nicht gerecht. Aber wenn wir über unseren engen irdischen Horizont hinausschauen wollen, bieten nur die Physik und die Chemie genügend Spielraum für sinnvolle Spekulationen. Fragen wir also nicht als Mensch, sondern als Physiker: Was ist das Leben?

Leben – ein physikalisches Phänomen

Im Jahre 1943 hielt der in Wien geborene Physik-Nobelpreisträger Erwin Schrödinger in Dublin einige öffentliche Vorträge zum Thema: »Was ist Leben?« Sein Buch mit gleichem Titel, hervorgegangen aus diesen für ein Laienpublikum gehaltenen Vorträgen, gilt noch heute als Meisterwerk der naturwissenschaftlichen Literatur und als Meilenstein in der Geschichte der Molekularbiologie.

Schrödinger versuchte als Erster die physikalischen Gesetze auf das Phänomen Leben anzuwenden. Als einer der Väter der modernen Quantenmechanik bemühte er sich, anhand der damals noch spärlichen Kenntnisse über die Grundlagen des irdischen Lebens ein sinnvolles, naturwissenschaftlich fundiertes Schema zu entwickeln, das sowohl den physikalischen Gesetzen gehorcht als auch die speziellen Eigenschaften lebender Organismen berücksichtigt.

Natürlich war Schrödinger die Komplexität des Lebens bewusst und damit auch die Tatsache, dass jeder Versuch, es rein physikalisch zu fassen, im Grunde aussichtslos erscheinen muss. Vor allem wenn man versucht ist, einen lebenden Organismus als eine biophysikalische Maschine aufzufassen und ihre Funktion nur aus ihren Einzelteilen zu erschließen. Abgesehen von Verschleißerscheinungen funktionieren physikalische Maschinen stets auf die gleiche Art. Das gilt auch für Systeme, die aus vielen einzelnen Teilen bestehen. Trotz statistischer Schwankungen verhalten sich solche Vielteilchensysteme immer berechenbar, das heißt deterministisch. Dass man mit der Quantenmechanik die Einzelprozesse und mit der statistischen Mechanik die Vielteilchensysteme im Griff zu haben schien, war ja gerade der Stolz der Physik der 1930er- und 1940er-Jahre. Doch auf das Leben angewandt, gilt das nicht mehr. Lebewesen sind unberechenbar! Welche Entwicklung sie nehmen, ist prinzipiell nicht vorherzusehen. Lebewesen funktionieren zwar in Übereinstimmung mit den Naturgesetzen, doch die unmittelbare Erfahrung lehrt uns, dass sich jedes Lebewesen individuell verhält und entwickelt.

Schrödinger erkannte, dass dahinter ein grundlegendes Problem steckt. Wie es scheint, verstößt das Leben gegen grundlegende Regeln der Physik, zwar nicht gegen die Naturgesetze, aber doch gegen die experimentell bestätigten Eigenschaften physikalischer Systeme. Regeln sind experimentell gefundene Teileigenschaften eines physikalischen Systems. In ihrer Aussagekraft ist eine Regel nicht so scharf wie ein Gesetz. »Die Ausnahme bestätigt die Regel«, sagt ein Sprichwort. Ein Gesetz aber kennt keine Ausnahme – und ein Naturgesetz erst recht nicht.

Betrachten wir zwei Körper mit unterschiedlichen Temperaturen: Bringen wir sie miteinander in Kontakt, so wird sich entsprechend der Regel die Temperatur ausgleichen, und nach einer gewissen Zeit werden beide Körper gleich warm oder auch kalt sein. Diese Regel kann außer Kraft gesetzt werden, indem man die Körper durch entsprechende Kühlung beziehungsweise Erwärmung auf ihrer ursprünglichen Temperatur hält. Das System der beiden Körper gehorcht der Regel also nur dann, wenn es keinen äußeren Einflüssen unterliegt.

Ein Naturgesetz hingegen ist unumstößlich, es gilt immer, überall und ohne Einschränkungen. Beispielsweise ist es ein Naturgesetz, dass sich zwei Körper gegenseitig anziehen. Seit Isaac Newton ist bekannt, dass die Stärke dieser so genannten Schwerkraft umgekehrt proportional zum Quadrat des Abstands ist. Für dieses Gesetz gibt es keine Ausnahmen, es gilt überall im Universum. Gleiches trifft auch auf die Anziehung zwischen einer positiven und einer negativen elektrischen Ladung zu. Auch diese Kraft ist umgekehrt proportional zum Quadrat des Abstands zwischen den beiden Ladungen.

Auch das Leben kann nicht gegen Naturgesetze verstoßen. Folglich sollte man es – zumindest im Prinzip – mithilfe der bekannten physikalischen Grundgesetze beschreiben können. Physikalische Systeme, besonders die einfachen, kann man gut untersuchen und ihre grundlegenden Eigenschaften studieren. Deshalb lieben die Physiker vor allem die einfachen Systeme. Doch Leben ist kein einfaches System! Es ist vielmehr eine höchst komplexe Erscheinungsform der Materie. Deshalb ist es ziemlich schwierig, Aussagen über die Regeln des Lebens zu machen. Fast scheint es, als steckten wir in einer Sackgasse fest. Wenn es darum geht, den Begriff Leben zu definieren, schleichen wir wie eine Katze um den heißen Brei.

Versuchen wir es mal aus der Sicht eines Physikers: Für ihn ist das Leben ein sich selbst organisierendes, dissipatives Nichtgleichgewichtssystem. Besser kann man es kaum formulieren. Jede Art von Leben, auch außerirdisches, muss ein dissipatives, sich selbst organisierendes Nichtgleichgewichtssystem sein. Auf den ersten Blick sind das sicher prägnante, aber auch ziemlich unverständliche Schlagwörter, die uns nicht zufrieden stellen. Wovon ist da eigentlich die Rede? Was versteht man denn unter einem Nichtgleichgewichtssystem? Bevor wir dem Phänomen Leben weiter nachspüren, brauchen wir hier zunächst einmal Klarheit.

Im Gleichgewicht ist alles gleich, das sagt ja schon das Wort. In der Physik ist der einfachste Zustand, den ein System erreichen kann, ein Gleichgewichtszustand. Ist das Gleichgewicht hergestellt, so geht nichts mehr – »rien ne va plus« –, denn es ist ja alles ausgeglichen. Betrachten wir wieder die beiden sich berührenden Körper unterschiedlicher Temperatur: Solange ein Temperaturunterschied besteht, fließt vom heißen Körper Wärme auf den kälteren über. Die beiden Körper sind so lange im Ungleichgewicht, wie der eine noch wärmer ist als der andere. Haben sich jedoch die Temperaturen ausgeglichen, so passiert gar nichts mehr – Gleichgewicht eben. Prinzipiell gilt: Je näher ein System am Gleichgewicht ist, desto weniger tut sich in ihm. Ist das Gleichgewicht schließlich erreicht, so sind alle treibenden Kräfte erlahmt, und das System ist tot. Dass alle Systeme einem Gleichgewicht zustreben, ist eine der wichtigsten Grundregeln der Physik.

Gleichgewicht hat etwas mit Energieausgleich zu tun. Bisher ist uns der physikalische Begriff »Energie« nur bei der Behandlung der elektromagnetischen Strahlung begegnet, aber auch Wärme ist eine Form von Energie. Es wird also Zeit, sich ein wenig näher mit dem Begriff »Energie« zu befassen. Was Energie eigentlich ist, kann man nur schwer erklären. Wir sind hier in einer ähnlichen sprachlichen Falle wie bei der Frage nach Leben. Beide Begriffe umfassen gewisse Zustände und Prozesse, die nicht wirklich greifbar sind. Das Leben beispielsweise erhält sich, repariert, erholt und erneuert sich. Auch Energie wandelt sich ständig. Aus der Energie der Lage, der so genannten potenziellen Energie, kann Bewegungsenergie, sprich: kinetische Energie, werden. Wenn wir im Winter einen Schlitten einen Hügel hinaufziehen, so haben wir oben eine gewisse Energie der

Lage erreicht. Sausen wir anschließend wieder den Hügel hinunter, dann wird aus der Energie der Lage Bewegungsenergie. Doch der Schlitten bleibt nur so lange in Fahrt, bis die Reibung zwischen Schnee und Schlittenkufen die Geschwindigkeit auf null heruntergebremst hat. Damit kommen wir schon zur nächsten Energieform. Die gesamte Energie, die wir im Schweiße unseres Angesichts beim Hinaufziehen des Schlittens erworben und in schneller Fahrt den Hügel hinunter genossen haben, ist letztlich als Reibungswärme oder Wärmeenergie im Untergrund versackt. Darauf können wir nicht mehr zugreifen, diese Energie ist weg. Was uns betrifft, so zehrt das Hinaufziehen des Schlittens natürlich an unseren Kräften, und wir müssen zwischendurch etwas essen. Damit tankt unser Körper chemische Energie, die dann wieder in mechanische Energie umgewandelt werden kann. Wir können also den Schlitten immer wieder den Hügel hinaufziehen, und das Spiel der Transformation von chemischer in potenzielle, dann in kinetische Energie und schließlich in Wärmeenergie beginnt von neuem.

Doch die unterschiedlichen Energieformen haben unterschiedliche Auswirkungen. Ein Körper mit kinetischer Energie ist in Bewegung. Ein Körper mit potenzieller Energie kann von einem Tisch herabfallen und dabei Bewegungsenergie gewinnen. Doch letztendlich haben alle Energieformen das Bestreben, sich in Wärmeenergie umzuwandeln. Wärme aber führt in der Materie zu einer Erhöhung der Unordnung. Kommen wir nochmals zurück zu unserem Schlittenfahrer. Abgekämpft nach der zwanzigsten Abfahrt, bleibt er unten auf seinem Schlitten hocken und nimmt etwas Schnee in die Hand. Der Schnee ist kristallisiertes Wasser. Die Wassermoleküle haben sich zu Kristallen geformt. Kaum aber liegen sie auf der warmen Hand, wird aus den schönen Kristallen eine Flüssigkeit – Wasser. Die Stege und Brücken aus Wassermolekülen, in denen sich eben noch das Sonnenlicht gespiegelt hat, sind dahingeschmolzen – es bleibt ein feuchter Händedruck. Die Ordnung ist verschwunden; durch die Wärme der Hand ist Unordnung entstanden. Konnte man im Schneekristall noch genau lokalisieren, wo sich Wassermoleküle verbunden hatten, so ist beim flüssigen Wasser jede Ortsinformation verwischt. Alles ist in Unordnung.

Gehen wir noch einen Schritt weiter: Was geschieht, wenn wir dem Wasser noch mehr Wärmeenergie zuführen? Verändert es sich dann in einen noch unordentlicheren Zustand? Nehmen wir an, unser Schlittenfahrer will später noch einen heißen Tee trinken und bringt dazu Wasser zum Kochen. Das Wasser beginnt zu verdampfen. In der Tat sind die Wassermoleküle im Wasserdampf noch ungeordneter verteilt als in der Flüssigkeit. Das Gleichgewicht des Wassers hängt direkt mit der Umgebungstemperatur zusammen. Materie versucht immer ins Gleichgewicht mit ihrer Umgebung zu kommen, indem sie alle Energieformen letztlich in Wärme verwandelt.

Dieses Bestreben, sich so unordentlich wie möglich zu strukturieren, begegnet uns im Alltag ständig. Eine vom Tisch heruntergefallene Tasse, nun in tausend Scherben, bleibt zersprungen. Noch nie hat jemand beobachtet, dass die Scherben auf den Tisch zurückhüpfen und sich wieder zu einer Tasse zusammensetzen. Auch die Luft in einem Raum ballt sich nicht einfach in einer Ecke zusammen, sondern breitet sich gleichmäßig im gesamten Volumen des Zimmers aus. Wir brauchen also nie Angst haben zu ersticken, weil sich alle Luft in unserem Zimmer plötzlich unter dem Tisch versammelt. Gleiches gilt für Flüssigkeiten. Wir haben es hier mit einer der grundlegendsten Regeln der Physik zu tun. Alle Prozesse im Universum haben die Tendenz, die Unordnung zu erhöhen, indem sie Wärme austauschen.

Diese erstaunliche Erkenntnis ist als zweiter Hauptsatz der Thermodynamik bekannt geworden. Sie muss uns als Lebewesen unweigerlich beschäftigen, denn offenkundig zeichnen sich Lebewesen ja gerade dadurch aus, dass sie *nicht* im Gleichgewicht mit ihrer Umgebung sind. Oder anders ausgedrückt: Wenn sie sich im Gleichgewicht mit ihrer Umgebung befinden, sind sie tot. Irgendetwas in einem Lebewesen sorgt also dafür, dass das Ungleichgewicht aufrechterhalten wird, sich andauernd erneuert, ja sich sogar verstärkt. Lebende Organismen bauen Ordnung auf. Der Mensch zum Beispiel repariert sich ständig selbst. »Panta rhei« – alles fließt, konstatierte schon der griechische Philosoph Heraklit. Wir bekommen alle fünf Tage eine neue Magenschleimhaut, die Leber wird alle zwei Monate komplett erneuert. Unser größtes Organ, die Haut, regeneriert sich alle sechs Wochen. In jedem Jahr werden 98 Prozent der Atome in unserem Körper durch andere ersetzt. Dieser ununterbrochene chemische Austausch, Stoffwechsel genannt, ist das Zeichen von Leben. Alle Lebewesen sind gewissermaßen Inseln der Ordnung in einem Meer von Unordnung. Sie sind in der Lage, sich selbst zu strukturieren, obwohl die Erfahrung zeigt, dass sich die Materie im Allgemeinen nicht selbst ordnet. Wie kann das sein? Ist das nicht doch ein Verstoß gegen die Regeln der Physik, gegen die Theorien über den Ablauf der Welt? Auf diese Frage kann man mit einem entschiedenen »Nein« antworten! Die Begründung erfordert allerdings ein tieferes Einsteigen in die Physik, genauer gesagt, in die Thermodynamik.

Die Thermodynamik ist ein Zweig der Physik, der sich ganz allgemein mit den Eigenschaften physikalischer Systeme befasst, gleichgültig ob es sich um Dampfmaschinen, Sterne oder Lebewesen handelt. Eine ganz besondere Bedeutung hat dabei die so genannte Entropie, ein Maß für die Unordnung in einem System. Eine der Grundaussagen der Thermodynamik lautet nämlich: In einem System oder bei einem Prozess, bei dem keine Energie in Form von Wärme verloren geht, verändert sich der Wert der Entropie nicht. Derartige Systeme und Prozesse bezeichnet man als reversibel. Allerdings kommt so etwas im »richtigen Leben« nicht vor, als Gedankenexperiment ist es jedoch sehr hilfreich. Lässt man beispielsweise einen reversiblen Prozess rückwärts laufen, so erhält man wieder den ursprünglichen Ausgangszustand. Man kann praktisch die Zeit umkehren. Prima, die Tasse fällt also vom Tisch, zerschellt auf dem Boden, die entstandenen Scherben fügen sich ohne äußere Beeinflussung wieder zusammen, und sie springt zurück auf den Tisch. Das wäre ein reversibler Vorgang. Die ursprüngliche Ordnung ist wieder erreicht, und die Entropie hat sich nicht erhöht.

Offenbar ist unsere Welt jedoch nicht reversibel. Die Zeit

läuft stets nur in eine Richtung, und der Jungbrunnen, dem wir wie neu geboren wieder entsteigen, bleibt leider eine Illusion *(Abb. 3)*. Alles zerfällt, sogar Gebirge sind nicht sicher vor dem Zerfall. Insbesondere Lebewesen sind irreversible Systeme, weil sie ständig Wärme abgeben. Überhaupt ist das ganze Universum irreversibel, denn überall im All wird Wärme ausgetauscht. Die thermodynamische Theorie besagt, dass in einem abgeschlossenen System die Prozesse ausschließlich in Richtung eines Zustands geringerer Ordnung ablaufen, was gleichbedeutend ist mit einer Zunahme der Entropie *(Abb. 4)*.

Ein abgeschlossenes System tauscht mit seiner Umgebung nichts aus. Es gibt keine Verbindung irgendwelcher Art mit der Außenwelt. Das System ist sich sozusagen selbst überlassen, und die innere Unordnung wächst ständig. Nehmen wir ein Beispiel: Ein einsamer Wanderer in der Wüste mit seinem Nahrungs- und Wasservorrat ist, abgesehen von der ihn verdörrenden Sonnenglut, ein ziemlich abgeschlossenes System. Was passiert, wenn er nicht rechtzeitig seine Nahrungsvorräte er-

Abb. 3: Jungbrunnen nach Lucas Cranach. Die physikalischen Gesetze erlauben jedoch keine Zeitumkehr, sodass der Vorgang des Alterns in der realen Welt nicht umkehrbar ist.

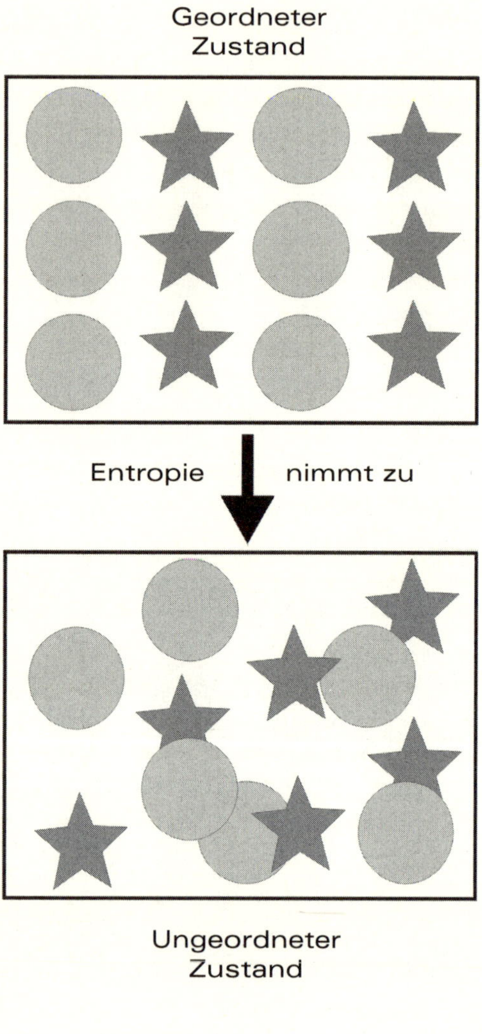

Abb. 4: Die Entropie ist ein Maß für die Unordnung in einem physikalischen System. Nimmt die Unordnung zu, so erhöht sich auch die Entropie.

gänzen kann? Seine Entropie wird wachsen, bis er sich mit dem glühend heißen Wüstensand im Temperaturgleichgewicht befindet. Kurz, er wird verhungern und verdursten, da er pausenlos Energie in Wärme umwandelt – und das, obwohl es um ihn herum schon warm genug ist. Warum? Weil sein Körper nur mit einer speziellen Form von geordneter Energie, wie sie beispielsweise in Wurst und Brot enthalten ist, etwas anfangen kann, jedoch nichts mit der Wärme des Wüstensandes oder der Sonne. Außerdem verliert er ständig Wasser durch die Verdunstungsprozesse auf seiner Haut.

Allerdings wird ein Physiker dieses Beispiel nicht ohne Widerspruch akzeptieren, denn so völlig abgeschlossen ist er ja nicht, unser Wanderer in der Wüste. Aber was seinen Nachschub an geordneter Energie in Form von Nahrung und Wasser anbelangt, ist er schon sehr isoliert. Und in solchen Systemen, die keine Energie mehr aufnehmen können, erhöht sich eben die Entropie. An einem Beispiel aus der Physik lässt sich das gut nachvollziehen: Denken wir an die Diffusion von zwei Gasen, die in einem Behälter durch eine Scheidewand getrennt aufbewahrt werden. Sobald die Trennwand entfernt wird, vermischen sich die beiden Gase. Die Wahrscheinlichkeit, ein bestimmtes Molekül jetzt nicht nur in der einen oder anderen Hälfte des Behälters zu finden, sondern an einem beliebigen Ort im Behälter, wächst so lange, bis sich die beiden Gase völlig durchmischt haben und die Entropie des Systems maximal geworden ist. Dann ist das Gleichgewicht erreicht, und das System zeigt keinerlei Veränderungen mehr.

Doch zurück zu unserem Wüstenwanderer: Wieso muss er sterben, wenn er nichts mehr zu essen und zu trinken hat? Weil sein Körper die chemische Energie der Nahrungsmittel verbraucht. Er verwendet sie zum Aufbau körpereigener chemischer Substanzen, und er speichert sie als Treibstoff für die Muskeln. Bei all diesen Prozessen wird Wärme erzeugt. Insbesondere die Muskelarbeit heizt den Körper kräftig auf. Natürlich muss diese Wärme schnell an die Umgebung abgegeben werden, da ansonsten das Individuum am Hitzestau zugrunde geht. Letztendlich zerstreut also der Körper die Energie, die er mit der Nahrung aufgenommen hat, und gibt sie als unbrauchbare Wärme an die Außenwelt ab. Das lateinische Wort für Zerstreuung ist »Dissipation«. Jetzt ist auch klar, warum Physiker das Leben als ein dissipatives Nichtgleichgewichtssystem auffassen. Zwei der merkwürdigen Begriffe aus dem Satz »Das Leben ist ein sich selbst organisierendes, dissipatives Nichtgleichgewichtssystem« sind nun geklärt.

Fehlt noch die Definition des Begriffs »Selbstorganisation«. Doch bevor wir das in Angriff nehmen, ist es sinnvoll, nach allgemein gültigen, um nicht zu sagen universellen Regeln zu suchen, die für sämtliche Lebewesen, auch für mögliche außerirdische, zu gelten haben. Da wir gegenwärtig nur eine Form von Leben kennen, nämlich das Leben hier auf unserer Erde, wollen wir das Biosystem Erde näher betrachten. Lassen wir also den Blick ein wenig schweifen, schauen wir uns um in unserer ureigensten Umgebung und fragen wir: Wie konnte das Leben hier auf der Erde fast vier Milliarden Jahre überdauern?

Energie schafft Ordnung

Um zu verstehen, was das irdische Leben eigentlich ist, betrachten wir uns am besten einmal selbst. Unser Körper besteht im Prinzip aus den gleichen chemischen Elementen, aus denen sich auch alle anderen Lebewesen der Erde zusammensetzen. Allerdings wird nur ein relativ geringer Teil der auf der Erde vorkommenden Elemente zum Aufbau lebender Materie benutzt. In nennenswertem Umfang finden wir da Kohlenstoff (chemisches Symbol C), Sauerstoff (O), Stickstoff (N), Wasserstoff (H), Schwefel (S) und Phosphor (P). Außerdem, aber in weit geringerem Umfang, sind noch die Elemente Kalium (K), Natrium (Na), Kalzium (Ca), Magnesium (Mg), Chlor (Cl), Eisen (Fe), Mangan (Mn), Kobalt (Co), Bor (B) und Kupfer (Cu) beteiligt.

Der wesentliche Unterschied zwischen belebter und unbelebter Materie zeigt sich in den Verbindungen der Elemente. Unbelebte Materie bevorzugt einfache, um nicht zu sagen simpelste chemische Verbindungen, auch wenn sie scheinbar so kompliziert strukturiert sind wie in einem Kristall. Beispielsweise setzt sich das Sauerstoffmolekül der Luft aus nur zwei Sauerstoffatomen zusammen. Kochsalz besteht aus einem Natriumatom und einem Chloratom, Wasser aus einem Sauerstoff- und zwei Wasserstoffatomen.

Ganz anders in Lebewesen: Belebte Materie zeigt eine schier unglaubliche Vielfalt an Bindungsmöglichkeiten und besteht immer aus hoch komplizierten Molekülen, die so groß sind, dass sie sogar unter dem Mikroskop zu erkennen sind: gewaltige Komplexe von Tausenden von Wasserstoff-, Sauerstoff- und Stickstoffatomen, eingebunden in Gerüsten aus Kohlenstoffketten, die das Ganze zusammenhalten. Gerade das Element Kohlenstoff ist der Schlüssel zum Geheimnis des Lebens auf der Erde. Kohlenstoff ist nämlich in der Lage, mit praktisch jedem Element Verbindungen einzugehen. Aber auch mit seinesgleichen kann es sich in unterschiedlichen Bindungsformen zusammentun, denn nur die langen makromolekularen Ketten aneinander gereihter Kohlenstoffatome sowie die Kohlenstoffringmoleküle öffnen der organischen Welt die Tür zum Leben.

Wie aber konnte es zu diesen komplexen Molekülen kommen? Offenbar haben sich bei der Entstehung von Leben zunächst recht einfache Moleküle zu stetig komplizierteren Verbindungen bis hin zu den Makromolekülen der Eiweißbausteine zusammengefunden. Dabei ist die Ordnung immer mehr gewachsen, und die Entropie der Biosphäre, also der lebenden Welt, hat sich ständig verringert!

Das scheint im Widerspruch zu stehen zu den Gesetzen der Thermodynamik, die doch für geschlossene Systeme eine stete Zunahme der Entropie fordern. Die Erde und ihre Biosphäre sind aber alles andere als abgeschlossene Systeme. Sie sind offen, und in einem offenen System kann die Entropie an bestimmten Orten auch abnehmen. Die Erde ist ein solcher Ort im Universum, ihr wird fortwährend von außen Energie zugeführt, hauptsächlich in Form von Sonnenlicht. Andererseits verliert sie auch wieder Energie durch Abstrahlung von Wärme in die kalte Umgebung des Universums *(Abb. 5)*. Prozesse, die dem Drang nach Unordnung entgegenwirken und aus Unordnung Ordnung schaffen wie beim Aufbau komplexer Moleküle aus einzelnen Atombausteinen, laufen nur ab, wenn ein permanenter Fluss von Energie durch das System garantiert ist. Das hört auch nicht auf, wenn das Leben erst einmal entstanden ist, denn nun beginnt es sich unaufhaltsam zu vermehren, und die Ordnung erfasst immer größere Bereiche. Aus Ordnung wird wieder Ordnung. Immer dann, wenn sich ein biologischer Organismus verdoppelt, wird aus einem bereits sehr geordneten chemischen System ein weiteres, ebenfalls sehr geordnetes System, und auch das geht nicht ohne eine äußere Energiequelle.

Für Physiker ist also das Leben ein sehr geordneter, aber auch ein äußerst unwahrscheinlicher Zustand der Materie. Es kann sich nur deshalb gegen den allgemeinen natürlichen Trend zur Unordnung behaupten, weil es ständig Energie aus seiner Umgebung aufnimmt und zum Aufbau und Erhalt von Ordnung verwendet.

Nun ist Energie aber nicht gleich Energie. Denken wir an einen Computer. Damit der PC den eingetippten Text speichert und als Brief ausdruckt, muss man ihm Energie zuführen. Man könnte ihn dazu beispielsweise in ein auf 250 Grad aufgeheiztes Backrohr eines Küchenherdes stecken. Vermutlich würden dabei die Kunststoffplatinen verschmoren, noch bevor man das Schreibprogramm starten könnte. Die Energie muss also nicht nur in ausreichender, sondern auch in geeigneter Form zugeführt werden. Im Fall des Computers ist dies eine 220-Volt-Stromquelle, bei den Pflanzen der sichtbare Anteil der Sonnenstrahlung. Dagegen ist die hoch energetische Ultraviolettstrahlung eher schädlich, bei hoher Dosis sogar tödlich. Interessanterweise ist es die Erdatmosphäre, die verhindert, dass das UV-Licht bis zur Erdoberfläche durchdringt. Das funktioniert jedoch erst, seitdem der Sauerstoffanteil in der Erdatmosphäre relativ hoch geworden ist und sich aus drei Atomen Sauerstoff Ozon bilden konnte. Diese Form von Sauerstoffmolekülen absorbiert insbesondere das UV-Licht.

Abb. 5: Die Erde zwischen der Energiequelle Sonne und der Energiesenke des kalten Weltraums. Damit Leben entstehen kann, muss ein steter Fluss von Energie durch ein biologisches System gewährleistet sein.

Doch ausreichend Sauerstoff gab es nicht von Anfang an. Erst nachdem einfache, einzellige Lebewesen auf der Erde die Verwendung von Sonnenenergie zum Aufbau von Kohlenhydraten entdeckten, stieg der Sauerstoffgehalt der Atmosphäre. Diese einfachen Lebensformen haben die Atmosphäre der Erde so umgebaut, dass sich für späteres Leben günstigere Umstände ergaben. Die Einzeller waren und sind die Architekten einer Atmosphäre, die das Leben schützt. Aus der Erde wurde auf diese Weise ein planetares biologisches System – das Biosystem Erde.

Um bestehen zu können, benötigt das Leben gleichmäßig sprudelnde Energiequellen. Große Energiebeträge in kurzer Zeit zerstören eher das Leben und erhöhen somit wieder den Grad der Unordnung. Als Energiequellen besonders geeignet sind Sterne, für uns auf der Erde ist das die Sonne. Letztlich müssen die Lebewesen aber die aufgenommene Energie, wenn auch in veränderter Form, wieder loswerden können, da sie ansonsten an Überhitzung zugrunde gehen würden. Zumeist geschieht dies durch Abgabe von Wärme an die Umgebung: Der Mensch schwitzt, die Pflanze verdunstet Wasser. Die Energiesenke ist der eiskalte Raum des Universums. Die Drehung um ihre Achse erleichtert es der Erde, die aufgenommene Energie wieder an das Universum abzugeben und so ihre Temperatur zu regeln. Würde die Erde alle Energie in ihrer Atmosphäre speichern, so wäre es hier ähnlich heiß wie auf dem Planeten Venus: etwa 400 bis 500 Grad Celsius. Würde sie dagegen alle Energie, die sie von der Sonne erhält, komplett abstrahlen, so wäre es auf unserem Planeten dermaßen kalt, dass sogar vierzigprozentiger Wodka gefrieren würde: nämlich minus 30 Grad Celsius.

Damit haben wir ein weiteres Kriterium für Leben gefunden: Leben kann nur entstehen und sich fortentwickeln, wenn es in ein größeres System eingebettet ist, das sich im Zustand des thermodynamischen Ungleichgewichts befindet. Das übergeordnete System, zu dem unsere Erde gehört, ist das Sonnensystem, ein System weitab vom thermodynamischen Gleichgewicht. Die Biosphäre der Erde konnte und kann sich nur organisieren, weil sie sich genau zwischen der heißen Sonne und dem kalten Weltraum befindet. Diese fundamentale Regel gilt für alle Lebensvorgänge im gesamten Universum! Anders ausgedrückt heißt das: Wo immer sich auf einem Himmelskörper Leben entwickeln soll, darf es nicht so heiß sein wie auf einem Stern und nicht so kalt wie im Weltraum. Gleichgültig wo immer im Universum es Lebewesen gibt, sie müssen Energie aufnehmen und abgeben können, und die zum System gehörenden Quellen müssen einen gleichmäßigen Strom passender Energie liefern. Dabei spielen die Formen der Lebewesen und ihre inneren biochemischen Vorgänge keine Rolle. Ohne Energiezufuhr gibt es kein Leben! Da die Energie des Universums in den Sternen steckt, muss man folglich davon ausgehen, dass Leben auch nur auf solchen Planeten existieren kann, die einen Stern umkreisen, und zwar so, dass die vom Stern abgestrahlte Energie vom Planeten aufgenommen und wieder abgegeben werden kann.

Man sieht, das Leben stellt ganz schön hohe Anforderungen an seine Umgebung. Doch selbst wenn alle Bedingungen erfüllt sind, wird Leben erst dann entstehen können, wenn das System auch zu einer höheren Ordnung fähig ist. Ein Kristall bleibt stets ein Kristall, auch wenn er noch so viele Bausteine anlagert und immer weiter wächst. Bei der Verbindung von zwei Molekülen jedoch entsteht bereits etwas Neues, etwas mit höherer Ordnung. Wenn also aus Unordnung Ordnung geworden ist, dann besteht der nächste Schritt darin, aus der Ordnung eine noch höhere Ordnung herzustellen. Selbstorganisation, also die Erschaffung von Ordnung aus Unordnung, ist der entscheidende Weg, der vom unbelebten Zustand ins Reich des Lebens führt. Der Schritt, aus Ordnung höhere Ordnung zu schaffen, bedeutet Differenzierung und weitergehende Strukturierung eines biologischen Systems.

Nun haben wir endlich auch den dritten Begriff aus der allgemeinen Definition von Leben geklärt, und weil die Definition so außerordentlich wichtig für unser Thema ist, wiederholen wir sie hier noch einmal: Jede Art von Leben, auch außerirdisches, muss ein dissipatives, sich selbst organisierendes Nichtgleichgewichtssystem sein.

Lebewesen auf der Erde sind seit langer, langer Zeit sehr erfolgreich im Spezialisieren und Umstrukturieren. Unzählige Arten von Pflanzen und Tieren sind auf unserem Planeten aufgetaucht und wieder verschwunden. Sie haben sich den veränderten Gegebenheiten angepasst und somit ständig verändert. Offenbar kennt das irdische Leben keine Patentrezepte. Es wird ständig ausprobiert und getestet, wobei gelungene Versuche im Gedächtnis bleiben und erst dann verworfen werden, wenn ein erfolgreicheres Rezept sich durchzusetzen beginnt.

Angefangen hat vermutlich alles mit dem Aufbau erster größerer Moleküle aus zunächst einfachen Bausteinen. Es bildeten sich mit jedem Schritt zu höherer Ordnung zunehmend komplexere Molekülverbände, bis schließlich das Leben »entdeckt« war. Die nahezu unbegrenzten Möglichkeiten des Kohlenstoffs, sich mit allen möglichen Elementen zu den unterschiedlichsten Verbindungen zusammenzutun, eröffneten ein schier unendliches Experimentierfeld für immer kompliziertere Vorstufen des Lebens. Eine spontane Bildung der langen, vielfach verzweigten Ketten aus Kohlenstoffatomen ist zwar nicht völlig unmöglich, aber doch äußerst unwahrscheinlich. Betrachten wir dazu ein Gefäß, angefüllt mit verschiedenen Aminosäuren, denen wir eine Milliarde Jahre Zeit geben, um miteinander zu reagieren. Wie wahrscheinlich ist es, dass sich in dieser Zeit genau tausend bestimmte Aminosäuren zufällig zu einer ganz bestimmten Eiweißverbindung zusammenfinden? Als Ergebnis erhält man den Wert 10^{-360}! Wollte man diese winzige Zahl hinschreiben, so müsste man zuerst eine Null malen, dann ein Komma, anschließend weitere 359 Nullen und dann erst eine Eins. Mit anderen Worten: Die Wahrscheinlichkeit ist praktisch gleich null. Im Vergleich dazu ist die Wahrscheinlichkeit, mit einem einzigen Griff ein bestimmtes Sandkorn aus dem Sand der Wüste Sahara herauszugreifen, mit 10^{-24} direkt riesengroß.

Wenn aber schon die einfachsten chemischen Vorgänge so unwahrscheinlich sind, wie konnte es dann überhaupt zu Leben in seiner primitivsten Form kommen, ganz zu schweigen von mehrzelligen Lebewesen bis hin zu Mensch und Tier? Oder anders gefragt: Wie hat es die Biosphäre der Erde über vier Milliarden Jahre lang geschafft, in einem Zustand sehr weit ab vom thermodynamischen Gleichgewicht zu verharren? Wie hat sich das Leben trotz der berechneten Unwahrscheinlichkeit organisieren können? Die gleiche Frage stellt sich übrigens auch für außerirdische Lebewesen. Denn gleichgültig, aus welchen chemischen Elementen außerirdisches Leben besteht, auch dort werden sich spontan keine großen, komplizierten und verzweigten Moleküle als unabdingbare Voraussetzung für Leben bilden. Wie also hat es trotz aller Unwahrscheinlichkeit zu Leben kommen können?

Alles dreht sich im Kreis

Unzählige Beweise, eingeschlossen in die Gesteine, erzählen uns die Geschichte des Lebens auf der Erde. Offenbar begannen nur einige hundert Millionen Jahre nach der Entstehung der Erde bereits chemisch-physikalische Prozesse, die Fundamente für das Leben in unsere Welt zu legen. Zwar hatten im Laufe der Jahrmilliarden immer wieder Ereignisse fast zum völligen Verschwinden der Lebewesen geführt, aber eben nur fast. Seit knapp vier Milliarden Jahren gibt es Leben auf der Erde. In dieser unvorstellbar langen Zeit haben sich die Atome zu immer komplizierteren Molekülen verbunden. Im Meer der Unwahrscheinlichkeit experimentierte die Natur in stets neuen Versuchsreihen mit den zur Verfügung stehenden Bausteinen. Dabei entstanden Ketten aus Kohlenstoff-, Sauerstoff-, Wasserstoff-, Stickstoff- und Phosphoratomen, die sich immer mehr falteten, umbauten, neu strukturierten und somit zunehmend komplexere Verbindungen errichteten. Mit jeder neuen Faltung dieser riesigen, dreidimensionalen Molekülverbände entfernten sich die »Noch-nicht-Lebewesen« vom Gleichgewicht in ihrer Umgebung.

Wie gelang dieser Übergang? Am Beispiel des Sauerstoffs kann man das gut studieren: Woher kommt denn der hohe Anteil von Sauerstoff in der Erdatmosphäre? Normalerweise dürfte es im thermodynamischen Gleichgewicht gar keinen freien Sauerstoff geben, denn er sollte in kurzer Zeit mit anderen Elementen stabile chemische Verbindungen eingehen – denken wir nur an den Rost am Auto. Damit der Sauerstoff nicht aus der Atmosphäre verschwindet, muss er fortwährend ergänzt werden. Wie funktioniert das?

Die Antwort gibt das Leben: Die Vorgänge, die zu dem hohen Sauerstoffgehalt der Atmosphäre führen, sind Kreisprozesse. Kreisprozesse sind gekennzeichnet durch eine Abfolge von chemischen Reaktionen, die mit dem Verbrauch eines Reaktionspartners beginnen und diesen am Ende wieder freisetzen *(Abb. 6)*. Entsteht beispielsweise durch Zufuhr von Energie aus zwei Molekülen ein anderes Molekül, so wird die Energie im neuen Molekül in den gegenseitigen Bindungen der beteiligten Atome als so genannte Bindungsenergie gespeichert. Man kann das mit einer alten Skibindung vergleichen: Damit Ski und Schuh zusammenhalten, muss man den Federstrammer spannen. Dazu ist Energie nötig, die wir durch die Kraft unserer Arme aufbringen müssen. Im neuen System Ski/Schuh ist diese Energie in der gespannten Feder der Skibindung gespeichert.

Doch die Energie ist nicht verloren. Wird in einer späteren chemischen Reaktion das Molekül in seine Ausgangskomponenten aufgebrochen, so wird die Bindungsenergie wieder frei, und die Komponenten, aus denen das Molekül zusammengesetzt war, stehen für den Aufbau neuer Moleküle zur Verfügung. Damit ist der Kreis geschlossen. Mithilfe von Molekülen lässt sich also Energie transportieren, denn wie Speditionsunternehmen wandern Moleküle mit ihrer Bindungsenergie durch ein biologisches System, werden dort in komplexen chemischen Reaktionen umgebaut und zerlegt und geben dabei ihre Bindungsenergie an das System ab.

Wie gesagt, am Beispiel Sauerstoff lässt sich das gut nachvollziehen. Eine Vielzahl von Tierarten und auch der Mensch

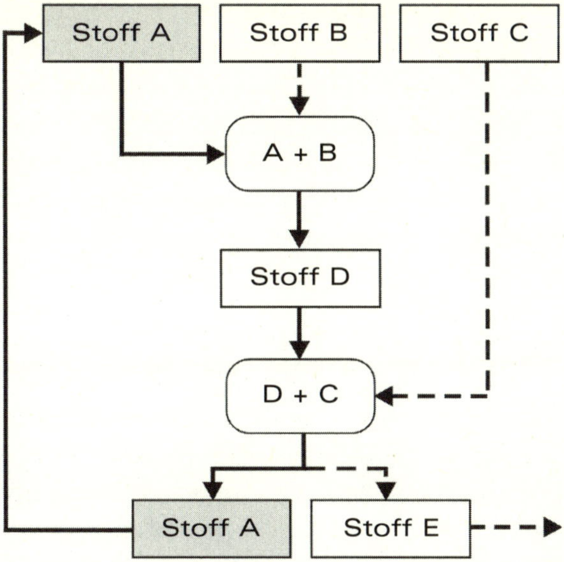

Abb. 6: In einem Kreisprozess reagiert ein Stoff A mit mehreren Partnern zu unterschiedlichen Verbindungen, wird aber am Ende der Reaktionskette wieder als Ausgangsstoff für einen neuen Kreislauf freigesetzt. Die durchgezogene Linie symbolisiert den Kreisprozess.

ernähren sich – unter anderem – von Pflanzen. Bei der Verdauung werden die pflanzlichen Kohlenhydrate durch Aufnahme von Sauerstoff aus der Atmosphäre oxidiert oder, wie man auch sagt, kalt verbrannt. Dabei wird Kohlendioxid in die Atmosphäre abgegeben, und es wird, wie bei jeder Verbrennung, Energie frei. Die Energie kann entweder für die Verrichtung von Arbeit genutzt werden oder in Form von Wärme das System verlassen. Auch wir atmen Sauerstoff ein und Kohlendioxid aus. Gleichzeitig sind wir ständig dabei, Nahrung zu verbrennen und einen Teil der dabei frei gewordenen Energie dazu zu verwenden, unsere Körpertemperatur aufrechtzuerhalten.

Vereinfacht lässt sich dieser Verbrennungsprozess in Form einer chemischen Reaktionsgleichung darstellen, die angibt, wie sich die verschiedenen chemischen Reaktionspartner zu einer neuen chemischen Verbindung zusammentun. Für die kalte Verbrennung gilt:

Kohlenhydrate + Sauerstoff
→ Kohlendioxid + Wasser + Energie.

Die Umkehrung des Verbrennungsprozesses geschieht in den Pflanzen. Dieser Vorgang lässt sich durch die Reaktion

Kohlendioxid + Wasser + Sonnenlicht →
Kohlenhydrate + Sauerstoff

beschreiben. Aus Kohlendioxid und Wasser werden unter Zuhilfenahme von Sonnenenergie Kohlenhydrate aufgebaut. Diesen Vorgang bezeichnet man auch als Photosynthese, wobei hier nur die grundlegende chemische Reaktion dargestellt ist. In Wirklichkeit ist die Photosynthese so kompliziert, dass man viele chemische Reaktionsgleichungen bräuchte, um die Prozesse exakt zu beschreiben. Die genauen Zusammenhänge ihrer Funktionsweise sind bis heute noch nicht ganz erforscht. Die Photosynthese ist das planetare Paradebeispiel für einen Kreisprozess, der mithilfe äußerer Energie einen Stoff immer wieder neu aufbaut, welcher ansonsten schon längst aus der Atmosphäre verschwunden wäre.

Verallgemeinert gilt: Das thermodynamische Ungleichgewicht wird durch Organismen aufrechterhalten, die aufgrund ihres Anteils an den chemischen Kreisläufen die Strukturen des gemeinsamen Lebensraums mitgestalten. Auf diese Weise gelang es dem Leben, die Zusammensetzung der Atmosphäre und der Meere über Jahrmilliarden zu stabilisieren. Um jedoch über einen so langen Zeitraum hinweg erfolgreich an der Schaffung und Erhaltung eines günstigen Lebensumfelds mitwirken zu können, muss das Leben über Mechanismen verfügen, die in der Lage sind, sich selbst zu regulieren. So hat im Zuge der Evolution der gestalterische Beitrag der jeweiligen Arten Kreisprozesse hervorgebracht, in deren Verlauf verbrauchte Bestandteile immer wieder regeneriert werden. Obwohl die Prozesse bei den jeweiligen Arten zunächst sicherlich auf die Schaffung eines für den eigenen

Bestand günstigen Lebensraums abgestimmt waren, haben die Lebewesen auf der Erde offenbar schon frühzeitig erkannt, dass eine egoistische Ausbeutung der Ressourcen zwar kurzfristig Vorteile verschafft, aufgrund der engen gegenseitigen Abhängigkeiten aber schließlich auch den Bestand der eigenen Art gefährdet. Mittlerweile ist die Regeneration der verbrauchten Stoffe eine ganz natürliche Eigenschaft des Lebens, denn sie bedeutet die Garantie für das Überleben. Dies ist eine Erkenntnis, die auch uns Menschen in den letzten Jahrzehnten nur allzu deutlich vor Augen geführt wurde und die mit Sicherheit ebenso für Leben auf anderen Planeten zutrifft. Auch dort muss gelten, dass die eigene Freiheit da endet, wo die der anderen Spezies beginnt. Auch dort muss eine planetare Zivilisation energiesparende Maßnahmen ergreifen, die das Überdauern ihres Lebens während Milliarden von Jahren garantieren.

Damit die Kreisläufe nicht außer Kontrolle geraten, muss das Leben neben der Fähigkeit zur Selbstregulierung auch über entsprechende Rückkopplungsmechanismen verfügen, denn die Erhaltung einer lebensfreundlichen Umwelt erlaubt weder eine Selbstbeschleunigung noch eine Verlangsamung oder gar Entartung der Kreisprozesse. Vertrauen ist gut, doch Kontrolle ist besser. Ein Zustand weitab vom thermodynamischen Gleichgewicht lässt sich über längere Zeit hinweg nur aufrechterhalten, wenn in den Kreisprozessen auch ein Mindestmaß an Stabilität herrscht. Jeder beteiligte Partner muss sich auf die anderen verlassen können. Kleine Schwankungen im Energie- oder Materiefluss dürfen sich nicht gravierend auf die Prozesse auswirken. Ein Rückkopplungsmechanismus muss deshalb so ausgelegt sein, dass Schwankungen in den Kreisläufen möglichst effektiv gedämpft werden.

Schließlich muss das Leben auch auf Änderungen in seinem Umfeld sowie auf Verschiebungen im Geflecht der gegenseitigen Beziehungen reagieren können. Bestes Beispiel dafür sind Klimaveränderungen. Wenn es kälter oder wärmer wird, muss sich ein Organismus darauf einstellen können, sonst stirbt er. Damit aber eine Anpassung erfolgen kann, muss ein Organismus über die Fähigkeit der Reizbarkeit verfügen, also über eine Fähigkeit zur Wahrnehmung von Vorgängen und Veränderungen in der Umwelt. Ein »sturer« Organismus, der sich wenig um das kümmert, was um ihn herum vorgeht, hat langfristig keine Überlebenschance. Anpassung bedeutet Veränderung im Ablauf der lebenserhaltenden Prozesse, bedeutet Modifikation der Kreisläufe.

Derartige Umstrukturierungen sind natürlich nicht von heute auf morgen möglich, oder, um es im wissenschaftlichen Jargon zu formulieren, sie treten nicht spontan auf. Meist erstreckt sich eine Veränderung über die Abfolge vieler Generationen. Veränderungen, die das Leben mit einer Weiterentwicklung, eventuell einer Entwicklung zu höherer Ordnung, beantworten muss, dürfen nicht zu rasch vor sich gehen. Diese Forderung ist wiederum so allgemein gültig, dass sich auch außerirdisches Leben danach zu richten hat. Hier spielt die Vererbung von Information, die in den komplizierten Molekülen gespeichert ist, eine wichtige Rolle. Bei der natürlichen Auslese vererben sich ja vor allem die erfolgreichen Eigenschaften eines Organismus. Die erfolglosen Organismen sterben zu früh, als dass sie sich noch hinreichend vermehren könnten. Dies gilt für außerirdisches ebenso wie für irdisches Leben. Katastrophen, die rapide Veränderungen der Umwelt zur Folge haben, sind für das Leben auf einem Planeten im Allgemeinen verheerend, wenn nicht sogar tödlich. Bestes Beispiel ist der Einschlag eines großen Asteroiden auf einem Planeten. Das Leben vermag sich nicht darauf vorzubereiten, deshalb kann ein derartiges Ereignis zur fast völligen Auslöschung der Organismen führen. Gott sei Dank trafen solche Einschläge die Erde nur sehr selten – bisher etwa in Abständen von einigen hundert Millionen Jahren –, was der Stabilität des irdischen Lebens sehr zugute kam.

Doch auch wenn Katastrophen ausbleiben, heißt das noch nicht, dass einmal entstandenes Leben für immer bestehen bleibt. Ein so kompliziertes, eng vernetztes System wie das Leben unterliegt entsprechend den Gesetzen der Thermodynamik immer der Gefahr zu zerfallen. Das Leben ist instabil und muss deshalb im wahrsten Sinne des Wortes gegen den Zerfall und die Instabilität ankämpfen. Es muss über einen Mechanismus verfügen, der die komplizierten Strukturen erhält. Verschleißteile müssen ständig erneuert werden. Wenn man sich in den Finger schneidet, sollte sich die Wunde schnell von allein schließen. Uns allen sind diese Vorgänge zur Genüge bekannt. Im biophysikalischen Sinne entspricht dies dem Stoffwechsel durch Ernährung und Photosynthese. Diese Prozesse erfordern einen kontinuierlichen Austausch von Materie in Form von Stoffaufnahme, Umwandlung und Stoffabgabe sowie einen steten Energiefluss im Organismus. Dabei werden die einzelnen Energieformen ineinander umgewandelt, wie zum Beispiel chemische Bindungsenergie in Bewegungsenergie und Wärme oder Licht in chemische Energie. Ganz wichtig für einen geregelten und stabilen Ablauf ist das Fließgleichgewicht: Was reinkommt, muss auch wieder raus, sonst platzt das Individuum.

Wir fassen zusammen: Leben ist also ein ständig gegen den allgegenwärtigen Trend zum Zerfall arbeitender Prozess, der sich mittels komplizierter, fortwährend sich selbst kontrollierender Reparatur- und Rekonstruktionsprozesse erhält. Dafür benötigt das Leben Energie. Diese Energie kommt primär vom Heimatstern, wird dann in chemische Energie in den Molekülen gespeichert, um endlich im Lebewesen als Bewegung und Wärme wieder freigesetzt zu werden. Das alles ist so allgemein gültig, dass es sicher auch für außerirdisches Leben gilt. Vor allem aber muss das Leben erkennen können, was in seiner Umgebung vor sich geht, damit es sich darauf einstellen kann. Also nicht nur die Fähigkeit zum Stoffwechsel ist eine notwendige Voraussetzung, sondern auch die Fähigkeit zu kommunizieren. Das Leben muss auf seine Umgebung reagieren können, und dafür müssen Sensoren vorhanden sein. Mit anderen Worten: Organismen müssen sich spezialisieren, sie müssen in der Lage sein, Untereinheiten auszubilden, die ganz bestimmte Aufgaben wahrnehmen. Ein Lebewesen, das nur aus einem Stoff, aus einer Funktionseinheit besteht, kann sich kaum weiterentwickeln. »Vielfalt« heißt das Zauberwort, und ein Weg dorthin führt zum Aufbau von Zellen mit speziellen Aufgaben. In

Box 1 sind die wesentlichen Gesichtspunkte, die das Leben definieren, nochmals zusammengefasst.

Box 1

Wodurch definiert sich belebte Materie?

- Durch ihren speziellen chemischen Aufbau beziehungsweise ihre stoffliche Zusammensetzung,
- durch Wachstum, Differenzierung und eine Erhöhung des Ordnungsgrades,
- durch einen Stoff- und Energiewechsel,
- durch eine zelluläre Organisation (Selbstorganisation),
- durch Individualität,
- durch Reizbarkeit und Reaktionsfähigkeit,
- durch die Fähigkeit zur Anpassung (Regulationsfähigkeit),
- durch das Vermögen, sich fortzupflanzen beziehungsweise sich identisch zu reproduzieren, und
- durch einen steten Formenwandel im Laufe einer länger währenden Evolution.

Lebensinseln – abgeschottet und unabhängig

Lebende Organismen sind von ihrer Umgebung klar getrennt und an zelluläre Organisationsformen gebunden. Auf unserem Planeten ist die Zelle die kleinste Einheit des Lebens. Zellen sind von ihrer Umgebung durch eine Membran abgeschottet. Einerseits schützt diese Trennwand die Zelle, andererseits filtert sie gewissermaßen die Spreu vom Weizen. Sie erlaubt den verschiedenen Teilen der Zelle, sich mehr oder minder unabhängig von ihrer Umgebung zu entwickeln. Die Membran sorgt dafür, dass nur die Nährstoffe in die Zelle gelangen, die sie haben will – es sei denn, die Zelle ist krank. Die Zellmembran ist also eine selektiv durchlässige Schutzhaut oder, wie die Biologen sagen, eine semipermeable Membran.

Sehr wahrscheinlich sind Zellen die allgemeine Grundform von Leben im Universum. In diesen von der Umwelt abgegrenzten Bereichen kann die Entwicklung grundlegend anders verlaufen als in der Umgebung. Und das ist genau das, was wir von einem lebendigen System fordern: weg vom Umgebungsgleichgewicht, hinein in ein immer stärkeres Ungleichgewicht. Dieser Prozess kann sich nur innerhalb kleiner Areale, also Zellen, vollziehen, ansonsten würde sich das ganze Umgebungsgleichgewicht verändern, und wir hätten wiederum nichts Lebendiges. Sollte auf anderen Planeten Leben entstanden sein, so können wir ziemlich sicher sein, dass sich dessen Form der Zelle als Grundbaustein bedient. Gibt es noch andere Möglichkeiten außer Zellen? Vielleicht Kristalle? Nein, Kristalle sind nicht flexibel genug, sie sind nicht weit genug entfernt vom Gleichgewicht und damit für das Leben ungeeignet.

Betrachten wir kurz die Zellentwicklung auf unserem Planeten. Die einfachsten und ältesten Zellen, rund vier Milliarden Jahre alt, sind Bakterien und blaugrüne Algen. Diese »Urviecher«, die man auch als Prokaryonten bezeichnet, sind nur wenig strukturiert, sie besitzen noch keinen klar umrissenen Zellkern. Die nächst höhere Entwicklungsstufe stellen die so genannten Eukaryonten dar, Zellen mit mehreren inneren Membransystemen und einer Reihe von Zellbestandteilen wie dem Zellkern, den Chloroplasten, dem Golgi-Apparat und schließlich die Mitochondrien (siehe auch Box 2, Seite 58). Eukaryonten erschienen erstmals vor rund zwei Milliarden Jahren. Heute sind sie die Prototypen irdischen Lebens, der gesamten Flora und Fauna. Durch ihre halb durchlässigen Grenzmembranen wird die Zelle zu einer teilweise abgeschlossenen System- und Funktionseinheit mit einer gewissen Eigenständigkeit. Physikalisch gesprochen ermöglicht diese Abgrenzung der Zelle die Aufrechterhaltung eines Zustands weitab vom thermodynamischen Gleichgewicht. Damit gleicht die Zelle einer sehr kom-

Box 2

Zellen - die Grundeinheit irdischen Lebens

Sämtliche Lebewesen, ob tierischer oder pflanzlicher Natur, sind aus kleinsten Einheiten, den Zellen, aufgebaut. Bei Einzellern führt eine Zelle alle Lebensfunktionen aus, während bei Vielzellern Zellen verschiedener Gestalt und Funktion zum Zweck der Arbeitsteilung zu Geweben vereinigt sind. Die größte Zelle ist das Straußenei mit einem Volumen von etwa 1000 Kubikzentimetern, wogegen die kleinsten Einzeller, die Bakterien, nur ein Volumen von etwa 10^{-2} Kubikmikrometern aufweisen. In einem Würfel der Kantenlänge von einem Millimeter könnten rund 250 000 Leberzellen Platz finden. Man unterscheidet zwei Arten von Zellen: einfache Zellen ohne Zellkern, die Pro-

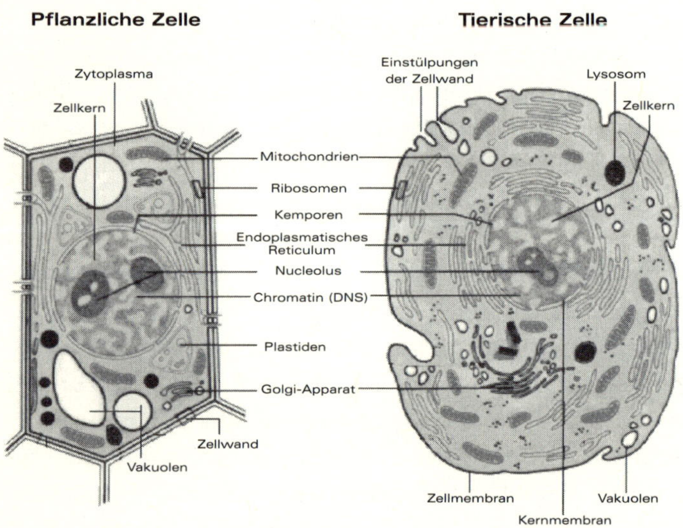

Abb. 7: Aufbau einer eukaryontischen Pflanzen- beziehungsweise Tierzelle. Unterschiede bestehen hinsichtlich der Zellgrenzen, der Plastiden, Lysosomen und der Größe der Vakuolen.

karyonten, und komplexe Zellen mit Zellkern, die Eukaryonten. Bakterien sind prokaryontische Zellen, während sich Pflanzen und Tiere aus eukaryontischen Zellen zusammensetzen. Alle Zellen bestehen in erster Linie aus dem Zellplasma, umgeben von einer Zellmembran oder einer Zellwand. Bei den Prokaryonten schwimmt die Erbinformation tragende DNS frei in diesem Plasma. Eukaryontische Zellen sind komplizierter aufgebaut. Man findet zahlreiche, mit speziellen Aufgaben betraute Zellorganellen wie beispielsweise den Zellkern, die Mitochondrien, den Golgi-Apparat, die Ribosomen und das endoplasmatische Reticulum *(Abb. 7)*.

Der Zellkern, ein abgegrenztes, meist kugeliges Körperchen und die wichtigste Kommandostelle für das Zellgeschehen, ist das größte Organell in einer eukaryontischen Zelle. Er beherbergt die Chromosomen, in denen die genetische Information gespeichert ist. Die vorrangige Aufgabe des Zellkerns besteht in der Übertragung des Erbguts auf die Tochterzellen. Die Mitochondrien sind von einer äußeren und einer inneren Membran mit sackartigen Einstülpungen nach innen umhüllt. Ihre wichtigste Aufgabe ist die Energiegewinnung bei der Atmung der Zelle. In ihrem Inneren finden sich die Enzyme des Zitronensäure-Zyklus und des Fettsäure-Stoffwechsels. Da sie sich in der Zelle bewegen und so zu Orten des Energiebedarfs gelangen, bezeichnet man sie auch als fahrende Kraftwerke der Zelle. Der Golgi-Apparat, ein aus mehreren aufeinander geschichteten Membranpaaren bestehendes Zellorganell, ist für die Herstellung der Zellmembran wichtig. Über ihn werden Proteine aus der Zelle geschafft, die für die Zellmembran und die Umgebung der Zelle bestimmt sind. Die Ribosomen, einzeln oder in Gruppen frei im Zellplasma schwimmende oder an Membranen des endoplasmatischen Reticulums geheftete Partikel, bestehen im

Wesentlichen aus Ribonukleinsäure (RNS). An ihnen findet die Synthese der Proteine statt. Das endoplasmatische Reticulum, ein weitläufig verzweigtes Hohlraumsystem, das in zusammenhängenden, von Membranen gebildeten Schläuchen und in Bläschen das Zellplasma durchzieht, dient der Speicherung von Zucker und Stärke und der Entgiftung der Zelle. Vakuolen, mit Flüssigkeit gefüllte Hohlräume, sind insbesondere für ältere Pflanzen typisch. In tierischen Zellen können zwei Arten von Vakuolen auftreten: die Nahrungsvakuolen, in denen Verdauungsvorgänge stattfinden, und die pulsierenden Vakuolen, die sich periodisch nach außen entleeren und so die Ausscheidung nicht weiter verwertbarer Stoffwechselprodukte übernehmen. Lysosomen kommen nur in tierischen Zellen vor. Diese bläschenförmigen Bestandteile der Zelle enthalten die Verdauungsenzyme.

Neben diesen Organellen finden sich in den pflanzlichen Zellen noch von einer Doppelmembran umhüllte Plastiden, die man in Protoplastiden, Etioplasten, Chloroplasten, Chromoplasten und Leukoplasten unterteilt. In dieser Gruppe sind insbesondere die Chloroplasten von Bedeutung. Sie enthalten große Mengen Chlorophyll, das für die Photosynthese der Pflanze verantwortlich ist.

pakten und sehr effizienten chemischen Fabrik, in der die notwendigen Kreisprozesse, von äußeren Einflüssen mehr oder weniger ungestört, ablaufen können.

Fassen wir noch einmal kurz zusammen, welche Merkmale wir bis jetzt zur Charakterisierung des Lebens gefunden haben: Lebende Systeme sind selbst organisierende Nichtgleichgewichtssysteme. Ein solches System ist eine besondere Anordnung von Materie mit erkennbaren Grenzen, die von einem Energie- und möglicherweise auch Materiefluss durchdrungen wird. Es befindet sich in einer stabilen Konfiguration weit weg vom thermodynamischen Gleichgewicht. Aufrechterhalten wird das System durch Kreisprozesse, die den internen sowie den externen Transport von Materie und Energie regeln. Rückkopplungsmechanismen regulieren die Flussrate der Kreisprozesse und stabilisieren so das System gegen kleinere Störungen.

Der vererbte Bauplan

Ein besonderes Merkmal des Lebens ist seine Fähigkeit zur Fortpflanzung und damit zur identischen Vervielfältigung lebender Einheiten. Es schafft Ordnung aus Ordnung. Während der Entwicklungsweg von unbelebter zu belebter Materie auch allgemein gültige Schlüsse auf außerirdische Organismen erlaubt, ist die Fähigkeit der Reproduktion abhängig von den Umständen, unter denen die Organismen existieren. Wir müssen uns hier

Box 3

Die DNS - der zentrale Informationsspeicher des Lebens

Die Desoxyribonukleinsäure (DNS) ist der Träger der genetischen Information. Sie enthält die »Bauanleitung« für die verschiedenen Zelltypen und deren Verknüpfungen. Im Vergleich zu allen anderen Molekülen in einer Zelle, auch gemessen an den Proteinen, ist die DNS überragend groß. Bei den Bakterien ist die gesamte Erbinformation in einem einzigen ringförmigen DNS-Molekül gespeichert, wogegen bei eukaryontischen Zellen jedes Chromosom eine DNS enthält. Obwohl unterschiedlich lang, teilweise bis zu einigen Zentimetern, sind die fadenförmigen Moleküle einheitlich zwei Nanometer dick. Aufgebaut ist die DNS aus zwei Einzelsträngen, die sich zu einer Doppelhelix verbunden haben *(Abb. 8)*. Das Rückgrat jedes Strangs bildet eine

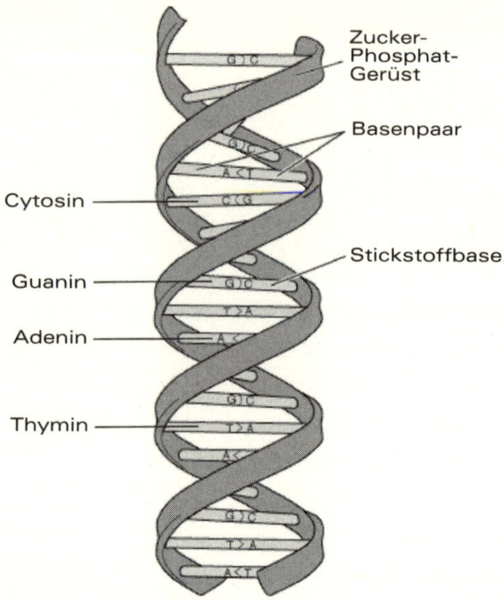

Abb. 8: In der Doppelhelix der Desoxyribonukleinsäure (DNS) ist der gesamte Bauplan eines Lebewesens in codierter Form gespeichert. Die Reihenfolge der Basenpaare Adenin-Thymin und Guanin-Cytosin legt fest, welche Aminosäuren zum Aufbau der Proteine herangezogen werden.

lange Kette monomerer Untereinheiten, der Nucleotiden, die ihrerseits aus je einer Phosphatgruppe (PO_4), einem C_5-Zucker-Ring und einer der Stickstoffbasen Adenin, Thymin, Guanin oder Cytosin bestehen. Die Reihenfolge der vier Basen entlang des Strangs gleicht einem Text aus vier Buchstaben (A, T, G, C), der die Anweisungen für alle Eigenschaften des jeweiligen Individuums enthält. Die Bindung zweier Einzelstränge zu einer Doppelhelix erfolgt über Wasserstoffbrücken, wobei sich eine Adeninbase auf dem einen nur mit einer Thyminbase auf dem anderen Strang vereinigt beziehungsweise eine Guaninbase auf dem einen nur mit einer Cytosinbase auf dem anderen Strang. Aufgrund dieser Basenpaarung sind die beiden Einzelstränge hinsichtlich der Basensequenz komplementär. Bei den

Bakterien setzt sich die DNS aus rund vier Millionen Nukleotiden zusammen, was in etwa dem Informationsgehalt eines Buches von rund 400 Seiten entspricht. Eine menschliche Eizelle enthält dagegen rund vier Milliarden Nukleotide, sodass der Text der genetischen Information bereits 1000 Bände zu je 400 Seiten füllen würde.

Damit bei der Zellteilung auch der neuen Zelle der volle Informationsinhalt der DNS zuteil werden kann, muss die DNS vorher verdoppelt werden. Dazu wird mithilfe von Enzymen die Doppelhelix zunächst aufgetrennt und entspiralisiert. Anschließend wird an den Einzelsträngen, die nun als Matrize dienen, durch das Enzym RNS-Polymerase, die so genannte Primase, ein kurzes RNS-Stück als Startsequenz (Primer) synthetisiert, von dem aus die Replikation des Gesamtstrangs einsetzt. Da sich bei der Synthetisierung immer nur eine Adenin- mit einer Thyminbase und eine Guanin- mit einer Cytosinbase paaren, orientiert sich der Kopiervorgang streng an der Nukleotidsequenz des DNS-Einzelstrangs. Am Ende der Verdoppelung steht ein zu dem als Matrize dienenden Ausgangsstrang komplementärer DNS-Strang, der sich mit dem Ausgangsstrang über Wasserstoffbrücken zu einer neuen DNS-Doppelhelix verbindet.

Bei der Verdoppelung werden jeweils beide DNS-Stränge kopiert, jedoch auf unterschiedliche Weise, der eine vorwärts, der andere rückwärts. Das hat zur Folge, dass die Synthese am einen Strang kontinuierlich, am anderen aber nur stückweise erfolgen kann. Bevor sich daher der Ausgangsstrang mit den neu synthetisierten Strangteilen zu einer Doppelhelix verbinden kann, müssen die Einzelteile zunächst durch das Enzym DNS-Ligase zu einem durchgehenden Strang verbunden werden.

Die hohe Geschwindigkeit der DNS-Replikation von rund 500 Nukleotiden pro Sekunde führt gelegentlich zu Abschreibefehlern, das heißt zum Einbau einer passungenauen, »falschen« Stickstoffbase. In der Regel werden derartige Fehlstellen jedoch sofort mithilfe von Enzymen repariert. Trotz der Ausstattung der Zellen mit verschiedenen Reparatursystemen können sich in der DNS hin und wieder Fehler einschleichen, die von keinem der Reparaturenzyme erkannt werden oder bereits fixiert und damit nicht mehr zu reparieren sind. Derartige Veränderungen führen zu einer bleibenden Veränderung des Erbguts, zu einer Mutation der Tochterzelle.

deshalb auf das beschränken, was wir vom Leben auf der Erde gelernt haben. Auf anderen Planeten kann die Fortpflanzung ganz anders verlaufen. Im Grundsatz muss man aber auch für außerirdisches Leben fordern, dass das Erbgut in Form von komplizierten Molekülen gespeichert ist und auf irgendeine Weise an neue Generationen weitergegeben wird. Gelingt das nicht in ausreichendem Maße, stirbt die Art aus.

Unter Fortpflanzung versteht man die ständige Erneuerung einer lebenden Substanz zum Zweck ihrer Selbsterhaltung. Bei den mehrzelligen Lebewesen beginnt die Fortpflanzung mit einer Ausgangszelle, die sich mithilfe eines eingeprägten Programms fortwährend teilt, bis schließlich ein das Einzelwesen charakterisierender Zellverband entstanden ist. In der Struktur des komplexen Moleküls der Desoxyribonukleinsäure, kurz: DNS (siehe auch Box 3), ist die Erbinformation in verschlüsselter Form gespeichert. Dieser Bauplan wird bei der Zellteilung zunächst verdoppelt, dann auf einen Kopierer umgeschrieben und zu den zelleigenen Eiweißfabriken, den Ribosomen, transportiert, wo er die chemischen Prozesse zum Aufbau neuer Moleküle steuert. Schließlich wird bei der Zellteilung die verdoppelte Erbinformation auf beide Zellen aufgeteilt. Es wird also nicht nur die Anzahl der Zellen verdoppelt, sondern immer auch der gesamte Bauplan.

Obwohl diese Prozesse zu den beeindruckendsten und kompliziertesten Vorgängen gehören, denen man in der Natur begegnet, ist ihre Beschreibung doch ziemlich trocken ausgefallen. Da vervielfältigt sich ein Organismus, indem er auf molekularer Ebene offenbar seine intimsten Geheimnisse preisgibt, und uns fällt nicht viel mehr ein als eine grobe Auflistung der beteiligten Vorgänge. Aus einer sehr geordneten Zelle werden erst zwei, dann vier, dann acht und so fort. Und alle sind gleich! Alle Leberzellen sind gleich, haben die gleiche Aufgabe. Die Haut besteht aus lauter gleichen Zellen. Und jede Zelle enthält den kompletten Bauplan für das gesamte Lebewesen. Da scheint sich das Leben rückzuversichern, dass auf keinen Fall etwas verloren geht – jede Menge Sicherungskopien! Der Plan breitet sich überallhin aus, Lebewesen lassen keine Gelegenheit verstreichen, um ihre Erbinformationen weiterzutragen. Was wir hier vor uns haben, ist das Urgeheimnis des Lebens: nämlich Ordnung zu erhalten und selbst sehr spezielle Eigenschaften stetig weiterzuvererben. Das Leben ist ein immerwährender Prozess. Sein Ablauf bedeutet Leben, sein Stillstand Tod.

Mit den Prozessen der Reproduktion allein ist das Leben jedoch noch nicht hinreichend beschrieben. Auch ein Kristall in einer gesättigten Lösung kann während seines Wachstums die ihm zugrunde liegende Kristallstruktur identisch vervielfältigen. Belebte Materie jedoch unterscheidet sich durch einen mehr oder minder kontinuierlichen Formenwandel im Laufe einer über Jahrmillionen hinweg andauernden Entwicklung. Nach heutigem Kenntnisstand hat sich die Vielfalt des irdischen Lebens durch Mutationen aus einer einzigen Urzelle entwickelt. Dieser Wandel hat seine Wurzeln in kleinen Veränderungen im Code der Erbinformation. Mutationen können entweder durch zufällige Fehler beim Kopiervorgang entstehen oder durch äußere Einflüsse auf die Zelle. So verursacht beispielsweise Röntgenstrahlung Schäden in den Molekülketten der die Erbinformationen beinhaltenden Desoxyribonukleinsäure.

Gleiches muss natürlich auch für außerirdisches Leben gelten. Deshalb sei schon mal an dieser Stelle die gewagte These aufgestellt: Auch der Außerirdische ist nur ein Mensch, im übertragenen Sinne natürlich. Moleküle sind überall im Universum

Verbände von Atomen. Diese Verbindungen können durch energetische Strahlung oder mechanische Einflüsse aufgebrochen und verändert werden. Deshalb sind auch die Moleküle, welche die Erbinformation tragen, überall im Universum gefährdet.

Zellmutationen sind mehr oder minder gravierend verändert gegenüber der Ausgangszelle und deshalb auch mehr oder weniger gut an ihre Umgebung angepasst. Im Laufe der Evolution werden nicht die Lebensformen bevorzugt, die eine höhere Stufe an Komplexität erreicht haben, sondern eher jene, die am besten mit ihrer Umwelt zurechtkommen. Auf lange Sicht können nur die Lebewesen überdauern, die sich am besten angepasst haben. Da sich Mutationen genauso vererben wie die unveränderten Merkmale und da die veränderten Zellen, die Mutanten, ihrerseits wieder neue Mutationen erfahren, wird die große Vielfalt der Lebensformen auf der Erde verständlich. Es heißt zwar: »Kleine Sünden bestraft der liebe Gott sofort«, aber in der biologischen Entwicklung scheint zunächst nicht klar zu sein, was eine kleine Sünde ist. Erst im Nachhinein zeigt sich, ob eine Veränderung gut oder schlecht war. Auch hier geht es anscheinend nach dem Motto: »Hinterher ist man immer klüger.« Offenbar ist hier ein ziemlich blinder und sehr konservativer Spieler am Werk. Was erfolgreich ist, das wird erhalten und konserviert. Trotzdem wird immer auch ein bisschen gespielt und die eine oder andere Variante ausprobiert.

Nach den ersten 500 bis 600 Millionen Jahren gab es auf der Erde immer Leben. Das ist durchaus überraschend, denn die Biosphäre der Erde ist ein stark verzahntes, gekoppeltes System, in dem praktisch alle Arten voneinander abhängen und zu dem alle ihren Beitrag leisten. Stirbt eine Art aus, so wird die Lücke von einer anderen besetzt. Meistens beeinflusst das Aussterben einer Art auch andere, manchmal sogar sehr viele Arten. Vor allem globale Katastrophen wie Einschläge von Asteroiden oder Eiszeiten sind geeignet, den Bestand der Arten dramatisch zu reduzieren. Es haben sich schon einige Male solch verheerende Aussterbewellen ereignet. So sind zum Beispiel vor 250 Millionen Jahren ungefähr 90 Prozent aller Arten umgekommen. Damals lag die Ursache vermutlich in einer drastischen Abkühlung des Erdklimas. Vor 65 Millionen Jahren war es jedoch ziemlich sicher ein Asteroideneinschlag, dem die Dinosaurier zum Opfer gefallen sind. Aber das Leben hat solche Zwischenfälle immer auch als Chance genutzt, um sich weiterzuentwickeln und noch besser anzupassen.

Durch Katastrophen verändert sich das Ungleichgewicht der Biosphäre, in der Folge erhöht sich der Druck auf die noch übrig gebliebenen Arten, und eine Neuorganisation der Biosphäre setzt ein. Erst nachdem die Dinosaurier ausgestorben waren, konnten die Säugetiere ihren Siegeszug durch die Erdgeschichte antreten. Aufgrund der plötzlich veränderten Umwelt breiteten sie sich als die Erfolgreicheren aus und brachten durch Mutation neue Arten hervor. Wer weiß, ob es die Menschheit überhaupt gäbe, wenn die Dinosaurier nicht ausgestorben wären?

Ein Fazit

Bis heute kennen wir keine anderen Lebensformen als jene, die auf der Erde vorkommen, Formen von scheinbar unübersehbarer Vielfalt. Fragt sich nur, ob das, was auf unserem Planeten geschah und noch immer geschieht, der kosmische Normalfall ist oder ob das Leben auf der Erde einen Sonderweg eingeschlagen hat, der nirgendwo sonst beschritten wurde. Wenn wir annehmen, dass wir der Normalfall im Universum sind, dann sollte auch außerirdisches Leben für seine Strukturen Bausteine benutzen, die nicht nur auf der Erde vorkommen, sondern überall im Universum, Bausteine eben für »Otto Normalverbraucher«. Die Lebewesen auf der Erde sind das Ergebnis einer Milliarden Jahre langen biologischen und auch klimatischen Entwicklung. Gleiches muss ebenso für außerirdische Lebewesen gelten. Auch sie haben den gleichen Baukasten mit Lebensbausteinen zur Verfügung, um sich aus einfachen Formen zu entwickeln. Bei uns auf der Erde erwuchs die Einfachheit der ersten Lebensorganismen aus einer sehr begrenzten Anzahl von Atomarten, die sich dank ihrer physikalischen Eigenschaften zu bestimmten Molekülen zusammengefunden haben. Da die Naturgesetze, welche die Bindungseigenschaften zwischen den Atomen regeln, überall im Kosmos die gleichen sind, muss das auch für außerirdisches Leben gelten. Der Beweis dafür steht noch aus. Bietet das Universum dem Leben wirklich überall das gleiche Sortiment an Bausteinen an, oder gibt es regionale Unterschiede?

3.

Die Bausteine des Lebens

Im Augenblick letzter Zerteilung und Verwinzigung des Materiellen tut sich plötzlich der astronomische Kosmos auf! Das Atom ist ein energiegeladenes kosmisches System, worin Weltkörper rotierend um ein sonnenhaftes Zentrum rasen und durch dessen Ätherraum mit Lichtgeschwindigkeit Kometen fahren, welche die Kraft des Zentralkörpers in ihre exzentrischen Bahnen zwingt.

(Thomas Mann: *Der Zauberberg*)

92 und nicht mehr

In unserer Alltagssprache kommt das Wort »Materie« nicht allzu häufig vor. Sollte uns jemand unverhofft auffordern, den Begriff »Materie« zu definieren, so würde uns vielleicht nicht gleich etwas Sinnvolles einfallen, weil das Wort so vieldeutig sein kann. Wenn wir »Hund« oder »Baum« sagen, weiß jeder sofort, was gemeint ist. Aber bei Materie könnte es sich ja um einen Gegenstand, um ein Gebiet, um das Thema einer Untersuchung oder auch um eine Substanz handeln. Aus diesem Katalog von Begriffen kann man sich den passenden Bezug aussuchen. In den naturwissenschaftlichen Disziplinen, insbesondere der Chemie und Physik, sind die Definitionen jedoch genauer. Hier versteht man unter Materie die Gesamtheit aller organischen und anorganischen Stoffe, die aus Molekülen bestehen und diese wiederum aus Atomen. Doch mit diesen Erklärungen wissen wir noch lange nicht alles über das Wesen der Materie.

Alle Dinge und Lebewesen auf der Erde, die aus der Evolution hervorgegangen sind, bestehen aus Materie. Nun scheint aber das Auto in unserer Garage etwas anderes zu sein als etwa ein Elefant. Ist der Unterschied tatsächlich so gravierend, wie er sich uns augenscheinlich darbietet, oder gibt es vielleicht doch Gemeinsamkeiten, die auf den ersten Blick nur nicht zu erkennen sind? Das Auto kann hupen, der Elefant trompeten, das ist doch schon mal recht ähnlich. Aber auf das wollen wir nicht hinaus. Wir sprechen von den Gemeinsamkeiten im Aufbau der Materie.

Betrachten wir doch mal unser Auto etwas genauer. Grob gesprochen gliedert es sich in drei zusammenhängende Bereiche: den Kofferraum mit dem Ersatzreifen, die Fahrgastzelle mit den Sitzen und den Motorraum mit dem Motor. Zerlegen wir den Motor, so zerfällt er in Ventile, Kurbel- und Nockenwelle, Kolben und noch eine Vielzahl anderer Teile. Ein Kolben wiederum besteht aus Kolbenkopf, Pleuel, Kolbenringen und etlichen Befestigungssplinten. Jetzt sind unsere Teile schon so klein, dass wir mit dem uns zur Verfügung stehenden Werkzeug nicht weiterkommen. Doch wenn wir einen Kolbenring einem Metallurgen zur Untersuchung bringen, dann legt er ein kleines Stückchen davon unter ein hoch auflösendes Mikroskop und erzählt uns, dass der Kolbenring aus Stahl gefertigt ist, einer Legierung aus Atomen der Elemente Eisen, Kohlenstoff, Silizium, Chrom und Nickel.

Obwohl uns ein Elementarteilchenphysiker erklärt, dass man auch die einzelnen Atome noch weiter aufspalten kann, wollen wir es an dieser Stelle zunächst einmal gut sein lassen mit der Zerlegerei. Jetzt kommt der Elefant dran: Um Ärger mit Tierschützern zu vermeiden, machen wir das natürlich nur in Gedanken. Als Erstes finden wir diverse Organe, dann Muskeln, Knochen und Sehnen sowie eine Menge Bindegewebe und Fett. Damit es weitergeht, muss ein Chemiker her. Der schnippelt ein Stückchen von einem Muskel ab, löst alles in Säure auf, kocht, schüttelt und filtriert und kann schließlich anhand des Niederschlags oder an der speziellen Färbung der Lösung erkennen, dass der Muskel aus so genannten Proteinen, also Eiweißmolekülen, aufgebaut ist. Ein Fläschchen dieser Lösung geht nun an einen Molekularbiologen zur weiteren Untersuchung. Der zerlegt die Eiweiße in Moleküle und die Moleküle wiederum in Atome und kommt endlich zu dem Schluss: Proteine bestehen im Wesentlichen aus Kohlenstoff, Wasserstoff, Stickstoff und Sauerstoff.

Wir könnten noch lange so weitermachen und auch die Sitze im Auto oder die Knochen des Elefanten auf ihre atomaren Bestandteile hin untersuchen. Dann könnten wir die Experimente ausdehnen auf Steine, auf Holz oder Gummi, vielleicht sogar auf den Dreck in unserem Hinterhof und diese Proben auf ihre einzelnen Atomarten hin analysieren. Aber was auch immer wir zerlegen, wir stoßen in der Natur nur auf eine begrenzte Anzahl unterschiedlicher Atome oder – besser – Elemente: nämlich nicht mehr als 92. Darüber hinaus kennt man noch 12 weitere sehr schwere Elemente, die allerdings künstlich hergestellt werden müssen. Drehen wir den Spieß um, so heißt das, dass alles, was wir auf der Erde an Materie vorfinden, wie auch immer sie aussehen mag, aus Atomen dieser 92 Elemente zusammengesetzt ist. Das ist die Gemeinsamkeit innerhalb der Materie, von der wir eingangs gesprochen haben. Aus diesen 92 Elementen ist alle Materie aufgebaut beziehungsweise entstanden.

Dieser Befund hat nicht nur Gültigkeit auf der Erde. Auch das Mondgestein, das die »Apollo«-Astronauten zur Erde mitgebracht haben, enthält nur Elemente unserer Liste. Das Gleiche gilt für Meteoritenfunde, als deren Ursprünge zum Beispiel der Mars identifiziert werden konnte. Beim Jupiter wird die Untersuchung etwas komplizierter, denn bisher war noch niemand dort und konnte etwas Gas aus seiner Atmosphäre mitbringen. Doch mithilfe der Spektroskopie, eines physikalischen Verfahrens zur Wellenlängenmessung der von angeregten Atomen emittierten Strahlung, lässt sich feststellen, dass auch auf dem Jupiter nur uns bekannte Elemente vorkommen. Und die Untersuchung des Lichts weit entfernter Sterne liefert ebenfalls stets das gleiche Ergebnis: immer die gleichen 92 Elemente.

Doch woher kamen sie? Waren diese Grundbausteine schon

immer da, oder sind sie irgendwann einmal entstanden? Gab es einen Prozess, der zur Bildung der Elemente führte? Gab es vielleicht sogar eine kontinuierliche Entwicklung, die schrittweise immer neue Teilchen hervorbrachte, aus denen letztendlich die Elemente entstanden? Bevor wir jedoch auf diese Fragen näher eingehen, wollen wir uns zunächst noch etwas mit dem Wesen der Materie beschäftigen.

Ein kleines Sonnensystem

Heute weiß nahezu jedes Kind, dass sich Materie aus Atomen zusammensetzt und dass die Atome aus einem elektrisch positiv geladenen Kern und negativ geladenen Elektronen bestehen. Man weiß auch, dass Atome nicht als massive Kugeln aufgefasst werden dürfen, sondern dass in ihnen trotz ihrer geringen Größe von 10^{-10} bis 10^{-9} Metern noch viel freier Raum vorhanden ist. Nahezu die gesamte Atommasse ist in dem kleinen Kern konzentriert. Vergleicht man die Ausmaße eines Atoms mit den Abmessungen eines Fußballstadions, so kreisen die Elektronen auf den obersten Rängen um einen reiskorngroßen Kern am Anstoßpunkt in der Mitte des Stadions.

Als Nächstes stellt sich die Frage nach der inneren Struktur und nach dem Aufbau des Atomkerns. Erst glaubte man, dass ein Kern aus positiv geladenen Protonen und Elektronen zusammengesetzt sein muss. Doch diese Vorstellung führte zu unüberwindlichen theoretischen Schwierigkeiten. Der Physiker und spätere Nobelpreisträger Werner Heisenberg hat daher gleich nach der Entdeckung des elektrisch neutralen Neutrons darauf hingewiesen, dass all diese Probleme verschwinden, wenn man davon ausgeht, dass der Atomkern aus Protonen und Neutronen, den Nukleonen, aufgebaut ist. Damit tauchte aber ein neues Problem auf: In einer derartigen Konfiguration können die positiven Ladungen der Kernprotonen nicht mehr durch elektrisch negativ geladene Elektronen ausgeglichen werden. Da sich gleichnamige Ladungen abstoßen, sollten die Kerne eigentlich instabil sein und auseinander fliegen. Also muss man für den Zusammenhalt des Kerns eine besondere Kraft fordern, die sich nur zwischen den Kernbausteinen entfaltet. Diese Kraft muss viel stärker als die Abstoßung gleichnamiger Ladungen sein und darf ausschließlich innerhalb des Atomkerns wirken.

Schauen wir uns die negativ geladenen Elektronen etwas genauer an. Sie umkreisen den Atomkern auf ganz bestimmten stabilen Bahnen, ähnlich wie die Planeten unsere Sonne umrunden. Dieses sehr vereinfachte Bild entspricht jedoch nicht den tatsächlichen Verhältnissen. Feste Bahnen sind nicht auszumachen. Man kann lediglich die Wahrscheinlichkeit angeben, mit der die Elektronen an einem bestimmten Raumpunkt anzutreffen sind, oder anders ausgedrückt: das Zeitmittel der Elektronendichte an jedem Raumpunkt. Man spricht daher besser auch von einer Elektronenwolke, die den Atomkern umgibt. Für unsere Zwecke ist jedoch die vereinfachte Darstellung von Elektronenbahnen – oder wie man auch sagt: von Elektronenschalen – geeigneter, da sich mithilfe dieses Bildes die Vorgänge im Atom gut erklären und verstehen lassen.

Insgesamt gibt es sieben derartige Elektronenschalen. Beginnend mit dem leichtesten Element, wird zunächst die innerste Schale mit Elektronen aufgefüllt, dann bei den schwereren Elementen die weiter außen liegenden Schalen. In jeder Schale finden maximal $2 \times n \times n$ Elektronen Platz, wobei n entsprechend der jeweiligen Bahn die Werte 1 bis 7 annehmen kann. Die erste Schale ist demnach bereits mit zwei, die zweite mit acht, die dritte mit 18 – und so weiter – Elektronen voll besetzt. Je nachdem, auf welcher Bahn die Elektronen den Kern umkreisen, besitzen sie unterschiedliche Energien. Von der innersten Bahn oder Schale zu weiter außen liegenden Schalen nimmt die Bindungsenergie der Elektronen laufend ab. Für das Verständnis des Folgenden sollten diese Erklärungen genügen. Wer sich etwas genauer informieren möchte, der findet mehr in Box 4 auf Seite 75.

Jetzt ist es nicht mehr schwer, den Aufbau der Materie zu verstehen. Grundsätzlich unterscheidet man die verschiedenen Elemente anhand der Masse und der elektrischen Ladung ihrer Atomkerne. Die Kernmasse wiederum ist festgelegt durch die Anzahl aller Protonen und Neutronen, die zusammen den Kern bilden. Die Kernladung entspricht der Summe aller Ladungen der im Kern vorhandenen Protonen. Da das Atom nach außen aber als elektrisch neutrales Teilchen auftritt, muss die Anzahl der den Kern umkreisenden Elektronen die positive Ladung des Kerns gerade ausgleichen. Das bedeutet: In einem Atom gibt es genauso viele Protonen wie Elektronen. Generell gilt: Je mehr Nukleonen sich im Kern vereinigen, desto schwerer wird das Element, desto größer ist das Atomgewicht und desto mehr Elektronen befinden sich, verteilt auf Schalen mit unterschiedlichen Energieniveaus, in seiner Elektronenhülle.

Das leichteste Element ist der Wasserstoff. Sein Kern besteht aus lediglich einem einzigen Proton, das von nur einem Elektron umkreist wird. Bei dem nächst schwereren Element, dem Helium, setzt sich der Kern aus zwei Protonen und zwei Neutronen zusammen. Die zwei Elektronen, die zum Ausgleich der positiven Kernladung nötig sind, füllen die erste Elektronenschale vollständig auf. Beim dritten Element, dem Lithium mit je drei Protonen und Neutronen im Kern, muss eine zweite Elektronenschale hinzukommen, die mit einem Elektron besetzt ist. Es schließt sich Beryllium an mit vier Protonen und fünf Neutronen im Kern und einem weiteren Elektron in der zweiten Schale. Beim Element Neon mit insgesamt zehn Protonen und zehn Neutronen im Kern ist dann auch die zweite Schale mit insgesamt acht Elektronen voll besetzt. Das geht nun so weiter: Immer mehr Protonen und Neutronen bilden immer schwerere Kerne, und immer mehr Elektronen verteilen sich auf immer mehr Schalen. Schließlich kommt man zum Uran, dessen Kern 92 Protonen und 146 Neutronen enthält und von 92 Elektronen umkreist wird.

Box 4

Energieniveaus der Elektronen eines Atoms

Das Pauli-Prinzip besagt, dass sich in einem Atom alle Elektronen hinsichtlich ihrer Energie unterscheiden und somit niemals zwei Elektronen ein und dasselbe Energieniveau besetzen können. Daher verteilen sich die Elektronen einer Schale der Hauptquantenzahl n auf weitere so genannte Unterniveaus, in die jede Hauptquantenzahl aufspaltet. Es gilt folgendes Schema: Zunächst spaltet n auf in n – 1 Energieniveaus der Bahndrehimpulsquantenzahl l, der Bahndrehimpuls dann weiter in 2l + 1 Energieniveaus der Richtungsquantenzahl m und diese nochmals in zwei Eigendrehimpulswerte $s = + \frac{1}{2}\hbar$ beziehungsweise $- \frac{1}{2}\hbar$. Dabei läuft die Bahndrehimpulsquantenzahl l von 0 bis n – 1 und die Richtungsquantenzahl m von – l bis + l, und zwar jeweils in Schritten von 1. In einem Atom können somit nur Elektronenanordnungen vorkommen, die sich in mindestens einer dieser vier Quantenzahlen n, l, m und s unterscheiden.

Beispielsweise wird für n = 1 die Bahndrehimpulsquantenzahl l = 0 und die Richtungsquantenzahl m = 1, die ihrerseits wieder in die Spinquantenzahlen $s = + \frac{1}{2}\hbar$ und $s = - \frac{1}{2}\hbar$ aufspaltet. Infolgedessen kann das Energieniveau der Hauptquantenzahl n = 1 von höchstens zwei Elektronen besetzt werden, wovon das eine die Quantenzahlen n =1, l = 0, m = 1 und $s = + \frac{1}{2}\hbar$ und das andere die Quantenzahlen n =1, l = 0, m = 1 und $s = - \frac{1}{2}\hbar$ aufweist. Damit ist die innerste Schale vollständig mit Elektronen aufgefüllt. Für n = 2 nimmt l den Wert 0 und 1 an. Das Niveau l = 0 kann nicht mehr weiter aufspalten, sodass es nur von insgesamt zwei Elektronen mit entgegengesetztem Spin $s = + \frac{1}{2}\hbar$ beziehungsweise $s = - \frac{1}{2}\hbar$ besetzt werden kann. Das Niveau l = 1 spaltet jedoch weiter auf in die Niveaus m = -1, 0, +1, die jeweils mit wiederum zwei Elektronen von entgegengesetztem Spin belegt werden können. Damit sind 2 + 6, also insgesamt 8 Elektronen, nötig, um die Schale n = 2 vollständig zu füllen. Entsprechend diesem Schema kann eine Schale der Hauptquantenzahl n maximal $2n^2$ Elektronen aufnehmen.

In der Geschichte der Wissenschaft wurden die einzelnen Elemente natürlich erst nach und nach entdeckt, sodass man schließlich vor einem ziemlich ungeordneten Haufen stand. Im Jahre 1869 haben der russische Chemiker Dimitri Iwanowitsch Mendelejeff und der deutsche Forscher Lothar Meyer diesen »Atomzoo« auf geniale Weise geordnet. Ohne voneinander zu wissen, fassten sie die Elemente in einem so genannten Periodensystem zusammen und sortierten sie nach steigendem Atomgewicht (siehe auch Box 5, Seite 78). Dabei fällt auf, dass in gewissen Abständen immer wieder gasförmige Elemente auftauchten: nämlich Helium, Neon, Argon, Krypton, Xenon und Radon. Diese sind besonders stabil und gehen unter gewöhnlichen Bedingungen keine Verbindungen mit einem anderen Element ein. Aufgrund dieses noblen Verhaltens bezeichnet man diese Gase auch als Edelgase. Bei genauerem Hinsehen erkennt man, dass außer Helium alle Vertreter dieser Gruppe ihre äußerste Schale mit acht Elektronen besetzt haben. Diese Anordnung bezeichnet man auch als Edelgaskonfiguration. Helium ist hier nur insofern die Ausnahme, als sein Kern lediglich zwei Protonen besitzt und damit das Atom auch lediglich zwei Elektronen haben kann. Sie füllen die erste und einzige Schale voll auf.

Die Atome sind die grundlegendsten Bausteine der Materie. Aus diesen setzen sich die teilweise außerordentlich komplexen Moleküle zusammen, die das Leben zur Bildung seiner Strukturen braucht. Es muss also Regeln geben, wie sich die Atome untereinander zu Molekülen verbinden und wer sich mit wem zusammentun kann. Diese Regeln sind das Fundament sowohl der anorganischen als auch der organischen Chemie. Ohne die vielfältigen Möglichkeiten der chemischen Bindung wäre die Entstehung von Leben niemals möglich geworden.

Was Moleküle zusammenhält

Bei der Konstruktion der Moleküle kommt der Edelgaskonfiguration eine besondere Bedeutung zu. Für das Zustandekommen von Verbindungen sind nämlich vornehmlich die Elektronen auf der äußersten Schale entscheidend, die so genannten Valenzelektronen. Da, wie durch die Edelgase bewiesen, eine Achterschale besonders stabil ist, verbinden sich die Elemente in der Regel so, dass jedes Atom eine Außenschale mit acht Elektronen erhält. Dazu gibt ein Atom entweder Elektronen ab, die ein anderes dann für sich beanspruchen kann, oder zwei Atome arrangieren sich so, dass ein oder mehrere Elektronen sowohl der äußeren Schale des einen als auch jener des anderen Atoms angehören können.

Am Beispiel des Wassers lässt sich dieses Prinzip gut erkennen. Sauerstoff hat sechs Elektronen auf seiner äußeren Schale und der Wasserstoff nur eins. Dem Sauerstoff fehlen also zwei Elektronen zur vollen Achterschale und dem Wasserstoff ein Elektron, um seine Schale mit insgesamt zwei Elektronen zu vervollständigen. Wenn sich nun zwei Wasserstoffatome und ein Sauerstoffatom zusammentun, dann verfügen die drei Atome zusammen über acht Elektronen. Jetzt kann sich der Sauerstoff von jedem Wasserstoffatom ein Elektron leihen, um seine Schale auf acht Elektronen aufzustocken, und die Wasserstoffatome können sich vom Sauerstoff je ein Elektron herüberziehen, um so ihre Schale mit zwei Elektronen zu komplettieren. Mit drei oder mit nur einem Wasserstoffatom funktioniert das nicht, denn dann ist entweder ein Elektron zu viel oder eines zu wenig. Und genau das ist der Grund, warum das Wassermolekül gerade zwei Wasserstoffatome enthält und nicht eins oder drei. Mehr zur Natur der chemischen Bindung findet sich in Box 6 auf Seite 80.

Box 5

Das Periodensystem der Elemente

Im Periodensystem sind die Elemente nach steigendem Atomgewicht in acht nebeneinander liegende Gruppen und in sieben untereinander liegende Perioden *(Abb. VIII des Farbteils)* geordnet. Zur Kennzeichnung der Elemente dienen das Elementsymbol und die links neben der Elementbezeichnung stehende Atomzahl, welche die Anzahl der Protonen im Kern beziehungsweise die Anzahl der den Kern umkreisenden Elektronen angibt. Aus der Gruppenzahl lässt sich die Anzahl der Elektronen in der äußersten Schale entnehmen, sodass in der ersten Gruppe die chemisch einwertigen Elemente mit einem Elektron in der äußersten Schale, in der zweiten Gruppe die chemisch zweiwertigen Elemente mit zwei Elektronen in der äußersten Schale und schließlich in der achten Gruppe die chemisch inaktiven Edelgase mit acht Außenelektronen zu finden sind. In einer Gruppe untereinander stehende Elemente verhalten sich chemisch ähnlich, da sie die gleiche Anzahl von Elektronen in der äußersten Schale besitzen. Die Periodenzahl schließlich entspricht der Hauptquantenzahl n, also der Anzahl der Elektronenschalen des Atoms.

Diese regelmäßige Anordnung scheint durch die Übergangselemente gestört zu sein. Bei einer genaueren Betrachtung erweist sich jedoch, warum sie zwischen der zweiten und dritten Gruppe eingeschoben sind. Bei den Übergangselementen der vierten, fünften und sechsten Periode mit jeweils zwei Elektronen in der äußeren Schale werden nämlich zunächst die dritte, dann die vierte und schließlich die fünfte Schale von jeweils acht auf 18 Elektronen aufgefüllt, bevor, beginnend bei den Elementen Gallium beziehungsweise Indium beziehungsweise Thallium, weitere Elektronen in der jeweils äußeren Schale hinzukommen.

Ab dem Element Lanthan wird die Reihe der Übergangselemente durch die Lanthanidenelemente 58 bis 71 unterbrochen, bei denen nun auch die noch ungesättigte vierte Schale von 18 auf die maximale Anzahl von 32 Elektronen aufgefüllt wird. Schließlich wird bei den Actiniden die noch nicht gesättigte fünfte Schale weiter aufgefüllt, die jedoch wegen der zunehmenden Instabilität (Radioaktivität) der schweren Elemente nicht bis zum Abschluss mit maximal 50 Elektronen kommt.

Ein atomares Nummernschild

Vielleicht, liebe Leserinnen und Leser, fragen Sie sich jetzt, warum wir das Thema Atome und Moleküle so breit auswalzen. Die genaue Kenntnis des Aufbaus der Atome und Moleküle ist Voraussetzung für die Bestimmung der im Universum vorkommenden Elemente sowie der Prozesse, die zwischen ihnen ablaufen. Alles, was wir über das Universum wissen, haben wir mithilfe des Lichts erfahren, das von den Sternen und Galaxien im All zu uns kommt. Unter dem Sammelbegriff »Licht« ist hier nicht nur der für unsere Augen sichtbare Anteil des elektromagnetischen Spektrums zu verstehen, sondern Licht aller Wellenlängenbereiche, angefangen von den langen Radiowellen über infrarotes, sichtbares und ultraviolettes »Licht« bis hin zu harter Röntgenstrahlung. Licht wird hauptsächlich von den Atomen beziehungsweise Molekülen der Objekte im Universum ausgesandt, und anhand der Wellenlängen, aus denen sich das Spektrum zusammensetzt, kann man auf die Elemente schließen, die dafür verantwortlich sind. Die Physiker unterscheiden dabei zwischen so genannten Emissions- und Absorptionsspektren. Für beide Typen ist im Prinzip ein und derselbe Prozess verantwortlich. Unterschiedlich ist lediglich die Richtung, in welcher der Prozess abläuft. Erinnern wir uns, wie die Elektronen in der Hülle eines Atoms angeordnet sind: Sie umkreisen

Box 6

Die chemische Bindung

Dass die Edelgase mit acht Elektronen in der äußersten Schale mit anderen Elementen keine chemische Verbindung eingehen, zeigt, dass eine Konfiguration von acht Außenelektronen besonders stabil ist. Die chemische Bindung beruht daher auf dem Bestreben der Atome, durch Vereinigung mit anderen Atomen zu Molekülen eine solche »Edelgaskonfiguration« zu erreichen. Drei Möglichkeiten kommen dafür infrage:

1. Die Ionenbindung

Bei der Ionenbindung gibt ein Atom die Elektronen seiner äußeren Schale, die man auch als Valenzelektronen bezeichnet, an ein anderes Atom ab. Dadurch werden beide Atome zu Ionen: das Elektronen abgebende zu einem positiv geladenen, das Elektronen aufnehmende zu einem mit negativer Ladung. Die elektrostatische Anziehung zwischen den beiden Ionen bewirkt den Zusammenhalt der Verbindung *(Abb. III des Farbteils)*. Beispielhaft für eine Ionenbindung ist Natriumchlorid. Das Natrium gibt sein einziges Außenelektron an das Chloratom mit sieben Außenelektronen ab, wodurch das Natrium die Außenschale des Edelgases Neon und das Chlor die des Edelgases Argon erreicht, beide Male also eine Achterschale. Die Zahl der Ladungen eines Ions, die so genannte Wertigkeit, hängt ab von der Zahl seiner Außenelektronen. So besitzt beispielsweise Magnesium im Unterschied zu Natrium zwei Valenzelektronen und vermag daher zwei Chloratome auf je eine Achterschale aufzufüllen. Natrium bezeichnet man daher auch als ein positiv einwertiges und Magnesium als ein positiv zweiwertiges Element. Im Gegensatz dazu ist Chlor ein negativ einwertiges Element.

2. Die Atombindung

Ist durch Elektronenübergang für die beiden beteiligten Atome keine stabile Edelgaskonfiguration zu erreichen, so kann eine Bindung zustande kommen, indem sich die Atome ein oder mehrere Elektronenpaare teilen. Derartige Bindungen repräsentieren den Typus der Atombindung. So verbinden sich beispielsweise zwei Chloratome zu einem Chlormolekül, indem jeweils ein Elektron der beteiligten Atome von dem jeweils anderen Chloratom für seine Achterschale mit beansprucht wird – oder anders ausgedrückt: Die beiden Chloratome teilen sich ein Elektronenpaar. Beim Sauerstoffmolekül sind je zwei Elektronen pro Atom, also zwei Elektronenpaare, für die Bildung von Achterschalen nötig *(Abb. IV des Farbteils)* und beim Stickstoffmolekül sogar drei Elektronenpaare. Man bezeichnet dies auch als »Einfach-«, »Zweifach-« oder »Dreifachbindung«. In analoger Weise treten die Atome Chlor, Sauerstoff und Stickstoff auch gegenüber dem die Heliumschale (zwei Elektronen) anstrebenden Wasserstoffatom ein- beziehungsweise zwei- beziehungsweise dreiwertig auf, sodass Chlor ein, Sauerstoff zwei und Stickstoff drei Wasserstoffatome in Form von Salzsäure (HCl), Wasser (H_2O) beziehungsweise Ammoniak (NH_3) binden kann. Das Kohlenstoffatom nimmt eine Sonderstellung ein. Aufgrund seiner vier Außenelektronen erscheint es sowohl gegenüber Wasserstoff als auch gegenüber anderen Elementen als vierwertig.

3. Die Metallbindung

Bei der Kombination von zwei Natriumatomen kann weder durch Abgabe und Aufnahme von Elektronen noch durch die gemeinsame Beanspruchung eines Elektronenpaares eine stabile Edelgaskonfiguration geschaffen werden. Dies ist nur möglich, wenn beide Atome ihr Valenzelektron abgeben und so die Edelgaskonfiguration des

Neons erreichen. Die so entstandenen positiven Ionen werden durch die beiden negativen Elektronen zusammengehalten *(Abb. V des Farbteils)*. Diese Art der Bindung wird als Metallbindung bezeichnet. Die durch die Zahl der abgegebenen Valenzelektronen bedingte Ladung des Metallions bestimmt die so genannte Metallwertigkeit. Die Anziehung beschränkt sich dabei nicht nur auf zwei Ionen, sondern führt zur Ausbildung eines »Metallgitters«. Hierbei ist ein Gitter aus Metallionen in ein »Gas« hoch beweglicher Elektronen eingebettet. Die leichte Beweglichkeit der Elektronen bedingt den metallischen Charakter beziehungsweise die hohe elektrische Leitfähigkeit derartiger Verbindungen.

den Atomkern auf Schalen mit unterschiedlichen Energieniveaus. Entsteht auf einer dieser Schalen eine Lücke, das heißt, es fehlt dort ein Elektron, so kann von einer darüber liegenden Schale ein Elektron in die Leerstelle hineinspringen. Die Energiedifferenz der beiden Elektronenplätze wird dabei in Form eines Photons frei *(Abb. VII des Farbteils)*. Der Physiker spricht hier von der Emission eines Lichtquants.

Bei diesem Vorgang kann Licht der verschiedensten Wellenlängen entstehen, also ein ganzes Spektrum. Das hängt damit zusammen, dass die Leerstelle nicht nur von Elektronen aus der unmittelbar darüber liegenden Schale aufgefüllt werden kann, sondern auch von Schalen, die sich weiter außen befinden. In solchen Fällen ist die Energiedifferenz zwischen der abgebenden und der empfangenden Schale entsprechend größer, die Wellenlänge des abgestrahlten Lichts kürzer und das Licht somit energiereicher. Folglich sendet jedes Atom, je nachdem, wo ein Elektron auf einer Schale fehlt, ein ganz charakteristisches Spektrum von Linien aus, welches wie bei einem Autonummernschild eine eindeutige Identifizierung ermöglicht.

Läuft der Prozess in umgekehrter Richtung ab, so spricht man von einer Absorption des Lichts *(Abb. VI des Farbteils)*. Dabei trifft ein Lichtquant auf ein Atom, und seine Energie wird dazu verwendet, ein Elektron aus einer tiefen Schale auf ein höheres Niveau zu heben. Aufgrund der definierten Energieniveaus der Atome werden aber nur solche Photonen absorbiert, deren Energie genau der Energiedifferenz der am Vorgang beteiligten Schalen entspricht. Folglich wählen Atome bei der Absorption von Licht nur ganz bestimmte Wellenlängen aus dem Licht einer Quelle aus, wobei jedes Element sein ganz spezielles Absorptionsmuster, ein typisches Absorptionsspektrum, erzeugt.

Emissions- und Absorptionsprozesse schreiben also die kosmische Zeitung, die wir auf der Erde mit unseren Teleskopen und Detektoren empfangen. Dass wir sie auch interpretieren können, verdanken wir dem Fleiß unzähliger Physiker und Chemiker, die in ihren Labors über Jahrzehnte hinweg in mühevoller Arbeit die Atome und Moleküle untersucht, ihre Energieniveaus bestimmt und deren Spektren aufgezeichnet haben. Aus diesen Informationen erschließt sich uns ein Teil der Geschichte des Universums. Vereinfacht ausgedrückt muss man also *nur* die aus den irdischen Labors bestens bekannten Spektrallinien mit dem Licht beispielsweise eines Sterns vergleichen, um Auskunft über die Elemente beziehungsweise Moleküle zu erhalten, welche die Masse des Sterns bilden, in welchem Zustand sich diese Materie befindet, ob sie neutral oder ionisiert ist, und welche Temperatur sie hat, um nur einige der erfahrbaren Parameter zu nennen.

Jetzt ist auch klar, warum wir uns so ausführlich mit den Elektronen der Atome beschäftigt haben. In ihrer Bedeutung für die Chemie und die Astronomie ist die Kenntnis der Elektronenanordnung in den Atomen der Elemente wohl kaum zu überschätzen. Ohne dieses detaillierte Wissen wären die Chemiker nicht in der Lage zu verstehen, warum die Reaktionen in den Reagenzgläsern gerade so ablaufen, wie sie es bei ihren Experimenten beobachten, und die Astrophysiker hätten keine Ahnung, wie ein Stern aufgebaut ist, was sich in seinem Inneren tut und wie er sich entwickelt. Vielleicht hätten ehrliche Alchimisten im Mittelalter auch nie behauptet, Gold machen zu können, wäre ihnen bewusst gewesen, dass es sich dabei um ein Element handelt, das auf chemischem Wege nicht aus anderen Substanzen herzustellen ist. Und wer weiß, vielleicht wäre auch die Astronomie noch immer auf dem damaligen Stand, als sie sich darin genügte, die Körper des Himmels zu benennen und zu mythologischen Sternbildern zu ordnen.

Aus drei mach eins

Nachdem nun die Struktur der Atomkerne und der Aufbau der Elemente geklärt sind, könnte man sich fragen, ob mit den Protonen, Neutronen und Elektronen bereits die kleinsten Bausteine der Materie entdeckt wurden. Diese Frage haben sich die Physiker vor einigen Jahrzehnten auch gestellt. 1964 veröffentlichten die theoretischen Physiker Murray Gell-Mann und George Zweig unabhängig voneinander die folgende Hypothese: Die Nukleonen, also die Protonen und die Neutronen, setzen sich aus drei noch kleineren Teilchen zusammen (siehe auch Box 7, Seite 85). Diese so genannten Quarks sollten eine Ladung haben, die entweder einem oder zwei Dritteln der Elementarladung des Elektrons entspricht. Als einzelne Teilchen konnten Quarks bisher jedoch noch nicht nachgewiesen werden, da sie nur gebunden vorkommen. In den Jahren 1968 bis 1972 gelang es jedoch bei Stoßexperimenten mit Protonen, die innere Struktur der Nukleonen zu bestätigen. Damit konnte man zeigen, dass sich Protonen und Neutronen tatsächlich aus zwei unterschiedlichen Typen von Quarks zusammensetzen, wobei jeweils zwei des einen Typs und eins des anderen Typs, also zusammen jeweils drei, ein Proton oder ein Neutron bilden.

Bis zum Ende der 1970er-Jahre haben die Physiker noch weitere, nicht weiter teilbare elementare Grundbausteine gefunden. Heute scheint das Standardmodell der Teilchenphysik komplett

Box 7

Aufbau von Protonen und Neutronen

Protonen und Neutronen sind keine Elementarteilchen, sondern besitzen eine innere Struktur. Beide sind aus je drei Quarks aufgebaut: das Proton aus zwei so genannten Up-Quarks und einem Down-Quark, das Neutron aus einem Up-Quark und zwei Down-Quarks *(Abb. 9)*. Die Bezeich-

Abb. 9: Protonen und Neutronen sind aus je drei Quarks aufgebaut. Beim Proton sind es zwei Up-Quarks und ein Down-Quark, beim Neutron ein Up-Quark und zwei Down-Quarks.

nungen »up« und »down« dienen den Elementarphysikern zur Unterscheidung der Quarks und werden unter dem Sammelbegriff »Flavour« (deutsch für »Geschmack« oder auch »Aroma«) zur Charakterisierung der Quarks herangezogen. Bezeichnet man die Elementarladung eines Elektrons mit e_0, so besitzt das Up-Quark die Ladung + $^2/_3$ e_0, das Down-Quark die Ladung – 1/3 e_0. Die Ladungssumme der im jeweiligen Nukleon vereinigten Quarks ergibt für das Proton den Wert + e_0 und für das Neutron den Wert Null, so wie es sein muss, damit das Proton nach außen als Ganzes elektrisch positiv erscheint und das Neutron elektrisch neutral. Aus der Tatsache, dass das Down-Quark geringfügig schwerer ist als das Up-Quark, erklärt sich auch die gegenüber dem Proton etwas größere Masse des Neutrons. Mittels der schwachen Kernkraft können sich Neutronen in Protonen umwandeln, ein Vorgang, der insbesondere beim so genannten β-Zerfall radioaktiver Elemente zu beobachten ist. Dabei entsteht aus einem Kernneutron ein Proton, und ein Elektron und ein Antineutrino verlassen den Kern. Bei diesem Prozess wandelt sich ein Down-Quark des Neutrons in ein Up-Quark um, sodass ein Proton mit zwei Up-Quarks und einem Down-Quark entsteht. Die Massendifferenz zwischen Neutron und Proton steckt in dem Elektron und dem Antineutrino.

zu sein. Es umfasst alle Teilchen, die man derzeit als elementar ansieht und aus denen sich letztlich die uns bekannte Materie zusammensetzt. Das Modell kennt insgesamt drei Teilchenfamilien zu je zwei unterschiedlichen Quarks und zwei so genannten Leptonen, zu denen auch das Elektron gehört. Eigenartigerweise benutzt die Natur jedoch nur eine der drei Teilchenfamilien, um die gesamte Materie aufzubauen. Warum sich die Natur den Luxus von zwei weiteren Familien leistet, darüber rätseln die Physiker bis heute. Eine Zusammenstellung der Elementarteilchen des Standardmodells findet sich nachfolgend in Box 8.

Box 8

Das Standardmodell der Teilchenphysik

Das derzeit gültige Standardmodell der Teilchenphysik beschreibt die von der Theorie postulierten und experimentell bestätigten Elementarteilchen. Es umfasst insgesamt sechs verschiedene Quarks mit den Bezeichnungen up, down, strange, charme, top und bottom, welche die Symmetrieeigenschaften der Teilchen beschreiben. Die Quarks down, strange und bottom besitzen die Ladung – $^1/_3\, e_0$, die Quarks up, charme und top die Ladung + $^2/_3\, e_0$. Jedes dieser sechs Quarks tritt wiederum in jeweils drei verschiedenen »Farben« auf. Vervollständigt werden die Elementarteilchen durch sechs »farblose« Leptonen: dem Elektron e, dem Elektron-Neutrino ν_e, dem Myon μ^-, dem Myon-Neutrino, dem Tau τ^- und dem Tau-Neutrino ν_τ. Elektron, Myon und Tau besitzen die Ladung + e_0, Elektron-Neutrino, Myon-Neutrino und Tau-Neutrino sind nicht geladen. Neutrinos entstehen sowohl bei radioaktiven Zerfalls- als auch bei Kernfusionsprozessen, wie sie beispielsweise in der Sonne ablaufen. Lange Zeit galten Neutrinos als masselos. Neueste Ergebnisse der Neutrinoforschung deuten jedoch darauf hin, dass sich freie Neutrinos ineinander umwandeln können, ein Vorgang, der nur möglich ist, wenn den Neutrinos auch eine Masse zukommt.

Wie die *Abb. 10* zeigt, teilt man die Elementarteilchen in drei Familien auf. Eigenartigerweise benutzt die Natur jedoch nur die Teilchen der ersten Familie, um die gesamte baryonische Materie des Universums aufzubauen, aus der die Planeten, die Sterne und die Galaxien bestehen. Warum und zu welchem Zweck sich die Natur den Luxus zweier weiterer Teilchenfamilien leistet, ist bis heute nicht geklärt.

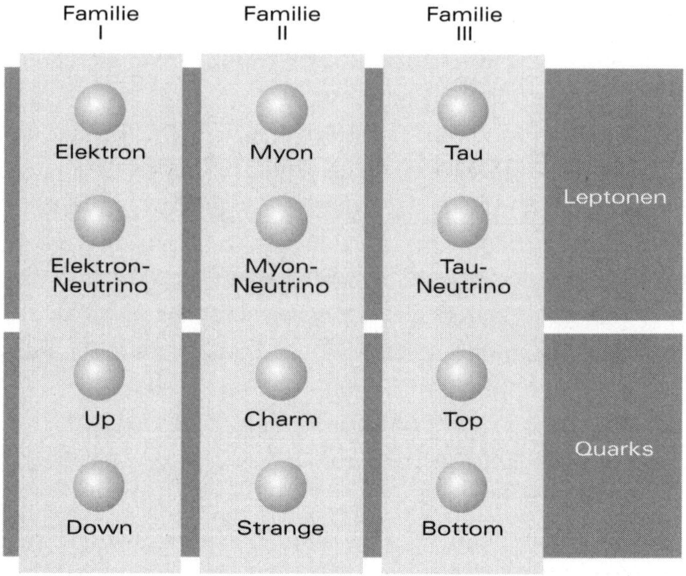

Abb. 10: Leptonen und Quarks sind nicht weiter zerlegbare Elementarteilchen. Mittlerweile kennt man drei verschiedene Elementarteilchenfamilien. Zum Aufbau der gesamten Materie in unserem Universum verwendet die Natur jedoch nur die Teilchen der Familie I. Warum sich die Natur den Luxus zweier weiterer Teilchenfamilien leistet, ist nach wie vor ein ungelöstes Rätsel.

4.

Die Entstehung der Materie

Wann habe die Zeit, das Geschehen begonnen? Wann sei eine erste Zuckung des Seins aus dem Nichts gesprungen kraft eines »Es werde«, das mit unweigerlicher Notwendigkeit bereits das »Es vergehe« in sich geschlossen habe?

(Thomas Mann: *Bekenntnisse des Hochstaplers Felix Krull*)

Theorie und Praxis

Wissen Sie noch, wie viele verschiedene Elemente am Aufbau der Welt beteiligt sind? Insgesamt 92 haben wir bei unseren Zerlegungsexperimenten entdeckt und die Frage aufgeworfen, woher sie kommen und auf welche Weise der Baukasten gefüllt wurde, aus dem sich das Universum und damit auch das Leben zum Aufbau seiner Strukturen bedienten. War es ein Zaubertrick, durch den die Bausteine geschaffen wurden, oder sind die Elemente das Ergebnis einer Abfolge von Prozessen, die nach bekannten, universell gültigen Naturgesetzen ablaufen? Die Antworten auf diese Frage haben sich im Laufe der Wissenschaftsgeschichte immer wieder geändert.

Die griechischen Naturphilosophen stellten sich noch einen ewig währenden Kosmos ohne Anfang und Ende vor. Später machten jedoch diese Vorstellungen, zumindest in der christlichen Welt, der festen Überzeugung Platz, dass alles irgendwann einen Anfang genommen hat. In den theologischen Glaubenssätzen gilt allein Gott als der Schöpfer aller Dinge. Er habe die unbelebte und belebte Materie in all ihren unterschiedlichen Ausformungen entstehen lassen und den Menschen nach seinem

Ebenbild geschaffen. Für den Gläubigen ist dies die Grundlage seiner Vorstellungen vom Universum. Auf welche Weise, wann und vor allem warum Gott diesen Schöpfungsakt vollzogen hat, darüber gibt es nichts zu diskutieren, denn das Wesen Gottes und sein göttliches Wirken entziehen sich der menschlichen Vernunft.

Blickt man sich jedoch um in der Welt, so stößt man allenthalben auf Zeichen einer noch immer andauernden Entwicklung: Dinge entstehen und vergehen, und vor allem die Lebewesen scheinen einem steten Formenwandel zu unterliegen. Aus dem Einfachen entsteht das Komplexe, das Kleine wird zum Großen. Auch die Forschungsergebnisse der Archäologen und Anthropologen belegen, dass der Mensch nicht von einem Augenblick zum anderen in die Welt kam, so fix und fertig, wie wir ihn heute kennen. Vielmehr scheint er das Ergebnis einer über Millionen, ja Milliarden von Jahren währenden Entwicklung zu sein. Einige glauben, diese Entwicklung sei von Anbeginn darauf ausgerichtet gewesen, einen Kosmos beziehungsweise eine Welt hervorzubringen, so wie wir sie heute vorfinden, in welcher der Mensch Krone der Schöpfung ist. Andere neigen mehr zu der Ansicht, das Universum und seine Objekte seien das Resultat einer Entwicklungskette von Ursache und Wirkung, deren Richtung durch das Wirken von Naturgesetzen vorgegeben wurde, und der Mensch sei letztendlich nur das Ergebnis einer natürlichen Auslese und einer Anpassung an vorherrschende Umweltbedingungen.

Wie auch immer, in den modernen Naturwissenschaften ist man von einer kontinuierlichen Evolution des Kosmos und des Lebens überzeugt. Ob der Startschuss für diese Entwicklung im zufälligen Zusammentreffen gewisser Ereignisse zu sehen ist oder ob ein Gott die Verhältnisse so geordnet hat, dass etwas werden konnte, ist für die meisten Naturwissenschaftler von untergeordneter Bedeutung. Sie fragen nicht, wodurch der Startschuss ausgelöst wurde oder wer ihn gegeben hat, sie fragen vielmehr, wie die Prozesse, welche die Entwicklung eingeleitet und vorangetrieben haben, abliefen und wie sie im Rahmen der Naturgesetze zu verstehen sind.

Doch was die Aussagen der Naturwissenschaften betrifft, so sind auch sie trotz einer Menge gesicherter Messdaten nicht im Besitz eines kompletten Wissens über die Entstehung und Entwicklung des Universums. Es klaffen noch gewaltige Lücken. Die Erkenntnisse über unseren Kosmos finden ihren Niederschlag vielmehr in einer Vielzahl von Hypothesen und Theorien, welche die Abläufe möglichst genau zu beschreiben versuchen. Allerdings unterliegen diese Theorien strengen Kriterien. Zum einen müssen ihre Aussagen den fundamentalen physikalischen Gesetzen des Mikro- und Makrokosmos, der Teilchenphysik, der Quantenphysik und der allgemeinen Relativitätstheorie genügen. Zum anderen müssen sie das gegenwärtige Erscheinungsbild des uns zugänglichen Universums im Einklang mit den Beobachtungs- und Messergebnissen der Astronomen qualitativ und quantitativ eindeutig erklären können, so eindeutig, wie es die prinzipiell unvermeidlichen Messfehler nur zulassen. Mit anderen Worten: Eine Theorie genießt nur dann unser Vertrauen, wenn sie unter Beachtung der geltenden Naturgesetze die Vorgänge rational, logisch und empirisch so beschreiben kann, dass letztlich, am Ende aller Prozesse, eine Welt steht, wie wir sie gegenwärtig auch beobachten. Wie gut eine Theorie auch immer sein mag, sie verliert sofort ihre Gültigkeit, sobald sich zum Beispiel aufgrund neuer Erkenntnisse oder abweichender Messergebnisse der Ablauf einer ihrer Prozesse als falsch erweist. Der Wert einer Theorie bemisst sich in erster Linie daran, wie eindeutig ihre Beweise zu bewerten sind, die in Form von Messergebnissen oder Beobachtungen zur Untermauerung der beschriebenen Prozesse beigebracht werden können.

In diesem Sinne ist auch die Entstehungsgeschichte der Materie zu verstehen. Wir wissen nicht zweifelsfrei, was sich da abgespielt hat, wir haben lediglich wohl fundierte Theorien, die auf den Naturgesetzen, den empirisch erkannten Gesetzmäßigkeiten physikalischer Prozesse und den durch Beobachtung über unser Universum gewonnenen Erkenntnissen beruhen. Was diese Theorien jedoch so glaubhaft macht, ist, dass sich mittlerweile viele ihrer Behauptungen und Folgerungen als richtig und zutreffend erwiesen haben. Ausschlaggebend aber ist, dass es zum gegenwärtigen Zeitpunkt einfach keine anderen wissenschaftlich begründeten Erklärungen gibt, welche die Prozesse zur Entstehung der Materie besser beschreiben können.

Modelle erklären die Welt

Nach einer heute allgemein akzeptierten Theorie nahm das Universum seinen Anfang mit einem etwa 14 Milliarden Jahre zurückliegenden Ereignis, dem so genannten Urknall oder, wie die Engländer sagen, dem Big Bang. In diesem Augenblick wurde der Raum geschaffen, die Zeit begann zu laufen, und das Universum fing an sich auszudehnen. Was beim Urknall selbst geschah, wie und warum es »geknallt« hat, wie die Entwicklung unmittelbar danach, winzige Sekundenbruchteile später, ablief, darüber gibt es noch keine fundierte Theorie. Das liegt daran, dass sich das Universum in diesen ersten Augenblicken in einem Zustand befand, bei dem die uns bekannten physikalischen Gesetze schlichtweg versagen. Bis etwa 10^{-35} Sekunden nach dem Big Bang ändert sich an diesem Bild nur wenig. Immerhin lassen sich mithilfe der Quantenmechanik, einer Theorie, die das Verhalten von Teilchen auf subatomaren Skalen erklären kann, erste Hypothesen über das Aussehen des Universums in dieser sehr frühen Phase formulieren. Konkreter werden die Vorstellungen für die Zeit von 10^{-35} Sekunden bis etwa eine Sekunde nach dem Urknall. Für diese Zeitspanne haben die Theoretiker das Modell des »inflationären Universums« entwickelt, eine Theorie, die im Wesentlichen beschreibt, wie aus einem verschwindend kleinen Keim in kürzester Zeit ein Universum mit einem Durchmesser von etwa 100 000 Milliarden Kilometern heranwachsen konnte und wie die Elementarbausteine der Materie Masse und Gestalt annahmen. Schließlich bleibt noch der Zeitraum von etwa einer Sekunde nach dem Urknall bis hin in unsere Gegenwart. Über diesen Abschnitt haben die Kosmologen die genauesten Vorstellungen. Die Theorie, welche die

Entwicklungen in dieser Epoche beschreibt, bezeichnet man als »Standardmodell der Kosmologie«. In diesem Modell laufen die Prozesse ausschließlich nach den Regeln allgemein gültiger physikalischer Gesetze ab.

Obwohl jede der einzelnen Entwicklungsstufen des Universums sein heutiges Aussehen geprägt hat, wollen wir hier nicht allen Verästelungen der Theorien nachgehen. Vielmehr wollen wir uns nur die Punkte herauspicken, die für uns interessant und zum Verständnis der Entstehung der Materie notwendig sind. An diesem roten Faden wollen wir uns im Folgenden durch die Entwicklungsgeschichte des Universums bewegen. Wer mehr wissen möchte, findet in den Fachbuchhandlungen eine Menge weiterführender Literatur, auch populärwissenschaftliche, die speziell auf die Details der Entwicklung des Universums eingeht.

Die große Auslese

Beginnen wir bei 10^{-35} Sekunden nach dem Urknall, einem Zeitpunkt, zu dem sich die Kosmologen bereits physikalisch fundierte, wenn auch noch unbewiesene Aussagen über die Verhältnisse im Kosmos zutrauen. Entsprechend den Theorien herrschte damals völlige Symmetrie im Universum. Bei einer Temperatur von etwa 10^{28} Kelvin (1 Kelvin entspricht minus 273 Grad Celsius, der tiefsten physikalisch sinnvollen Temperatur) bestand der Kosmos aus einem extrem heißen Plasma aus Teilchen und Antiteilchen von schweren so genannten X-Bosonen, Quarks und Gluonen, die sich ständig ineinander umwandelten. Als aufgrund der fortschreitenden Ausdehnung des Universums die Temperatur auf etwa 10^{-27} Kelvin gesunken war, reichte die Energie im Kosmos nicht mehr für die Bildung superschwerer Teilchen aus, und die X-Bosonen zerfielen in Quarks.

Was jetzt passierte, gehört zu den größten Geheimnissen des Universums. Theoretisch hätte der völlig symmetrische Zerfall der X- und Anti-X-Bosonen in genauso viele Quarks wie Antiquarks erfolgen müssen, und jedes Teilchen hätte sich wie gewohnt mit seinem Antiteilchen zu Strahlung vernichtet. Stattdessen stellte sich ein winziges Ungleichgewicht ein: Auf etwa zehn Milliarden Quarks entstand jeweils ein Antiquark weniger. Damit hatten die Quarks einen Überschuss von zirka eins zu zehn Milliarden.

Als die Temperatur des Kosmos auf 10 000 Milliarden Grad gefallen war, konnten auch die Quarks und die Antiquarks nicht mehr länger als selbstständige Teilchen existieren. Es bildeten sich aus den Quarks Protonen und Neutronen, und aus den Antiquarks wurden Antiprotonen und Antineutronen. Da aber geringfügig mehr Quarks als Antiquarks vorhanden waren, entstand auf zehn Milliarden normale Protonen beziehungsweise Neutronen immer ein Antiproton beziehungsweise ein Antineutron zu wenig. Die ursprüngliche Asymmetrie zwischen Quarks und Antiquarks setzte sich also in der Asymmetrie der Protonen und Antiprotonen sowie der Neutronen und Antineutronen fort. Und jetzt kam der entscheidende Augenblick: Nachdem die Temperatur auf etwa 1000 Milliarden Grad abgesunken war, zerstrahlten die Protonen paarweise mit den Antiprotonen und die Neutronen mit den Antineutronen zu Photonen. Zurück blieben nur die wenigen Protonen und Neutronen, für die keine Antiteilchen mehr übrig waren.

Machen wir uns die enorme Tragweite dieses Ereignisses klar: Die gesamte Materie in Form von Sternen, Galaxien, intergalaktischem Wolkengas und was es sonst noch alles im heutigen Universum gibt, entstand aus diesen wenigen Protonen und Neutronen, die der Vernichtung entgangen waren, weil kein Antiteilchen mehr für sie da war. Einzig und allein dieser verschwindend kleinen Asymmetrie beim Zerfall der X-Bosonen im frühen Universum verdanken wir unsere Existenz! Ohne diese Asymmetrie wären gleich viele Quarks und Antiquarks erzeugt worden, und die Paarvernichtung der Protonen und Neutronen hätte zu einem vollständig entleerten Universum geführt, einem Universum ohne Sterne, ohne Planeten und natürlich auch ohne Leben. Welchen besonderen physikalischen Gesetzmäßigkeiten wir letztlich die Asymmetrie und damit die Existenz unserer Welt zu verdanken haben, ist noch nicht geklärt.

Mit der Entstehung der Protonen und Neutronen, den Bausteinen für die Atome, war das erste Etappenziel erreicht. Nur etwa eine zehntausendstel Sekunde, weniger, als das Auge für einen Wimpernschlag benötigt, hat es gedauert, bis praktisch aus dem Nichts überall im Universum gleichmäßig verteilt die Grundform der uns vertrauten Materie vorhanden war. Eine derart rasante Entwicklung hat es im späteren Universum nie wieder gegeben.

Kerne, Kerne, zunächst nur Kerne

In der Folgezeit stellte sich im Universum zwischen den Protonen und den Neutronen ein zahlenmäßiges Gleichgewicht ein. Unter Mitwirkung der sehr zahlreich vorhandenen Neutrinos und Antineutrinos verwandelten sich fortwährend Protonen in Neutronen und Neutronen wieder in Protonen. Wenn dabei eine Art kurzfristig die Oberhand gewann, so liefen die Reaktionen in Richtung auf die andere Art sogleich beschleunigt ab, sodass das Gleichgewicht fast augenblicklich wieder hergestellt war. Das ging so lange gut, bis die Temperatur im Kosmos auf etwa zehn Milliarden Grad gefallen war. Zunächst wirkte sich das nur bei den Neutronen aus. Diese Teilchen sind nämlich etwas schwerer als die Protonen, und es brauchte daher ein wenig mehr Energie, ein Neutron in ein Proton umzuwandeln, als umgekehrt. Die Menge der Protonen nahm also etwas zu, und die der Neutronen nahm ab. Doch Protonen und Neutronen konnten sich noch nicht zu Atomkernen formieren, da die hoch energetischen Photonen keine Bindung zuließen.

Etwa eine Sekunde nach dem Urknall reichte die Energie für die Umwandlungen nicht mehr aus, und die Prozesse kamen zum Erliegen. Zu diesem Zeitpunkt fand man im Universum auf je ein Neutron etwa sechs Protonen. Doch diese Verteilung war nicht von Dauer. Freie, ungestörte Neutronen sind ihrem Wesen nach nicht stabil, sie zerfallen mit einer Halbwertzeit von etwa 630 Sekunden wieder in Protonen, Elektronen und Antineutrinos. Wäre das nur 630 Sekunden so weitergegangen, hätte es auf je ein Neutron statt sechs 13 Protonen gegeben, und schließlich wären alle Neutronen in Protonen zerfallen.

Doch glücklicherweise kam etwas dazwischen, und zwar schon zweieinhalb Minuten später. Zu diesem Zeitpunkt betrug die Temperatur nur noch ungefähr eine Milliarde Kelvin, und das Neutronen-Protonen-Verhältnis war wegen des fortschreitenden Zerfalls der Neutronen mittlerweile auf eins zu sieben gefallen. Stießen jetzt ein Proton und ein Neutron zusammen, so konnten sie sich dauerhaft zu einem Deuteriumkern, bestehend zwei Nukleonen, verbinden, da Deuterium unterhalb einer Milliarde Kelvin nicht mehr zerfällt.

Diesen Vorgang der Atomkernbildung bezeichnen die Kosmologen als »primordiale Nukleosynthese«. Für die nächsten Minuten verwandelte sich das Universum in einen gigantischen Fusionsreaktor, in dem die ersten drei leichten Elemente und einige ihrer Isotope zusammengeschmolzen wurden. Zunächst bildete sich aus je einem Proton und einem Neutron Deuterium, ein Isotop des Wasserstoffs. Beim Zusammenstoß zweier Deuteriumatome entstand anschließend entweder Tritium, ein weiteres Isotop des Wasserstoffs mit zwei Neutronen im Kern, oder Helium3, ein Isotop des Heliums, bestehend aus zwei Protonen und einem Neutron. Schließlich verschmolz entweder ein Deuteriumkern mit einem Helium3-Kern oder ein Deuteriumkern mit einem Tritiumkern zu Helium. Letztlich fanden sich noch einige wenige Tritium- und Heliumkerne zum Isotop Lithium7 zusammen, aber dann war Schluss.

Am Ende dieses Fusionsrauschs waren praktisch alle Neutronen zum Aufbau von Atomkernen aufgebraucht. In Gewichtsprozenten ausgedrückt bestand das Universum von da ab aus ungefähr 75 Prozent Wasserstoff, 24 Prozent Helium, 0,001 Prozent Helium3, 0,002 Prozent Deuterium und 0,00000001 Prozent Lithium7. In den interstellaren Wolken und in den sehr frühen Sternen hat sich diese Verteilung im Wesentlichen bis heute erhalten. Mithilfe der Spektroskopie lässt sich die Elementverteilung dort sogar messen. Die Daten stimmen sehr gut mit den anhand des Standardmodells berechneten Werten überein. Für die Kosmologen ist das eine hervorragende Bestätigung ihrer Theorie vom frühen Universum.

Warum brach die Entwicklung mit der Bildung von Helium ab? Das liegt daran, dass es in der Natur weder ein stabiles Element mit fünf noch mit acht Nukleonen im Kern gibt. Sollte die Natur während der Nukleosynthese dennoch versucht haben, derartige Kerne aufzubauen, so zerfielen diese wieder, noch ehe ein weiterer Kernbaustein angefügt werden konnte. Die Lücke zum nächsten stabilen Element mit je drei Protonen und Neutronen, dem normalen Lithium, beziehungsweise mit vier Protonen und fünf Neutronen, dem Beryllium, konnte die primordiale Nukleosynthese einfach nicht überspringen.

Bei aller Begeisterung über den rasanten Fortschritt der ersten kosmischen Minuten darf man jedoch nicht vergessen, dass lediglich die Atomkerne der Elemente Wasserstoff, Helium und Lithium entstanden waren. Richtige Atome waren das nicht, ihnen fehlten die Elektronen. Um die entsprechende Anzahl von Elektronen an die Kerne zu binden, war das Universum immer noch zu heiß.

Endlich richtiger Wasserstoff!

Nachdem die ersten leichten Elemente das Licht der Welt erblickt hatten, geschah lange Zeit nichts Besonderes im Universum. Die Heliumkerne waren äußerst stabil, und immer wenn es einem Wasserstoff- oder einem Heliumkern gelang, ein freies Elektron einzufangen, um sich zu einem Wasserstoff- oder Heliumatom zu komplettieren, fuhren die Photonen dazwischen und trennten die Partner wieder voneinander. Die Materie im Universum war ein Plasma, ein ionisiertes Gas, bestehend aus positiv geladenen Ionen und negativ geladenen Elektronen.

Aber die Expansion des Universums ging unvermindert weiter, und etwa 200 Jahre nach dem Urknall war es nur noch etwa 150 000 Grad heiß. Bei dieser Temperatur hatten die Photonen bereits zu wenig Energie, um eine »Hochzeit« zwischen den Wasserstoffkernen und den Elektronen zu verhindern. Jetzt sollten sich eigentlich Protonen und Elektronen zu Wasserstoffatomen vereinigen oder, wie die Physiker sagen, miteinander rekombinieren. Aber nichts dergleichen geschah. Aufgrund der gewaltigen Zahl der damals vorhandenen Photonen fanden sich nämlich immer wieder welche, die noch genügend Energie hatten, um Atomkerne und Elektronen zu trennen. Die so genannte Rekombinationstemperatur der Wasserstoffatome lag viel tiefer, nämlich bei rund 3000 Grad. Diesen Wert erreichte das Universum jedoch erst 400 000 Jahre nach dem Urknall. Erst dann konnten die Atomkerne die Elektronen dauerhaft an sich binden. Bis schließlich alle Protonen ihre Elektronenpartner gefunden hatten, dauerte es etwa 40 000 weitere Jahre. In der Folgezeit kamen die Elemente Wasserstoff und Helium im Wesentlichen nur noch in atomarer Form vor.

Am Ende dieser Entwicklung, die sich trotz der anfänglich blitzartig ablaufenden Prozesse doch über einen Zeitraum von mehr als 400 000 Jahren hinzog, standen endlich die ersten Atome für den Aufbau der im Universum vorhandenen Materie zur Verfügung. 400 000 Jahre sind für uns eine außerordentlich lange Zeit. Verglichen mit der Zeit vom Urknall bis heute ist es jedoch nur ein Augenblick. Setzt man die etwa 13,7 Milliarden Jahre, die das Universum mittlerweile alt ist, mit der Länge eines 24-Stunden-Tages gleich, so entsprechen die ersten 400 000 Jahre nur ganzen 2,5 Sekunden. Mit anderen Worten: Das »Leben« des Universums hatte zu diesem Zeitpunkt gerade erst begonnen.

5.

Die Sterne entstehen

Unser Menschenhirn, unser Leib und Gebein – Mosaiken seien sie, derselben Elementarteilchen, aus denen Sterne und Sternenstaub, die dunklen, getriebenen Dunstwolken des interstellaren Raums, beständen.

(Thomas Mann: *Bekenntnisse des Hochstaplers Felix Krull*)

400 000 Jahre nach dem Urknall war das Universum also bereits angefüllt mit der uns vertrauten Materie. Ja, es war sogar schon alles da, was der Kosmos heute an Masse aufzubieten hat. Doch was den Formenreichtum angeht, so war die Ausstattung ausgesprochen dürftig. Was hatte das Universum bis dahin vorzuweisen? Wasserstoff und Helium, winzigste Mengen an Lithium, jede Menge Elektronen und etwa zehn Milliarden Photonen auf jeden einzelnen Atombaustein – doch vom Rest der 92 Elemente noch keine Spur! Konnte man damit überhaupt etwas anfangen? Im heutigen Universum gibt es rein gar nichts, was ausschließlich aus diesen Elementen aufgebaut ist. Diamanten kann man daraus nicht machen, weder Gold noch Luft, Wasser, Erde und Gestein und schon gar nicht so was Einfaches und doch so Komplexes wie ein Bakterium, von höheren Lebewesen ganz zu schweigen. Aber etwas anderes, etwas für die weitere Entwicklung des Universums ganz Wichtiges konnte entstehen – Sterne!

Betrachtet man nachts den Himmel, so fällt auf, dass die Materie dort nicht gleichmäßig verteilt zu sein scheint. Man sieht da einen Stern, dort wieder einen und an anderer Stelle mehrere Sterne dicht beieinander. Dazwischen aber scheint nichts zu sein, zumindest nichts, was leuchtet. Das gleiche Bild ergibt sich, wenn die Astronomen mit ihren Fernrohren in die Tiefen des Universums blicken: dort eine Galaxie, daneben wieder eine, dann auf relativ kleinem Raum zusammengeballt ein ganzer Haufen von Galaxien, aber dazwischen – nur finstere Leere! Irgendwie muss es die Materie geschafft haben, sich an einzelnen Stellen zusammenzuballen und sich dort zu Galaxien und Sternen zu verdichten. Die einzige Kraft im Universum, die so etwas zuwege bringen kann, ist die Gravitationskraft. Sie bewirkt, dass sich die Massen gegenseitig anziehen, dass sich »Klumpen« bilden.

Wenn aber die Gravitation diese Massenkonzentrationen verursacht haben soll, dann können die Atome ursprünglich nicht völlig gleich verteilt gewesen sein. Vielmehr muss es bereits im frühen Universum Stellen gegeben haben, die sich im Vergleich zu ihrer Umgebung durch eine geringfügig höhere Materiedichte auszeichneten. Gibt es dafür irgendwelche Hinweise? Ja, die gibt es in der Tat, man hat sie bei der Untersuchung der so genannten kosmischen Hintergrundstrahlung gefunden.

Erinnern wir uns, was vor der Entstehung der ersten Atome geschah: Immer wenn es einem Atomkern gelang, ein freies Elektron einzufangen, fuhren die hoch energetischen Photonen dazwischen und trennten die Partner wieder. 400 000 Jahre nach dem Urknall waren die Photonen jedoch zu energiearm geworden, um diese Arbeit noch verrichten zu können. Mit anderen Worten: Die Photonen wurden von der Materie nicht mehr absorbiert, sie tauschten mit ihr keine Energie mehr aus. Hinzu kam, dass nun die Elektronen, mit denen die Photonen unentwegt zusammenstießen, in den Atomen gebunden blieben und somit die »Stolpersteine«, die vorher eine ungehinderte Ausbreitung der Photonen verhindert hatten, aus dem Weg geräumt waren. Von nun an konnten sich die Photonen, von der Materie im Universum befreit, ausbreiten. Die kosmische Hintergrundstrahlung war entstanden. Die Physiker sagen dazu auch: Die Strahlung hatte sich von der Materie entkoppelt.

Was aber hat das alles mit eventuell vorhandenen Dichteschwankungen zu tun? Wenn damals die Materie nicht völlig gleichmäßig im Universum verteilt war, dann sollten eventuelle Dichteschwankungen aufgrund der ursprünglichen engen Wechselwirkung zwischen Strahlung und Materie ihre Fingerabdrücke auch in der Strahlung hinterlassen haben. Dann hat diese Strahlung, die wir heute aus allen Richtungen mit gleicher Intensität empfangen können, für uns die Bedeutung einer kosmischen Botschaft, abgeschickt 400 000 Jahre nach dem Urknall. Und wie aus einer Zeitung, die uns Jahre nach dem Tag ihres Erscheinens wieder in die Hände fällt, können wir aus der Hintergrundstrahlung ablesen, wie das Universum 400 000 Jahre nach dem Urknall aussah.

Auf den ersten Blick ist jedoch die Hintergrundstrahlung außerordentlich gleichförmig, und die vermuteten Dichteschwankungen scheinen sich nicht zu bestätigen. Bereinigt man jedoch die Messergebnisse von diversen Nebeneffekten, so kann man örtlich winzige Temperaturschwankungen um einen Mittelwert von 2,7 Kelvin erkennen. Das heißt nichts anderes, als dass es im damaligen Meer der Atome kleine Inseln gab, wo die Materie dichter gepackt war, als es der mittleren Dichte in ihrer Umgebung entsprach. Für die Kosmologen stellen diese Materieverdichtungen die Keime dar, aus denen nach etwa einer Milliarde Jahren die ersten Strukturen im Universum entstanden. Nach konventioneller Vorstellung hat die Gravitation um diese lokalen Verdichtungen immer mehr Materie zu riesigen Wolken aus Wasserstoff und Helium zusammengezogen, die so massereich waren, dass daraus bis zu hundert Milliarden Sonnen entstehen konnten.

So einfach das zunächst klingen mag, die Sache ist jedoch bei genauerem Hinsehen erheblich komplizierter. Es zeigt sich nämlich, dass die Dichteschwankungen in der Materie 400 000 Jahre nach dem Urknall zu gering waren. Die lokalen Verdichtungen der Materie konnten in der Zeit von damals bis heute keinesfalls so weit anwachsen, dass daraus schließlich Galaxien und Sterne entstanden sein können. Aber die Galaxien und die Sterne sind ohne Zweifel vorhanden. Die Materie muss es also trotz dieser scheinbaren Unmöglichkeit geschafft haben, sich zu derart riesigen Strukturen zusammenzuziehen. Aber wie?

Die Kosmologen haben lange nach einem Ausweg aus diesem Dilemma gesucht und sich schließlich der »Dunklen Materie« erinnert, die ihnen schon an anderen Stellen begegnet ist, so zum Beispiel in den Galaxien und in den heißen, Röntgenstrahlen emittierenden Gaswolken des interstellaren Mediums. Dort und überall im gesamten Universum, so die Meinung der Wissenschaftler, gibt es mindestens zehnmal so viel Dunkle Materie wie normale leuchtende Materie. Doch was soll das sein, Dunkle Materie? Dummerweise haben auch die Wissenschaftler keine klare Vorstellung von ihrer Zusammensetzung. Sicher ist nur: Dunkle Materie ist weder von den Kräften zu beeinflussen, die in der normalen Materie die Atomkerne zusammenhalten oder dafür sorgen, dass sich elektrische Ladungen gegenseitig anziehen beziehungsweise abstoßen, noch tauscht sie mit den Lichtquanten der elektromagnetischen Strahlung Energie aus. Letzteres ist der entscheidende Grund dafür, dass man sie nicht sehen kann. Der Wirkung der Gravitationskraft aber kann sie sich nicht entziehen, und deshalb sollten sich Dunkle und normale Materie gegenseitig anziehen. Und genau das ist der entscheidende Punkt.

In den ersten 400 000 Jahren verhinderten die hoch energetischen Photonen Gasverdichtungen in der uns bekannten Materie. Erst nach Ablauf dieser Zeitspanne entkoppelte sich die Strahlung, und die Materie konnte sich lokal verdichten. Die Dunkle Materie hingegen war schon 10 000 Jahre nach dem Urknall entkoppelt und konnte deshalb schon sehr frühzeitig Verdichtungen ausbilden. In den ersten Jahrtausenden wuchsen diese so stark an, dass sich ihre Gravitationskraft auf die normale Materie auswirkte, sobald diese nicht mehr von den Photonen auseinander getrieben wurde. Nach Ablauf der ersten 400 000 Jahre kam es deshalb auch zu einer beschleunigten Verdichtung der leuchtenden Materie. Die ersten Keimzellen für Galaxien waren entstanden.

Man kann das vergleichen mit einer Straße voller Schlaglöcher bei Regen. Zunächst ist das Regenwasser, in unserem Fall die normale Materie, ziemlich gleichmäßig über die Straßenfläche verteilt. Doch schon nach kurzer Zeit sammelt es sich in den Schlaglöchern, welche die lokalen Verdichtungen der Dunklen Materie symbolisieren. Ohne Schlaglöcher würde es bedeutend länger dauern, bis das Wasser zu Pfützen zusammenläuft. Ohne die ausgeprägten lokalen Verdichtungen der Dunklen Materie hätte sich die normale Materie bis heute nicht zu Galaxien und Sternen zusammenballen können. Die Dunkle Materie ist die Geburtshelferin aller Strukturen, denen wir am Himmel begegnen.

Nach diesem Exkurs wenden wir uns wieder den riesigen Wolken aus Wasserstoff und Helium zu, dem Gasgemisch, aus dem die Sterne entstanden und immer noch entstehen. Die Geburt der ersten Sterne begann mit dem Auseinanderbrechen der Urwolken in immer kleinere Wolkensegmente mit immer geringerer Masse. Sodann zog die Schwerkraft lokaler Dichtekeime in den Wolkenfragmenten mehr und mehr Gas zusammen, bis schließlich die Wolke unter ihrer eigenen Schwerkraft zusammenbrach und sich zu einem so genannten Protostern, einer Gaskugel aus 75 Prozent Wasserstoff und 25 Prozent Helium, verdichtete. In der Folgezeit erfasste der Kollaps zunehmend größere Bereiche, und immer mehr Gas aus der Wolke wurde in den Kontraktionsprozess mit einbezogen. Dadurch wuchs der Protostern relativ schnell, und Druck, Dichte und Temperatur im Sterninneren nahmen rasch zu. Waren schließlich im Zentrum der Gaskugel eine Temperatur von etwa 15 Millionen Grad und ein Druck von etwa 200 Milliarden Atmosphären erreicht, so veränderte der Protostern schlagartig seinen Charakter. Wie aus einer Puppe ein farbenprächtiger Schmetterling hervorschlüpft, so verwandelte sich das bisher eher unscheinbare Objekt in einen strahlend leuchtenden Stern. Als hätte man einen Schalter umgelegt, starteten in seinem Inneren Prozesse, die gewaltige Mengen an Energie lieferten und in deren Verlauf alle neben Wasserstoff und Helium noch fehlenden schweren Elemente Schritt für Schritt erzeugt wurden. Was von da an über lange Zeit im Stern vor sich ging, was dem Stern seine enorme Leuchtkraft verlieh und wie dabei die schweren Elemente entstanden, ist Thema des folgenden Kapitels.

Doch zuvor sollten wir nicht versäumen, einen kurzen Blick auf das große Ganze zu werfen. Bisher haben wir immer nur von dem einen Stern gesprochen, der etwa eine Milliarde Jahre nach dem Urknall endlich alle Geburtswehen überstanden hatte und mit seinem Licht das Universum erhellte. Aber mehr oder weniger gleichzeitig mit diesem Stern waren noch viele Milliarden anderer Sterne entstanden. Jede der Wolken war eine Keimzelle für Milliarden Sterne, und alle Sterne einer Wolke bildeten zusammen eine Galaxie, einen riesigen Sternenverband. Von diesen Galaxien gibt es wiederum einige hundert Milliarden, und so beherbergt das Universum eine schier unübersehbare Menge an Sternen, die ihr Licht in das All hinausschicken. Jeder dieser Sterne stellt ein gigantisches Laboratorium dar, in dem es die Natur versteht, aus dem enormen Wasserstoffvorrat schwere Elemente herzustellen.

6.

Die schweren Elemente

Das Leben, hervorgerufen aus dem Sein, wie dieses einst aus dem Nichts, das Leben, diese Blüte des Seins, es habe alle Grundstoffe mit der unbelebten Natur gemein, nicht einen habe es aufzuweisen, der nur ihm gehöre.

(Thomas Mann: *Bekenntnisse des Hochstaplers Felix Krull*)

Erste Schritte auf einem langen Weg

Wir haben es ja bereits angedeutet: Eine ganze Reihe von Prozessen im Sterninneren liefert dem Stern die Energie, die er so verschwenderisch abstrahlt. Sie sind auch dafür verantwortlich, dass Schritt für Schritt immer schwerere Elemente entstehen. Doch was genau tut sich da im Sterninneren? Normalerweise können sich zwei Protonen ja nicht sehr nahe kommen, da sie sich aufgrund ihrer gleichnamigen positiven Ladung gegenseitig abstoßen. Bei den höllenartigen Bedingungen von 15 Millionen Kelvin und einem Druck von rund 200 Milliarden Atmosphären ist das aber anders. Hier prallen die Wasserstoffkerne mit solcher Wucht zusammen, dass sie sogar diese abstoßende Kraft überwinden und einander so nahe kommen, dass sie in den Einflussbereich der so genannten starken Kernkraft geraten.

In einem Stern laufen also die Prozesse zur Energiegewinnung völlig anders ab als beispielsweise in einem Atommeiler. Während dort Urankerne gespalten werden, arbeitet in einem Stern ein gigantischer Fusionsreaktor, in dem Atomkerne nicht zerstört, sondern aufgebaut werden. Dabei entsteht zunächst über einige Zwischenschritte aus jeweils vier Protonen ein Heliumkern. Die Astrophysiker bezeichnen diese nukleare Verschmelzung auch als Wasserstoffbrennen. In dieser Phase verharrt der Stern die längste Zeit seines Lebens, wobei nahezu der gesamte Wasserstoffvorrat im Zentrum verbrennt. In unserer Sonne verschmelzen auf diese Weise in jeder Sekunde rund 700 Millionen Tonnen Wasserstoff zu etwa 695 Millionen Tonnen Helium. Die restlichen fünf Millionen Tonnen Materie werden bei den Fusionsprozessen größtenteils in Photonen und Neutrinos umgewandelt. Die Neutrinos verlassen praktisch ungehindert den Stern, wogegen die Photonen von der Sonnenoberfläche überwiegend als gleißend helles und als infrarotes Licht abgestrahlt werden.

Mit den angekündigten schweren Elementen hat das alles noch sehr wenig zu tun. Beim Verbrennen des Wasserstoffs entsteht ja nur Helium, ein Element, das, wie wir wissen, bereits in unvergleichlich größerer Menge bei der primordialen Nukleosynthese einige Minuten nach dem Urknall im Universum entstand. Bis wir ein weiteres Element in die Liste der Bausteine des Universums eintragen können, vergeht erneut Zeit. Wie viel, das hängt ganz davon ab, wie schwer oder, besser gesagt: wie massereich, der Stern bei Beginn des Wasserstoffbrennens war. Die Astrophysiker haben schon früh erkannt, dass die Masse eines Sterns die ausschlaggebende Größe ist, die seine Lebensdauer bestimmt. Je schwerer nämlich ein Stern ist, desto größer und höher sind auch Druck und Temperatur im Inneren, und je höher diese Werte ausfallen, desto schneller laufen die Verschmelzungsprozesse ab. Bei einem Stern von der Größe unserer Sonne dauert es etwa acht bis zehn Milliarden Jahre, bis der Wasserstoffvorrat im Zentrum aufgebraucht ist. Ein Stern, der hundertmal so schwer wie die Sonne ist, geht dagegen mit seinem Vorrat ungleich verschwenderischer um. Bereits nach etwa einer Million Jahren ist alles aufgezehrt. Andererseits brennt ein Stern mit einem Zehntel der Masse unserer Sonne auf so niedriger Flamme, dass seine Vorräte erst nach etwa 1000 Milliarden Jahren zu Ende gehen, nach einer Zeit also, die das gegenwärtige Alter des Universums um ein Vielfaches übersteigt.

Ist das Wasserstoffbrennen schließlich beendet, so gibt es im Zentrum des Sterns nur noch Helium. Lediglich in einer schmalen, den Kern umgebenden Schale sind Druck und Temperatur hinreichend groß für weiteres Wasserstoffbrennen. In der äußeren Sternhülle hat sich zu diesem Zeitpunkt am ursprünglichen Verhältnis von Wasserstoff zu Helium praktisch nichts geändert. Aber das Wasserstoff-Schalenbrennen treibt die Entwicklung weiter voran. Jetzt beginnt der Stern sich aufzublähen, sodass seine Leuchtkraft drastisch ansteigt, und gleichzeitig wird durch die brennende Wasserstoffschale der Kern weiter aufgeheizt. Das dabei entstehende Helium lagert sich auf dem Kern ab, sodass Temperatur und Dichte im Heliumkern immer weiter steigen und – man ahnt schon, was kommt – eine nächste Kernreaktion stattfindet.

Jetzt geht es auch dem Helium an den Kragen! War der Stern ursprünglich mindestens eine halbe Sonnenmasse schwer, so startet ab einer Kerntemperatur von etwa 100 Millionen Grad das so genannte Heliumbrennen. Dabei vereinigen sich je drei Heliumkerne zu einem Kern des Atoms Kohlenstoff, und in einer Folgereaktion verschmilzt ein vierter Heliumkern mit dem bereits gebildeten Kohlenstoff zu einem Sauerstoffkern. Durch die stufenweise Anlagerung weiterer Heliumkerne werden in geringen Mengen sogar Neon, Magnesium und Silizium gebildet.

Machen wir uns kurz klar, was da vor sich gegangen ist: Mit dem Heliumbrennen der ersten Sterne wird praktisch eine neue Ära im Universum eingeläutet. Erstmals betreten die für den Aufbau der Materie und insbesondere für die Entwicklung von Leben so wichtigen Elemente Kohlenstoff und Sauerstoff die Bühne. Noch sind sie tief im Sterninneren versteckt, aber im Laufe der weiteren Sternentwicklung werden immer größere Mengen an die Oberfläche gespült und durch Sternwinde in das interstellare Medium hinausgetragen. Eine erste noch spärliche Anreicherung der ursprünglich reinen Wasserstoff-/Heliumwolken mit Kohlenstoff und Sauerstoff hat begonnen. Die Astrophysiker sprechen da eigenartigerweise von einer Anreicherung mit Metallen. Diese Wortwahl beruht auf einer für Nichtastronomen sonderbar anmutenden Sprachregelung, nach der alle Elemente, die schwerer sind als Helium, als Metalle bezeichnet werden. Wir werden dieser Formulierung noch öfter begegnen.

Man kann sich jetzt natürlich fragen, warum sich die Natur so viel Zeit gelassen hat, warum der lebenswichtige Kohlenstoff erst in den Sternen erbrütet wird. Nach der primordialen Elementsynthese standen doch ausreichend Heliumkerne zur Verfügung, um aus je dreien einen Kohlenstoffkern zusammenzukitten. Die Antwort ist einfach: Für die Entstehung eines Kohlenstoffkerns muss aus zwei Heliumkernen erst mal ein Beryllium-Zwischenkern aufgebaut werden, an den sich dann ein weiterer Heliumkern zum endgültigen Kohlenstoff anlagern kann. Dumm ist nur, dass der Zwischenkern sehr instabil ist und bereits nach etwa 10^{-16} Sekunden wieder in die beiden Ausgangskerne zerfällt. Wenn vor Ablauf dieser kurzen Frist kein weiterer Stoßpartner aufzutreiben ist, kann kein Kohlenstoff entstehen. Damit sich schnell genug ein dritter Heliumkern findet, muss das Medium aber entsprechend dicht sein, so dicht wie in einem Stern. Im frühen Universum hingegen war die Dichte jedoch so niedrig, dass der Zwischenkern wieder auseinander brach, noch ehe ein dritter Heliumkern mit dem Berylliumkern zusammenstoßen konnte. Im Prinzip könnten zwar auch drei Heliumkerne gleichzeitig zusammenkommen, aber auch das geschah wegen der geringen Dichte viel zu selten.

Die Masse macht's

Am Ende des Heliumbrennens hängt die weitere Entwicklung weitgehend davon ab, wie massereich der Stern am Anfang seines Lebens war. Sterne bis etwa acht Sonnenmassen entwickeln in dieser Phase einen so heftigen Teilchenwind, dass ein Großteil, oft mehr als die Hälfte der das Zentrum umgebenden Gashülle verloren geht. Der vom Stern ausgehende Wind wirkt jetzt wie ein Schneepflug und schiebt die abgestoßene Hülle zu einer relativ dünnen, intensiv leuchtenden Kugelschale, einem so genannten planetarischen Nebel, zusammen. Nur in der restlichen Gashülle ist es noch so heiß, dass für kurze Zeit weitere Kernreaktionen ablaufen. Erlischt schließlich auch dort das atomare Feuer, so bleibt von dem Stern im Wesentlichen nur der aus Kohlenstoff und Sauerstoff bestehende Kern übrig, den die Astrophysiker auch als »Weißen Zwerg« bezeichnen. Der Durchmesser dieses Gebildes ist auf einige tausend Kilometer zusammengeschrumpft, und die Materie ist dort so dicht, dass ein Kubikzentimeter davon etwa eine Tonne auf die Waage brächte. Obwohl dieser Zwerg unmittelbar nach Beendigung der Fusionsprozesse noch ein wenig weiterschrumpft, erreichen Druck und Temperatur nicht mehr die Werte, die für das Zünden weiterer Kernfusionen erforderlich sind. Von nun an kühlt der Kern über einen Zeitraum von einigen Milliarden Jahren mehr und mehr aus. Die ältesten uns bekannten Weißen Zwerge haben noch eine Temperatur von knapp 4000 Kelvin. Von dem einst so prächtigen Stern verbleibt letztendlich nur noch ein kalter Aschehaufen. Was die Anreicherung mit weiteren schweren Elementen anbelangt, so hat das Universum von den Weißen Zwergen zunächst nichts mehr zu erwarten.

Die Entwicklungsphasen von Sternen, deren Anfangsmassen größer sind als acht Sonnenmassen, laufen anders ab, wobei sich insbesondere das Ende weitaus dramatischer gestaltet. Am Beispiel eines 20-Sonnenmassen-Sterns lässt sich das gut studieren *(Abb. 11)*: Im Anfangsstadium verlaufen die Lebenswege massereicher und massearmer Sterne noch parallel. Beide Arten beginnen in der Kernzone mit dem Wasserstoffbrennen, gefolgt vom Heliumbrennen. Was die Dauer der Brennphasen betrifft, so besteht allerdings ein wesentlicher Unterschied. Während ein Stern wie unsere Sonne rund zehn Milliarden Jahre von seinem Wasserstoffvorrat lebt, verheizt ein 20-Sonnenmassen-Stern seinen Brennstoff in wenigen Millionen Jahren. Das Heliumbren-

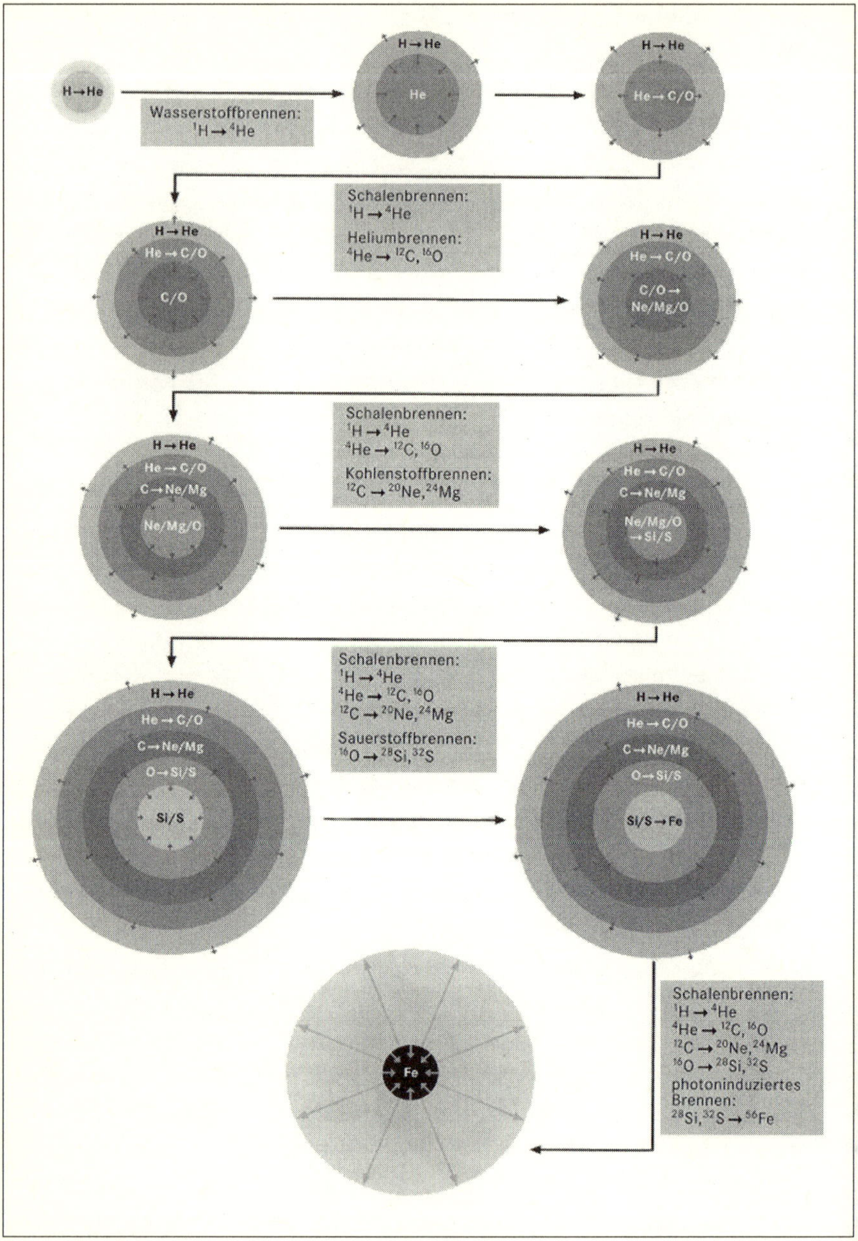

Abb. 11: Die verschiedenen Brennphasen im Leben eines Sterns mit der zwanzigfachen Masse der Sonne

nen läuft noch schneller ab, es ist bereits nach einigen hunderttausend Jahren beendet.

Jetzt trennen sich die Lebenswege der massereichen und der massearmen Sterne. Während das Kernbrennen bei den massearmen Sternen mit dem Heliumbrennen beendet ist, kollabiert der Kern der schweren Sterne weiter, bis die Temperatur im Inneren den für das nun folgende Kohlenstoffbrennen nötigen Wert von etwa 700 Millionen Kelvin erreicht. Das funktioniert, weil die ursprüngliche Sternmasse so groß war, dass trotz der Sternwinde noch ein ausreichend schwerer Kern verbleibt, dessen Masse für entsprechend starke Gravitationskräfte sorgt. Für das Kohlenstoffbrennen, bei dem nun in großem Umfang Natrium, Neon und Magnesium fusioniert werden, braucht der Stern nur noch etwa 1000 Jahre.

Es bereitet jetzt keine Probleme mehr, den weiteren Fortgang der Ereignisse zu erraten: Ist auch der Kohlenstoffvorrat verbrannt, so laufen wieder die gleichen Prozesse ab, die wir schon kennen. Der Kern verdichtet sich weiter, und Druck und Temperatur steigen nochmals an. Bei etwa einer Milliarde Grad startet das so genannte Neonbrennen, wobei Magnesium, Silizium und Schwefel erzeugt werden. Ab zwei Milliarden Grad beginnt das Sauerstoffbrennen mit Silizium und Schwefel als Fusionsprodukt, und schließlich, bei drei Milliarden Grad, wird Silizium zu Eisen und Nickel verbrannt. Die Brennphasen dauern von Stufe zu Stufe immer kürzer. Das Neonbrennen ist nach etwa zehn Jahren beendet, das Sauerstoffbrennen in einem Jahr, und für die Fusion von Silizium zu Eisen und Nickel benötigt der Stern nur noch wenige Stunden.

Mit dem Siliziumbrennen bricht die Kernreaktionskette ab. Eine Fusion der Eisenatome würde keine Energie mehr liefern, vielmehr müsste Energie von außen zugeführt werden, um ein Verschmelzen in Gang zu setzen. Das nukleare Feuer ist also endgültig erloschen. Was nun folgt, gehört mit zu den spektakulärsten Ereignissen, die das Universum zu bieten hat. Doch bevor wir darauf zu sprechen kommen, wollen wir uns zuerst einmal ansehen, wie die Elemente entstehen, die schwerer sind als Eisen.

Da weder in den massereichen noch in den massearmen Sternen während der verschiedenen Brennphasen Elemente, die schwerer sind als Eisen, entstehen, muss es andere Prozesse zu deren Synthese geben, die parallel zu den einzelnen Brennstufen ablaufen. Die entscheidende Rolle spielen dabei die Neutronen, welche in großer Zahl bei den Verschmelzungsvorgängen anfallen. Kollidiert eines dieser Neutronen mit einem Atomkern, so kann es im Kern stecken bleiben. Bei diesem Prozess wird die Anzahl der Kernbausteine um ein Nukleon erhöht. Als Ergebnis erhält man ein Isotop des ursprünglichen Elements, also einen Kern mit einem überschüssigen Neutron. Viele dieser Isotope sind jedoch nicht stabil, sie zerfallen radioaktiv. Dabei verwandelt sich eines der elektrisch ungeladenen Kernneutronen in ein positiv geladenes Proton, und ein Elektron und ein Antineutrino verlassen den Kern. Zwar ändert dieser Vorgang nichts an der Anzahl der Kernbausteine, aber die Ladung des Kerns ist jetzt um eine Einheit größer, sodass der Kern zum nächsthöheren Element im Periodensystem aufsteigt. Dieser Vorgang kann mehrmals hintereinander ablaufen, wobei die Kerne des neuen Elements nun ihrerseits Neutronen einfangen und neue Isotope bilden, die sich dann beim anschließenden Zerfall in noch schwerere Elemente umwandeln. Auf diese Weise entsteht ein ganzes Netzwerk aus Neutroneneinfang und Isotopenzerfall, das Ergebnis sind zunehmend schwerere Elemente. Ausgehend von Eisen wird auf diese Weise ein Großteil der Elemente wie Silber, Gold und Platin bis hinauf zum Blei aufgebaut. Diesen Vorgang bezeichnen die Astrophysiker auch als »s-Prozess« (wobei das »s« für das englische Wort »slow« = langsam steht). Der Prozess muss langsam ablaufen, damit den instabilen Isotopen genügend Zeit bleibt, durch den Zerfall eines Neutrons in das nächsthöhere Element überzugehen, noch bevor ein weiteres Neutron eingefangen wird.

In sehr heißen und dichten Teilchengasen wie beispielsweise der explodierenden Hülle einer Supernova läuft dagegen eine

Turboversion der Atombildung ab, der so genannte »r-Prozess« (»r« hier steht für das englische Wort »rapid« und bedeutet »schnell«). Das Einfangen von Neutronen erfolgt nun wesentlich schneller, sodass für den konkurrierenden Neutronenzerfall kaum Zeit bleibt. Durch »r-Prozesse« werden insbesondere die neutronenreichen Kerne der schweren Elemente wie Uran und Thorium gebildet.

Der finale Knall

Nach diesem Intermezzo zum Aufbau der schweren Elemente wollen wir uns jetzt mit dem Ende der Sternentwicklung befassen. Nachdem mit der Fusion von Eisen der nukleare Ofen endgültig erkaltet ist, folgt nun das bereits angekündigte Finale, mit dem ein massereicher Stern sein Leben beschließt. Das, was jetzt geschieht, ist von einer Urgewalt, die weit jenseits unseres Vorstellungsvermögens liegt. Leider reicht die Kraft der naturwissenschaftlichen Sprache nicht aus, um sich das Geschehen plastisch vor Augen zu führen. Vielleicht aber lassen die folgenden dürren Sätze die Dramatik der Ereignisse wenigstens erahnen.

Der Kern des anfänglich 20 Sonnenmassen schweren Sterns ist nach all den vorausgegangenen Brennphasen und vor allem durch die verlustreichen Sternwinde schließlich auf etwa 1,5 Sonnenmassen geschrumpft. Nun regiert erneut die Schwerkraft, und zum wiederholten Male kontrahiert der Kern. Jetzt beginnen Prozesse, in deren Verlauf eine große Menge Neutrinos freigesetzt wird, die den Stern nahezu ungehindert verlassen und damit in enormem Umfang Energie abführen. Dadurch kühlt die Kernregion rasch ab, der Druck im Inneren sinkt rapide, und die Schwerkraft presst den Kern noch weiter zusammen. Schließlich verschmelzen sogar die vorhandenen Elektronen mit den Protonen, sodass ein superdichter Neutronenkern sowie eine Unmenge weiterer Neutrinos entstehen. Da nun auch der stabilisierende Druck der Elektronen wegfällt – der Druck kommt dadurch zustande, dass die Elektronen unterschiedliche

Energieniveaus besetzen müssen und somit nicht beliebig eng zusammenrücken können –, bricht der Stern im Bruchteil einer Sekunde unter seiner eigenen Schwerkraft zusammen. Die jetzt auf den Neutronenkern niederprasselnden äußeren Sternschichten verursachen gewaltige Druckwellen, die vom harten Kern zurückprallen und gemeinsam mit den Neutrinos nach außen rasen. Dabei wird die Sternhülle schlagartig so stark aufgeheizt, dass der gesamte Stern in einer gewaltigen Explosion zerrissen und seine Hülle weit in den Raum hinausgeschleudert wird. Die frei werdende Menge an Energie ist so gigantisch, dass bereits ein Prozent davon den Sternrest für kurze Zeit heller leuchten lässt als alle 100 Milliarden Sterne einer Galaxie zusammen. Dieses Schauspiel, welches das Leben eines Sterns endgültig beschließt, bezeichnen die Astrophysiker recht nüchtern als Supernova-Explosion vom Typ II.

Am Ende dieses spektakulären Vorgangs bleibt im Zentrum ein nur einige zig Kilometer großer, so genannter Neutronenstern übrig. Er ist so dicht, dass ein Kubikzentimeter davon ungefähr so viel wiegt wie alle Menschen dieser Erde zusammen. In der Folge breitet sich um den Neutronenstern eine riesige, leuchtende Gaswolke aus, die man auch als Supernova-Überrest bezeichnet. Neben Wasserstoff und Helium enthält sie alle die in den Brennphasen erbrüteten und in den s- und r-Prozessen erzeugten schweren Elemente, die nun in das All hinauskatapultiert werden und das interstellare Gas mit mehreren Sonnenmassen an schweren Elementen anreichern. Bilden sich hieraus wieder Sterne, so werden sie metallreicher sein als die der vorhergegangenen Generation.

Auch Sterne verteilen Geschenke

Die Anreicherung des interstellaren Gases mit schweren Elementen ist für die Entwicklung des Lebens von so grundlegender Bedeutung, dass wir nochmals zusammenfassen wollen, über welche Methoden die Natur zur möglichst gleichmäßigen

Verteilung verfügt. Drei Verfahren zum Transport von Sternmaterie haben wir bereits kennen gelernt. Erinnern wir uns an die Winde, die von den Sternen gegen Ende ihres Lebens fortwehen. Bei den massereichen Sternen erreichen sie Geschwindigkeiten von bis zu einigen hundert Kilometern pro Sekunde. Der Masseverlust, den die Sterne dabei erleiden, kann pro Jahr bis zu 10^{-5} Sonnenmassen oder rund 10 000 Milliarden Milliarden Tonnen betragen. Im Wesentlichen transportieren die Sternwinde Wasserstoffgas aus der Sternhülle sowie die im Sterninneren aufgebauten Elemente wie Kohlenstoff, Sauerstoff, Stickstoff, Magnesium und Silizium, aber auch deren chemische Verbindungen. So finden sich beispielsweise in den Winden sehr massereicher Sterne Silizium-Sauerstoff-Verbindungen, so genannte Silikate. Bei Kohlenstoffsternen wurden sogar einfache organische Moleküle entdeckt. Einmal im kalten interstellaren Raum, kühlt der Sternwind rasch ab und friert aus. Das Gas kondensiert zu kleinen, etwa ein µm großen Körnchen, die als interstellarer Staub gewaltige Dunkelwolken bilden.

Auch die Planetarischen Nebel, wie sie bei Sternen mit Anfangsmassen von bis zu etwa acht Sonnenmassen vorkommen, sind ein sehr effektives Mittel der Natur, das interstellare Medium mit veredelter Substanz anzureichern. Da die Nebel aus dem Hüllenmaterial des ursprünglichen Sterns hervorgehen, enthalten sie auch dessen Elemente, im Wesentlichen also Wasserstoff, Kohlenstoff, Stickstoff und Sauerstoff, außerdem jedoch einige schwerere, durch den s-Prozess aufgebaute Elemente.

Der dritte uns bereits bekannte Prozess, der einen Großteil der Sternmaterie explosionsartig in den interstellaren Raum katapultiert, ist die Entwicklung eines massereichen Sterns zu einer Supernova vom Typ II. Die etwa zehn Millionen Grad heißen Gaswolken des Supernova-Überrests breiten sich rasch über einen Bereich von einigen hundert Lichtjahren Durchmesser aus. Da dieser Typus vornehmlich in den Scheiben von Spiralgalaxien vorkommt, das Scheibengas aber die Ausbreitung der Wolke in der Scheibenebene behindert, entwickeln sich gelegentlich senkrecht zur Scheibe gerichtete Strömungskamine, in denen ähnlich einem Springbrunnen Sternmaterie hoch aus der Scheibenebene herausgeschleudert wird, um anschließend weit entfernt wieder auf die Scheibe herabzuregnen. Auf diese Art wird die in den Sternen erbrütete Materie, vornehmlich Sauerstoff, Silizium, Magnesium, Kalzium und Titan, zusammen mit den in den r-Prozessen gebildeten schweren Kernen wie Uran und Thorium über einen weiten Bereich verteilt – der kosmische Kreislauf der Materie!

Schließlich gibt es neben diesen Prozessen noch einen vierten, sehr effektiven Verteilungsmechanismus, dem wir bisher noch nicht begegnet sind und der durch Supernovae vom Typ Ia verursacht wird. Hauptakteur ist hier der uns schon bekannte Weiße Zwerg. Jetzt bekommt er doch noch eine Bedeutung für die Anreicherung seiner Umgebung mit schweren Elementen. Umkreisen sich nämlich ein Weißer Zwerg und ein anderer Stern, der bereits das Stadium eines Roten Riesen erreicht hat, so kann es unter gewissen Voraussetzungen zu einem Überströmen von Sternmaterie auf den Weißen Zwerg kommen. Wenn dabei der Weiße Zwerg einen Grenzwert von 1,44 Sonnenmassen überschreitet, bricht er unter seiner eigenen Schwerkraft zusammen. Durch die frei werdende Gravitationsenergie erhitzt sich der kompakte Klumpen dermaßen, dass schlagartig eine Kohlenstoff-Kernfusion zündet und der gesamte Kohlenstoffvorrat des Weißen Zwergs zu schweren Elementen, insbesondere Eisen, Nickel und Kobalt, verbrennt. Bei diesem Vorgang explodiert der Weiße Zwerg und wird sehr wahrscheinlich völlig zerstört; nicht mal mehr ein Neutronenstern bleibt übrig. Die schweren Elemente aber werden durch die gewaltige Explosion weit in das All hinausgetragen.

Und was ist zwischen den Sternen?

Im Zusammenhang mit der Ausbreitung der in den Sternen erbrüteten Elemente ist nun schon mehrfach vom »interstellaren

Medium« die Rede gewesen. Ein ähnlicher Begriff ist das »intergalaktische Medium«. Was aber ist damit gemeint, und was steckt hinter diesen Bezeichnungen? Einen ersten Hinweis erhalten wir durch die Attribute »interstellar« und »intergalaktisch«. Es handelt sich also um einen Stoff oder eine Substanz, die den Raum zwischen den Sternen einer Galaxie einnimmt beziehungsweise sich zwischen den Galaxien ausbreitet. Untersucht man diesen Stoff genauer, so stößt man in erster Linie auf Protonen, aber auch auf Atomkerne und Atome und vereinzelt sogar auf recht komplex zusammengesetzte Moleküle. In dieses Medium »spucken« die Sterne ihre Fusionsprodukte und erhöhen so die anfänglich niedrige Konzentration an schweren Elementen. In erster Linie bleibt die Anreicherung jedoch auf das interstellare Medium beschränkt, da selbst die ungeheure Wucht einer Supernova selten ausreicht, die Teilchen so zu beschleunigen, dass sie das Schwerefeld der Galaxie, in welcher der explodierte Stern beheimatet war, verlassen können.

Doch auch das intergalaktische Medium enthält, obwohl es etwa eine Million Mal dünner als das beste Vakuum ist, das wir in unseren Laboratorien herstellen können, neben Wasserstoff Elemente wie Magnesium, Kohlenstoff und sogar Eisen. Diesen Befund können sich die Astronomen nur durch die Annahme erklären, dass schon vor der Entstehung der Galaxien Sterne existiert haben müssen, und zwar wesentlich schwerere als die massereichsten Sterne, die man heute findet. Wie wir bereits wissen, leben solche Sterne nur sehr kurze Zeit und schleudern anschließend ihre Fusionsprodukte in einer Supernova-Explosion in den Raum hinaus. Das mag erklären, warum auch das intergalaktische Medium mit Metallen durchsetzt ist und warum von dieser frühen Sterngeneration, die man als Population III bezeichnet, heute trotz leistungsstärkster Teleskope nichts mehr auszumachen ist.

Bei der Entstehung neuer Sterne spielt jedoch das interstellare Medium die Hauptrolle. Im Allgemeinen ist dieses Gas noch rund tausendmal dünner als das beste irdische Vakuum. Beispielsweise müsste eine Röhre von einem Zentimeter Durchmesser, senkrecht zur Scheibe unserer Milchstraße ausgelegt, ungefähr 100 Lichtjahre lang sein, damit darin genauso viele Teilchen enthalten sind wie auf der Erde in nur einem Kubikzentimeter Luft. In diesem Medium findet sich so ziemlich alles an Elementen, was in den Sternen erbrütet wird: Stickstoff, Sauerstoff, Magnesium, Kalzium, Aluminium, Phosphor, Schwefel, Zink, Eisen, Titan und was sonst noch so alles an schweren Elementen bei den verschiedenen Sternprozessen anfällt.

Aber es gibt auch Bereiche zwischen den Sternen, in denen die Teilchendichte wesentlich höher ist, Bereiche, die so dicht sind wie unsere Lufthülle in einer Höhe von etwa 500 Kilometern. Hier drängen sich pro Kubikzentimeter 100 bis eine Million Teilchen zusammen. Da sich die Materie in diesen über mehrere hundert Lichtjahre ausgedehnten Zonen hauptsächlich aus Staub und einer Vielzahl verschiedener Molekülarten zusammensetzt, bezeichnet man diese Gebilde auch als Molekülwolken. Bis zu einer Million Sonnenmassen an Materie können sich in diesen Wolken zusammendrängen, und mit nur einigen Grad über dem absoluten Nullpunkt ist es dort im Verhältnis zur mittleren Temperatur im interstellaren Medium bitterkalt.

In den Molekülwolken ist das Angebot an Atomen und Molekülen besonders reichhaltig *(Abb. 12)*. Neben molekularem Wasserstoff findet man eine Unmenge verschiedenster anorganischer Verbindungen. Insbesondere die Elemente Wasserstoff, Sauerstoff, Kohlenstoff, Stickstoff, Schwefel und Silizium vereinigen sich bevorzugt zu Oxiden und Sulfiden. Reichlich vorhanden sind auch Ammoniak, Wasser, Blausäure und Formaldehyd. Doch das ist noch nicht alles. Fast noch größer ist die Vielfalt organischer Moleküle. Sie beruht auf der Fähigkeit des Elements Kohlenstoff, komplexe Verbindungen einzugehen. So hat man in den Wolken sogar Kohlenwasserstoffe wie Methan, Acetylen und Propin aufgespürt und ebenfalls stickstoffhaltige Verbindungen wie Methylamin und Isocyansäure. Erstaunlich hoch ist auch der Anteil an Ketten- und Ringverbindungen des Kohlenstoffs in Form von Polynitrilen oder polyzyklischen aro-

Anzahl der Atome pro Molekül								
2	3	4	5	6	7	8	9	10
H_2	H_2O	NH_3	SiH_4	CH_3OH	CH_2CHO	$HCOOCH_3$	CH_3CH_2OH	CH_3C_5N?
OH	H_2S	H_2O^+	CH_4	CH_3CN	CH_3NH_2	C_7H	$(CH_3)_2O$	$(CH_3)_2CO$
SO	SO_2	H_2CO	HCOOH	CH_3NC	CH_3CCH	H_2C_6	CH_3CH_2CN	
SO^+	N_2H^+	H_2CS	$H(C\equiv C)CN$	CH_3SH	CH_2CHCN	CH_3C_3N	$H(C\equiv C)_3CN$	
SiO	HNO	HNCO	CH_2NH	C_5H	$H(C\equiv C)_2CN$	CH_3COOH	$H(C\equiv C)_2CH_3$	
SiS	C_2O	HNCS	NH_2CN	HC_2CHO	C_6H	CH_2OHCHO	C_8H	
NO	HCN	C_3N	H_2CCO	C_2H_4	$HCOCH_5$			
NS	HNC	HCO_2^+	C_4H	H_2CCCC				
HCl	HCO	SiC_3	C_3H_2	HC_3NH				
NaCl	HCO	c-CCCH	CH_2CN	l-H_2C_4				
KCl	N_2O	$HCNH^+$	C_5	$HCONH_2$				
AlCl	OCS	C_2H_2	SiC_4	C_5O				
AlF	NaCN	HCCN	H_2CCC	C_5N				
PN	HCS^+	H_2CN	HC_2NC					
CH	C_2H	C_3O	HNC_3					
CH^+	C_2S	C_3S	H_2COH^+					
CN	C_3	C_3H						
CO	c-SiC_2							
CO^+	NH_2							
CS	CH_2							
C2	H_3^+							
HF	MgCN							
SiN	CO_2							
CP	HOC^+							
LiH	MgNC							
CSi								
NH								
SH								

Abb. 12: Einige im interstellaren Medium entdeckte Moleküle. Die Palette reicht vom einfachen Wasserstoffmolekül bis hin zu komplexen organischen Verbindungen aus mehr als zehn Atomen.

matischen Kohlenwasserstoffen. Und nicht zuletzt scheint es dort sogar Schnapsfabriken zu geben, denn Alkohole wie Methanol und Ethanol sind ebenfalls in großen Mengen vertreten.

Dass sich die teilweise ziemlich komplexen Moleküle überhaupt bilden können, beruht auf dem hohen Anteil an Staub, der in den Wolken verteilt ist. Bevor jedoch die Molekülgestaltung einsetzen kann, müssen zunächst ausreichend Ionen erzeugt werden, die sich anschließend zu Molekülen zusammenfinden. Diese Ionisierungsarbeit übernehmen im Wesentlichen hoch energetische Protonen aus der kosmischen Strahlung. Die Photonen der nahe liegenden Sterne schaffen das nicht, da sie durch den hohen Staubanteil in den Molekülwolken abgeblockt werden. Lagern sich die Ionen an die Staubkörner an, so wirken deren zerklüftete Oberflächen wie Katalysatoren und beschleunigen beziehungsweise erleichtern die chemischen Reaktionen. Da der Staubschirm die einmal entstandenen Moleküle in der Wolke vor eindringenden zerstörerischen Photonen schützt, werden sie auch nicht wieder in ihre Bestandteile zerlegt, sondern können in Ruhe von den Staubkörnern abgasen und in das interstellare Medium entweichen.

In Anbetracht des im Allgemeinen so leeren, so kalten, so öden und so ungastlichen Raumes zwischen den Sternen ist es schon sehr bemerkenswert, dass dort wie Oasen in der Wüste Wolkeninseln existieren, die wie ein wohl gefüllter Baukasten alle nur erdenklichen organischen und anorganischen Moleküle enthalten, von denen man bis vor kurzem noch geglaubt hat, sie könnten nur auf der Erde entstehen und bestehen. Stellt sich da nicht automatisch die Frage nach außerirdischem Leben? Wäre es wirklich eine so große Sensation, wenn sich eines Tages herausstellen sollte, dass wir nicht allein sind im Universum? Für entsprechende Spekulationen liefern die Molekülwolken jedenfalls ausreichend Stoff.

Die besondere Bedeutung des interstellaren Mediums liegt jedoch weniger in der Tatsache, dass dort gelegentlich sehr spezielle Moleküle vorkommen, sondern vielmehr in dem Umstand, dass dies der Stoff ist, aus dem fortwährend neue Sterne hervorgehen. Die Bildung eines Protosterns beginnt meist in einer der Molekülwolken. Hier ist die Materie ausreichend dicht und genügend kalt, um sich gegen den inneren Gasdruck zusammenballen zu können. Manchmal hilft beim Geburtsvorgang auch eine in der Nähe explodierende Supernova etwas nach, indem die in das interstellare Medium hinausschießenden Explosionswellen das Gas der Molekülwolken lokal zusammenpressen. Vermutlich ist ein derartiges Ereignis auch der Auslöser für die Entstehung unseres Sonnensystems gewesen.

Alles was Sterne und, wie wir später noch sehen werden, Planeten zum Wachsen brauchen, besorgen sie sich aus dem interstellaren Medium: Wasserstoff und Helium vornehmlich für die Sterne, die schwereren Elemente für die Planeten. Und am Schluss ihres Lebens geben die Sterne alles, was sie an Materie entliehen haben, in veredelter Form wieder zurück. Je mehr alte Sterne bereits gestorben sind, desto metallreicher werden die neuen. Es ist ein immer währender Kreisprozess, der mit der Geburt eines Sterns beginnt und sich mit der Rückgabe der erbrüteten Elemente an das interstellare Medium wieder schließt (*Abb. 13*).

Noch ein Fazit

Fassen wir zusammen: Die Sterne sind die Laboratorien, in denen außer Wasserstoff und Helium alle Elemente hergestellt werden, die das Universum vorzuweisen hat. Alles was irgendwie Substanz hat – die Planeten, die Kometen, die gigantischen Molekül- und Staubwolken zwischen den Sternen und ganz besonders die belebte Materie –, besteht fast ausschließlich aus der Asche längst verglühter, gestorbener, zerrissener und explodierter Sterne. Pflanzen und Tiere verdankten ihre Existenz dem ständig währenden kosmischen Kreisprozess von Sternengeburt und Sternentod. Ohne die Synthese des Elements Kohlenstoff gäbe es keine Biologie, ohne die Synthese von Stickstoff und Sauerstoff keine Atmosphäre und ohne die schweren Elemente nicht die vielfältigen Erscheinungsformen der Natur. Auch der Mensch ist im Prinzip nichts anderes als ein, allerdings außerordentlich wohl geordnetes, Konglomerat aus Sternenstaub. Das Buch, das Sie soeben in der Hand halten, die gedruckte Schrift auf dieser Seite, der Stuhl, auf dem Sie beim Lesen sitzen – alles Sternenstaub! Ohne die Sterne gäbe es nichts Festes, nichts Schweres, nur Gase und Wolken aus Wasserstoff und Helium. Und doch ist all das nur ein Teil dessen, was zur Entstehung des Lebens bereitgestellt werden musste – die eigentlichen Urelemente Wasser-

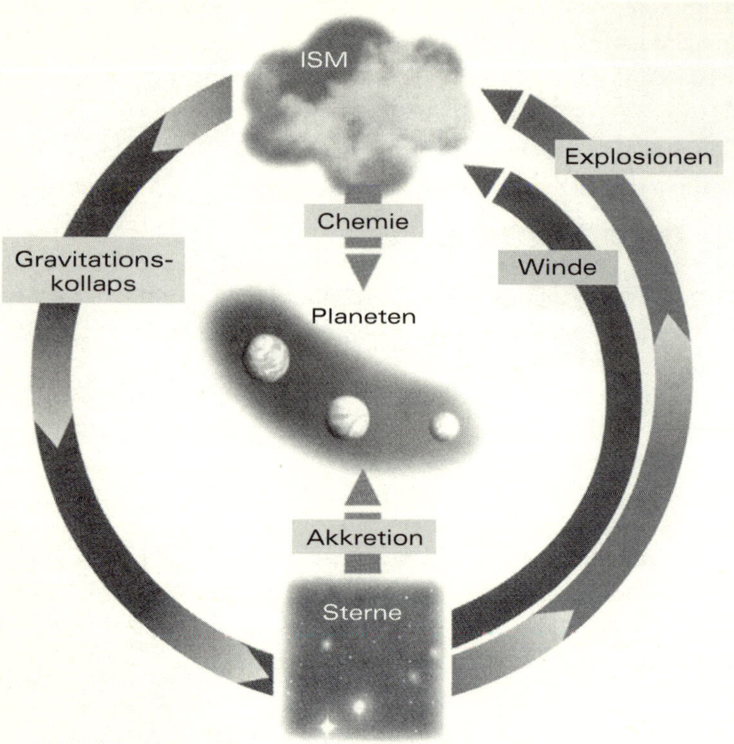

Abb. 13: Die Materie im Universum durchläuft einen gewaltigen Kreislauf. Die in den Gaswolken des interstellaren Mediums (ISM) entstehenden Sterne erbrüten die schweren Elemente und geben sie am Ende ihrer Entwicklung durch Winde und Supernova-Explosionen wieder dem ISM zurück. Aus diesen Elementen werden auch die Planeten aufgebaut.

stoff und Helium hat das Universum ohne die Mithilfe der Sterne hervorgebracht.

Für das Leben ist das alles von enormer Bedeutung. Ohne das, was da über einen Zeitraum von Milliarden Jahren ablief, hätte Leben nie entstehen können. In der Vergangenheit hat das Universum die prinzipiellen Voraussetzungen für Leben erst Schritt für Schritt geschaffen. Doch das Leben, das sich heute behaupten will, braucht andere Sterne: keine toten, sondern solche, die in der Blüte ihres Lebens stehen. Es braucht Sterne, welche die lebensnotwendige Lebensenergie für alle Kreaturen auf der Erde und vielleicht auch anderswo im Universum bereitstellen. Die frühen Sterne waren die Geburtshelfer, die heutigen sind die Ammen des Lebens. Ohne Sterne wäre alles nichts, und das Nichts wäre überall.

7.

Biochemie und Ursprung des Lebens

Die Idee der Urzeugung, das heißt der Entstehung des Lebens aus dem Nichtlebenden, war ja nicht von der Hand zu weisen, und jene Kluft, die man in der äußeren Natur vergebens zu schließen versucht, die nämlich zwischen Leben und Leblosigkeit, muss sich im Innern der Natur auf irgendeine Weise ausfüllen und überbrücken.

(Thomas Mann: *Der Zauberberg*)

Grundgesetze des Lebens

Was wir unter Leben zu verstehen haben und woher die Bausteine zum Aufbau seiner Strukturen kommen, damit haben wir uns in den bisherigen Kapiteln beschäftigt. Jetzt wollen wir uns mit dem irdischen Leben im Besonderen vertraut machen. Die allgemeinsten und grundlegendsten Bestandteile des Lebens sind die chemischen Elemente. Obwohl es in der Natur, und damit ist letztlich das gesamte Universum gemeint, 92 verschiedene stabile Elemente gibt, bilden erstaunlicherweise nur ganze vier das materielle »Rückgrat« des irdischen Lebens: Wasserstoff, Sauerstoff, Kohlenstoff und Stickstoff. Aus diesen Grundbausteinen sind 95 Prozent aller lebenden Systeme auf der Erde zusammengesetzt. Abgesehen von den Edelgasen Helium und Neon gehört dieses Quartett zu den häufigsten Elementen im Universum. Ob diese Auswahl rein zufällig ist oder ob eine Art kosmische Weisheit dahinter steckt, wissen wir nicht. Wenn diese Auswahl universell ist, dann hat das natürlich auch Konsequenzen für außerirdisches Leben. Dieses müsste somit ebenfalls aus diesen vier Elementen aufgebaut sein.

Analysiert man die Gesteine unserer Erde, so findet man als häufigstes Element Sauerstoff, dann kommt Eisen, danach Silizium, gefolgt von Magnesium, Schwefel, Nickel, Aluminium, Kalzium, Natrium, Chrom und Phosphor. Wasserstoff taucht überhaupt nicht auf. Auch Kohlenstoff und Stickstoff sind nicht besonders häufig. Die Zusammensetzung der belebten Materie ähnelt also weit mehr der in den Sternen und kosmischen Gaswolken als der unseres Planeten. Das ist in der Tat überraschend. Anscheinend ist es den Lebewesen ziemlich egal, was sich an chemischen Elementen auf einem Planeten im »Angebot« befindet. Lässt sich das irgendwie verstehen?

Dass Lebewesen zu einem hohen Prozentsatz aus Wasser bestehen, also neben Sauerstoff, ganz im Gegensatz zu den Gesteinen, auch einen hohen Prozentsatz an Wasserstoff enthalten, lässt sich damit erklären, dass es auf der Erde so viel Wasser gibt – genauer gesagt: flüssiges Wasser. Bei Kohlenstoff und Stickstoff wird die Erklärung schon schwieriger. Diese beiden Elemente, so häufig sie auch in den Sternen und kosmischen Gaswolken vorhanden sind, kommen auf der Erde verhältnismäßig selten vor, weit weniger als Silizium und Aluminium. Der hohe Gehalt an Kohlenstoff und Stickstoff in lebender Materie verlangt daher nach einer Erklärung, die im chemischen Verhalten der Kohlenstoff- und Stickstoffatome zu suchen ist.

Beginnen wir beim Kohlenstoff. Dass dieses Element in der Lage ist, komplexe Ketten- und Ringmoleküle zu bilden, und mit fast allen anderen Elementen Bindungen eingehen kann, wissen wir bereits. Deshalb gibt es auch weit mehr Verbindungen mit Kohlenstoff als ohne ihn. Für das Leben ist das außerordentlich wichtig, denn für die Speicherung von Information, wie beispielsweise des genetischen Codes, sind komplexe Moleküle unverzichtbar. Deshalb steht der Kohlenstoff auch im Mittelpunkt unserer Betrachtungen, und wir müssen erklären, woher die beneidenswerte Bindungsfähigkeit der Kohlenstoffatome kommt.

Damit Sie, verehrte Leserinnen und Leser, jetzt nicht zurückblättern müssen, wollen wir hier nochmals den Aufbau eines Atoms ins Gedächtnis zurückrufen. Wir wissen ja schon: Atome bestehen aus einem Atomkern und den negativ geladenen Elektronen, die den Kern in konzentrischen Schalen umkreisen. Jede der Schalen kann eine bestimmte Anzahl von Elektronen aufnehmen, und wie viele Elektronen in einer Schale Platz haben, wird von den Regeln der Quantenmechanik bestimmt. Demnach ist die innerste Schale mit maximal zwei Elektronen und die folgende mit höchstens acht besetzt. Für die Bindung zwischen den Atomen sind die Elektronen auf der äußersten Schale verantwortlich.

Ein Kohlenstoffatom verfügt über insgesamt sechs Elektronen. Zwei davon besetzen die innerste Schale, die restlichen vier die nächst höhere zweite Schale. Auf der zweiten Schale sind also noch vier Plätze frei. Wie wir bereits im Kapitel über die Bausteine des Lebens erfahren haben, verbinden sich zwei Atome, indem jedes zu einer abgeschlossenen äußeren Elektronenschale, zu einer Edelgaskonfiguration, kommt. In der ersten Schale sind das zwei Elektronen, in allen weiteren Schalen acht. Ein Element mit weniger als vier Außenelektronen in der zweiten Schale wird seine Elektronen eher abgeben, um nur noch eine Schale mit zwei Elektronen zu besitzen, während ein Element mit mehr als vier Außenelektronen dazu tendiert, seine Außenschale auf acht Elektronen aufzufüllen. In beiden Fällen aber wird ein Zustand erreicht, den man als gesättigt bezeichnet.

Nach diesen Regeln sind Elemente wie Lithium, Natrium oder Kalium, die nur ein Elektron auf der äußersten Schale besitzen, besonders freigebig. Sie bilden Verbindungen, in denen sie ihr äußerstes Elektron abgeben, und zwar bevorzugt an Halogene wie zum Beispiel Fluor, Chlor oder Brom, da diesen Elementen gerade ein Elektron zur Auffüllung ihrer äußersten Schale fehlt.

Beim Kohlenstoff mit seinen vier Außenelektronen wird die Sache etwas komplizierter. Der kann sich zunächst nicht entscheiden, ob er Elektronen abgeben oder aufnehmen soll, und zieht andere Wege vor. Eine Möglichkeit, eine Verbindung einzugehen, besteht darin, sich mit vier anderen Atomen je ein Elektron zu teilen. Auf diese Weise entstehen vier so genannte Einfachbindungen. Es kann aber auch vorkommen, dass ein Kohlenstoffatom zwei oder sogar drei Elektronen mit nur einem anderen Atom oder auch mit seinesgleichen gemeinsam hat. Dann spricht man von einer Doppel- *(Abb. IV des Farbteils)* oder Dreifachbindung. (Hier sei nochmals an Box 6 auf Seite 80 erinnert.)

Moleküle, deren Atome sich über Doppel- oder Dreifachbindungen miteinander vereinigen, sind stabiler als solche mit Einfachbindungen. Mit Sauerstoff zum Beispiel bildet Kohlenstoff Kohlendioxid (CO_2), ein sehr stabiles Gas mit je einer Doppelbindung zwischen dem Kohlenstoffatom und den beiden Sauerstoffatomen. Diese Fähigkeit des Kohlenstoffs sowohl zu Einfach- als auch zu Mehrfachbindungen ist es, die einerseits die universelle Verwendungsfähigkeit dieses Elements begründet und andererseits für die biochemische Dynamik und die Stabilität der Verbindungen verantwortlich ist. Letzteres ist besonders wichtig, denn auch die komplexesten Moleküle sind für das Leben wertlos, wenn sie entweder schnell wieder zerfallen oder so stabil sind, dass sie nicht mehr aufgebrochen werden können, um mit anderen Molekülen oder Atomen neue Verbindungen einzugehen. Das Leben ist ja keine statische Angelegenheit, sondern es »lebt« davon, dass es Energie in Form von Molekülen aufnimmt, diese Moleküle über chemische Prozesse in andere Moleküle überführt und die dabei frei werdende Energie für das eigene Sein verwendet. Leben ist also ein hoch dynamischer Prozess der Energieumwandlung auf molekularer Ebene mit Molekülen, die auch mal »loslassen« können. »Stabilität« und »Flexibilität« sind die Zauberworte der biochemischen Welt.

Während die Ketten- und Ringverbindungen der Kohlenstoffchemie die »Wirbelsäule« der organischen Welt bilden, sind die Elemente Sauerstoff und Stickstoff für Kraft und Stabilität zuständig. Ihre Fähigkeit, sich über mehr als ein Elektronenpaar mit dem Kohlenstoff zu verbinden, führt zu dauerhaften und doch wieder lösbaren Komplexen. Weil bei der Reaktion des Sauerstoffs mit anderen Atomen, der so genannten Oxidation, Energie frei wird, bezeichnen die Chemiker Oxidationsreaktionen auch als exotherme Prozesse. Derartige Verbindungen stellen Zustände niedrigerer Energie dar und sind deshalb stabiler. Im Allgemeinen laufen chemische Reaktionen ohne äußere Einflüsse immer in Richtung geringerer Energie ab, so wie Wasser ohne äußere Einflüsse eben nur den Berg hinunter fließt und nicht hinauf.

Übrigens rührt der Name »Stickstoff« daher, dass dieses Gas in der Lage ist, ein Feuer zu ersticken. Der aggressive Sauerstoff hingegen fördert die Verbrennung. Ein zu hoher Gehalt an Sauerstoff in der Erdatmosphäre hätte Flächenbrände globalen Ausmaßes zur Folge. Das würde zu einer Zerstörung des Sauerstoff erzeugenden Biomaterials führen, was wiederum den Sauerstoffgehalt der Atmosphäre absenken und so die Feuer allmählich zum Verlöschen brächte. Doch zu wenig Sauerstoff ist für das Leben auch nicht förderlich, man denke nur an die Bergsteiger auf den Gipfeln des Himalaja. Der gegenwärtige Sauerstoffgehalt der irdischen Atmosphäre ist das Resultat eines sich selbst regelnden, eng verzahnten Biosystems.

Allein mit Kohlenstoff und den Gasen Stickstoff, Sauerstoff und Wasserstoff ist die Elementpalette des Lebens jedoch nicht komplett. Besonders wichtig sind noch Kalzium zum Aufbau der Knochen und Phosphor, der beim Transport von Energie eine besondere Bedeutung erlangt. Nimmt man diese Elemente zu den »großen Vier« hinzu, so hat man den Gewichtsanteilen zufolge bereits 98,6 Prozent der lebenden Materie beisammen. Die restlichen 1,4 Prozent bestehen aus Chlor, Schwefel, Kalium, Magnesium, Jod und Eisen sowie winzigen Mengen so genannter Spurenelemente, zu denen Mangan, Silizium, Kupfer, Zink, Vanadium und Fluor gehören. Trotz ihres geringen Gewichtsanteils sind die Spurenelemente lebenswichtig. Bei manchen Meerestieren übernimmt zum Beispiel Kupfer die Rolle, die bei Wirbel- und Säugetieren dem Eisen im roten Blutfarbstoff zukommt. Zink ist ein Bestandteil des Insulins. Neben den vier Grundbausteinen benötigt das Leben somit insgesamt knapp zwei Dutzend weitere chemische Elemente zum Aufbau seiner Strukturen.

Obwohl zwischen den verschiedenen Organismen, welche die Erde bevölkern, große Unterschiede bestehen, gibt es doch eine auffallende Gemeinsamkeit: Die Konzentration der Spurenelemente in Bakterien, Pilzen, Pflanzen und Landtieren ist der im Meerwasser ausgesprochen ähnlich. Doch was bedeutet eine solche Ähnlichkeit? Daraus ließe sich folgern, dass der Ursprung des Lebens in den Meeren zu suchen ist. Aber nicht nur das – diese Verbundenheit mit dem Meerwasser könnte ein Beweis dafür sein, dass das Leben ebenso auf der Erde entstanden ist. Doch es gibt auch gegenteilige Ansichten. Einige Wissenschaftler sind fest davon überzeugt, dass das Leben oder zumindest dessen Keime über Meteoriten und Kometen zu uns auf die Erde gelangt ist. Tatsächlich hat man in Meteoriten so hoch komplexe Moleküle wie Aminosäuren entdeckt, die Basismoleküle des Lebens. Auch den vielen organischen Verbindungen, die sogar in den Weiten des Universums ausgemacht wurden, messen einige Forscher Leben spendende Bedeutung bei.

Wie auch immer, noch kann keine Seite eindeutige Beweise für den Lebensursprung vorlegen. Bis künftige Forschungsergebnisse eine klare Antwort geben, wird vermutlich noch einige Zeit vergehen. Lassen wir also das Spekulieren und wenden wir uns stattdessen lieber der organischen Chemie zu. Bisher waren ja nur die grundlegenden Atome, ihre Häufigkeiten, ihre Verwendbarkeiten und ihre Besonderheiten das Thema. Damit haben wir lediglich die Zutaten des Lebens zusammengestellt. Doch nun wollen wir etwas über den nächsten Schritt in Erfahrung bringen: den Schritt von der toten Materie zum belebten Organismus.

Von einem sehr einfachen Blickwinkel aus könnte man Lebewesen als biochemische Einheiten definieren, die in der Lage sind, sich selbst zu reproduzieren. Alle heutigen Organismen bestehen aus biologischen Zellen mit einer zentralen Vervielfältigungs- und Proteinsynthese-Maschinerie. Welche chemischen Mechanismen haben diese Maschinerie zum Laufen gebracht?

Das Leben braucht dazu große, das heißt vor allem lange, Moleküle – solche mit möglichst stabilem »Rückgrat« und »offenen Enden«, damit andere Atome andocken können und so neue biochemische Eigenschaften entstehen. Leben heißt vor allem Informations-, Energie- und Stofftransport. Dafür sind »Spediteure« in Gestalt höchst flexibler Moleküle erforderlich, die sich nicht so leicht zerstören lassen. Die Anforderungen, die das Leben an seine Bausteine stellt, lassen sich mit den berühmt-berüchtigten Stellenanzeigen vergleichen, in denen nach einem Mitarbeiter gesucht wird, möglichst unter dreißig Jahre, jedoch mit vierzigjähriger Berufserfahrung, der in der Lage ist, sämtliche Probleme seines Arbeitgebers über Nacht zu lösen, und der dafür mit einem Hungerlohn abgespeist wird. Nun, auch das Leben braucht wahre Alleskönner, und das Tolle ist, dass es diese Alleskönner tatsächlich gibt – nämlich die komplexen organischen Moleküle der Kohlenstoffchemie.

Von besonderer Bedeutung sind dabei die Aminosäuren als Grundbausteine des Lebens. Sie bilden eine Gruppe ähnlich strukturierter Moleküle aus etwa 10 bis 30 Atomen, die in Kohlenstoffketten verbunden sind. An einem stets gleichen Grundgerüst einer Amin- (NH_2) und einer Karboxylgruppe (CO_2H) sind über eine freie Einfachbindung die unterschiedlichsten Molekülkomplexe angedockt *(Abb. 14)*. Da sich Aminosäuren auch unter den unwirtlichsten Bedingungen im Weltall bilden, könnte es sein, dass sich das Leben im ganzen Universum aus Aminosäuren aufbaut. Man findet sie in Kometen und Meteoriten, in der Atmosphäre des Jupiter und in interstellaren Gaswolken. Die Unwirtlichkeit des Universums beruht hauptsächlich auf der enormen Kälte und der fehlenden Abschirmung der Moleküle gegen hoch energetische, hochgradig zerstörerische Ultraviolettstrahlung. Trotz allem bilden sich vielfach Kohlenstoffverbindungen bis hin zu Aminosäuren. Im Zentrum unserer Milchstraße hat man beispielsweise Glycin entdeckt, die einfachste aller Aminosäuren. Zu seiner Entstehung kann man sich folgende Reaktion vorstellen: Aus Ammoniak (NH_3), Methan (CH_4) und Wasser (H_2O) bildet sich bei Zufuhr von Energie, beispielsweise der UV-Strahlung von Sternen, Glycin. Die Zutaten kommen in großen Mengen in den kosmischen Gaswolken vor, und Sterne sind auch nicht gerade selten. Nur mit der UV-Strahlung gibt es ein Problem. Sie kann, wie schon erwähnt, das Glycin wieder zerstören. Es muss also gelungen sein, das Molekül zu erzeugen, es dann aber vor weiterer UV-Strahlung zu schützen. Die Strahlung durfte folglich nur einmal wirksam werden. Wie das möglich werden konnte, ist bisher nicht geklärt. Wenn aber das Leben auf der Erde der kosmische Normalfall ist und sich aus physikalisch-chemischen Gründen für Aminosäuren als Elementarbausteine entschieden hat, dann kann das auch noch an anderen Stellen im Universum passiert sein.

Für die Naturwissenschaftler ist jedoch ein anderer Punkt weitaus bedeutsamer. Die Entdeckung von Kohlenstoffmolekülen im Weltall ist ein Beleg dafür, dass die Gesetze der chemischen Bindung, die ja letztlich auf den physikalischen Gesetzen des Atomaufbaus beruhen, im ganzen Universum gültig sind. Die Bindungsfähigkeit von Kohlenstoff beweist sich eben auch unter den ungünstigen Umständen im Weltraum, die sich gänzlich von den Bedingungen im Labor oder in der irdischen Natur unterscheiden.

Kommen wir zurück zu den Aminosäuren. Weshalb sind sie so wichtig für das Leben auf der Erde? Aminosäuren bauen die Eiweiße, auch Proteine genannt, auf. Doch Aminosäuren sind Monomere, also kleine Moleküle, und von ihnen ist es noch ein langer Weg bis zu den einfachsten Lebewesen. Das Leben fordert weit höher entwickelte Moleküle, von denen manche

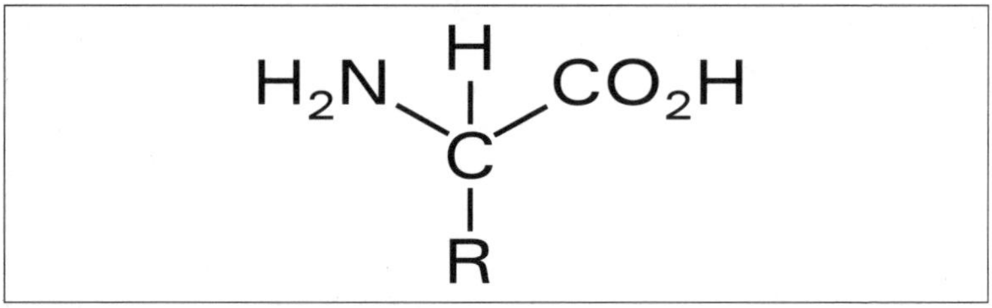

Abb. 14: Prinzipieller Aufbau einer Aminosäure. »R« steht für die unterschiedlichen Säurereste, welche die verschiedenen Aminosäuren charakterisieren.

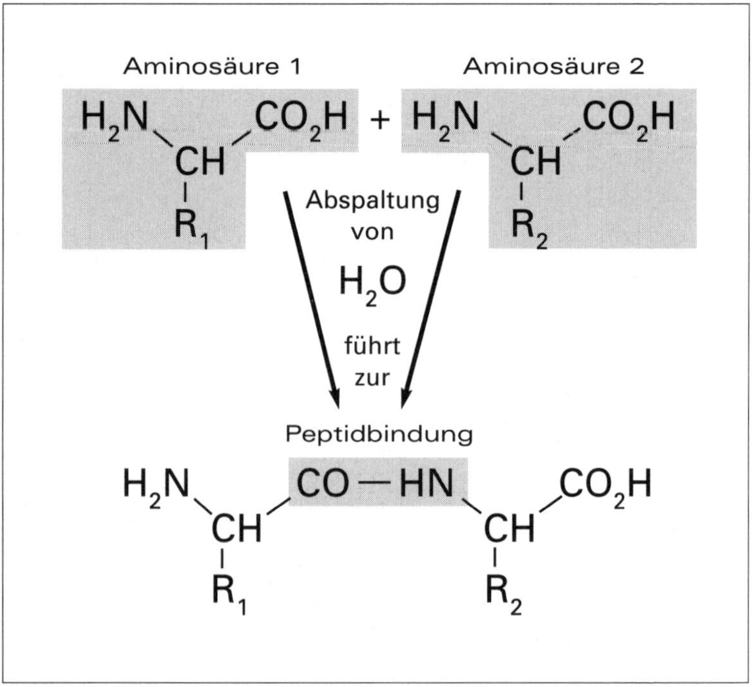

Abb. 15: In Proteinmolekülen sind die einzelnen Aminosäuren durch die so genannte Peptidbindung verbunden. Bei der Anlagerung zweier Aminosäuren wird jeweils ein Molekül Wasser abgespalten.

mehr als 10 000 Atome umfassen, so genannte Makromoleküle. Damit aus den monomeren Aminosäuren derartige Riesenmoleküle wie die Proteine entstehen, bedarf es eines Prozesses, den die Chemiker als Polymerisation bezeichnen. Bei diesem Vorgang reiht sich eine Vielzahl unterschiedlicher Aminosäuren zu langen Ketten aneinander, wobei die einzelnen Aminosäuren durch die so genannte Peptidbindung (H-N-C = O) miteinander verknüpft sind *(Abb. 15)*. Diese spezielle Methode, aus unterschiedlichen einfachen Molekülen größere, ja sogar riesige Moleküle aufzubauen, unterscheidet die belebte von der unbelebten Materie. Lebende Materie besteht hauptsächlich aus langen, kettenförmigen Molekülen, den Polymeren, in denen sich ein bestimmtes Muster mit kleinen Änderungen immer wiederholt, wogegen sich die unbelebte Natur mit relativ simplen Molekülen zufrieden gibt.

Eine Besonderheit zeigt die Struktur der Monomere. Es existieren zwei Formen, die sich nicht in ihrer chemischen Zusammensetzung, sondern nur in der Orientierung der Atome im Molekülverband unterscheiden. Die eine Form stellt praktisch das seitenverkehrte Spiegelbild der anderen dar. Man spricht von links- und rechtshändigen Formen. Das Interessante ist nun, dass außer einigen Eiweißkörpern in den Zellwänden gewisser Bakterien alle, wirklich alle Aminosäuren-Monomere auf der Erde linkshändig gebaut sind. Warum das so ist, kann zurzeit niemand sagen, es scheint zufällig bestimmt zu sein. Doch dieser Zufall hat Folgen. Durch die Beschränkung auf eine der beiden möglichen Molekülformen wird die Wirksamkeit chemischer Reaktionen, die das Leben ermöglichen und unterhalten, erheblich gesteigert. Übrigens, in Meteoritenüberresten findet man Aminosäuren beiden Typs, rechts- und linkshändige, also keine kosmische Auswahl. Das ist ein weiterer Beleg dafür, dass sich das Leben auf der Erde entwickelt hat.

Auf der Erde kommen vier Arten von organischen Polymeren vor: nämlich die bereits erwähnten Proteine, die Kohlenhydrate, Lipide und Nukleinsäuren. Die Proteine (griechisch »Proteion« = das Erste), die Eiweißkörper, sind makromolekulare hochpolymere Substanzen und die wichtigsten Baustoffe biologischer Organismen. Aus den Aminosäuren baut sich die ganze Vielfalt dieser Eiweißkörper auf. Proteine sind die Alleskönner, die das Leben erst möglich machen. Sie sind universell verwendbar, beispielsweise als Kollagen im Stützgewebe, als Sauerstoffspeicher Hämoglobin, als Myosin im Muskel, als Keratin in den Haaren, in der Wolle oder im Schildpatt, ferner im Chromatin, dem Strukturelement des Zellkerns, aus dem sich während der Kernteilung die Chromosomen bilden, als der von der Seidenraupe gesponnene Faden und nicht zuletzt als Grundsubstanz des Knochens. Proteine fungieren auch als Enzyme, als Helfer bei den chemischen Prozessen in den Zellen, in deren Gegenwart die chemischen Reaktionen schneller und effizienter ablaufen, als es normalerweise der Fall ist. Aber auch die stärksten bekannten Gifte, die Bakterientoxine, beispielsweise das Tetanustoxin, sind Eiweißkörper.

Wir können uns natürlich nicht im Einzelnen mit der unglaublichen Vielfalt organischer Moleküle und ihrer Bedeutung für das Leben beschäftigen. Darum zu den Kohlenhydraten und den Lipiden nur wenige Worte: Die Kohlenhydrate gehören zu den häufigsten Bestandteilen des pflanzlichen und tierischen Organismus. Ihr Name leitet sich von ihrer Summenformel $C_n(H_2O)_n$ ab. Wie im Wasser sind auch in den Kohlenhydratmolekülen die Elemente Wasserstoff und Sauerstoff im Verhältnis zwei zu eins enthalten. Wichtige Kohlenhydrate sind insbesondere Zucker in Form von Mono- und Polysacchariden, Stärke und Zellulose. Die mit der Nahrung aufgenommenen Kohlenhydrate werden im Organismus abgebaut und liefern dabei die für Biosynthese, Körperwärme und Muskelarbeit nötige Energie. Die Lipide sind Fette und Öle. Von besonderer Bedeutung sind noch die Nukleinsäuren, die sich aus Zucker, Phosphorsäure und einem Nukleinsäurebasenrest aufbauen. Die wichtigste unter ihnen ist die Desoxyribonukleinsäure (DNS), auf die wir später noch genauer eingehen werden.

Aus den verfügbaren Monomeren kann theoretisch eine nahezu unendliche Vielfalt an Polymeren entstehen, die sich zu noch komplexeren Molekülen miteinander verbinden. Eigenartigerweise nimmt das Leben aber gar nicht alle dieser vielen Möglichkeiten biochemischer Verbindungen wahr. Beispielsweise besteht ein typisches Proteinmolekül aus einigen hundert Aminosäuren. Proteine unterscheiden sich nur in der Auswahl der Aminosäuren und der Reihenfolge, in der diese zu einer Polymerkette verknüpft sind. Und jetzt kommt die Überraschung: Theoretisch sind Hunderte verschiedener Aminosäuren möglich, aber von den über 260 bekannten Aminosäuren verwendet das Leben nur ganze 20. Hier zeigt sich ein ausgeprägtes Auswahlverfahren, dessen Grund uns völlig unbekannt ist. Ein Eiweißmolekül, das aus 100 dieser 20 verschiedenen Aminosäuren besteht, könnte auf 20^{100} unterschiedliche Arten und Weisen zusammengesetzt sein. Das ist eine so große Zahl, dass man noch nicht einmal einen Namen dafür hat. Im Vergleich dazu beträgt die Anzahl aller Teilchen im gesamten Universum nur 10^{80}. Die Zahl der möglichen Variationen unter den Eiweißmolekülen ist also um viele Größenordnungen größer als die Anzahl der Teilchen im Universum. Doch ungeachtet dieser astronomischen Vielfalt produzieren und verwenden die meisten Lebewesen auf diesem Planeten nur knapp 100 000 Arten von Proteinmolekülen. Diese Besonderheit, hoch spezialisierte chemische Verbindungen aufzubauen und eine weitaus größere Zahl von Molekülarten gewissermaßen abzulehnen, gehört zu den bezeichnenden Eigenheiten des uns bekannten Lebens. Extraterrestrisches Leben auf Kohlenstoffbasis könnte ohne weiteres andere Aminosäurestrukturen verwenden und damit die Zahl der Möglichkeiten noch einmal erheblich vergrößern. Aber auch dort werden nur bestimmte Molekülarten in Betracht kommen, aber eben Molekülarten mit anderer Zusammensetzung.

Fassen wir kurz zusammen: Leben ist einerseits sehr anspruchslos, denn es begnügt sich mit den einfachsten Atomsorten wie Wasserstoff, Kohlenstoff, Stickstoff und Sauerstoff – alles Elemente, die im Kosmos weit verbreitet sind. Andererseits ist das Leben aber ausgesprochen wählerisch, wenn es darum geht, diese Atome miteinander zu kombinieren. Möglicherweise ist das Leben auf der Erde das Ergebnis ungezählter chemischer Versuchsreihen. Das, was erfolgreich getestet wurde, ist erhalten geblieben, und alle erfolglosen Experimente sind längst in Vergessenheit geraten. Auf anderen Planeten herrschen sicherlich andere Spielregeln, aber die betreffen nicht die Grundausstattung mit Wasserstoff, Kohlenstoff, Stickstoff und Sauerstoff, sondern nur deren Kombinationsmöglichkeiten.

Ein magischer Saft

Neben all den Riesenmolekülen mit ihren Ketten, Ringen und Spiralen darf man ein für das Leben unverzichtbares Molekül nicht vergessen: H_2O – das Wasser. Mehr als 60 Prozent aller lebenden Materie bestehen aus Wasser. Diese kleinen Moleküle aus einem Sauerstoff- und zwei Wasserstoffatomen bestimmen die biologische Welt. Ohne diese klare Flüssigkeit gäbe es kein Leben auf der Erde. Wir verdursten eher, als dass wir verhungern. Die meisten chemischen Vorgänge in Zellen laufen in und mit Wasser ab. Die Lebewesen haben sich in einer Wasserwelt entwickelt und können ohne Wasser nicht existieren. Die chemischen und physikalischen Besonderheiten des Wassers machen diesen Stoff zu einem Lebenselixier erster Güte. Woher kommt diese bemerkenswerte Qualität, was zeichnet Wasser vor anderen Molekülen aus?

Sauerstoff ist bei Zimmertemperatur gasförmig, genau wie Wasserstoff. Aber die beiden Gase, miteinander zu Wasser verbunden, ergeben einen Stoff, der bei gleicher Temperatur flüssig ist. Dass Wasser nicht bei Zimmertemperatur spontan verdunstet, liegt an einer speziellen Eigenheit des Wassermoleküls: Die Elektronen der beteiligten Atome halten sich nicht gleichmäßig im Wassermolekül auf. Man findet sie eher um das Sauerstoffatom konzentriert. Folglich ist das Molekül auf der elektronenreicheren Seite, um das Sauerstoffatom, etwas negativer geladen als auf der anderen Seite, um die beiden Wasserstoffatome. Das liegt an der »Elektronengier« des Sauerstoffatoms, ihm fehlen zwei Elektronen zur vollständigen Achterschale, und darum zieht es die Elektronen von den Wasserstoffatomen ab und zu sich heran. Außerdem ist das damit doppelt negativ geladene Sauerstoffion nicht in einer geraden Linie, sondern in einem Winkel von 105 Grad mit den beiden positiv geladenen Wasserstoffionen (Protonen) verbunden.

Aufgrund dieses dreieckigen Aufbaus sind im Inneren des Wassermoleküls die Schwerpunkte von positiver und negativer elektrischer Ladung getrennt, sodass das Wassermolekül als ein elektrischer Dipol wirkt, obwohl es als Ganzes elektrisch neutral ist. Und da sich gleichnamige elektrische Ladungen abstoßen beziehungsweise ungleichnamige anziehen, bilden die Wassermoleküle Aggregate von zwei bis acht Molekülen. Die Wasserstoffatome des einen Atoms, die leicht positiv geladen sind, werden dabei vom Sauerstoff eines benachbarten Sauerstoffatoms, das leicht negativ geladen ist, angezogen, sodass sich von einem Molekül zum anderen richtige Brücken bilden. Die Chemiker bezeichnen das auch als so genannte Wasserstoffbrückenbindung *(Abb. 16)*.

Wassermolekülassoziationen sind fast so regelmäßig strukturiert wie ein Kochsalzkristall, der aus positiv geladenen Natriumionen und negativ geladenen Chlorionen besteht. Allerdings sind die Wassermoleküle bei weitem nicht so unbeweglich wie die Partner im Kochsalz, die ja richtig fest im Kristall eingebunden sind. Die in der flüssigen Phase eingeschränkte Beweglichkeit der Wassermoleküle erklärt auch die anomal hohe Energiemenge, die nötig ist, um Wasser zu erwärmen und schließlich zum Verdampfen zu bringen. Die Wasserstoffbrücken müssen ja erst aufgebrochen werden, damit sich die Moleküle frei bewegen können. Aus diesem Grund ist Wasser auch der beste Wärmespeicher unter den natürlichen Stoffen. Die hohe Verdampfungswärme erschwert das Verdunsten, und die hohe Schmelzwärme verhindert ein schnelles Gefrieren des Wassers. Andererseits wird bei der Kondensation von Wasserdampf zu flüssigem Wasser viel Energie frei, wäh-

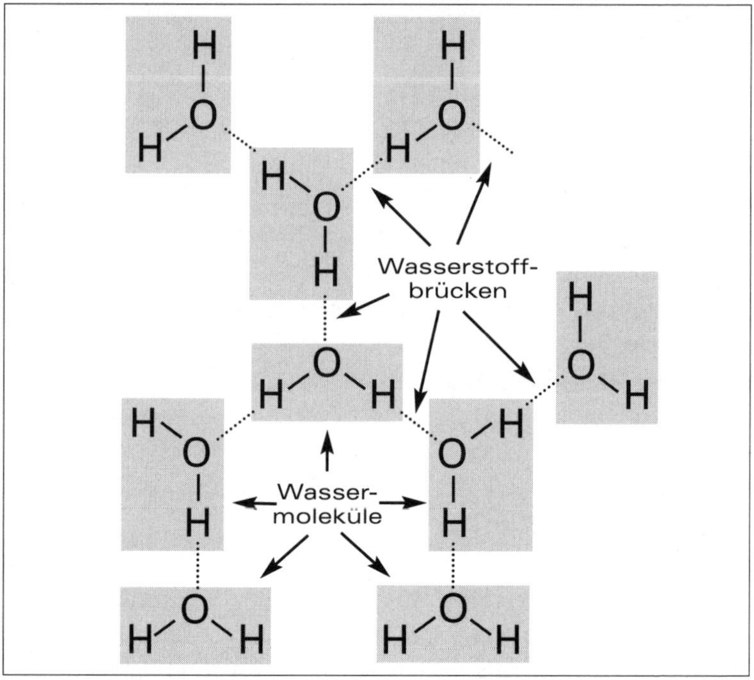

Abb. 16: Prinzip der Wasserstoffbrückenbindung. Aufgrund der elektrischen Polarität des Wassermoleküls wirken zwischen dem Wasserstoffatom des einen Wassermoleküls und dem Sauerstoffatom eines zweiten Wassermoleküls schwache anziehende elektrostatische Kräfte, die man als Wasserstoffbrücken bezeichnet.

rend das Schmelzen von Eis zu flüssigem Wasser Energie in großem Umfang benötigt.

Besonders interessant ist das Verhalten des Wassers und der Molekülaggregate bei Temperaturänderungen. Sinkt nämlich die Temperatur, so wächst der Anteil der Achter-Aggregate auf Kosten der kleineren Aggregate. Dadurch wird mehr Raum beansprucht, und die Dichte des Wassers verringert sich. Gleichzeitig rücken jedoch die Wassermoleküle aufgrund des Verlusts an Bewegungsenergie durch Abkühlung näher zusammen, was wiederum einer Erhöhung der Dichte gleichkommt. Allerdings ist die Volumenzunahme durch die Bildung weiterer Achterverbände geringfügig kleiner als die Volumenabnahme durch das

Zusammenrücken der Moleküle, sodass die Wasserdichte kontinuierlich zunimmt. Ist jedoch die Temperatur auf vier Grad Celsius gesunken, so heben sich die Effekte gegenseitig gerade auf. Aus diesem Grund hat Wasser bei vier Grad Celsius seine größte Dichte. Kühlt man jetzt noch weiter ab, so überwiegt die Volumenzunahme durch eine erhöhte Bildung von Achterverbänden die Volumenabnahme durch das Zusammenrücken der einzelnen Moleküle, sodass sich das Wasser wieder ausdehnt und seine Dichte abnimmt. Am Gefrierpunkt, an dem sich schließlich sämtliche Wassermoleküle sprunghaft zu Verbänden von acht Molekülen zusammenschließen, wächst das Volumen um neun Prozent an.

Dieses eigenartige Verhalten bewirkt, dass Eis leichter ist als Wasser und dass gefrierendes Wasser sogar Felsen sprengen kann. Auch für das Leben ist das Temperaturverhalten des Wassers von großer Bedeutung. Tiefere Gewässer frieren nämlich selbst in strengen Wintern selten völlig zu, sondern bilden nur an ihrer Oberfläche eine Eisschicht. Das funktioniert, weil das Wasser, das an seiner Oberfläche durch den Kontakt mit der Luft abgekühlt wird, nach unten sinkt und wärmeres, weniger dichtes Wasser aufsteigt. Das setzt sich so lange fort, bis der ganze See auf vier Grad Celsius abgekühlt ist. Wird jetzt das Wasser an der Oberfläche noch kälter, so kann es nicht mehr absinken, da seine Dichte bei weniger als vier Grad Celsius wieder abnimmt. Es muss deshalb an der Oberfläche bleiben und gefriert schließlich zu einer mehr oder weniger dicken Eisplatte. Diese Eisschicht wirkt wie ein isolierender Deckel, durch den eine weitere Abkühlung des darunter befindlichen Wassers nur mittels Wärmeübertragung zwischen unmittelbar benachbarten Molekülen erfolgen kann. Diese Wärmeleitung ist aber ziemlich ineffektiv. Deshalb friert ein See immer von oben nach unten zu, jedoch fast nie bis zum Grund. Das ist ein wichtiger Befund angesichts der Vorstellung, dass Leben auf der Erde im Wasser entstanden sein soll. Wären die physikalischen Eigenschaften von Wasser anders, so würden Flüsse und Seen vom Boden aus gefrieren, und alle Organismen gingen an Unterkühlung zugrunde oder würden gar zerquetscht.

Damit ist der Wert des Wassers für das Leben aber noch nicht vollständig charakterisiert. Wasser kann noch viel mehr, zum Beispiel feste Substanzen wie Zucker oder Salze in Moleküle auflösen. Außerdem ist Wasser ein ideales Transportmedium für die gelösten Stoffe, die anderswo für neue chemische Verbindungen gebraucht werden. Auch diese Eigenschaften des Wassers sind für die biochemischen Prozesse von ausschlaggebender Bedeutung. Es sind jedoch nur solche Substanzen wasserlöslich, deren Moleküle mit Wasser ähnliche Beziehungen eingehen können wie die Wassermoleküle untereinander. Im Wesentlichen ist es die elektrische Dipolstruktur des Wassermoleküls, die durch elektrische Anziehung beziehungsweise Abstoßung zur Auflösung von Molekülverbänden führt. Ein Stück Kerzenparaffin wird sich nie in Wasser auflösen, da kann man noch so lange warten. Bei Salzen und Zucker hingegen geht das ziemlich rasch.

Fortpflanzung tut Not

Der überaus komplexe Mechanismus, der das Leben durch die Zeiten trägt, der die Erfahrungen und Eigenschaften der Alten auf die noch nicht Geborenen überträgt, der neue, eventuell sogar höhere Ordnung aus bereits bestehender Ordnung schafft – diesen Mechanismus nennen die Biologen schlicht Fortpflanzung.

Das Wesen des Lebens auf der Erde – und sicherlich auch anderswo – ist Wachstum und Vermehrung. Fortbestand bedarf der Fähigkeit sich fortzupflanzen. Im biologischen Sinne versteht man unter Fortpflanzung die Weitergabe von Information zur Erhaltung von Form und Funktion eines biologischen Organismus. Diese Anweisungen allein reichen jedoch nicht aus. Der neue Organismus muss auch wissen, wie er sich zusammenzusetzen hat, damit Form und Funktion wirksam werden können. Es müssen also nicht nur form- und funktionsrelevante Informationen, sondern auch der gesamte Bau- und Entwicklungsplan für den zukünftigen Organismus weitergegeben werden, also sehr genaue Anleitungen zur Struktur und Anordnung der Proteine im neuen Organismus. Da wird sehr viel verlangt! Die Summe aller Informationen ist so umfangreich, dass sie nur in verschlüsselter, komprimierter Form weitergegeben werden kann. Es müssen ungewöhnlich komplexe Moleküle sein, die der Zelle mitteilen, wie sie sich im neuen Organismus zu strukturieren hat.

Die Ausdrücke »Bauplan« und »Verschlüsselung« deuten schon an, worauf wir hinaus wollen: nämlich auf das riesenhafte, wendelförmige Makromolekül der Desoxyribonukleinsäure, kurz DNS, in dem die Erbinformation verschlüsselt ist. Aus der DNS erfährt die nächste Generation von Lebewesen, wie die Stoffwechsel-, die Wachstums- und die Fortpflanzungsprozesse abzulaufen haben. Die Verschlüsselung dieser überlebenswichtigen Informationen beruht auf der spezifischen Aneinanderreihung der Moleküle, aus denen die Kette des DNS-Strangs zusammengebaut ist *(Abb. 17)*. Über diese einzigartige Molekülreihung steuert die DNS sowohl die biochemischen Prozesse zur Erhaltung des eigenen Organismus als auch die Vorgänge zur identischen Reproduktion des gesamten Individuums. Mithilfe eines »Kopierers«, der Ribonukleinsäure (RNS), der gewissermaßen die Molekülreihung abschreibt, wird die in der DNS enthaltene Information zu den Eiweißfabriken des Individuums weitertransportiert. Dort werden aus Aminosäuren wieder neue Proteine zusammengebaut *(Abb. 18)*. Dieser Kopiervorgang ist der Schlüssel des Lebens auf der Erde. Was eventuelles außerirdisches Leben anbelangt, so dürfen wir nicht erwarten, genau die gleichen Moleküle zu finden. Aber wenn es ähnliche Lebensformen auf Kohlenstoffbasis auf anderen Planeten geben sollte, müssen auch dort Moleküle mit identischer Funktion am Werk sein.

Obwohl DNS und RNS Erstaunliches leisten, sind sie nicht allmächtig. Vor allem sind sie im strengen Sinne nicht lebendig. Die beiden Partner im Spiel des Lebens brauchen sehr spezielle Voraussetzungen, um sich zu reproduzieren, und die finden sich nur in belebten Wesen. In den Viren, die man früher für die einfachsten Lebewesen hielt, sind diese Bedingungen nicht

Die Bausteine der Erbinformationen

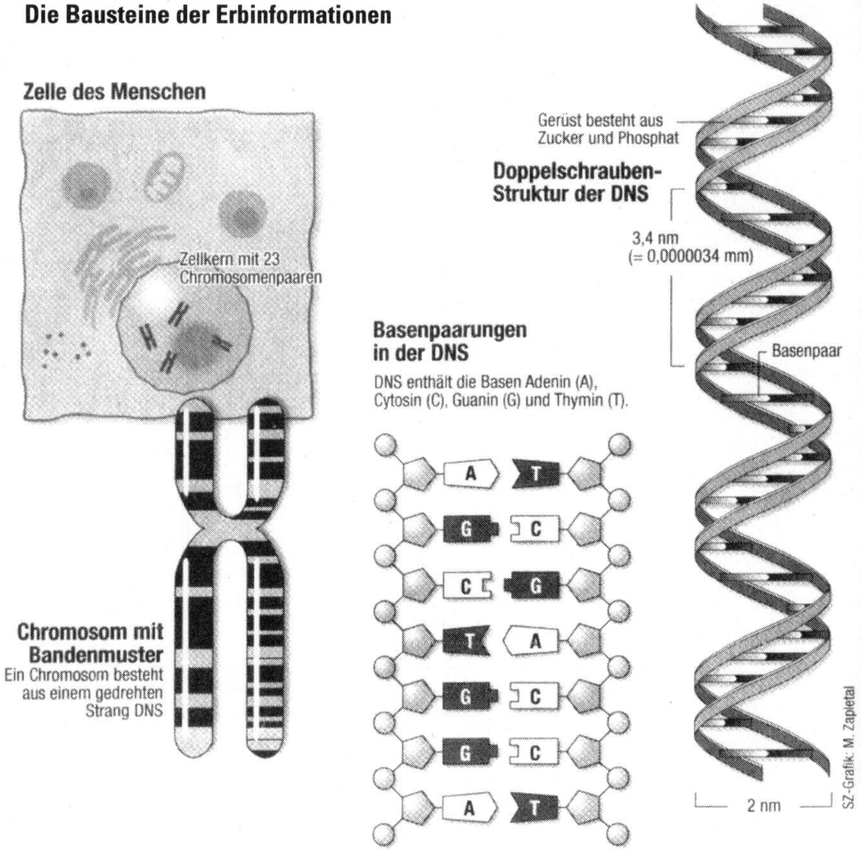

Abb. 17: Die Zelle des Menschen enthält die Erbinformation, die in der DNS gespeichert und in den Chromosomen eingelagert ist. Die DNS selbst baut sich auf aus einem Zucker-Phosphat-Gerüst und den vier Stickstoffbasen Adenin, Cytosin, Guanin und Thymin, welche die beiden Stränge der DNS jeweils paarweise verbinden.

gegeben. Da Viren nur aus Nukleinsäure und einer Proteinhülle bestehen, können sie sich nicht außerhalb lebender Zellen vermehren. Wenn sie dazu fähig wären, würden uns viele Krankheiten erspart bleiben. Auch die kleineren Viroide wie das todbringende Ebola-Virus, die nur aus nackter RNS bestehen, unterliegen den gleichen Einschränkungen.

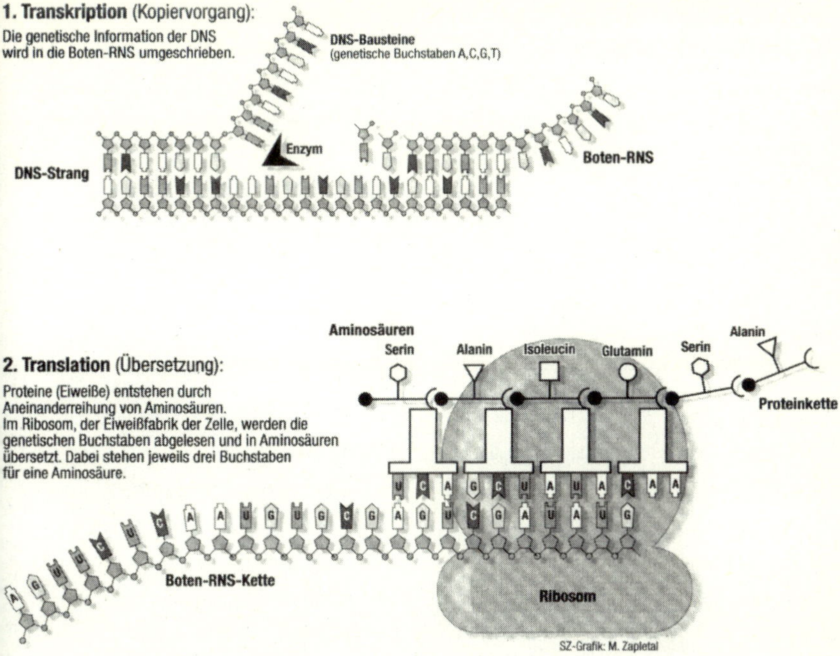

Abb. 18: Kopiervorgang und Übersetzung der in der DNS gespeicherten genetischen Informationen zum Aufbau neuer Eiweißmoleküle

Die Zellen

Die kleinste Einheit eigenständigen Lebens auf der Erde ist die Zelle, eine winzige biochemische Planungs- und Fabrikationseinheit, deren Durchmesser oft nicht mehr als einige Tausendstel Zentimeter beträgt. Die ersten Zellen, die so genannten Prokaryonten (griechisch: vor dem Kern) bestanden lediglich aus einer Membran als Hülle für das Zytoplasma, in dem DNS, RNS und andere Moleküle schwammen *(Abb. 19)*. Prokaryonten weisen noch keinen besonderen Mittelpunkt oder gar Zellkern auf. Doch im Gegensatz zu Viren sind sie wirklich lebendige Wesen mit etwa 10 000-mal mehr DNS-Molekülen. Mit dem Aufkommen der Prokaryonten setzt gewissermaßen ein biologischer Abnabelungsprozess ein. Wie gelingt es einem biologischen Organismus, sich von den allgemeinen physikalischen Umständen unabhängig zu machen?

Prokaryonten sind Lebewesen, die sich vermehren und Proteine aufbauen können, ohne auf einen Wirt angewiesen zu sein. Mit diesen Organismen, zum Beispiel den Bakterien und Blaualgen, haben wir die einfachsten biologischen Systeme vor uns, die zu einem unabhängigen Leben imstande sind. Nach dem heutigen Stand der Forschung tauchten Prokaryonten bereits 800 Millionen Jahre nach der Entstehung der Erde auf. Etwa eine Milliarde Jahre lang mussten diese primitiven Einzeller zunächst mit dem zurechtkommen, was an Nährstoffen in den Urozeanen zur Verfügung stand. Diese organischen Verbindungen waren ursprünglich durch die Einwirkung der ultravioletten Strahlung der Sonne und anderer Energiequellen auf nichtbiologischem Wege entstanden. Doch als diese Vorräte etwa zwei Milliarden Jahre nach der Geburt der Erde erschöpft wa-

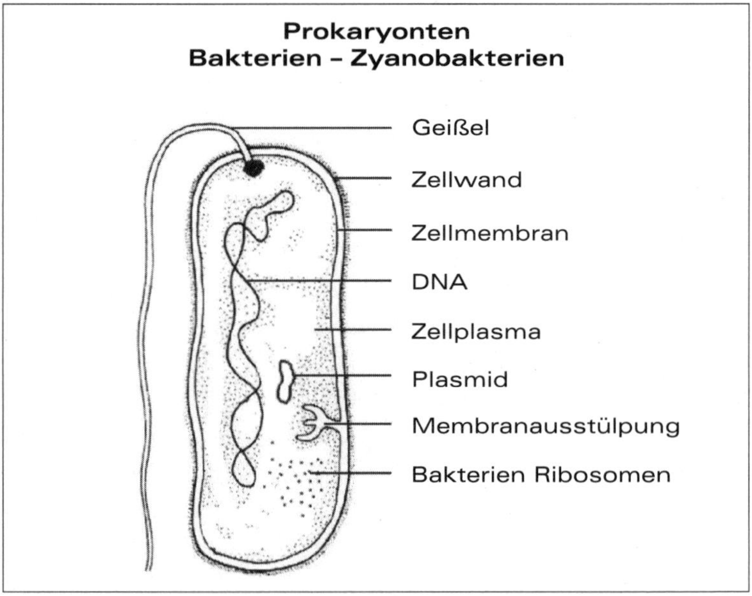

Abb. 19: Die ersten Zellen, die Prokaryonten, waren relativ einfach aufgebaut. Die Erbgut tragende DNS schwamm frei im Zellkörper.

ren, geschah etwas Revolutionäres. Einige Prokaryontenarten reagierten in einer Weise, welche die Grundlage der enormen Vermehrung fortgeschrittener Lebensformen bildet. Es gelang ihnen, Sonnenenergie in chemischer Energie zum späteren Verbrauch zu speichern. Die Prokaryonten erfanden sozusagen die Photosynthese. In der Folgezeit waren die Arten, die dieses Kunststück beherrschten, gegenüber den übrigen enorm im Vorteil. Es lohnt sich, dieses außerordentliche Ereignis genauer anzusehen, denn die Photosynthese ist der Mechanismus, der dem Leben auf der Erde den Sauerstoff für die Atmung bereitstellt und die Lebewesen vor der tödlichen Ultraviolettstrahlung der Sonne schützt.

In ihrer Urform lief die Photosynthese noch völlig ohne die Produktion von Sauerstoff ab, bevorzugt in einer Umgebung mit viel übel riechendem Schwefelwasserstoff (H_2S), der beispielsweise ein Hinweis für Vulkantätigkeit ist. Mithilfe von Sonnenlicht werden dabei aus Kohlendioxid und Schwefelwasserstoff Kohlenstoffkettenmoleküle aufgebaut und Wasser sowie Schwefel freigesetzt. Wie wir gleich noch erfahren werden, funktionierte das aber nur, solange es keine nennenswerten Mengen an freiem Sauerstoff gab. Man kann dieses Verfahren noch heute bei einigen Bakterien studieren, die in der Nähe von unterseeischen Vulkanschloten, den so genannten »Black Smokers«, ein sehr dunkles, aber doch lebendiges Dasein führen.

Der erste Sauerstoff gelangte nicht infolge der Einwirkung von Lebewesen in unsere Atmosphäre, sondern entstand bei der Spaltung von Wasserdampfmolekülen durch den ultravioletten Strahlungsanteil der Sonne. Damit bekamen die Organismen auf der Erde schon mal einen Vorgeschmack von diesem Gas. Sauerstoff war nämlich für die damaligen Einzeller ein ausgesprochen starkes Zellgift, an dem sie schnell zugrunde gingen. Er muss daher anfänglich als intensiver Auslesefaktor zugunsten solcher Organismen gewirkt haben, die Sauerstoff zunächst ertragen und später sogar ausnutzen konnten. Auf der nächsten Stufe biologischer Entwicklung, bei den Zellen mit Zellkern, den Eukaryonten, finden wir kaum noch Arten, die ohne gasförmigen Sauerstoff auskommen können.

Was auf der Erde an freiem Sauerstoff durch die lichtinduzierte Spaltung von Wasser entstand, wurde jedoch in verschiedenen Reaktionen sehr schnell wieder chemisch gebunden. Anhand geochemischer Befunde lässt sich zeigen, dass vor etwa zwei Milliarden Jahren der Sauerstoffgehalt der Erdatmosphäre erst rund ein Prozent der heutigen Konzentration erreichte. So sind in Afrika und Amerika in Flussschottern Körner des sehr leicht oxidierbaren Minerals Uraninit verbreitet, die älter als 2,3 Milliarden Jahre sind. Dieses Mineral zersetzt sich in einer sauerstoffhaltigen Atmosphäre sofort. In jüngeren Schichten kommt es nicht mehr vor. Also kann es vor 2,3 Milliarden Jahren kaum Sauerstoff in der Atmosphäre gegeben haben. Welch ein Glück für das Leben, denn unter den damaligen Umständen konnten die ersten Aminosäuren, die Bausteine der Proteine, nur in einer sauerstofffreien Umgebung entstehen und die ersten Prokaryonten gedeihen.

Mit der zunehmenden Gewöhnung der Einzeller an Sauerstoff war der Weg frei für den nächsten entscheidenden Schritt: Jetzt mussten die Einzeller quasi nicht mehr darauf achten, dass bei der Eigenfabrikation ihrer Nährstoffe kein Sauerstoff entstand. Infolgedessen konnten sie die Prozesse der Photosynthese umstellen und den Schwefelwasserstoff durch Wasser ersetzen. Dabei verbinden sich Kohlendioxid und Wasser im Licht der Sonne zu Kohlenstoffketten und gasförmigem Sauerstoff. Weil dieser Prozess so wichtig ist und heute in allen Pflanzen abläuft, wollen wir ausnahmsweise die chemische Reaktionsgleichung hinschreiben:

$$6\ CO_2 + 6\ H_2O + \text{Sonnenlicht} \rightarrow$$
$$C_6H_{12}O_6\ (\text{Kohlenstoffkette}) + 6\ O_2$$

Durch diesen Vorgang wurde und wird noch heute gasförmiger Sauerstoff freigesetzt.

Trotz dieser neuen Quelle stieg der Sauerstoffgehalt in der Atmosphäre zunächst nur geringfügig an. Das im Meerwasser gelöste zweiwertige Eisen verband sich nämlich umgehend mit dem Sauerstoff zu dreiwertigem, schwer löslichem Eisenoxid (Fe_2O_3), das sich als eisenreicher Schlamm in mächtigen Schichten auf dem Meeresboden ablagerte *(Abb. 20)*. Erst nachdem die Ozeane von zweiwertigem Eisen befreit waren, konnte endlich der gasförmige Sauerstoff in nennenswerten Mengen in die Atmosphäre entweichen *(Abb. 21)*. Mit dem Überschreiten der Sauerstoffkonzentration von einem Prozent des heutigen Wertes war nun eine Konzentration erreicht, welche die Existenz von Sauerstoff atmenden Organismen erlaubte.

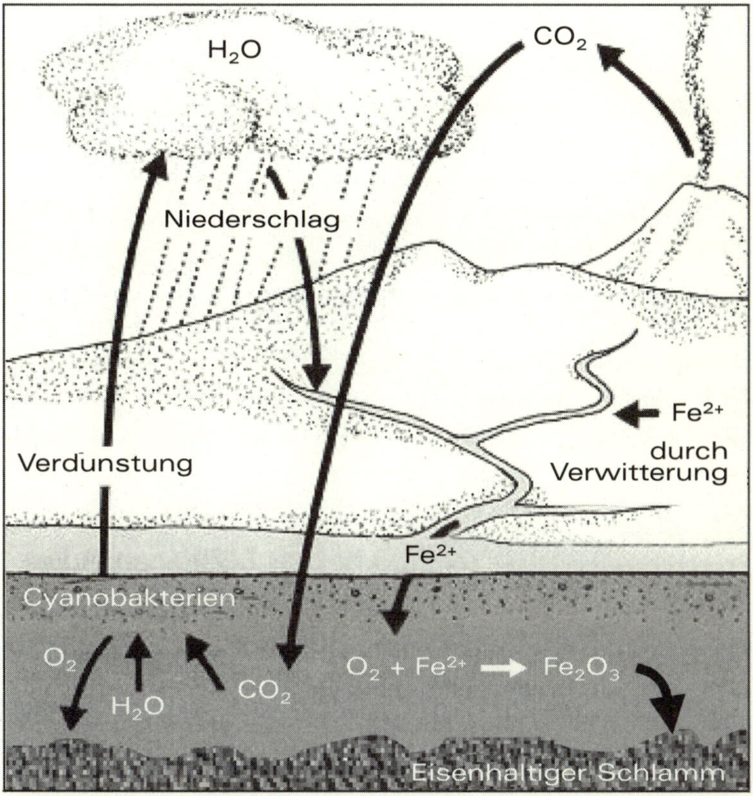

Abb. 20: Der anfänglich von Cyanobakterien erzeugte Sauerstoff wurde sofort wieder durch die Oxidation von zweiwertigem zu dreiwertigem Eisen gebunden und als eisenhaltiger Schlamm am Grund der Meere abgelagert.

Jetzt tauchten neue Organismen auf, die einen gewaltigen Entwicklungsschritt darstellten: Zellen mit Zellkernen. Diese neuen Bewohner der Erde sollten den ganzen Planeten unter ihre Herrschaft bringen – sie sollten die Welt verändern. Schlagen wir also ein neues Kapitel auf: Betrachten wir die neuen Organismen, die Zellen mit Zellkern, die so genannten Eukaryonten.

Niemand weiß genau, wie aus einer Vielzahl von Zellen ohne klar umrissenen Kern die Zellen mit einem echten Zellkern hervorgegangen sind. Wie wurden aus Prokaryonten Eukaryonten? Zweifellos gab es in dieser Entwicklung, die vor etwa zwei Milliarden Jahren begann und bis vor etwa 700 Millionen Jahren andauerte, jede Menge Zwischenschritte. Leider fehlen uns entsprechende fossile Funde. Letztlich war der Sprung in der Zellentwicklung jedoch gewaltig, denn in den Eukaryonten zeigt sich der höchste Grad an Kompliziertheit, zu dem sich Zellen auf der Erde entwickelt haben *(Abb. 22)*.

Das Leben auf der Erde brauchte zwei Milliarden Jahre, um den entscheidenden Baustein, eine Zelle mit Zellkern, zu realisieren. Zwei Milliarden Jahre waren nötig, obwohl auf unserem Planeten die Zellen ohne Zellkern bereits weitgehend für die entsprechenden Bedingungen gesorgt hatten. Die Eukaryonten legten sich sozusagen in das von den Prokaryonten gemachte Bett. Bedenkt man, dass die Lebenszeit der Sonne etwa zehn Milliarden Jahre beträgt, so sehen wir uns mit der erstaunlichen Tatsache konfrontiert, dass sich das Leben auf der Erde und die Sonne auf vergleichbaren Zeitskalen entwickelt haben. Wenn unsere bereits mehrmals geäußerte Hypothese richtig sein sollte, dass wir – also das Leben auf der Erde – der kosmische Normalfall sind, dann muss es sich bei Leben um einen Prozess von kosmischer Größenordnung handeln. Denn wie es scheint, entwickelt sich Leben auf ähnlichen Zeitskalen wie Sterne, ja sogar wie Galaxien und Galaxienhaufen. Eukaryonten sind zwar wesentlich kleiner als Sterne, doch das scheinen sie durch ihre ungleich höhere Komplexität wieder auszugleichen.

In den Eukaryonten steckt die Information über den Aufbau der Zelle und die Funktionsweise ihrer Bestandteile in den so genannten Chromosomen, die ihrerseits geschützt im Zellkern untergebracht sind. Die Chromosomen enthalten die DNS-Moleküle, in denen der Bauplan des betreffenden Lebewesens verschlüsselt ist. Ein typisches Chromosom einer eukaryontischen Zelle enthält Tausende von Genen, das sind genau definierte DNS-Abschnitte, die den Code zum Aufbau eines bestimmten Proteins enthalten. Die Menge an DNS in einer Eukaryonten-Zelle ist zehn- bis tausendmal größer als in einer Prokaryonten-Zelle. Folglich können Eukaryonten in ihrer Erbmasse sehr viel mehr Informationen unterbringen als Prokaryonten, was sich in

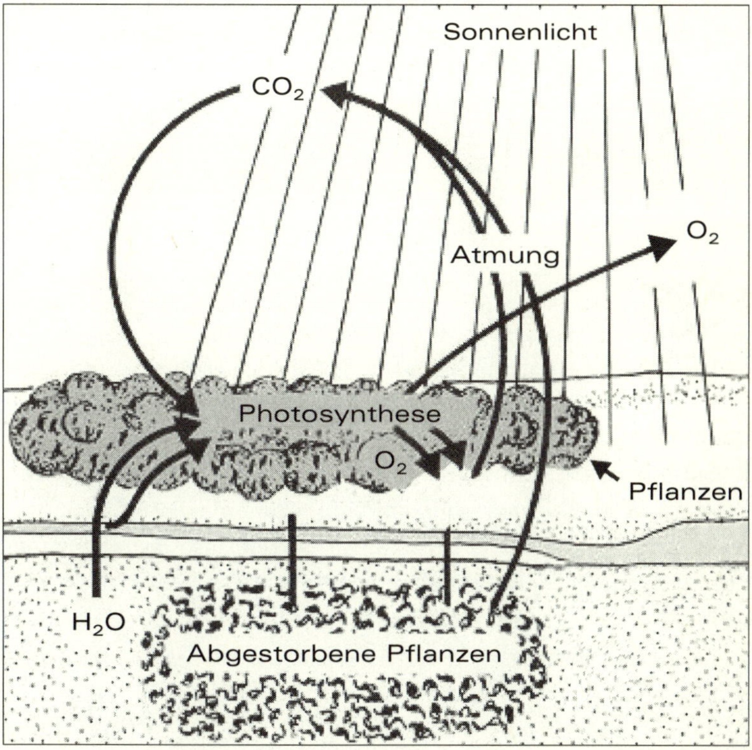

Abb. 21: Erst nachdem die Deponien des zweiwertigen Eisens erschöpft waren, führte die Photosynthese in den Pflanzen zu dem heutigen Gehalt an freiem Sauerstoff in der Erdatmosphäre.

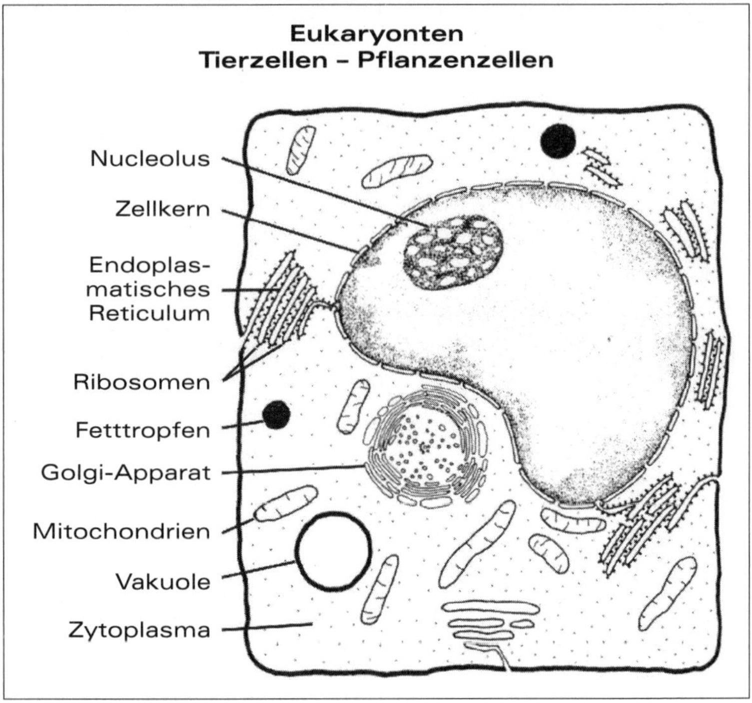

Abb. 22: Tiere und Pflanzen sind aus eukaryontischen Zellen aufgebaut, die sich aus den prokaryontischen Zellen entwickelt haben. In ihnen ist die DNS in einem klar abgegrenzten Zellkern lokalisiert.

der immensen Vielfalt der Strukturen und Funktionen dieser Zellen widerspiegelt. Eine Welt aus Prokaryonten ist langweilig und ohne große Entwicklungsmöglichkeit – die Einzeller bleiben Einzeller. Der Sprung des Lebens zu vielzelligen Organismen gelingt nur mit eukaryontischen Zellen. Ohne diesen entscheidenden Entwicklungsschritt hätte es auf diesem Planeten kein höher entwickeltes Leben gegeben. Zellen mit Kern sind die entscheidende Weggabelung in der biologischen Entwicklung.

Es bleibt die Frage: Wie wurden aus Prokaryonten Eukaryonten? Neue Ergebnisse der Paläontologie führten in den letzten Jahren zu einer Deutung. Demnach ist die innere Spezialisierung nicht von sich aus entstanden, sondern das Ergebnis einer gemeinschaftlichen Anstrengung mehrerer, zunächst unabhängiger Prokaryonten, die allen zum Vorteil gereicht. In der Biologie nennt man eine solche Partnerschaft ehemals unabhängiger Organismen eine Symbiose. Stellen wir uns einen Prokaryonten vor, der gerne die energetischen Vorteile der Photosynthese genießen möchte. Allein kann er diese Eigenschaft aber nicht entwickeln. Also verleibt er sich einen prokaryontischen Verwandten ein, der bereits Chlorophyll für die Photosynthese besitzt, um so endlich das riesige Energiereservoir des Sonnenlichts zum eigenen Überleben und zur Vermehrung nutzen zu können. Akzeptiert man einen solchen Vorgang, so müssten die Mitochondrien, die Energiespeicher der eukaryontischen Zelle, von prokaryontischen Bakterien abstammen und die Chloroplasten, die mithilfe von Sonnenlicht ebenfalls chemische Energiespeicher aufbauen, von Blaualgen. Und in der Tat fanden sich einige Beweise für eine derartige Entwicklung. Insbesondere die Entdeckung, dass sowohl Mitochondrien als auch Chloroplasten Erbsysteme enthalten, die denen von Prokaryonten entsprechen, ist ein starkes Argument für diese Theorie.

Natürlich darf man einer prokaryontischen Zelle keinen Willen unterstellen, der sie veranlasst, sich die Technik der Photosynthese anzueignen. Vermutlich war es so, dass beim Auffressen eines anderen Prokaryonten zufällig etwas Unverdauliches aufgenommen wurde, das zufällig die photosynthetischen Eigenschaften besaß, in der Zelle verblieb und dort zum Vorteil beider die Photosynthese und Energiespeicherung übernahm. Dies ist das einfachste und plausibelste Modell für den Schritt vom Prokaryonten zum Eukaryonten. Ausgehend von diesem ersten Stadium eines Eukaryonten, führte die biologische Entwicklung zu einer zunehmend stärkeren funktionellen und strukturellen Spezialisierung der Zellen und zum inneren Aufbau immer komplizierterer Organellen, also kleiner Zelluntereinheiten mit genau definierten Aufgaben.

Wenden wir uns jetzt der Frage zu, auf welche Weise sich Zellen fortpflanzen. Die entwicklungsgeschichtlich älteste und somit einfachste, aber auch schnellste Art für einen Organismus, sich zu vermehren, ist die Zellteilung. Dabei entstehen zwei genetisch identische Tochterzellen. Viele einzellige Organismen, darunter die meisten Bakterien, aber auch eukaryontische Einzeller wie die Amöben und viele Grünalgen, vermehren sich auf diese Weise. Sogar verschiedene Tiere haben die Fähigkeit, sich ungeschlechtlich zu vermehren, zum Beispiel die Blattläuse.

Doch erst die geschlechtliche Fortpflanzung, der Sex, brachte den entscheidenden Fortschritt bei der Vermehrung der Organismen. Offenbar bietet die sexuelle Fortpflanzung so große Vorteile, dass die am höchsten organisierten eukaryontischen Organismen sich ganz darauf verlassen. Da bei der geschlechtlichen Fortpflanzung beide Eltern ihren Teil zur Erbmasse beitragen, erhält der Nachkomme von jedem Elternteil einen kompletten Satz Chromosomen. In der neuen Kombination der beiden Elternchromosomen werden die Eigenschaften der beiden Ausgangszellen willkürlich ausgewählt und neu zusammengesetzt. Diese Revolution in der Fortpflanzung hatte eine unbegrenzte Erweiterung der Entwicklungsmöglichkeiten biologischer Systeme zur Folge. Wahrscheinlich ermöglicht dieser Vorgang gegenüber der ungeschlechtlichen Vermehrung auch eine drastische Beschleunigung der natürlichen Auslese. Durch die ständige Weitergabe der Eigenschaften beider Eltern entstehen für die nachfolgenden Generationen erheblich mehr Kombinationsmöglichkeiten, die sich, je nach äußeren Bedingungen, erfolgreich durchsetzen oder als erfolgloser Versuch wieder aussterben.

Sex ist die unabdingbare Voraussetzung für die offenbar unbegrenzte Flexibilität der Organismen bei der Anpassung an sich verändernde äußere Umstände. Ohne diesen entscheidenden Schritt in der Entwicklungsgeschichte wäre unser Planet nur von Einzellern bewohnt. Es gäbe mit Sicherheit keine Pflanzen oder Tiere. Eine vergleichbare Entwicklungsphase muss ebenso auf anderen Planeten stattfinden, soll sich Leben dort zu mehr entwickeln als zu primitiven Zellen. Auch dort kann man nicht davon ausgehen, dass die klimatischen und geologischen Bedingungen für immer auf einem bestimmten Stand eingefroren sind. Wäre das der Fall, so würden sich die zu diesem Zeitpunkt existierenden Organismen nicht mehr weiterentwickeln, sie blieben für immer auf dem Entwicklungsstand stehen, der es ihnen erlaubte, möglichst erfolgreich unter den ewig gleichen Bedingungen zu überleben. Insbesondere würde es keine Vielfalt unter den Lebewesen geben. Vielfalt und Reaktionsfähigkeit aber sind die wichtigsten Voraussetzungen für die Entwicklung von einfachen Lebensformen hin zu komplizierteren, höher strukturierten Organismen. Ohne äußere Anstöße entwickeln sich biologische Systeme nicht weiter. Ihre Trägheit kann nur durch entsprechende Veränderungen ihrer Lebensbedingungen überwunden werden. Das gilt auch für extraterrestrisches Leben.

Der Ursprung des Lebens

Fassen wir wieder zusammen. Bis zur geschlechtlichen Fortpflanzung brauchte das Leben auf der Erde zwei Milliarden Jahre. Vor 4,6 Milliarden Jahren entstand der Planet Erde, die ersten Spuren von Leben sind schätzungsweise 3,4 bis 3,8 Milliarden Jahre alt. Etwa um die gleiche Zeit bildeten sich die ersten Blaugrünalgen oder Cyanobakterien, die so genannten Stromatoliten, von denen man heute nur noch versteinerte Reste findet. Aus geologischen Befunden lässt sich ablesen, dass freier molekularer Sauerstoff erst vor ungefähr 2,5 Milliarden Jahren in nennenswertem Umfang in der Erdatmosphäre angereichert wurde. Die ersten Eukaryonten, Zellen mit Zellkern, erschienen vielleicht eine Milliarde ± 500 Millionen Jahre später. Doch erst vor zirka 700 Millionen Jahren begann die Entwicklung höherer Strukturen. Vor etwa 600 Millionen Jahren tauchten die ersten Landpflanzen auf, vor ungefähr 500 Millionen Jahren die ersten Wirbeltiere, vor rund 360 Millionen Jahren die ersten Amphibien und auf dem Höhepunkt des Zeitalters der Dinosaurier vor etwa 200 Millionen Jahren die ersten Säugetiere, die sich allerdings erst vor zirka 65 Millionen Jahren, nach dem Aussterben der Dinosaurier, ungestört entwickeln konnten. Unsere Vorfahren, die Hominiden, blicken auf eine Geschichte von nur rund fünf Millionen Jahren zurück, was etwa einem Tausendstel des Erdalters entspricht.

So wichtig diese einzelnen Entwicklungslinien auch waren, sie verkörpern gleichwohl nur die allerletzten Stadien der Evolution während einer Zeit, die gerade mal zehn Prozent der Erdgeschichte umfasst. Die Entwicklungsdauer von Prokaryonten und Eukaryonten nimmt den weitaus größten Teil der Entwicklungszeit des Lebens ein. Bis auf die ersten 700 bis 900 Millionen Jahre hat es also auf unserem Planeten immer Leben gegeben – das allerdings während des längsten Abschnitts seiner Geschichte nur aus Mikroorganismen bestand. Diesen Umstand sollten wir nicht aus den Augen verlieren, wenn wir über die Wahrscheinlichkeit außerirdischen Lebens nachdenken. Auch dort dürfte das Leben den größten Teil seiner Geschichte in mikroskopischer Form zubringen oder schon zugebracht haben.

Neben dem langen ruhigen Fluss biologischer Veränderungen gab es aber auch Ereignisse, welche die Evolution sprunghaft, sozusagen wie ein Turbolader, beschleunigt haben. Einschläge von Asteroiden, Phasen hoher geologischer Aktivität, begleitet von heftigem Vulkanismus, klimatische Wechsel wie Eiszeiten und Warmzeiten und plötzliche Veränderungen der Meeresströmungen infolge zusammenstoßender oder auseinander driftender Kontinente haben immer wieder zu sich wandelnden Umweltbedingungen geführt, auf die sich das Leben möglichst rasch einstellen musste. Derartige globale Veränderungen hatten oft Massensterben von katastrophalen Ausmaßen zur Folge, bei denen mindestens einmal bis zu 90 Prozent aller Lebewesen ausstarben; sie ermöglichten aber auch immer wieder eine explosionsartige Zunahme der verbliebenen Tier- und Pflanzenarten.

Geht man davon aus, dass das Leben auf der Erde ein irdisches Produkt ist und nicht von außen durch Kometen oder Asteroiden auf die Erde befördert wurde, so muss die Suche nach dem Ursprung des Lebens bei den Verhältnissen auf der noch jungen Erde kurz nach der Entstehung des Planeten beginnen. Wie ging es denn zu auf der frühen Erde? Soweit wir wissen, ziemlich ruppig! Die ältesten Gesteine der Erde, die man entdeckt hat, sind zwischen 3,6 und 3,9 Milliarden Jahren alt und auf wenige Fundstellen begrenzt. Demnach haben wir keine globale Gesamtsicht auf die Zustände damals, sondern nur einige lokale »Schnappschüsse«. Über die Entwicklung der Erde in den rund 700 bis 800 Millionen Jahren von der Entstehung bis zur Bildung der ersten Gesteine wissen wir genauso wenig wie über den Werdegang des gesamten Planetensystems. Dass es jedoch in dieser frühen Phase sehr ungemütlich gewesen sein muss, lehrt uns ein Blick auf die Oberfläche des Erdtrabanten, der deutliche Spuren eines verheerenden Bombardements zeigt: Der Mond ist von Kratern übersät. Offensichtlich kam es in der Geburtsphase der Planeten zu gewaltigen Einschlägen durch Planetenbruchstücke und große Asteroiden. Dass offenbar alle Körper im Sonnensystem von diesem Bombardement betroffen waren, belegen die Ergebnisse der modernen Planetologie. Mittels Aufnahmen der Planetenoberflächen durch Sonden und Beobachtungen mit optischen Teleskopen können sich die Wissenschaftler inzwischen einiges über die Frühzeit des Sonnensystems zusammenreimen. Beispielsweise muss der Planet Merkur mit einem relativ großen Brocken zusammengestoßen sein, wobei seine Oberfläche wie Zellophanpapier zerknittert wurde. Auch die Venus wurde vermutlich in ihrer Eigendrehung durch einen Einschlag gegen ihre ursprüngliche Drehrichtung abgebremst. Sie dreht sich heute weniger als einmal pro Sonnenumlauf. Zudem dreht sie sich als einziger Planet retrograd, das heißt gegen ihre Umlaufrichtung um die Sonne.

Als Folge dieses Bombardements wurde die Erde gewaltig aufgeheizt und schließlich glutflüssig. Die dazu nötige Wärmeenergie stammte nicht nur aus der Bewegungsenergie der einschlagenden Steinriesen, sondern auch aus der Gravitationsenergie, die beim Zusammenschrumpfen des erkaltenden Planetenkörpers frei wurde, und aus dem Zerfall radioaktiver Elemente *(Abb. 23)*. In dem geschmolzenen und homogen durchmischten Erdball sorgten Sedimentationsprozesse für ein Absinken der schweren Elemente wie Eisen und Nickel in den Erdkern, während sich im Erdmantel Silikate und Oxide anreicherten. Vor etwa 3,9 Milliarden Jahren war dann die Differenzierung so weit abgeschlossen, dass sich eine feste, aber dünne Erdkruste bilden konnte, aus der immer wieder glutflüssiges Gestein heraussprudelte. Aus dieser Zeit stammen auch die ersten Gesteinsfunde.

Die Prozesse der Differenzierung und der Schrumpfung hatten auch eine Entgasung des Erdkörpers zur Folge, wobei die Gase förmlich aus dem Erdinneren herausgepresst wurden. Auf diese Weise bildete sich eine erste, vergleichsweise dünne Uratmosphäre. Aus den offenen Ventilen des Erdballs, den Vulkanen, traten Schwefelwasserstoff, Schwefeldioxid, Chlor- und Fluorwasserstoff, Wasserstoff, Kohlenmonoxid, Wasserdampf, Methan, Ammoniak und einige Edelgase aus. Auch die immer noch einschlagenden Meteoriten lieferten mit ihrer Gasfracht einen Beitrag zu diesen Ausdünstungen. Wie groß dieser Anteil war und wie die genaue Zusammensetzung der Uratmosphäre aussah, ist noch immer Gegenstand wissenschaftlicher Diskussionen.

Betrachten wir zwei Szenarien: die stark reduzierende und die schwach reduzierende Atmosphäre. Reduktion bedeutet in der Chemie die Fähigkeit von Atomen, Elektronen abzugeben, während man unter Oxidation die Aufnahme von Elektronen versteht. Dass es in der Frühzeit der Erdgeschichte keinen freien Sauerstoff gab, wird heute von niemandem mehr bestritten. Daher war die erste Atmosphäre sicherlich nicht oxidierend so wie heute. Sehr wahrscheinlich war sie reduzierend. Die Frage ist nur, wie stark? Das historisch erste Modell geht von einer stark reduzierenden Uratmosphäre aus, einer Gasmischung aus Me-

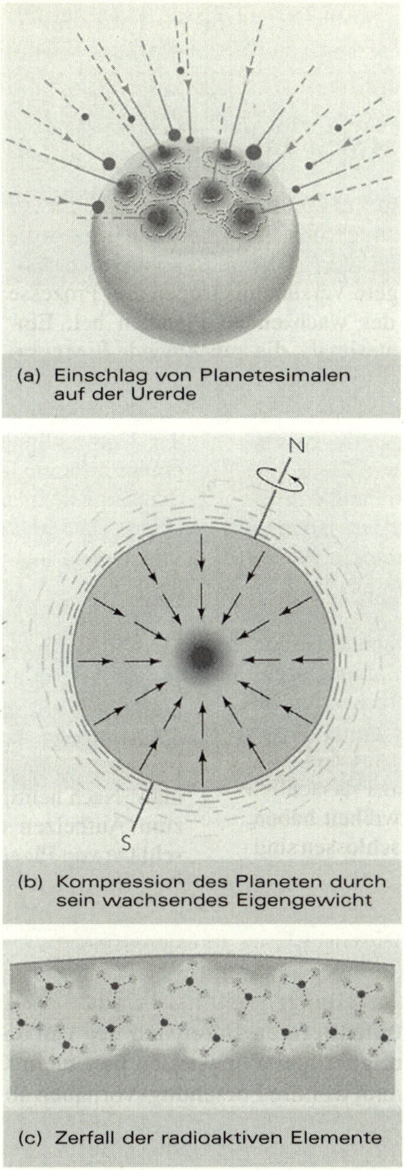

Abb. 23: Die junge Erde wurde sowohl durch Meteoriteneinschläge als auch durch den Zerfall radioaktiver Elemente aufgeheizt. Die fortwährende Kontraktion des Planetenkörpers lieferte ebenfalls einen wesentlichen Beitrag zum Wärmehaushalt.

than (CH_4), Ammoniak (NH_3) und Wasserdampf, angereichert mit großen Mengen von Wasserstoffatomen und Wasserstoffmolekülen, die bereit sind, sich durch die Abgabe von Elektronen mit anderen Molekülen zu verbinden. Diese Vorstellung stützte sich auf Untersuchungen der Atmosphären von Jupiter und Saturn. Dort, so war und ist die Meinung noch heute, haben sich die Verhältnisse der Urzeit des Sonnensystems bis in die Gegenwart erhalten. Deshalb erschien es vernünftig, auch für die Urerde eine ähnlich zusammengesetzte Atmosphäre anzunehmen.

Mittlerweile wird die Vorstellung einer stark reduzierenden Uratmosphäre jedoch infrage gestellt. Neuere Gesteinsfunde haben zu Korrekturen an diesem Modell geführt. Untersuchungen der Häufigkeit der Edelgase Neon, Argon und Krypton, die nur einen winzigen Teil der Atmosphäre ausmachen, und der ältesten Gesteine lassen darauf schließen, dass die Erde ihre Atmosphäre wahrscheinlich nicht aus der ursprünglichen Staub- und Gaswolke eingefangen hat, so wie es insbesondere bei den Gasplaneten der Fall war. Die kosmischen Felsbrocken mit dem größten Anteil an flüchtigen Elementen sind wahrscheinlich zuletzt auf die Erde geprallt. Durch den Aufschlag wurden die Körper so stark erhitzt, dass ihre flüchtigen Bestandteile verdampften und so die Uratmosphäre bildeten. Die infolge des Einschlags zur Erde gelangten Wassermoleküle wurden relativ rasch durch die ultraviolette Strahlung der jungen Sonne gespalten, wobei der nun freie Wasserstoff teilweise in den Weltraum hinaus diffundierte oder aufgrund chemischer Reaktionen mit der Erdkruste gebunden wurde. Als Ergebnis dieser Prozesse entstand eine nur leicht reduzierend wirkende Lufthülle aus Kohlenmonoxid, Kohlendioxid, Stickstoff, Wasser und einer geringen Menge Wasserstoffmoleküle.

Vielleicht kann uns auch ein Blick auf die Venus etwas über die irdische Uratmosphäre verraten. Dieser Planet von nahezu gleicher Masse und Größe wie die Erde besitzt eine Atmosphäre, die fast nur aus Kohlendioxid besteht. Wenn es richtig ist, dass die inneren Planeten des Sonnensystems alle zur gleichen Zeit und aus ähnlichem Material entstanden sind, dann sollte auch die Uratmosphäre der Erde einen hohen Anteil Kohlendioxid enthalten haben.

Davon unabhängig unterscheidet sich die heutige Atmosphäre unseres Planeten doch erheblich von der ursprünglichen. Wie ist es dazu gekommen? Zunächst muss nahezu der gesamte freie Wasserstoff in den Weltraum entwichen sein, da die Schwerkraft der Erde nicht ausreichte, um ihn festzuhalten. Zurück blieb lediglich der an schwere Atome gebundene Anteil, zum Beispiel in Form von Wasserdampf. In der Folgezeit wurde die Atmosphäre mit Gasen aus den Vulkanen angereichert, insbesondere mit großen Mengen von Wasserdampf, Kohlendioxid, Stickstoff und Kohlenmonoxid. Erst zwei Milliarden Jahre später, als die Photosynthese stattgefunden hatte und freier Sauerstoff entstand, änderte sich die Atmosphäre wesentlich.

Damit waren die Voraussetzungen geschaffen für einen weiteren entscheidenden Wandel, nämlich die Entstehung von Ozon (O_3). Im Gegensatz zu einem Sauerstoffmolekül, das sich aus zwei Sauerstoffatomen zusammensetzt, besteht ein Ozonmolekül aus drei Atomen Sauerstoff. Wenn ultraviolettes Licht auf ein Wassermolekül trifft, spaltet es das Wasser in Wasserstoff- und Sauerstoffatome. Solange noch genügend Wasserstoffmoleküle in der Atmosphäre vorhanden waren, vereinigten sich jedoch die freien Sauerstoffatome mit dem Wasserstoff sofort wieder zu Wasser. Nachdem aber in der Frühzeit der Erde der freie Wasserstoff größtenteils bereits in den Weltraum entwichen war, musste sich das Sauerstoffatom einen anderen Partner suchen und verband sich mit dem molekularen Sauerstoff zu Ozon.

Was lässt sich daraus schließen? Ozon in nennenswerter Menge kann in der Atmosphäre eines Planeten nur entstehen, wenn er von einem Stern beleuchtet wird, dessen Strahlung einen ausreichend hohen Anteil ultraviolettes Licht enthält, und wenn es eine permanente Quelle für Sauerstoffmoleküle gibt. Auf der Erde übernimmt unsere Sonne die Rolle des UV-Spenders, und die Pflanzen und Einzeller dienen als Sauerstoffquellen. Für die Entwicklung des Lebens war die Synthese von Ozon ein ausgesprochen segensreicher Prozess, denn Ozon bildet den schon erwähnten wichtigen Schutzschirm gegen das zerstörerische ultraviolette Licht der Sonne. Von da an konnte sich das aufkeimende Leben unter deutlich erleichterten Bedingungen entwickeln.

Big Bang – zweiter Akt

Erinnern wir uns, dass die Konzentration der Spurenelemente in lebenden Organismen eine verblüffende Übereinstimmung mit der im Meerwasser aufweist. Diese Auffälligkeit lässt vermuten, dass das irdische Leben auf der Erde entstanden ist und nicht aus dem Weltraum kam. Diese Idee liegt auch den Experimenten zugrunde, die zeigen sollten, wie sich aus nichtorganischer Materie organische bildete und wie sich der Übergang von der unbelebten zur belebten Materie vollzog. Die Bedingungen, unter denen die Experimente abliefen, wurden dabei so gestaltet, wie sie die Experimentatoren auf der noch unbelebten Erde vermuteten.

Was die Atmosphäre anbelangt, so hatten die Experimentatoren die Wahl zwischen einer stark und einer schwach reduzierenden Variante. Doch wie sahen die anderen Bedingungen aus? Als Energielieferanten für die damaligen chemischen Reaktionen kommen mehrere Quellen in Betracht. Da war zum einen die UV-Strahlung der Sonne, die ja anfangs noch gänzlich ungefiltert die Erdoberfläche erreichen konnte, weil noch kein Ozon in der Atmosphäre vorhanden war. Diese energiereichen UV-Photonen stellten sicherlich die dominante Energiequelle dar. Dann könnten Blitzentladungen, lokale Ausbrüche von Erdwärme wie heiße Quellen und Vulkane, der Zerfall radioaktiver Elemente in den Gesteinen, Meteoriteneinschläge und schließlich auch die gewaltige Brandung der Urozeane die Reaktionsenergie geliefert haben *(Abb. 24)*.

Versetzen wir uns zurück in die Zeit vor vier Milliarden Jahren und spekulieren wir mal, wie das alles zusammengewirkt haben könnte. Was hat das ungefilterte Bombardement von UV-Photonen bewirkt? Das können wir an uns selbst ablesen, wenn wir uns der Sonne zu lange aussetzen. Trotz Ozonschicht dringt nämlich immer noch genügend UV-Strahlung zur Erdoberfläche durch, um unser größtes Organ, die Haut, empfindlich zu schädigen. Ohne die schützende Ozonschicht ist diese Wirkung natürlich erheblich stärker. In den ersten zwei Milliarden Jahren konnte die UV-Strahlung erbarmungslos auf eine sich abkühlende und immer wieder aufbrechende Erdkruste einschlagen. Die UV-Photonen brachen die Moleküle des Methans, des Wasserdampfs und des Wasserstoffs auf, und die Bruchstücke fanden sich in Folgereaktionen zu komplexeren organischen Molekülen zusammen.

Doch die Wirkung der UV-Strahlen war im wahrsten Sinne des Wortes zwiespältig. Denn einerseits zertrümmerten sie alte Verbindungen, andererseits machten sie aber auch vor den neu entstandenen Molekülen nicht Halt. Damit dauerhaft etwas Neues entstehen konnte, musste das UV-Licht zwar Verbindungen aufbrechen, sollte aber dann die Bildung neuer Verbindungen nicht behindern. Bildlich gesprochen heißt das: »Bade mich, aber mach mich nicht nass.« Und genau das ist das entscheidende Stichwort: baden! Das Kunststück konnte nur funktionieren, weil bereits hier und da Wasserpfützen entstanden waren, die als erste Laboratorien des Lebens fungieren konnten. In den Flachwasserbereichen dominierte die Zerstörung durch die UV-Strahlung. Die Bruchstücke aber sanken in tieferes Wasser ab, wohin die UV-Strahlung nicht mehr vordringen konnte, und formierten sich dort zu neuen Molekülen. Man vermutet, dass stark zerklüftete Gesteins- und Tonschichten dabei behilflich waren. Dort blieben die Moleküle hängen, sammelten sich in den »Schluchten« und »Fjorden« des Untergrunds und kamen einander so nahe, dass sie sich verbinden konnten. Verdunstete ein Teil des Wassers, so wurde die Lösung eingedickt, die Molekülkonzentration erhöht und die Wahrscheinlichkeit für neue Verbindungen nochmals erhöht. Später wieder zuge-

Energiequelle	Energie
Gesamte Sonnenstrahlung (Wellenlänge in Nanometern) 700 - 400	10 900 000
Ultraviolett (Wellenlänge in Nanometern) 300 - 250 250 - 200 200 - 150 weniger als 150	 119 900 22 000 1 650 168
Radioaktivität (bis zu einer Tiefe von 1 km unter der Erdoberfläche)	117
Solare Winde	8
Vulkanische Hitze	6
Kosmische Strahlung	0,06

(Energie in Kilojoule pro Quadratmeter und Jahr)

Abb. 24: Quellen, aus denen das Leben auf der Erde anfänglich seine Energie für den Aufbau seiner Strukturen bezog. Heute ist die Sonne der Hauptenergielieferant.

spültes Wasser brachte neue und vor allem auch andere Reaktionspartner mit, was wiederum die Palette der möglichen Verbindungen erweiterte.

Aber Wind und Wellen kehrten gelegentlich das Unterste zuoberst, sodass auch Neues wieder zerstört wurde. Für die Moleküle war von vornherein nicht klar, welches Schicksal sie erleiden – ein echtes Vabanquespiel sozusagen. Und ein Spiel war es tatsächlich, denn diese »Kasinovariante« machte neue, sich ständig verändernde Kombinationen am chemischen Spieltisch möglich. Die Natur setzte auf eine bestimmte Kombination – und verlor oder gewann. Gewonnen haben die Moleküle, die aus irgendwelchen atom- und molekularphysikalischen Gründen eine besondere Stabilität und Flexibilität aufwiesen.

Auf diese Weise bildeten sich in den Millionen Tümpeln der »Ursuppe« bereits sehr früh überlebensfähige organische Moleküle.

Dieses »Ursuppen-Modell« war die Grundlage für ein im Jahre 1953 erstmals von Stanley Miller und Harold Urey durchgeführtes Experiment, das über die Entstehung der Moleküle des Lebens Erkenntnisse liefern sollte *(Abb. 25)*. Entsprechend der Zusammensetzung einer stark reduzierenden Atmosphäre gaben sie eine Mischung aus Methan, Ammoniak, Wasserstoff und Wasserdampf in einen zuvor sorgfältig gereinigten Glaskolben. Um einen kleinen Wassertümpel zu simulieren, wurde das Gefäß etwa zur Hälfte mit Wasser aufgefüllt. Die Energie für die chemischen Prozesse sollten starke elektrische Blitzentladungen und die Strahlung einer UV-Lampe liefern. Jetzt musste nur noch der Kreislauf des Wassers in der frühen Erdatmosphäre nachgebildet werden. Dazu wurde der Kolben gelegentlich erwärmt, wobei der mit den Gasen vermischte Wasserdampf kondensierte, sich an den Kolbenwänden niederschlug und von da wieder in die Flüssigkeit zurücktropfte.

Nachdem das Experiment einige Tage gelaufen war, fand man neben einer Menge undefinierbarem, organischem Schlamm etwas Zucker und sogar einfache Aminosäuren wie Glycin und Alanin. Es hatten sich also ein Molekül Ammoniak mit zwei Molekülen Methan und zwei Molekülen Wasser zu einem Molekül Glycin und fünf Molekülen Wasserstoff verbunden.

Jetzt verstand man zum ersten Mal, wie sich Aminosäuren aus einer Mischung anorganischer Moleküle zusammengefunden haben könnten. Da Eiweißstoffe aus Aminosäuren zusammengebaut sind, ist mit der spontanen Entstehung von Aminosäuren ein erster Schritt aus dem Bereich der unbelebten Materie hin zur belebten Materie getan. Es konnte allerdings nur ein Zwischenschritt sein, denn von den Aminosäuren zu den Lebewesen ist es noch weit. Doch die Ergebnisse des Urey-Miller-Experiments bestärken die Wissenschaftler in ihrer Vorstellung, dass die Grundbausteine des irdischen Lebens sich unter Bedingungen gebildet haben könnten, wie sie vermutlich auf der

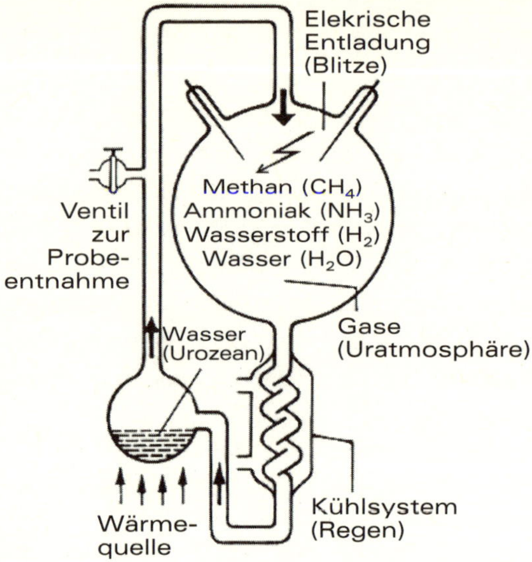

Molekül	**Strukturformel**
Ameisensäure	H-COOH
Glycin	H_2N-CH_2-COOH
Glykolsäure	HO-CH_2-COOH
Alanin	H_2N-CH(CH_3)-COOH
Milchsäure	HO-CH(CH_3)-COOH
ß-Alanin	H_2N-CH_2-CH_2-COOH
Essigsäure	CH_3-COOH
Propionsäure	C_2H_5-COOH
Iminodiacetessigsäure	HOOC-CH_2-NH-CH_2-COOH
Sarcosin	HN(CH_3)-CH_2-COOH
α-Aminobuttersäure	H_2N-CH(C_5H_5)-COOH
α-Hydroxybuttersäure	HO-CH(C_2H_5)-COOH
Bernsteinsäure	HOOC-CH_2-CH_2-COOH
Harnstoff	H_2N-CO-NH_2
N-Methylharnstoff	H_2N-CO-NH-CH_3
Iminoacetpropionsäure	HOOC-CH_2-NH-C_2H_4-COOH
N-Methylalanin	HN(CH_3)-CH(CH_3)-COOH
Glutaminsäure	H_2N-CH(C_2H_4COOH)-COOH
Asparaginsäure	H_2N-CH(CH_2COOH)-COOH
α-Aminoisobuttersäure	H_2N-C(CH_3)$_2$-COOH

Abb. 25: Urey-Miller-Apparatur zur Simulation der Bedingungen auf der Urerde und einige Moleküle, die bei diesem Experiment entstanden

Urerde bestanden und vielleicht sogar auf erdähnlichen Planeten anderer Planetensysteme noch bestehen.

Allerdings ergibt sich aus dem Urey-Miller-Experiment nur eine Variante, wie Aminosäuren entstehen können. Wie wir schon wissen, sind Aminosäuren auch in den interstellaren Molekülwolken oder in Meteoriten enthalten. Die Entstehungsvoraussetzungen sind dort jedoch weit weniger vorteilhaft als im Labor. Bedenkt man, dass Gesteinsbrocken auf ihrer Millionen, vielleicht sogar Milliarden Jahre dauernden Reise durch das All der UV-Strahlung der Sonne und der Kälte des Weltraums ausgesetzt sind, so machen die Funde von intakten Aminosäuren in Meteoriten schon nachdenklich. Diese Elementarbausteine des Lebens müssten also gar nicht auf der Erde entstanden, sondern sie könnten auch durch den Raum, quasi per Anhalter, zu uns gelangt sein. Allerdings kommen Aminosäuren in den Meteoriten immer in zwei Varianten vor: nämlich als links- und als rechtsdrehende Form. Auf der Erde finden sich aber ausschließlich linksdrehende Aminosäuren. Dies könnte man als Hinweis werten, dass sie ihren Ursprung auf der Erde haben. Doch auch die »Ursuppe« des Urey-Miller-Experiments wies gleich viele links- wie rechtsdrehende Moleküle auf. Offenbar hat das Leben rein zufällig mit einer der beiden möglichen Formen begonnen und diese Auswahl nach dem Motto »Never change a winning team« beibehalten.

Kehren wir nochmals zurück zum »Ursuppen«-Experiment. Dort fanden sich nicht nur Aminosäuren, sondern auch einfachste Fettsäuren, beispielsweise Ameisen-, Essig- und Propionsäure. Aus Fettsäuren bilden sich Fette, die so genannten Lipide, die zum Aufbau von Zellmembranen gebraucht werden. Das Experiment erbrachte also die Vorstufen von zwei wesentlichen Lebensbausteinen. Doch das Leben benötigt noch mehr: für den Aufbau der DNS die Basen Adenin, Guanin, Thymin und Cytosin und für die RNS Uracil; außerdem Kohlenhydrate in Form der speziellen Zucker Ribose für die RNS und Desoxyribose für die DNS. Und jetzt kommt die schlechte Nachricht: Im Urey-Miller-Experiment entstanden keine dieser vier

Basen und die speziellen Zuckerarten nur in verschwindender Menge. Es wäre ja auch zu schön gewesen, wenn gleich der erste Versuch alle Zutaten des Lebens geliefert hätte. Aber es kam etwas anderes zustande, etwas, aus dem sich Kohlenhydrate und Nukleinsäuren bilden können: Formaldehyd, Cyanacetylene, Cyanwasserstoffe wie beispielsweise Blausäure (HCN) und Harnsäure. Aus Formaldehyd entstehen durch Erwärmung oder auf Tonmineralien als Untergrund verschiedene Zucker, also Kohlenhydrate, aus denen sich wiederum Nukleinsäuren bilden können. Aus der Blausäure kann sich die Aminosäure Adenin entwickeln, und Harnstoff bildet zusammen mit Cyanacetylen Cytosin. Prinzipiell ist es also möglich, die wesentlichen Bausteine des Lebens aus den im Urey-Miller-Experiment entstandenen Stoffen zu konstruieren. Doch wie wahrscheinlich diese Möglichkeit ist – diese Frage konnte bis heute noch nicht beantwortet werden.

Die Chemie der frühen Erde könnte also viele der Bausteine geliefert haben, die das Leben als Grundzutaten benötigte. Mit diesem Experiment sind die ersten Schritte angedeutet, und die Entstehung des Lebens ist aus dem nebulösen Reich der Vermutungen und Dogmen herausgetreten in die naturwissenschaftliche, experimentelle Forschung. Aber man sollte sich auch über die Grenzen dieses Experiments im Klaren sein. Vielleicht ist das Leben unter ganz anderen Bedingungen entstanden. Vor allem die Annahme einer stark reduzierenden Atmosphäre der frühen Erdgeschichte wird mittlerweile heftig infrage gestellt. Trotz dieser Zweifel ist das Prinzip des Experiments, die Bedingungen der frühen Erde im Labor zu simulieren, unbestritten. Inzwischen experimentieren einige Forscher mit einer schwach reduzierenden Atmosphäre aus Kohlendioxid, Kohlenmonoxid, Stickstoff und ganz wenig freiem Wasserstoff. Bestrahlt man dieses Gasgemisch mit UV-Licht, so bilden sich Blausäure und Wasser. Interessant ist, dass Blausäure in einer basischen Umgebung, so wie sie wahrscheinlich in den Urozeanen herrschte, durch Reaktionen mit sich selbst Aminosäuren hervorbringen kann, solange nur genügend UV-Photonen in die Flüssigkeit eindringen.

In einer ähnlichen Reaktion kann auch Cyanamid entstehen, das mithilfe von ultraviolettem Licht Aminosäuren in wässriger Lösung miteinander verknüpft. Und hiermit sind wir bei den ersten Schritten zur Bildung von Eiweißen angelangt! Heute weiß man, dass eine wasserstoffreiche Atmosphäre für den Aufbau der ersten lebenswichtigen Moleküle nicht notwendig ist. Aber eines haben beide Experimentvarianten gemeinsam: Sie funktionieren nur, wenn kein freier Sauerstoff zugegen ist, denn dieses aggressive Gas würde die Reaktionsprodukte umgehend wieder in Kohlendioxid, Wasser und in Stickoxide umwandeln. Gleichwohl zeigen diese einfachen Experimente trotz aller Mängel einen Weg auf, den das Leben – vielleicht – beschritten hat.

Doch letzte Gewissheit liefern sie nicht. Erinnern wir uns an die organische Molekülfracht, die bei den zahlreichen Einschlägen von Meteoriten und Asteroiden immer wieder auf der Erde abgeladen wurde. Zum Zeitpunkt des Bombardements war die Uratmosphäre bereits dicht genug, um heranrasende Brocken so stark abzubremsen, dass sie nicht völlig verdampften, sondern zumindest teilweise heil auf der Erde aufprallten. Die einschlagenden Meteoriten könnten dort wie lokale Molekülinfusionen gewirkt haben. Auch wenn viele Forscher dieses Szenario mit großer Skepsis betrachten – es gäbe damit eine dritte Möglichkeit, wie die Erde mit den Startmolekülen des Lebens versorgt worden sein könnte. Aber wären die weiteren Schritte des Lebens dann anders verlaufen als bisher angenommen? Vermutlich nicht, denn die Einschlagkrater sind die idealen Orte, in denen sich die Wassertümpel bilden und das chemische Spiel der Moleküle beginnen könnten. Die Reaktionsprodukte könnten schließlich durch Flüsse in die Urmeere geschleppt worden sein, wo sie, vor der UV-Strahlung geschützt, weitere chemische Verbindungen eingehen konnten.

Wir haben schon erwähnt, dass bei dem entscheidenden Schritt, der Verknüpfung mehrerer kurzer Moleküle zu langen Molekülketten, den Polymeren, mineralische Oberflächen behilflich gewesen sein könnten. Was geht da im Einzelnen vor sich? So wie Waggons auf einem Rangierbahnhof zu einem längeren Zug zusammengestellt werden, so ähnlich werden auch die Monomere zu einem Polymer aneinander gereiht. Entsprechend einer Lokomotive, welche die Wagen hin und her schiebt, fungierte hierbei die Form der Oberfläche, auf der die Moleküle sitzen, als treibende Kraft. Kleinere Moleküle sammeln sich an bestimmten Stellen, wodurch sich die Wahrscheinlichkeit für ein Zusammenwachsen erhöht. Hierzu besonders geeignet ist Tonerde *(Abb. 26)*. Ihre große Oberfläche und die Kristallgitterstruktur der Tonkörner begünstigen die Anlagerung organischer Moleküle. Die Chemiker bezeichnen eine Substanz mit diesen Eigenschaften als Katalysator. Die Gitterstruktur der Atome in mineralischen Kristallgittern wirkt wie eine Kopierunterlage, indem sie gewissermaßen das Muster für eine geordnete Strukturierung des organischen Materials vorgibt. Auf unserem Planeten findet man Tone besonders an den Rändern und auf dem Grund von stehenden Gewässern, also genau dort, wo sie das Leben zur erleichterten Polymerisation brauchte.

Fassen wir wieder kurz zusammen. Wie sieht das Modell aus, anhand dessen sich mit großer Wahrscheinlichkeit die ersten Schritte des Lebens vollzogen haben? Erstens: Auf der frühen Erde gab es eine primitive Atmosphäre, in der kein freier Sauerstoff und freier Wasserstoff nur in geringem Umfang vorkamen. Zweitens: Aus einfachsten organischen Verbindungen entstand, vornehmlich unter dem Einfluss der UV-Strahlung der Sonne, eine Art »Ursuppe«, in der die ersten organischen Moleküle, die Monomere, schwammen. Und drittens: In der Ursuppe entwickelten sich über ein Netzwerk chemischer Reaktionsketten mithilfe von katalytisch wirkenden Tonoberflächen immer größere organische Molekülkomplexe, die Polymere.

Doch das ist wie gesagt nur ein Modell. Ob richtig oder falsch, kann zurzeit noch nicht gesagt werden, denn schließlich gibt es da noch die erwähnte dritte Möglichkeit für den Ursprung des Lebens. Zudem ist das Modell in wichtigen Punkten noch recht ungenau und unvollständig. Nicht einmal über die Zusammensetzung der ersten Atmosphäre herrscht Einigkeit unter den Experten. Aber wenigstens haben wir jetzt ein Rezept, demzufolge

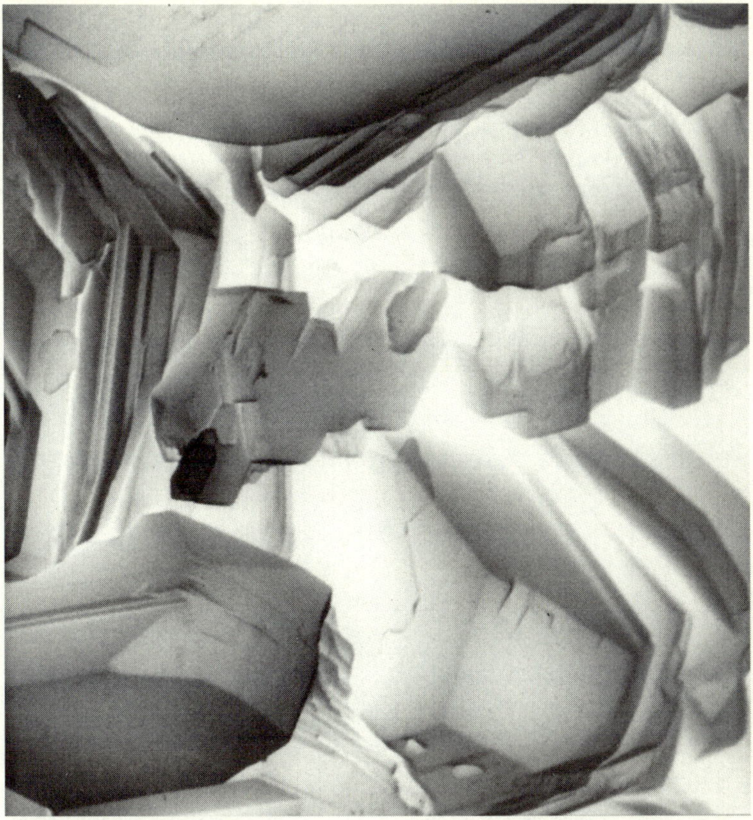

Abb. 26: Typische Flächenstruktur von Tonerde. Die zerklüfteten Oberflächen haben vermutlich die Bildung komplexer Moleküle unterstützt.

die einfachsten Bausteine bis hin zu den komplizierteren Polymeren entstanden sein können. Im Übrigen kann man gar nicht oft genug erwähnen, wie leicht sich organische Moleküle bilden, und zwar überall, auch im interstellaren Raum.

Aber auch wenn dieses Modell gültig sein sollte – wie ging es weiter? Wie kam Leben in die Moleküle? Wie wurden diese Kohlenstoffketten lebendig, und wie fingen sie an sich zu reproduzieren? Wie entstanden die Duplikate? Obwohl man die Struktur der DNS genau kennt, ist es bis heute nicht gelungen, diese Nukleinsäure von selbst entstehen zu lassen. Damit die

Prozesse der Polymerisation zum Aufbau der komplexen Makromoleküle, der Eiweiße, gestartet werden können, bedarf es gewisser Proteine, die als Enzyme die Reaktionen katalytisch unterstützen und in denen die in der DNS gespeicherte Information dupliziert wird. Doch was war zuerst da: das Original, die DNS oder die Proteine, die als Enzyme fungierten? Vielleicht liegt der Schlüssel des Lebens ja in der der DNS ähnlichen RNS, der Ribonukleinsäure. Diese Nukleinsäure enthält nämlich gewisse Sequenzen mit katalytischen Eigenschaften, die eine Selbstreproduktion ermöglicht haben könnten. Auf diese Weise wäre zunächst eine so genannte RNS-Welt entstanden, in der dieses Molekül sowohl die Informationen, die heute in der DNS codiert sind, als auch die katalytischen Eigenschaften der enzymatischen Proteine enthalten hätte. Doch auch dann bleiben Fragen offen: Woher kam die RNS? Ist dieser Baustein zufällig entstanden?

Gemessen an der Leistung der heutigen DNS müssen wir uns die ersten Vermehrungsversuche des Lebens als ziemlich leblos, ja fast mechanisch vorstellen. Höchstwahrscheinlich differenzierte die Urform des genetischen Codes lediglich zwischen verschiedenen Arten von Aminosäuren, statt wie heute nur ganz spezielle Aminosäuren auszuwählen. Außerdem liefen die ersten Schritte nicht in lebenden Zellen ab, gut abgeschirmt gegen störende Einflüsse, sondern vermutlich in Teichen und Lagunen. Über die chemischen Vorgänge, die zur Bildung von Zellen führten, wissen wir praktisch nichts. Wie bildeten sich die ersten Membranwände aus, hinter denen sich das Leben geschützt von der Außenwelt, in Ruhe weiterentwickeln konnte und die einer Zelle erst Profil und Struktur verleihen? Wie es funktioniert haben könnte, zeigen Laborexperimente mit hoch konzentrierten Polymerlösungen. Dort neigen die Polymere nämlich dazu, sich zu Tröpfchen zusammenzulagern, in denen sogar einfache chemische Reaktionen ablaufen. Unter geeigneten Bedingungen bilden sich – den Zellmembranen sehr ähnlich – Doppelmembranen, welche die Polymertröpfchen einhüllen. Solche Tröpfchen, so genannte Koazervate, haben bereits eine gewisse Ähnlichkeit mit Zellen – und dennoch konnte sich keines der im Labor erzeugten Koazervate selbst erhalten, so wie es eine lebende Zelle tut.

Somit sind auch die Koazervate nur ein Hinweis, aber kein Beweis, wie sich die ersten Zellen gebildet haben könnten. Was schließlich den zweiten Akt der Schöpfung, den Big Bang des Lebens, ausgelöst hat, bleibt nach wie vor im Dunkeln. Es fehlen uns die entscheidenden Teile in diesem Puzzle, um ein überzeugendes Bild der Entstehung des Lebens zu zeichnen.

Wie alles sich zum Ganzen fügt

Unter den Planeten des Sonnensystems hat nur die Erde biochemische Strukturen hervorgebracht, welche die Fähigkeit besitzen, sich durch Mutation oder genetische Neukombination zu wandeln und zu verwandeln und diese Veränderungen an nachfolgende Generationen zu vererben. Diese Organismen und die zu ihrer Versorgung und Erhaltung nötigen Nährstoffe und Stoffkreisläufe bilden die so genannte Biosphäre. Sie umfasst die Meere, Seen und Flüsse der Hydrosphäre, die Sedimentgesteine der Erdkruste, der Lithosphäre, und die unteren Schichten der Atmosphäre. Die obere Grenze der Biosphäre bildet die Ozonschicht der Stratosphäre in etwa 15 Kilometer Höhe, die untere Grenze ist der Meeresgrund. Alle diese Bereiche sind durch Stoffkreisläufe aufs Engste miteinander verbunden.

Das Leben fliegt nicht bloß als Passagier auf dem Raumschiff Erde mit, sondern es trägt ganz entscheidend zur Gestaltung seines Lebensraums bei. Es richtet sich sozusagen seine Wohnung selbst ein. Den größten Anteil der biosphärischen Aktivität leisten dabei nicht die augenfälligen vielzelligen Pflanzen- und Tierarten, sondern die gewaltige Masse der biochemisch mannigfachen und äußerst anpassungsfähigen Mikroorganismen, die nur aus wenigen Zellen bestehen und die selbst unter den härtesten Bedingungen leben und überleben. Gerade diese unauffälligen Organismen waren es – und sind es auch heute noch –, die wesentlich die Zusammensetzung der Atmosphäre mitgestaltet haben, indem sie mit ihren chemischen Prozessen das Mengenverhältnis einiger für den Fortbestand des Lebens wichtiger Gase regulierten. Auch auf vielen anderen Gebieten übten lebende Zellen von Anbeginn einen entscheidenden Einfluss auf die chemischen Reaktionsketten in der Umwelt aus, und diese wiederum hatte entscheidenden Einfluss auf das Wachstum der Organismen. Diese wechselseitige Einflussnahme, die man auch als Rückkopplung bezeichnet, ist ein wesentliches Merkmal der irdischen Biosphäre. Das Leben ergibt sich also nicht seinem Schicksal, sondern ist aktiv an der Formung und Erhaltung der verschiedenen Umweltbedingungen beteiligt.

Kehren wir zurück zur Urform des Lebens. Was geschah, nachdem die ersten einfachen Zellen da waren? Vor etwa zwei Milliarden Jahren erschienen eukaryontische Organismen, die einen für alle atmenden Zellen charakteristischen, membranumhüllten Zellkern besitzen. Damit war eine wichtige Voraussetzung für die Entwicklung von Vielzellern erfüllt. Aber auch die Anreicherung von freiem Sauerstoff in der Atmosphäre hängt mit den Eukaryonten ursächlich zusammen, denn Sauerstoff wird ja von diesen Zellen durch Photosynthese erzeugt. Mindestens sieben Prozent des heutigen Wertes waren nötig, um den Bedarf des Lebens an Sauerstoff zu decken. Dieser Zustand war erst vor rund 800 Millionen Jahren erreicht *(Abb. 27)*. Die Einzeller brauchten also fast anderthalb Milliarden Jahre, um die irdische Atmosphäre umzugestalten. Doch nachdem die Bedingungen sich aufgrund des Nachschubs an Sauerstoff verbessert hatten, breitete sich das Leben rasch aus und brachte eine enorme Vielfalt an Organismen hervor.

Besonderen Einfluss auf die Entwicklung vom Einzeller zum Vielzeller, von den allereinfachsten Organismen hin zum reflektierenden Großhirn hatten vor allem geodynamische Prozesse. Meeresströmungen änderten sich, und mit der Geschwindigkeit, mit der Fingernägel wachsen, bewegten sich die kontinentalen Platten über die Erdoberfläche. Solange der nord- und der südamerikanische Kontinent noch getrennt waren, konnten die atlantischen Meeresströmungen am Äquator entlangfließen. Erst als sich die beiden Landmassen durch die mittelamerikanische Landbrücke zu Amerika verbanden, war dieser Weg den äquatorialen Meeresströmungen verbaut, und sie mussten nach Norden und Süden ausweichen. Warme Meeresströmungen, im tropischen Klima des Äquators aufgeheizt, bringen jetzt ihre Wärme nach Norden. Verändern also die Kontinente ihre Lage, so verändern sich die Meeresströmungen, und verändern sich die Meeresströmungen, so verändert sich das Klima zu Eis- oder Warmzeiten. Was auch immer geschah in der Erdgeschichte, die Geosphäre, das unsichtbare Reich der Gesteinsströmungen im Erdinnern, zwang das Leben zu immer neuen Formen. Dieses

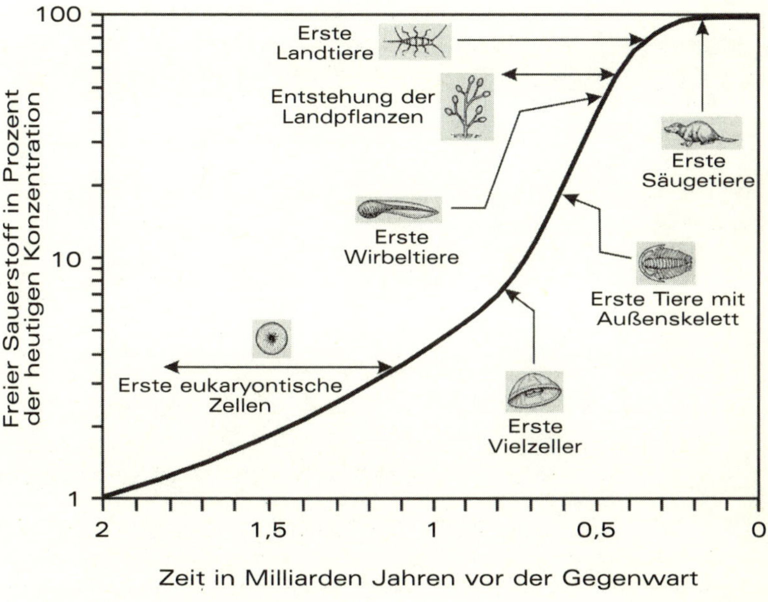

Abb. 27: Entwicklung des Sauerstoffgehalts der Erdatmosphäre im Laufe der letzten zwei Milliarden Jahre. Den ersten eukaryontischen Zellen reichte bereits ein Sauerstoffgehalt von wenigen Prozent des heutigen Wertes zum Leben.

beeindruckende Schauspiel läuft nun schon seit viereinhalb Milliarden Jahren ab, und während der ganzen Zeit hat die Natur die Kulissen fortwährend umgestaltet und immer neue Akteure die Bühne betreten lassen.

8.

Leben im Sonnensystem

Unsere Milchstraße schließe, beinahe an ihrem Rande, unser lokales Sonnensystem ein, mit seinem riesigen, vergleichsweise aber keineswegs bedeutenden Glutball, genannt die Sonne, und den ihrem Anziehungsfeld huldigenden Planeten, darunter die Erde, deren Lust und Last es sei, sich mit 1000 Meilen die Stunde um ihre Achse zu wälzen.

(Thomas Mann: *Bekenntnisse des Hochstaplers Felix Krull*)

Im Mittelpunkt der Erforschung des erdnahen Weltraumes steht heute die Frage, ob sich auch anderswo im Sonnensystem Leben entwickelt hat. Was unsere Erde betrifft, so muss uns auffallen, dass sie vor Leben nur so strotzt – kaum ein Bereich, der nicht von irgendeiner Form des Lebens erobert worden wäre. Wie es scheint, sind die Umstände für Leben hier besonders günstig. Doch ist das der Normalfall im Sonnensystem? Sind die geophysikalischen Eigenschaften der Erde Allgemeingut, oder gibt es da große Unterschiede zwischen den Planeten, die Leben eventuell unmöglich machen? Um das zu beurteilen, muss man zunächst die geologischen, hydrologischen und atmosphärischen Bedingungen auf der Erde betrachten und ihre Auswirkungen auf das Leben untersuchen. Erst wenn klar ist, was den Planeten Erde auszeichnet, kann man darangehen, das Sonnensystem als Ganzes zu durchforsten, um Gemeinsames vom Besonderen zu unterscheiden.

Betrachten wir unsere Heimat zunächst einmal ganz nüchtern, auch wenn es angesichts der überbordenden Lebensvielfalt vielleicht schwer fällt. Wie sieht der Steckbrief der Erde aus? Sie hat einen Radius von knapp 6400 Kilometern und eine Masse von rund 6×10^{21} Tonnen. Daraus errechnet sich eine mittlere Dichte von 5,5 Gramm pro Kubikzentimeter, das ist 5,5-mal mehr als die Dichte von Wasser. Da die Oberflächengesteine der Erde aber nur eine Dichte von etwa 2,8 Gramm pro Kubikzentimeter aufweisen, müssen sich im Erdinneren Materialien verbergen, deren Dichte das Mehrfache der mittleren Erddichte ausmacht. Unser Heimatplanet dreht sich in 24 Stunden einmal um seine Achse, und eine Umrundung der rund 150 Millionen Kilometer entfernten Sonne dauert 365,25 Tage. Die Temperatur der Erdoberfläche beträgt im Mittel 15 Grad Celsius und der Druck am Boden rund ein Bar. Die Atmosphäre setzt sich zusammen aus 78 Prozent Stickstoff, 21 Prozent Sauerstoff, weniger als einem Prozent Argon und einem sehr kleinen Anteil Kohlendioxid und anderer Gase. Rund 70 Prozent der Erdoberfläche sind von flüssigem Wasser bedeckt. Geologisch gesehen ist die Erde ein lebendiger Planet mit aktiven Vulkanen und gelegentlichen Erdbeben. Außerdem verfügt die Erde über ein Magnetfeld, das etliche Erdradien in den Weltraum hinausreicht.

Nun, was bedeuten diese Daten? Eigentlich sind es nur Zahlen, die es zu bewerten gilt. So entscheiden beispielsweise Größe und Masse eines Planeten, wie stark seine Anziehungskraft auf andere Körper ausfällt. Nur weil die Erde so schwer und so groß ist, kann sie eine Atmosphäre und auch das Wasser auf ihrer Oberfläche halten. Hätte die Erde eine geringere Masse, so würden die Moleküle der durch die Sonne aufgeheizten Atmosphäre und damit unsere Atemluft in den Weltraum entweichen. Die Masse der Erde hält also das Luftmeer fest, auf dessen Boden wir uns befinden und das sich wie eine dünne Haut über die Oberfläche unseres Planeten spannt.

Ähnlich wie mit der Masse der Erde verhält es sich mit der Entfernung zur Sonne. Der Abstand von knapp 150 Millionen Kilometern garantiert uns eine mittlere Lufttemperatur von 15 Grad Celsius. Abgesehen von einigen kälteren Perioden, den Eiszeiten, die aber nur rund zehn Prozent der Erdgeschichte ausgemacht haben, war es auf der Erde immer angenehm warm – nicht zu warm, aber auch nicht so kalt, dass das Leben eingefroren oder abgestorben wäre.

Übrigens: Eiszeiten haben etwas mit den Bewegungen der Kontinente zu tun und den damit zusammenhängenden Veränderungen der Meeresströmungen. Die Strömungen in den Ozeanen, die sowohl kaltes Grund- als auch warmes Oberflächenwasser führen, wirken nämlich wie eine planetare Klimaanlage. So transportiert beispielsweise der Golfstrom warmes Wasser aus dem Gürtel um den Äquator in die höheren und meist kälteren Breiten. Aber auch die Kontinente bewegen sich, zwar ziemlich langsam, nur einige Zentimeter pro Jahr, aber im Verlauf von hundert Millionen Jahren kommt da einiges an Strecke zusammen. Als sich vor rund 35 Millionen Jahren die beiden den Südpol bedeckenden Kontinente Antarktis und Australien voneinander trennten, konnten die bis dahin durch die große Landmasse abgehaltenen kalten Wasser die Antarktis umströmen. Das wirkte wie ein Gefrierschrank auf den Südpolkontinent. Eine längere Kälteperiode begann, und als dann auch noch Nord- und Südamerika zusammenwuchsen und die atlantischen Warmwasserströmungen, darunter auch der heutige Golfstrom, nach Norden abdrehen mussten, vereiste der Nordpol ebenfalls. Solche Vereisungsphasen waren aber recht selten in der Erdgeschichte. Die eislosen Warmzeiten sind der Normalfall, viele von ihnen dauerten einige hundert Millionen Jahre.

Masse und Rotationsgeschwindigkeit der Erde waren vermutlich mit entscheidend für die Formen, die das Leben hervorgebracht hat. Sie beeinflussen die Stabilität und Festigkeit der Strukturen von Lebewesen. Eine große Schwerkraft zusammen mit einer langen Rotationsperiode führt zur Ausbildung stabiler und schwerer Lebewesen. Ob bei größerer Masse das Leben so frühzeitig aus den Meeren auf das feste Land ausgewandert wäre und ob sich hier jemals flugfähige Lebewesen entwickelt hätten, darf getrost bezweifelt werden. Andererseits, wie hätte sich das Leben auf der Erde entwickelt, wenn sie leichter wäre und damit ihre Schwerkraft deutlich geringer? Wir können es nur vermuten.

Kommen wir jetzt auf die Rotationsperiode zu sprechen. Was bestimmte die Umdrehungsgeschwindigkeit der Erde? Waren die Tage immer gleich lang? Heute dreht sich die Erde in 24 Stunden einmal um ihre Achse, aber in der Frühzeit der Geschichte unseres Planeten war dessen Rotationsgeschwindigkeit viel größer, die Tage waren früher kürzer. Aber wieso hat sich die Rotation der Erde verlangsamt? Schuld daran ist hauptsächlich der Begleiter der Erde, der Mond. Die Anziehungskraft dieses Trabanten wirkt sich auf die Erde in Form der Gezeiten aus. Dabei bilden sich zwei gewaltige Flutberge: der eine auf der dem Mond zugewandten Seite, der andere auf der abgewandten Seite *(Abb. 28)*. Während sich der Mond um die Erde dreht, bleiben diese Wasserberge immer auf der Linie Erde – Mond ausgerichtet. Nun dreht sich aber die Erde viel schneller um ihre Achse als der Mond um die Erde, sodass sich die Erde unter den Flutbergen hindurch dreht. Dabei wird Reibungsenergie verbraucht, und die geht der Rotationsenergie der Erde verloren. Die Erde dreht sich also immer langsamer. Natürlich übt auch die Erde auf den Mond eine Anziehungskraft aus, sodass der Mond ebenfalls in seiner Eigendrehung verlangsamt wurde, und zwar so weit, dass er sich heute während eines Umlaufs um die Erde nur noch einmal um seine Achse dreht. Das ist auch der Grund, warum wir immer nur dieselbe Seite des Mondes sehen.

Dass der Erdtag tatsächlich länger geworden ist, kann man an den Sedimenten der Meere ablesen. Meeresalgen reagieren besonders empfindlich auf die Sonneneinstrahlung. Solange die Sonne scheint, erzeugen sie einen Stoff, der sich in den Meeresablagerungen als sehr dünne Schicht von weniger als einem tausendstel Millimeter Dicke nachweisen lässt. Ähnlich wie bei den

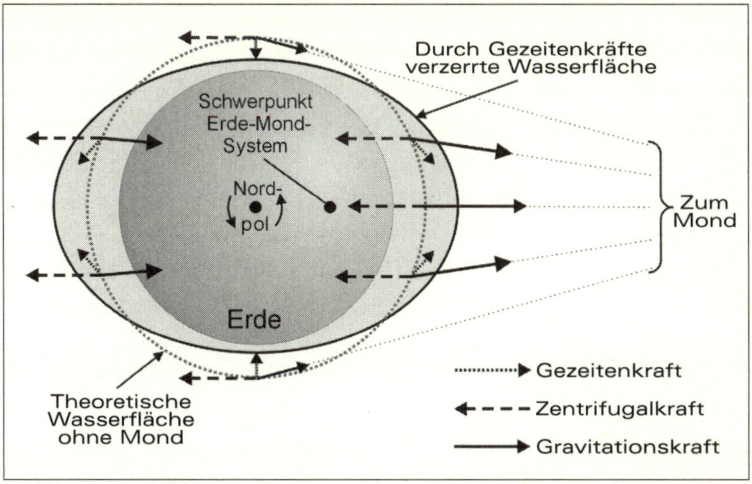

Abb. 28: Die Anziehungskraft des Mondes bewirkt auf der Erde Gezeitenkräfte, die sich an den Küsten der Meere als Ebbe und Flut auswirken. Aufgrund der Reibung der Flutberge mit dem festen Erdkörper und der Anziehungskraft, die der Mond auf die Flutberge ausübt, verliert die Erde an Drehimpuls, sodass die Tageslänge stetig zunimmt.

Jahresringen der Bäume ist es möglich, aus der Schichtung der Gesteine die Tageslängen zu ermitteln. Dabei hat sich gezeigt, dass vor 500 Millionen Jahren ein Jahr mehr als 400 Tage hatte, ein Tag also nur rund 21 Stunden lang war. Rechnet man von der heutigen Tageslänge zurück, so erhält man als Ergebnis, dass sich die Erde ursprünglich in knapp sieben Stunden einmal um ihre Achse gedreht haben muss. Gäbe es den Mond nicht, so hätte sich nur die Sonne auf die Umdrehung der Erde ausgewirkt. Zwar ist die Sonne wesentlich schwerer als der Mond, da sie aber viel weiter entfernt ist, fällt ihre Gezeitenkraft nur etwa halb so stark aus wie die des Mondes. Die Sonne allein hätte die Erde bis heute nur auf etwa zehn Stunden pro Umdrehung abgebremst. Die Tage wären also um mehr als die Hälfte kürzer.

Doch was hat das alles mit dem Leben zu tun? Die Umdrehungsgeschwindigkeit eines Planeten bestimmt wesentlich das Wettergeschehen. Die Bewegungen der Hoch- und Tiefdruckgebiete hängen direkt mit der Umdrehungsgeschwindigkeit des

Planeten zusammen. Dreht sich ein Planet zu langsam, so wird eine Seite stärker erwärmt als die andere, es kommt zu Luftmassenverschiebungen in großem Umfang, starke Stürme sind die Folge. Dreht sich ein Planet zu schnell, so gibt es ebenfalls andauernde starke Windbewegungen, weil sich die Lufthülle mit dem Planeten mitdreht. Eine Erde mit einer Tageslänge von zehn Stunden wäre deshalb eine äußerst stürmische Welt, die Windgeschwindigkeiten betrügen mindestens 400 Kilometer pro Stunde. Fortwährend würden Hurrikane, Tornados und Wirbelstürme über die Erde hinwegfegen. Die Meere wären ständig aufgewühlt, Sturmfluten würden an den Küsten die Kontinente abtragen, gewaltige Überflutungen und Wasserlawinen würden die Entwicklung von Leben stark behindern, wenn nicht sogar völlig verhindern. Auf einem Planeten mit derartigen Windverhältnissen müssten Lebewesen in jeder Hinsicht »platt« sein, damit sie nicht weggeweht werden. Uns Menschen gäbe es in unserer jetzigen Gestalt sehr wahrscheinlich nicht.

Doch das ist noch nicht alles. Der Mond hat nicht nur die passende Rotationsgeschwindigkeit der Erde bewirkt, er stabilisiert auch die Erdachse, die seit Millionen, vielleicht sogar Milliarden Jahren stets um einen Winkel von 23,5 Grad gegen eine Senkrechte zur Erdbahnebene geneigt ist. Diese Neigung ist für den Wechsel der Jahreszeiten verantwortlich. Außerdem garantiert sie zusammen mit der nahezu kreisförmigen Bahn der Erde um die Sonne einen relativ gleichmäßigen Energiefluss mit verhältnismäßig moderaten Temperaturunterschieden zwischen Sommer und Winter. Besäße die Erde keinen Mond, so würde die Achsenneigung innerhalb eines Zeitraums von nur 1000 Jahren zwischen 15 Grad und etwa 32 Grad hin- und herschwanken – mit gravierenden Auswirkungen auf das Klima! Vermutlich würden Eiszeiten und subtropische Bedingungen einander in rascher Folge abwechseln.

Die Anziehungskraft des Mondes versucht die Erdachse aufzurichten – und mit geringerer Wirkung auch die der Sonne. Da die Erde aber rotiert und sich somit wie ein Kreisel verhält, beginnt die Erdachse sich um eine Senkrechte zu drehen und –

geometrisch gesehen – einen Kegel zu beschreiben. Physikalisch gesprochen bezeichnet man das auch als eine Präzession der Erdachse *(Abb. 29)*. Bei dieser Bewegung bleibt der Neigungswinkel von 23,5 Grad stets gleich, nur die Stellung der Drehachse im Raum ändert sich. Das hat zur Folge, dass nach einer halben Umdrehung um die Senkrechte die Erdachse genau in die entgegengesetzte Richtung gekippt ist, aber nach wie vor um 23,5 Grad. Dadurch verschieben sich über die Jahrtausende auch die Jahreszeiten. Wo Sommer war, ist jetzt Winter und umgekehrt. Erst nach einem ganzen Umlauf der Erdachse um den Kegel sind die Verhältnisse wieder wie am Anfang. Das Leben bekommt davon jedoch kaum etwas mit, denn diese Veränderungen geschehen äußerst langsam. Für eine volle Präzession benötigt der

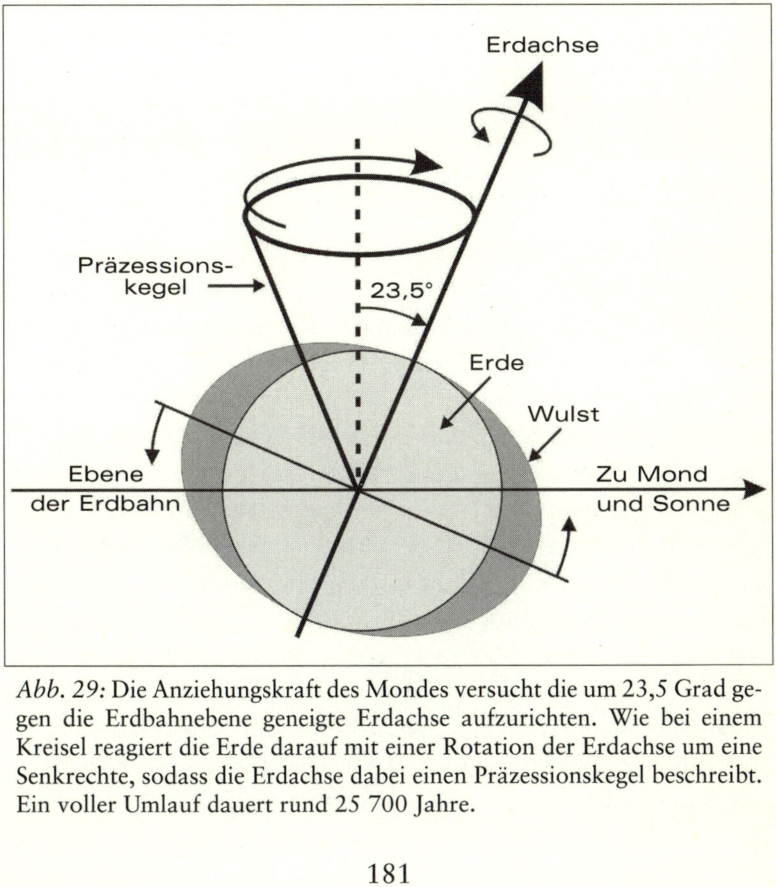

Abb. 29: Die Anziehungskraft des Mondes versucht die um 23,5 Grad gegen die Erdbahnebene geneigte Erdachse aufzurichten. Wie bei einem Kreisel reagiert die Erde darauf mit einer Rotation der Erdachse um eine Senkrechte, sodass die Erdachse dabei einen Präzessionskegel beschreibt. Ein voller Umlauf dauert rund 25 700 Jahre.

Kreisel Erde nämlich rund 26 000 Jahre. Es dauert also 13 000 Jahre, bis sich Winter und Sommer einmal vertauschen.

Interessant ist, dass die Stabilisierung der Erdachse durch den Mond nur funktioniert, weil zwei Eigenschaften der Erde zusammentreffen: Die Erde dreht sich, *und* ihre Achse ist gegen eine Senkrechte zur Bahnebene des Mondes geneigt. Aufgrund der Rotation erfährt die Erde eine Abplattung, der Erdball wird zu einem Rotationsellipsoid deformiert, er verändert sich zu einer Kugel mit einem ausgeprägten Wulst längs des Äquators. Da die Anziehungskraft des Mondes den Wulst auf der ihm zugewandten Erdhälfte stärker anzieht als den auf der abgewandten Hälfte, entsteht ein Drehmoment, das die Erdachse aufzurichten versucht. Würde sich bei geneigter Erdachse die Erde nicht drehen oder würde sie sich bei senkrecht stehender Achse drehen, so hätte der Trabant keinerlei Wirkung auf den Kreisel Erde. Nur bei gleichzeitiger Rotation *und* einer Neigung der Achse stellt sich ein Effekt ein.

Natürlich haben sich die Forscher immer wieder gefragt, wie die Erde zu einem so großen Mond kam. Die Antwort lautet: Er ist infolge einer kosmischen Katastrophe entstanden: durch den Einschlag eines Himmelskörpers auf die Erde. Dafür gibt es eine Anzahl von Hinweisen. Die beweiskräftigsten liefert der Mond selbst, und zwar in Form der knapp 400 Kilogramm Mondgestein, welche durch die »Apollo«-Missionen in den Jahren 1969 bis 1972 zur Erde gelangten. Nach fast 20 Jahren Analyse durch mehrere Laboratorien in den USA und in Europa war die Überraschung perfekt: Das Mondmaterial entsprach im Wesentlichen dem Erdmantelgestein – bis auf eine Ausnahme: Flüchtige Elemente wie zum Beispiel Gase fehlten im Mondgestein völlig. Dafür gab es nur eine Erklärung: Der Mond musste heiß entstanden und sein Baumaterial irgendwie von der Erde gekommen sein. Nur eine Theorie, die man bis dahin für nicht sehr stichhaltig gehalten hatte, erklärt die Untersuchungsergebnisse. Demnach muss einst ein Riesenasteroid, doppelt so schwer wie der Mars, mit einer Geschwindigkeit von etwa 40 000 Kilometern pro Stunde auf die Urerde geprallt sein. Durch den Einschlag wurde Erdmantelmaterial ungefähr 60 000 Kilometer weit in den Raum hinausgeschleudert. Ein Teil davon fiel wieder auf die Erde zurück, ein Teil verschwand im Weltraum, und der Rest sammelte sich in einem Ring um die Erde. Und aus diesem Gesteinsring bildete sich der Mond *(Abb. 30)*. Dass die Erde bei diesem kosmischen Unfall nicht völlig zerstört wurde, verdankt sie nur der Tatsache, dass der Asteroid sie nicht zentral, sondern streifend getroffen hat. In den letzten Jahren ist dieses Einschlagsszenario mit Erfolg immer wieder am Computer simuliert und numerisch im Detail durchgerechnet worden, sodass es heute als gesichertes Wissen gilt.

Auch Gesteine fließen

Die Erde ist ein geschichteter Planet mit einem dichten Eisen-Nickel-Kern, einer Oberflächenkruste aus leichterem Material und einem dazwischen liegenden Erdmantel aus Gesteinen mittlerer Dichte. Die äußeren festen Schichten, der obere Mantel und die Kruste, bilden die so genannte Lithosphäre mit einer Dicke von 50 bis 100 Kilometern, die wiederum in die ozeanische und kontinentale Lithosphäre unterteilt wird. Dass der Boden unter unseren Füßen nicht schon immer in seiner heutigen Form existiert hat, gehört zu den aufregenden Entdeckungen der Erdwissenschaften. Zum Beispiel ist die ozeanische Lithosphäre höchstens 200 Millionen Jahre alt, denn gigantische Gesteinsbewegungen vom heißen äußeren Erdkern in den Erdmantel und gewaltige Vulkanausbrüche erzeugen eine ständig neue ozeanische Kruste. Entlang der ozeanischen Rücken, die sich auf einer Länge von rund 40 000 Kilometern durch alle Meere ziehen, ist das gut zu beobachten. Rund 20 Kubikkilometer neues Gestein pro Jahr entstehen auf diese Weise. Die im wahrsten Sinne des Wortes neu auftauchende ozeanische Kruste verdrängt dabei das ältere Gestein des Ozeanbodens und schiebt es sozusagen nach links und rechts zur Seite weg. Der Meeresboden erschafft sich also ständig neu.

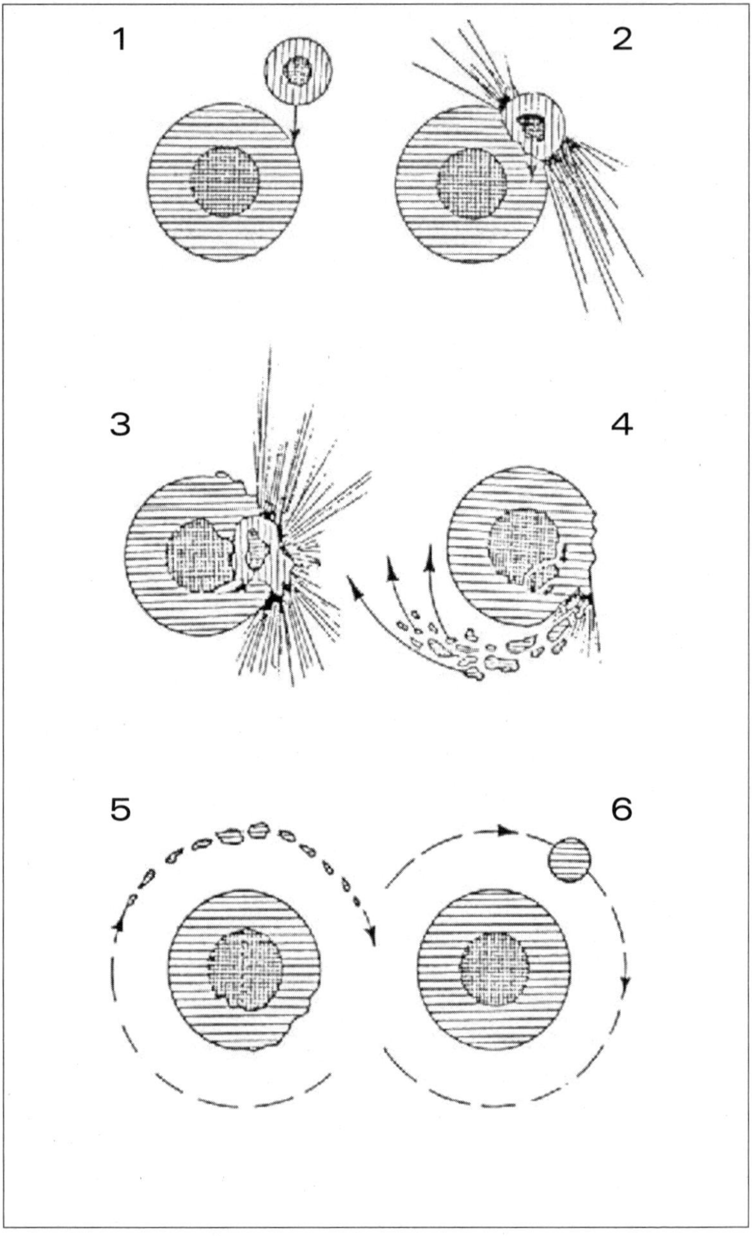

Abb. 30: Der streifende Aufprall eines marsgroßen Körpers auf die noch flüssige junge Erde hat vermutlich zur Entstehung des Erdmondes geführt.

Wie aber reagieren die Kontinente auf die sich ausbreitende ozeanische Kruste? Wie reagieren die alten Kontinente auf den Druck der Ozeanböden? Dazu muss man wissen, dass die gesamte Lithosphäre, die ozeanische und die kontinentale, in ungefähr ein Dutzend einzelne Platten zerbrochen ist. Diese schwimmen regelrecht auf einer teilweise geschmolzenen, zähflüssigen Schicht, der so genannten Asthenosphäre. Getrieben durch die Konvektion von heißem, flüssigem Material aus dem Erdinneren, bewegen sich einige der Platten aufeinander zu, andere driften voneinander weg. Die Wärmequellen im Inneren der Erde liefern die hierfür benötigte Energie. Wo die Platten auseinander driften, kommt es zu einem regen Vulkanismus. Geschmolzenes Material steigt in den Spalten zwischen den Platten auf, kühlt ab und bildet eine neue Kruste. Im Laufe der Jahrmilliarden sind so riesige Becken entstanden, die späteren Ozeane. Doch da die Erde eine Kugel mit endlicher Oberfläche ist, müssen die Platten woanders auch wieder aufeinander zutreiben. Wo das der Fall ist, spricht man von so genannten Subduktionszonen, in denen eine Platte unter der anderen wegtaucht und in der Tiefe wieder aufgeschmolzen wird. Der Rand der aufgleitenden Platte wird gestaucht, sodass es zur Auffaltung von Gebirgen und häufigen Erdbeben kommt. Auf diese Weise bildet sich ein regelrechter Gesteinskreislauf, indem aus dem Erdinneren aufsteigendes Material an anderer Stelle wieder abtaucht.

Heute kann man aus den unterschiedlichen Gesteinsfunden Bilderreihen von einem regelrechten Tanz der Kontinente anfertigen. Afrika treibt gegenwärtig auf Europa zu und wölbt die Alpen auf. Indien schiebt sich unter den eurasischen Kontinent und hebt das Himalaja-Gebirge an. Auch der südliche Teil von Afrika wird zurzeit angehoben, während der nördliche Teil sich unter Europa schiebt. Amerika driftet von Europa weg in Richtung Asien, und in schätzungsweise 20 Millionen Jahren werden Teile Ostafrikas vom afrikanischen Kontinent abbrechen. Da also alle Kontinente im Fluss sind, muss die Erde früher ganz anders ausgesehen haben *(Abb. 31)*. Im Anhang A ist die Ent-

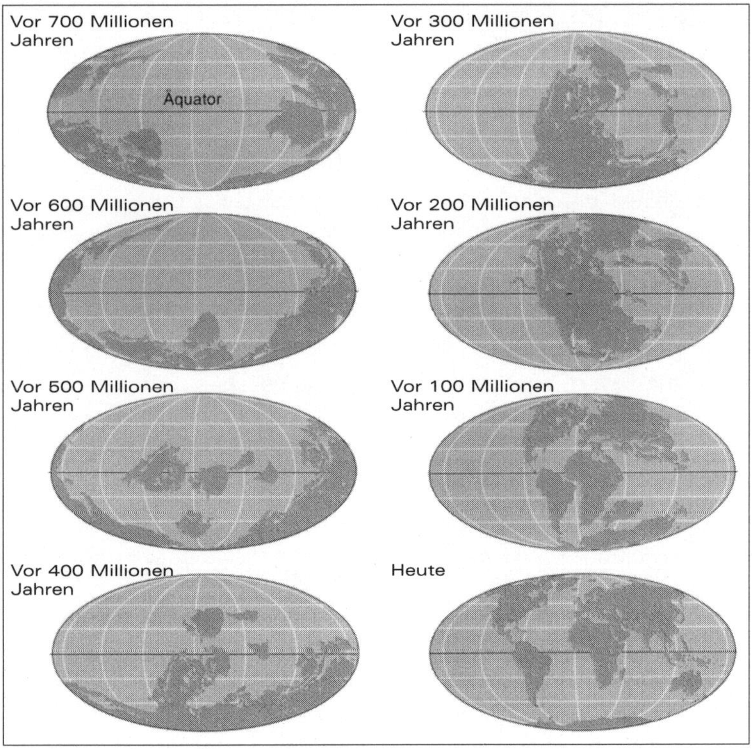

Abb. 31: Aufgrund der Wanderung der Kontinentalplatten hat sich das Gesicht der Erdoberfläche im Laufe von Jahrmillionen drastisch verändert.

wicklung von vor 570 Millionen Jahren bis heute im Detail beschrieben.

Die Ritterrüstung der Erde

Eine weitere Besonderheit unserer Erde zeigt sich in ihrem Magnetfeld. Es wirkt wie ein Schutzschild gegen die aus dem Weltraum eindringende kosmische Strahlung hoch energetischer Protonen, Elektronen und Atomkerne. In nicht zu großer Entfernung gleicht das Magnetfeld einem Dipol, wobei sich, wie bei einem Stabmagneten, die Feldlinien bogenförmig von Pol zu Pol spannen *(Abb. 32)*. In größerem Abstand von der Erde wird diese Dipolstruktur jedoch durch den Ansturm des Sonnenwindes verzerrt: nämlich auf der der Sonne zugekehrten Seite gestaucht und auf der abgewandten Seite mächtig in die Länge gezogen, sodass schließlich eine ziemlich kompliziert geformte Magnetosphäre die Erde wie eine magnetische Hülle umgibt. Jedoch hat dieser Schutzschild auch einige Löcher. In der Nähe der Pole, wo das Magnetfeld nahezu senkrecht auf der Erdoberfläche steht, gelingt es den Teilchen immer wieder, in die Erdatmosphäre einzudringen und die Luftmoleküle zu ionisieren. An Tagen, an denen der Sonnenwind besonders stark weht, kommt es zu den faszinieren-

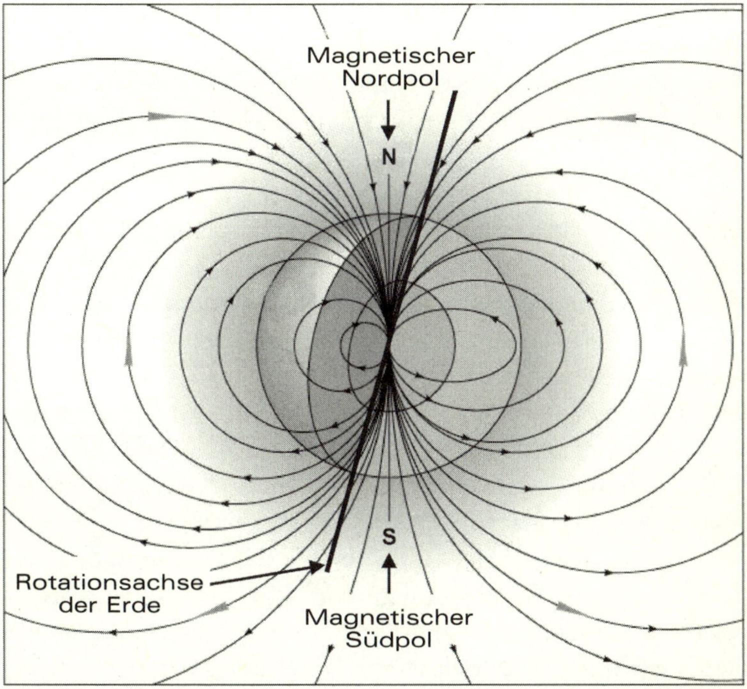

Abb. 32: Das Magnetfeld der Erde stellt einen magnetischen Dipol dar, ähnlich wie er von einem Stabmagneten erzeugt wird. Die Rotationsachse der Erde und die Achse des Erdmagnetfeldes fallen jedoch nicht zusammen.

den Nordlichtern, die als farbenprächtige, wallende Schleier am Himmel zu sehen sind.

Von diesem Magnetfeld profitiert besonders das Leben, denn die hoch energetische Teilchenstrahlung und die Röntgenstrahlung, die beim Zusammenprall mit den Molekülen der Atmosphäre entsteht, kann bei organischem Material irreparable Schäden hervorrufen. Als drastisches Beispiel für den todbringenden Einfluss von Teilchenstrahlung sei hier an die atomare Katastrophe von Tschernobyl erinnert. In ihrer Folge kam es zu existenziellen Erkrankungen und Erbschäden bei Menschen ebenso wie bei Tieren, auch pflanzliches Leben wurde geschädigt. Astronauten auf dem Weg zu anderen Planeten müssen deshalb besondere Vorsorge treffen. Andernfalls liefen sie Gefahr, an Krebs zu erkranken, denn in einem Raumschiff ohne Magnetfeld wären sie der kosmischen Strahlung der Sonne ungeschützt ausgesetzt.

Das Magnetfeld der Erde hängt mit den Kräften im Erdinneren zusammen: Der äußere Erdkern besteht aus heißem, flüssigem Eisen und Nickel. Diese heiße Masse steigt auf, kühlt ab und sinkt wieder nach unten – ein permanenter Kreislauf, der in Verbindung mit der Drehung des Planeten einen elektrischen Strom entstehen lässt, welcher ein Magnetfeld hervorruft. Zum Vergleich: Eine Maschine, die aus der Bewegungsenergie elektrisch leitenden Materials Strom und damit ein Magnetfeld erzeugt, nennt man »Dynamo«.

Doch der Erddynamo ist offenbar nicht stabil, vielmehr wackelt das Magnetfeld gelegentlich, ab und zu bricht es sogar völlig zusammen, um sich anschließend – jedoch mit umgekehrter Polung – wieder neu aufzubauen. Vermutlich unterliegt der Fluss der Gesteine im Erdinneren unregelmäßigen Schwankungen, sodass die Umpolungen des Magnetfeldes eher chaotisch als regelmäßig ablaufen. Aus geologischen Forschungen wird ersichtlich, dass Richtung und Stärke des Erdmagnetfeldes magnetische Streifen in den längs der ozeanischen Rücken entstehenden Gesteinen hinterlassen haben. An den Streifenmustern kann man ablesen, dass sich die Magnetfeldrichtung immer wieder umgepolt hat: Der magnetische Nordpol wurde zum magnetischen Südpol und umgekehrt. Bestimmt man das Alter der Gesteine mithilfe der Zerfallsprodukte ihrer radioaktiven Elemente, so gewinnt man eine Art geomagnetischen Kalender, in dem die Geschichte des Erdmagnetfeldes der letzten 200 Millionen Jahre präzise vermerkt ist.

Nichts als Luft

Betrachten wir abschließend das Luftmeer, auf dessen Grund wir leben: Aus der Perspektive eines Raumschiffs erscheint die Erdatmosphäre als hauchdünne, bläuliche, den Planeten umhüllende Schicht. Sichtbar ist sie nur in einem Bereich, in dem die in ihr enthaltenen Teilchen das Sonnenlicht merklich zu streuen vermögen. Die Atmosphäre erstreckt sich vom Erdboden bis zu einer Höhe von ungefähr 1000 Kilometern, sie gliedert sich in die Troposphäre (bis zirka 12 Kilometer), die Stratosphäre (bis zirka 50 Kilometer) und die Mesosphäre (bis zirka 80 Kilometer). Dazwischen erstreckt sich die Ozonosphäre (etwa zwischen 25 und 60 Kilometer). Jenseits der Atmosphäre schließt sich die Thermosphäre an, und zuletzt folgt die Ionosphäre mit einer Ausdehnung von noch einmal zirka 1000 Kilometern *(Abb. 33)*. Könnte man die Atmosphäre wiegen, so wäre das Ergebnis eine Gesamtmasse von rund 5,1 Billionen Tonnen, was etwa tausendmal weniger ist als die Masse des Wassers aller Ozeane.

Der unterste Bereich der Atmosphäre, die Troposphäre, enthält nahezu den gesamten Wasserdampf. In dieser Zone spielt sich im Wesentlichen das Wetter- und Klimageschehen ab. Ereignisse wie Regen, Wind und Eisbildung tragen entscheidend zur Gestaltung und Veränderung der Erdoberfläche bei. An der Erdoberfläche beträgt der Luftdruck 1013 Hektopascal, an der Obergrenze der Troposphäre ist er bereits auf etwa 265 Hektopascal abgesunken. In der sich anschließenden Stratosphäre finden sich nur noch Spuren von Wasserdampf, sodass es kaum

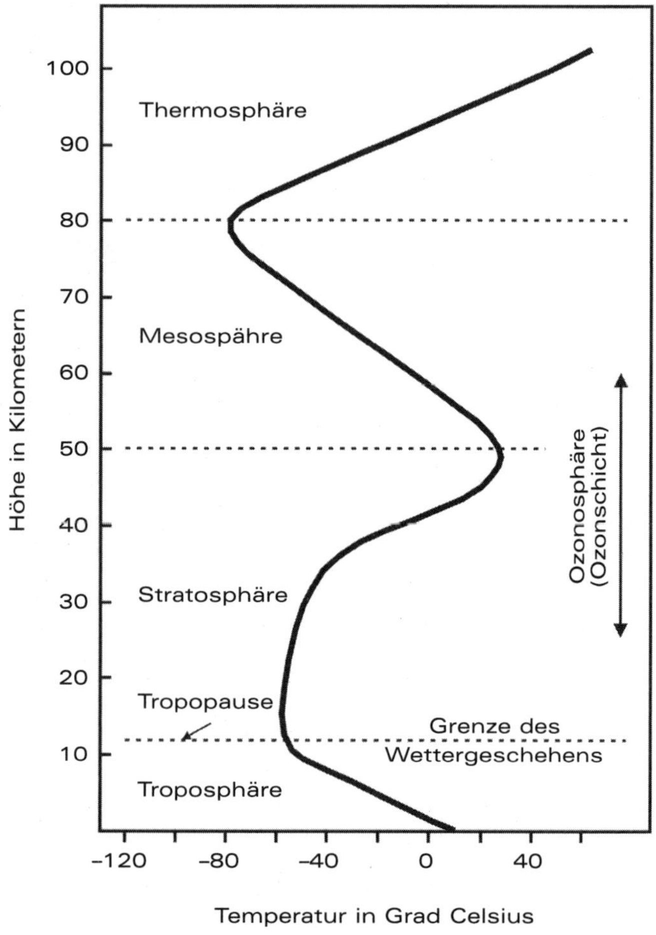

Abb. 33: Temperaturverlauf in der Erdatmosphäre. Das Wettergeschehen spielt sich nur in der Troposphäre ab. Der starke Temperaturanstieg in Höhen um 50 Kilometer ist eine Folge der Absorption der UV-Strahlung der Sonne in diesem Bereich.

mehr zur Ausbildung von Wolken kommt. Hier liegt die Temperatur bei durchschnittlich minus 55 Grad Celsius, und der mittlere Druck in einer Höhe von 32 Kilometern beträgt nur noch acht bis zehn Hektopascal.

Von besonderer Bedeutung für das irdische Leben ist die Ozonosphäre, denn hier werden die Sauerstoffmoleküle durch das ultraviolette Licht der Sonne in Sauerstoffatome gespalten, die sich anschließend mit einem anderen Sauerstoffmolekül wieder zu Ozon verbinden können. Da durch diesen Prozess die UV-Strahlung fast völlig absorbiert wird, bildet sich in etwa 50 Kilometer Höhe eine relativ warme Schicht, die so genannte Stratopause, mit einer Temperatur im Bereich von minus zehn bis plus zehn Grad Celsius. Gegenwärtig laufen in dieser Schicht Prozesse ab, die zu einer Ausdünnung der Ozonosphäre führen. Hauptursache ist die Freisetzung von Fluorchlorkohlenwasserstoffen, die in die Stratosphäre vordringen und dort durch den hoch energetischen Anteil der Sonnenstrahlung gespalten werden. Die dabei entstehenden freien Chloratome zerstören die Ozonschicht. Über der Antarktis ist die Ozonkonzentration aufgrund dieser Prozesse bereits auf die Hälfte abgesunken.

Die noch höher liegenden Schichten der Atmosphäre sind für das Leben auf der Erde von untergeordneter Bedeutung. Wichtig ist aber die Zusammensetzung der Erdatmosphäre insgesamt. Trockene Luft besteht aus 78 Prozent Stickstoff, knapp 21 Prozent Sauerstoff, etwas weniger als einem Prozent Argon und noch einigen Spurengasen, zu denen insbesondere das Kohlendioxid zählt. Daneben enthält sie große Mengen Wasserdampf. Sein Anteil schwankt mit der Lufttemperatur und je nachdem, ob die Luftsäule über einer ausgedehnten Landmasse oder einer Wasserfläche steht. In einem immer währenden Kreislauf verdampft das Wasser aus den Meeren und Seen, kondensiert in der Atmosphäre zu Wolken und fällt schließlich als Regen, Schnee und Hagel wieder auf die Erdoberfläche zurück.

Da Stickstoff chemisch ziemlich reaktionsträge ist, hat er sich in der Atmosphäre zum dominierenden Gas angereichert. Dennoch kann er neben Sauerstoff nicht auf Dauer existieren, da sich die beiden Gase, wenn auch nur sehr langsam, mit Wasser zu Salpetersäure verbinden und in Form von Nitraten im Boden gebunden werden. Damit der prozentuale Anteil in der Atmosphäre erhalten bleibt, muss deshalb der Stickstoffvorrat fortwährend ergänzt werden. Als Stickstoffquellen kommen der Vulkanismus infrage und vor allem die Biosphäre, wo Nitratbakterien die Nitrate wieder in Stickstoff zerlegen. Bindung und erneute Freisetzung von Stickstoff schließen sich somit zu einem Stickstoffkreislauf.

Der Sauerstoffkreislauf erstreckt sich über die Atmosphäre, die Ozeane, die Sedimente sowie die Biosphäre und läuft bedeutend schneller ab. Obwohl seine mittlere Verweildauer in der Atmosphäre einige zehntausend Jahre beträgt, wird Sauerstoff fortwährend in den Meeren gelöst und bei der Bildung von Eisenoxid, das sich als Sedimentschicht am Meeresboden ablagert, und bei der Atmung der Meerestiere verbraucht. Weitere Sauerstoffsenken sind insbesondere die Atmung von Mensch und Tier sowie große Brände wie beispielsweise ausgedehnte Buschfeuer. Ergänzt wird das Sauerstoffdepot hauptsächlich durch die Photosynthese der Landvegetation und des Phytoplanktons der Meere.

Im Allgemeinen hängen die Verweilzeiten der Gase von komplizierten biochemischen und geochemischen Stoffkreisläufen ab, die teilweise an sehr langsam ablaufende chemische Reaktionsketten gebunden sind. Das gilt jedoch nicht für das atmosphärische Edelgas Argon, das aus dem radioaktiven Zerfall des Elements Kalium stammt. Das im Erdmantel und in der Erdkruste mit einer Halbwertzeit von ungefähr einer Milliarde Jahre zerfallende Kaliumisotop wandelt sich in Argon um, das über Vulkanausbrüche in die Atmosphäre gelangt. Dieses chemisch inaktive Gas bleibt, einmal in die Luft entlassen, für immer dort.

Alle anderen Bestandteile der Luft – die so genannten Spurengase – sind nur in so geringer Menge vorhanden, dass man ihren Anteil in der Atmosphäre nicht mehr in Prozent, sondern in Teilen pro einer Million, englisch: »parts per million« (ppm), angibt. Am wichtigsten ist hier das Kohlendioxid, denn dieses Gas ist einer der Hauptverursacher des irdischen Treibhauseffekts. Die Erdatmosphäre lässt zwar die kurzwellige Strahlung der Sonne größtenteils ungehindert passieren, aber das vom Erdboden wieder abgestrahlte langwellige Licht wird mehrheitlich von der Atmosphäre geschluckt. Wie stark sich die Atmosphäre dabei aufheizt, hängt im Wesentlichen von ihrem Gehalt an Kohlendioxid ab.

Damit sind wir am Ende der Analyse unseres Heimatplaneten angelangt. Es zeigt sich, dass eine Vielzahl von Faktoren zusammenkommen musste, damit sich Leben entwickeln konnte. Doch auf welche Faktoren treffen wir bei den anderen Planeten des Sonnensystems? Wie stehen die Chancen für Leben dort? Mittlerweile können die Wissenschaftler dazu relativ detaillierte Aussagen machen, nicht zuletzt deswegen, weil man bis auf Pluto schon alle Planeten und auch einige ihrer Monde mit Sonden be- und untersucht hat. Was dabei herauskam, ist gleichermaßen überraschend wie auch ernüchternd.

Dem Licht zu nahe: der Merkur

Mit einem Durchmesser von 4880 Kilometern ist der Merkur wesentlich kleiner als die Erde. Seine Oberfläche ist ein wahres Museum des frühen Sonnensystems, denn die Einschläge großer und kleiner Brocken sind in Form tiefer Furchen und Rillen archiviert. Merkur ist der Sonne am nächsten und spürt sie deshalb auch am deutlichsten, er hat am meisten unter ihrer Schwerkraft zu leiden. Mit ihrer riesigen Masse hat sie im Laufe der Jahrmilliarden den kleinen Merkur in seiner Eigendrehung so abgebremst, dass er sich während zweier Umläufe um die Sonne gerade dreimal um die eigene Achse dreht. In einigen hundert Millionen Jahren wird seine Umlaufperiode sogar mit seiner Eigendrehung synchronisiert sein, das heißt, er wird der Sonne immer die gleiche Seite zuwenden. Diese Gleichschaltung erlebt jeder Körper, der sich im Schwerkraftfeld eines anderen massereichen Körpers bewegt. Es sind die Gezeitenkräfte, die den kleineren Körper in seiner Eigendrehung abbremsen, und zwar umso schneller, je enger die beiden Körper einander umkreisen und je größer der Massenunterschied ist. Zwar spürt auch der größere Körper den kleinen Begleiter, jedoch entsprechend dem Verhältnis der beiden Massen viel schwächer.

Hinzu kommt, dass dieser Planet die Sonne auf einer ziemlich elliptischen Bahn umrundet. Damit schwankt der Abstand zur Sonne periodisch zwischen 70 und 46 Millionen Kilometern. Zusammen mit der langsamen Eigendrehung führt das zu den extremsten Temperaturunterschieden im Sonnensystem. Auf der der Sonne zugewandten Seite steigt die Temperatur auf über 400 Grad Celsius, und auf der abgewandten Seite sinkt sie bis auf minus 170 Grad Celsius. Der Merkur hat keine Atmosphäre, seine Schwerkraft ist viel zu gering, um eine Lufthülle festhalten zu können. Außerdem erreichen die Gasmoleküle bei den hohen Temperaturen Geschwindigkeiten, die ihnen eine Flucht in den Raum hinaus ermöglichen. Und schließlich weht der Plasmawind der Sonne hier so kräftig, dass er, hätte der Merkur je eine Atmosphäre besessen, diese längst davongeblasen hätte.

Unter Berücksichtigung aller dieser extremen Bedingungen muss man konstatieren, dass wie auch immer geartete Formen von Leben auf dem Merkur außerordentlich unwahrscheinlich sind. Mit deutlicheren Worten: Merkur ist eindeutig unbelebt, war immer unbelebt und wird dem Leben nie eine Heimat bieten können.

Die heiße Lady Venus

Venus ist der Erde ähnlich, zumindest hat sie fast die gleiche Masse, den gleichen Durchmesser und die gleiche Dichte. Mit einem Abstand von etwa 105 Millionen Kilometern steht sie der Sonne rund 45 Millionen Kilometer näher als die Erde. Für eine Eigenumdrehung, die bei ihr anders herum verläuft als bei allen anderen Planeten, benötigt sie 243 Tage, also länger als für einen vollen Umlauf um die Sonne. Für diese Besonderheit fehlt bis heute jegliche Begründung.

Venus war schon immer ein Ort der Träume – von Träumen, die Science-Fiction-Autoren zusammen mit zahlreichen Wissenschaftlern hatten, denn die Oberfläche des Planeten ist unter einer dichten Atmosphäre verborgen. Bis vor nicht allzu langer Zeit wusste man wenig über den Zwillingsplaneten der Erde, viele dachten, es herrsche dort ein Klima wie auf der Erde zu Zeiten, als die Dinosaurier meterdicke Schachtelhalme niederwalzten. Manche Wissenschaftler waren sogar der Meinung, dass die geringere Entfernung zur Sonne ein stabiles, warmes Klima zur Folge haben müsste und die Venus dem Leben sehr viel angenehmere Umstände anbieten würde als die Erde, bei der ja immer wieder Kälteperioden dem Leben quasi Eisblöcke zwischen die Beine geworfen haben. Weil also auf der Venus alles irgendwie besser zu sein schien und da dieser Planet in der römischen Mythologie die Göttin der Liebe verkörpert, sollten dort auch Venusianerinnen und Venusianer mit besonderer erotischer Ausstrahlung in fast paradiesischen Zuständen leben können.

Doch alle Träume und Wunschprojektionen wurden jäh zerstört, als zum ersten Mal eine sowjetische Sonde in die Venusatmosphäre eintauchte und auf ihrer Oberfläche landete. Die Daten, welche die Sonde während der wenigen Minuten, in denen sie noch funktionierte, zur Erde funkte, waren ernüchternd: Temperatur: 470 Grad Celsius, Druck: 90 Atmosphären, Zusammensetzung der Atmosphäre: Kohlendioxid, Stickstoff und Wolken konzentrierter Schwefelsäure. – Der erotische Planet hatte sich als schiere Hölle entpuppt. Auf Radaraufnahmen der Oberfläche waren gewaltige, erkaltete und erstarrte Lavaflüsse und riesige Schildvulkane zu erkennen, von denen einige sogar noch aktiv sind. Ähnlich wie die Erde ist die Venusoberfläche kaum von Meteoriteneinschlägen zernarbt, weil kleinere Meteoriten vermutlich vollständig in der dichten Atmosphäre verglühen, bevor sie die Oberfläche erreichen.

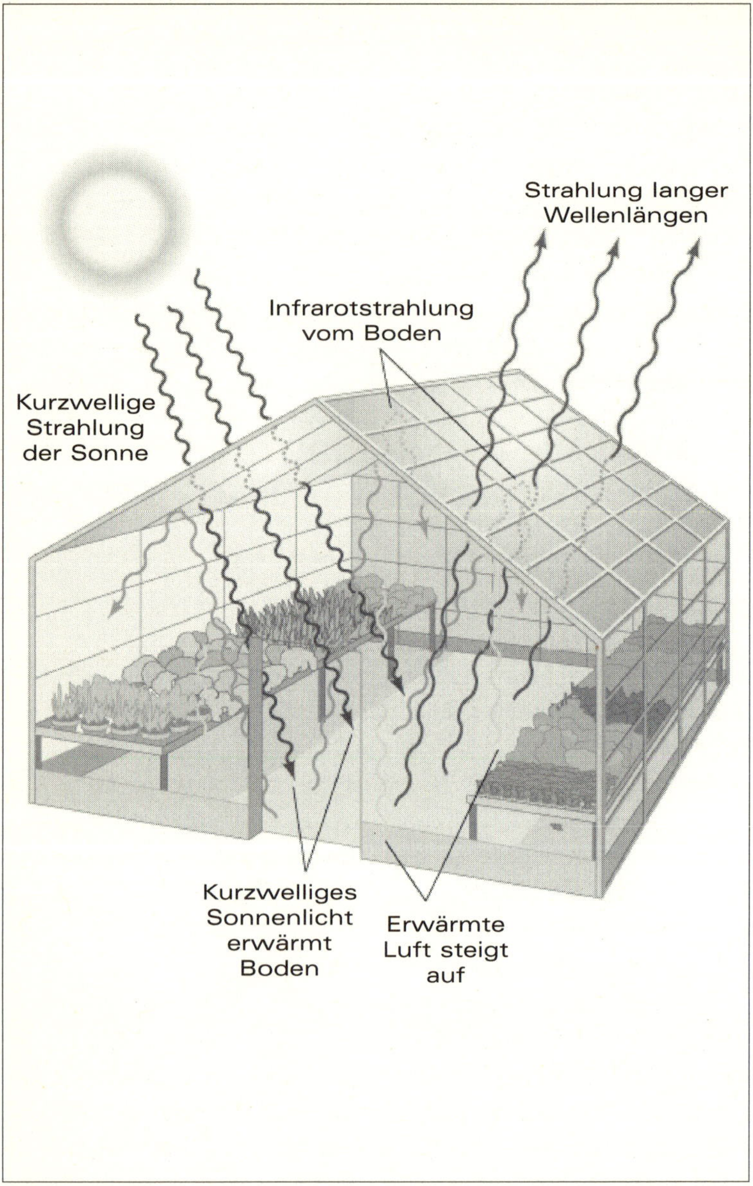

Abb. 34: Wie in einem Treibhaus heizt die kurzwellige Strahlung der Sonne den Boden auf, der seine Wärme wieder als langwellige Infrarotstrahlung abgibt. Das von der Luft absorbierte Infrarotlicht erwärmt sodann die Atmosphäre.

Doch wieso ist die Venus der Erde so ähnlich und dennoch ganz anders? Liegt es an der Nähe zur Sonne, machen 45 Millionen Kilometer so viel aus? Hat es mit der fehlenden Eigendrehung zu tun? Berechnungen haben ergeben, dass dort ein uns nur zu bekanntes Phänomen, der Treibhauseffekt, die entscheidende Rolle gespielt hat *(Abb. 34)*. Auf der Venus hat er einen katastrophalen Verlauf genommen, weil die Atmosphäre so viel Kohlendioxid enthält. Auf den ersten Blick war dieser Befund überraschend, denn ursprünglich enthielten sowohl die Venus als auch die Erde die gleichen Gase mit annähernd gleichen Häufigkeiten. Beide Planeten hatten ja eine Uratmosphäre aus Wasserdampf, Kohlendioxid und Stickstoff, freigesetzt im Wesentlichen durch vulkanische Aktivität. Auf der Erde aber wurde ein Großteil des Kohlendioxids in den Wassern der Meere gelöst, zur Bildung der Karbonatgesteine verbraucht und durch die Photosynthese der Pflanzen der Atmosphäre entzogen. Könnte man den gesamten in den Karbonatgesteinen und organischen Bestandteilen gebundenen Kohlenstoff in Kohlendioxid rückverwandeln, so würde man das Hunderttausendfache von dem erhalten, was heute in der Erdatmosphäre vorhanden ist. Diese Menge entspricht ungefähr dem Kohlendioxidgehalt der Venus. Erde und Venus unterscheiden sich also nicht hinsichtlich des Gesamtgehalts an Kohlendioxid, sondern nur bezüglich seiner Verteilung. Bei der Venus sind die Prozesse unglücklicherweise anders abgelaufen als auf der Erde. Ohne den Treibhauseffekt läge die Lufttemperatur der Venus bei höchstens 70 Grad Celsius.

Und was ist mit Wasser, dem für das Leben so wichtigen Element? Obwohl Wasser bei 470 Grad Celsius nicht im flüssigen Zustand bestehen kann, sollte es dennoch ausreichend in Form von Wasserdampf vorhanden sein. Schließlich musste ja auch die Venus in ihrer Frühzeit ein ähnliches Meteoritenbombardement über sich ergehen lassen wie die Erde, sodass auf diesem Wege große Mengen Wasser auf den Planeten gelangt sein müssten. Dennoch fand man praktisch nichts davon. Die Wissenschaftler haben mehrere Theorien, welche Prozesse zum Verlust des Wassers geführt haben könnten. Entweder war zur Zeit der Meteoriteneinschläge die Venus zu heiß, um ein Kondensieren des Wassers zu ermöglichen, oder aufgrund der gegenüber der Erde 30 bis 40 Prozent höheren Sonneneinstrahlung begannen die ursprünglich vorhandenen Meere zu verdampfen. Wasserdampf aber ist wie Kohlendioxid ein Treibhausgas. Also heizte sich die Atmosphäre immer weiter auf, und der Wasserdampf diffundierte allmählich in immer größere Höhen. Bei uns auf der Erde nimmt die Temperatur mit zunehmender Höhe rasch ab, sodass der Dampf schnell in einen für die Verflüssigung ausreichend kalten Bereich gelangt, zu kleinen Tropfen in Form von Wolken kondensiert und diese wieder abregnen. Auf Venus konnte jedoch keine Verflüssigung stattfinden, da die Atmosphäre auch in den höchsten Schichten zu heiß war. Gelangt aber Wasserdampf so weit nach oben, so wird er durch die intensive Ultraviolettstrahlung der Sonne in Wasserstoff und Sauerstoff zerlegt. So auch auf der Venus: Der Wasserstoff entwich aus der Atmosphäre, und der Sauerstoff oxidierte den aus Vulkanausbrüchen stammenden Schwefel zu Schwefeldioxid und Schwefeltrioxid, welches sich schließlich mit den noch vorhandenen Wasserresten zu Schwefelsäure verband. Auf der Erde spielt die Photodissoziation von Wasser nur eine untergeordnete Rolle, denn die Ozonschicht absorbiert die UV-Strahlung in einer für den Wasserdampf unerreichbaren Höhe von etwa 50 Kilometern fast vollständig.

Das alles klingt plausibel, und so könnte es sich auch abgespielt haben. Aber ob es wirklich so war, weiß man, wie gesagt, nicht genau. Was aber ganz sicher feststeht, ist, dass es auch auf der Venus keinerlei Leben gibt.

Mars, der rote Zwerg

Den Mars, dessen Masse nur etwa zehn Prozent der Erdmasse aufweist, könnte man als den kleinen Bruder der Erde bezeichnen. Seine Rotationsachse ist in etwa gleich stark geneigt wie die der Erde, und auch seine Rotationsperiode von 24 Stunden und 37 Minuten ist mit der der Erde vergleichbar. Er ist jedoch ungefähr 80 Millionen Kilometer weiter von der Sonne entfernt. Seine Südhalbkugel ist von alten Kratern übersät. Berge ragen bis zu einer Höhe von 24 Kilometern auf, und ein rund 4000 Kilometer langes und bis zu sieben Kilometer tiefes Kanalsystem überzieht seine Oberfläche. Riesige Canyons und ausgedehnte flussartige Täler zerfurchen seine Ebenen. Seine Nordhalbkugel erscheint dagegen nahezu eben und mit einer dicken Sedimentschicht bedeckt. Überall finden sich eindeutige Hinweise auf frühe und noch heute ablaufende Erosionsprozesse. Von Zeit zu Zeit fegen gewaltige Staubstürme über seine Oberfläche, die wie gigantische Sandstrahlgebläse die Strukturen des Mars modellieren.

Viele dieser Oberflächenstrukturen nähren den Verdacht, dass es auf dem Mars einmal Wasser gegeben haben könnte. Die ausgedehnten, gewundenen, sich teilweise mehrfach verzweigenden Täler sind ausgetrockneten irdischen Flussläufen sehr ähnlich. Wie auf der Erde könnte fließendes Wasser diese Strukturen in den Marsboden geschnitten haben. Was allerdings fehlt, sind die typischen großen Schleifen, die Mäander, wie sie die irdischen Flüsse ausbilden, wenn Wasser Ebenen von sehr geringem Gefälle durchströmt. Wenn es wirklich Wasser war, so muss das vor Millionen oder gar einigen Milliarden Jahren geflossen sein. Das Alter dieser scheinbaren Wasserläufe können Planetologen anhand der vielen Meteoritenkrater, die teilweise direkt in den Flussbetten liegen, gut abschätzen. Ein weiteres Indiz für ehemals flüssiges Wasser findet sich auf Bildern, die von den Mars-»Orbiter«-Sonden der NASA übermittelt wurden. Darauf sind Felsstrukturen zu erkennen, wie sie durch Sedimentablagerungen über Jahrhunderte hinweg im Meer oder in einem See entstehen. Allem Anschein nach bestehen sie aus feinkörnigem Material, abgelagert in horizontalen Schichten. Aussehen und Ort der Ablagerungen lassen vermuten, dass sie durch stehendes Wasser verursacht wurden.

Auf den hoch aufgelösten Bildern sieht man gelegentlich auch

Bereiche steiler Bodenerosionen, die mit einem tiefen Einbruch beginnen und dann sanft auslaufen. Auf der Erde bilden sich derartige Bodenformationen, wenn Wasser in großen Mengen abrupt an die Oberfläche tritt, Erdreich mitreißt und nach einer gewissen Strecke wieder versickert. Ähnliche Strukturen entstehen auch, wenn Wasser das Erdreich unterspült, sodass es einbricht. Auf dem Mars erstrecken sich diese Strukturen teilweise über Dutzende von Kilometern. Schlussendlich hat man erst vor kurzem auf etwa 250 der rund 20 000 »Global-Surveyor«-Bilder an der Innenwand eines Kraters so genannte Gullies entdeckt. Gullies gleichen kleinen, ausgetrockneten Rinnsalen, die entstehen, wenn man beispielsweise am Abhang eines Sandhügels eine Flasche Wasser ausgießt. Dort, wo das Wasser auf den Boden trifft, spült es den Sand den Hang hinab, um dann sogleich zu versickern. Wie bei den großen Bodenerosionen bringen die Planetologen die Gullies mit hervorsprudelndem Grundwasser in Verbindung. Das Erstaunliche an diesen Strukturen ist, dass sie sehr jung zu sein scheinen. Das würde bedeuten, dass es zumindest bis vor nicht allzu langer Zeit flüssiges Wasser auf dem Mars gegeben haben muss. Allerdings weisen einige Forscher darauf hin, dass diese Gullies eventuell auch durch verflüssigtes Kohlendioxid entstanden sein könnten.

Im Mai 2002 fand man dann endlich, wonach so lange gesucht worden war: Mithilfe eines auf der Sonde »Mars Odyssey« mitgeführten Gammastrahlenspektrometers konnten die Wissenschaftler große Mengen Wassereis unmittelbar unter der Marsoberfläche lokalisieren: angeblich genug, um den Michigansee mehrmals zu füllen. Manche vermuten, dass hier – im wahrsten Sinne des Wortes – nur die Spitze des Eisbergs entdeckt worden ist und dass der Mars über weite Bereiche seiner Oberfläche große Mengen Wasser in Form von Permafrost im Boden gespeichert hat. Übrigens haben die Untersuchungen mit dem Gammastrahlenspektrometer auch die schon lange gehegte Vermutung bestätigt, dass sich unter den mit Kohlendioxidschnee bedeckten Polkappen Schichten von Wassereis verbergen.

Leben auf einem Planeten ist untrennbar mit der Existenz flüssigen Wassers verbunden. Auf dem Mars scheint Wasser aber nur als Eis vorzukommen. Das hängt mit den dortigen atmosphärischen Bedingungen zusammen. Der Atmosphärendruck beträgt weniger als zehn Millibar, was einem Prozent des irdischen Drucks entspricht. Unabhängig von der Temperatur kann Wasser unterhalb von sechs Millibar aber nicht in flüssiger Form vorkommen. Wenn Wassereis bei derart niedrigem Umgebungsdruck schmilzt, geht es aus der festen Phase unmittelbar in die Gasphase über, ohne sich in einem Zwischenschritt zu verflüssigen. Man bezeichnet diesen Vorgang auch als Sublimation. Außerdem ist es auf dem Mars bitterkalt. Im Marssommer steigt die Temperatur zur Mittagszeit nur an einigen Stellen auf maximal 27 Grad Celsius, nachts kühlt es am selben Ort aber wieder auf minus 90 Grad Celsius ab. Die mittlere Temperatur auf dem Mars liegt bei minus 55 Grad Celsius, also weit unter dem Gefrierpunkt des Wassers. Zumindest auf der Marsoberfläche kann Wasser daher nur als Eis vorkommen.

Bleiben wir noch kurz bei der Marsatmosphäre. Sie besteht zu rund 95 Prozent aus Kohlendioxid, der Rest setzt sich zusammen aus Argon, Stickstoff sowie Spuren von Sauerstoff und Wasserdampf. Der Luftdruck ist so gering wie auf der Erde in einer Höhe von rund 50 Kilometern. Aufgrund dieser dünnen Atmosphäre ist der Treibhauseffekt auch nur schwach ausgeprägt. Im Gegensatz zur Venus, wo dieser Effekt eine Temperaturerhöhung um mehr als 450 Grad Celsius bewirkt, sind es auf dem Mars nur etwa fünf Grad Celsius. Die Marsatmosphäre ist so dünn, weil der Planet so leicht ist. Eine geringe Masse bedeutet aber auch, dass der Planet relativ schnell auskühlt und der Druck im Inneren des Planeten niedrig bleibt. Dadurch ist auch die Temperatur im Kern relativ niedrig und das Planeteninnere von fester Konsistenz. Eine Plattentektonik, wie wir sie auf der Erde aufgrund der inneren Wärmequellen vorfinden, kann es auf dem Mars nicht geben. Er scheint geologisch ein toter Planet zu sein. Das Kohlendioxid, das zusammen mit Kalzium die karbonatischen Gesteine bildet, wurde daher nicht wie auf der Erde durch Aufschmelzen der Kontinentalplatten und vulkanische Aktivitäten wieder erneuert, sondern größtenteils auf Dauer in den Gesteinen gebunden, sodass es im Laufe der Zeit aus der Atmosphäre verschwand. Sicher ist, dass dem Mars dabei auch ein Teil des Wassers abhanden kam. Die Ultraviolettstrahlung der Sonne, die aufgrund der immer dünner werdenden Atmosphäre zunehmend ungehinderter die Oberfläche des Mars traf, hat die Wassermoleküle auf dem Wege der Photodissoziation in Wasserstoff und Sauerstoff zerlegt. Bei der geringen Schwerkraft des Mars war es für den Wasserstoff kein Problem, in den Weltraum zu entweichen. Zurück blieb der Sauerstoff. Doch auch dieses aggressive Gas verschwand sehr schnell, indem es die Oberflächengesteine oxidierte und so dem Mars zu seinem rötlichen Aussehen verhalf.

Kommen wir jetzt zur Frage nach Leben auf dem Mars. Vor der Erkundung des Mars mittels diverser amerikanischer und russischer Sonden hatte man Leben auf ihm für möglich gehalten. Diese Spekulation wurde gestützt durch die jahreszeitlichen Änderungen des Marsklimas, deutlich erkennbar an der periodischen Veränderung der Polkappen. Die berühmten Marskanäle, das Marsgesicht sowie andere pyramidenähnliche Gesteinsformationen ließen etliche pseudowissenschaftliche Sachbuchautoren an die Existenz intelligenter Wesen als Erschaffer glauben und mit aberwitzigen Theorien über Marsianer eine Menge Geld machen. Die von den Sonden übermittelten Bilder haben jedoch alle vermeintlich künstlichen Formationen als Trugbilder entlarvt. Vielmehr handelt es sich um marstypische geologische Phänomene oder schlicht um Schutthaufen, die, unter einem bestimmten Winkel bei einer bestimmten Sonneneinstrahlung fotografiert, den Eindruck künstlicher Strukturen erwecken.

Die Wahrscheinlichkeit für Leben auf dem Mars ist allein aufgrund des fehlenden flüssigen Wassers, der dünnen Atmosphäre und der niedrigen Temperaturen recht gering. Hinzu kommen aber noch zwei weitere Effekte, die eine Entwicklung von Leben erschweren beziehungsweise bereits entwickeltes Leben in seiner Existenz bedrohen würden. Zum einen ist das die ungefilterte UV-Strahlung der Sonne, zum anderen sind es die hoch energetischen Teilchen, die Protonen und Elektronen des Sonnenwindes, die den Mars fortwährend bombardieren, weil sie nicht von einem planetaren Magnetfeld abgeschirmt werden. Leben *auf* dem Mars kann es also nicht geben. Aber wie sieht es mit Leben *im* Mars aus, unter seiner Oberfläche?

Natürlich darf man nicht erwarten, im Marsboden auf irgendwelche Lebewesen in unterirdischen Höhlen zu treffen. Wonach die Planetologen gesucht haben und immer noch suchen, sind die einfachsten Formen des Lebens: Mikroorganismen und Bakterien. So haben beispielsweise in den 1970er-Jahren die amerikanischen »Viking«-Sonden Bodenproben vom Mars genommen und in einer Art Miniaturlaboratorium auf organische Bestandteile untersucht. Wenn es Leben auf dem Mars gegeben haben sollte oder noch gibt, dann müssten beim Erhitzen der Bodenproben Gase mit organischen Kohlenstoffverbindungen freigesetzt werden, die in einem Gaschromatographen eindeutig nachweisbar sein sollten. Doch der organische Anteil des an verschiedenen Orten abgeschürften Marsbodens war gleich null. In einem anderen Experiment wurde auf den Marsboden eine Nährlösung aufgetropft in der Hoffnung, dass eventuell vorhandene Bakterien die Nährlösung aufnehmen und beim Verdauungsvorgang frei werdende Gase die Zusammensetzung der Atmosphäre in der Probenkammer verändern würden. Tatsächlich trat auch ein, worauf die Forscher gehofft hatten, aber schon bald zeigte sich, dass allein das Wasser in der Nährlösung mit den im Marsboden vorhandenen Stoffen chemisch reagiert und die erwarteten Gase freigesetzt hatte.

Gegenwärtig deutet also nichts darauf hin, dass es organisches Material oder gar Leben auf dem Mars geben könnte. Das ist durchaus überraschend, denn schließlich wurde der Mars wie alle anderen der Erde ähnlichen Planeten häufig von Meteoriten getroffen, die oft geringe Mengen an organischem Material, gelegentlich sogar verschiedene Aminosäuren enthielten. Wo sind diese Stoffe geblieben? Sind sie von der ungehemmtem UV-Strahlung zerstört worden?

Trotz aller offensichtlichen Widrigkeiten halten sich hartnäckig Spekulationen über Leben auf dem Mars – insbesondere, seitdem 1984 ein Meteorit in der Antarktis gefunden wurde, der vor rund 13 000 Jahren auf der Erde einschlug und ursprünglich vom Mars stammte. Dass dieser Brocken tatsächlich vom Mars kam, erkannten die Wissenschaftler an der prozentualen Verteilung der im Meteoriten enthaltenen Gase und ihrer Isotopenverteilung, die sehr genau mit der Marsatmosphäre übereinstimmen. Als man dann 1993 begann, den Meteoriten mit moderneren Techniken zu untersuchen, fand man unter dem Elektronenmikroskop Strukturen, die den Nanobakterien in irdischen Kalksteinen nicht unähnlich sind *(Abb. 35)*. Damit war die Sensation perfekt. Vom amerikanischen Präsidenten Bill Clinton wurde das als eine der größten und wichtigsten Entdeckungen des 20. Jahrhunderts gefeiert – waren diese Vorstufen von Zellen doch der Beweis für die Existenz organischer Mikroorganismen auf dem Mars.

Aber alle Hoffnungen zerstoben wieder, als man bei genauerem Hinsehen keinerlei Hinweise auf Formen von Amino- oder

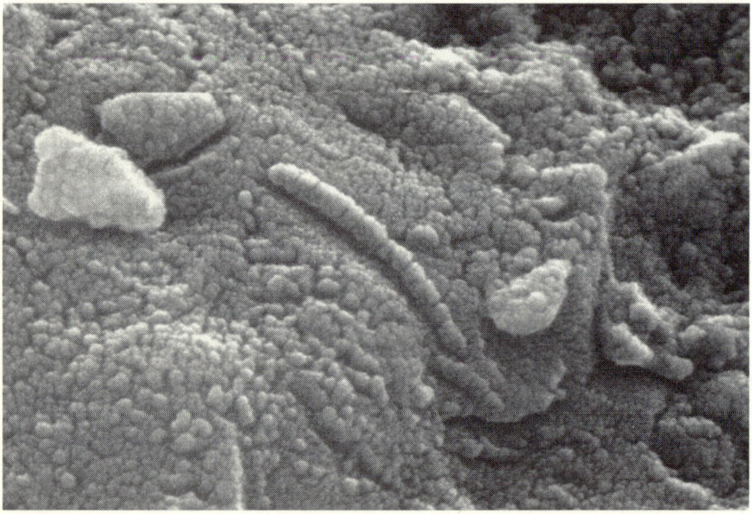

Abb. 35: Bakterienähnliche Strukturen auf dem berühmten Marsmeteoriten ALH 84001, welche die Spekulationen über Leben auf dem Mars neu belebten

Nukleinsäuren entdecken konnte. Zudem fehlte es den Nanostrukturen an einer Art äußerer Membran, die sie eindeutig als zellulären Baustein ausgewiesen hätte. Als sich schließlich auch noch Meteoritenexperten einmischten und darauf hinwiesen, dass die Strukturen auch während der Reise des Meteoriten durch den interplanetaren Weltraum in Schmelz- und Erstarrungsprozessen entstanden sein könnten, war die Luft eigentlich raus. Anhand von Vergleichen mit anderen Meteoriten, die nicht von einem Planeten stammten, vermochte man sogar nachzuweisen, dass sich derartige Strukturen auch auf abiogene Weise bilden können.

Doch die Verfechter von Leben auf dem Mars gaben sich noch nicht geschlagen. Jetzt konzentrierte man sich auf so genannte magnetische Kristalle, die ebenfalls im Meteoriten gefunden wurden. Diese Kristalle besitzen eine ähnliche Struktur wie geschliffene Diamanten. Eine derartige Eigenschaft ist sehr ungewöhnlich, und man hat sie bisher nur bei biologisch entstandenen Magnetitkristallen aufspüren können. In den Bakterien wachsen derartige Kristalle, indem sich zunächst eine winzige membranartige Hülle bildet, die mit Eisenatomen voll gepumpt wird. Dann werden mehrere dieser Behälter in einer Linie ausgerichtet, sodass ein kleiner Stabmagnet entsteht. Auf der Erde nutzen die Bakterien ihre Stabmagnete, um sich mithilfe des Magnetfeldes zu orientieren. Biologen haben entdeckt, dass Meeresbakterien auf diese Weise schneller Wasserschichten finden, die den für ihre Bedürfnisse passenden Gehalt an Sauerstoff aufweisen.

Prinzipiell sind die im Marsmeteoriten entdeckten Magnetite nicht von den biotischen Magnetiten auf der Erde zu unterscheiden. Auch kennt man bis heute kein Verfahren, das diese Kristalle auf anderem als auf biologischem Wege entstehen lässt. Dass die Magnetite im Meteoriten vom Mars zu uns gereist sind und nicht auf der Erde entstanden und dort den Meteoriten besiedelt haben, glauben die Wissenschaftler daran zu erkennen, dass sie tief im Inneren des Steinbrockens gefunden wurden. Außerdem bevorzugen Magnetite produzierende Bakterien eine sauerstoffarme Umgebung, sodass es ziemlich unwahrscheinlich ist, dass die Bakterien dort gelebt haben, wo man den Meteoriten fand. Somit sollte die Entdeckung der Magnetite im Marsmeteoriten ein deutlicher Hinweis auf ehemaliges Leben sein.

Dem entgegnen andere Wissenschaftler: Wenn es sich nicht um Bakterien aus dem antarktischen Umfeld handeln kann, könnten die entdeckten Strukturen doch durch die spezielle Art der Probenpräparation oder durch Verwitterungseffekte des Meteoriten während seiner 13 000-jährigen Lagerung in der Antarktis entstanden sein. Hinzu kommt, dass es sehr viele fossile Strukturen gibt, die ohne Einwirkung von Leben entstanden und dennoch bakteriellen Formen sehr ähnlich sind. Und schließlich, so fragen die Skeptiker, was sollen solche Magnetite auf dem Mars nützen, wo doch dieser Planet gar kein Magnetfeld besitzt? Jetzt nicht mehr, erwidern darauf die Lebensbefürworter, aber vor etlichen Milliarden Jahren hatte der Mars ein Magnetfeld, als er noch nicht völlig erkaltet war. Das beweisen insbesondere Messungen der Marssonde »Global Surveyor«, die an einigen Stellen des Planeten magnetische Gesteine entdeckt hat, in denen das ursprünglich starke Marsmagnetfeld sozusagen eingefroren ist. Damit hätten die Magnetite wieder einen Sinn und wären Zeugen zumindest für mikrobiologisches Leben vor etwa drei bis dreieinhalb Milliarden Jahren, also zu einer Zeit, als nach Meinung der Planetologen der Marsdynamo seinen Betrieb wegen Unterkühlung einstellen musste.

Wie auch immer – die Meinungen über einen belebten oder ehemals belebten Mars klaffen weit auseinander. Auch wenn alle Anzeichen und bisherigen Nachforschungen darauf hindeuten, dass der Mars zumindest zurzeit ein lebloser Planet ist, so ist nicht völlig auszuschließen, dass künftige Erkundungsflüge noch Überraschungen bringen. Was jedoch befremdlich wirkt, ist die Informationspolitik der verantwortlichen Stellen: Schlagzeilen wie »Leben auf dem Mars!« beherrschten alle Gazetten. Die Gegenargumente und Richtigstellungen aber wurden nur noch in den wissenschaftlichen Journalen veröffentlicht und beispielsweise nicht mehr in der *New York Times*.

Nachdem wir in den innersten Zirkeln unseres Planetensystems keinen weiteren belebten Planeten gefunden haben, wollen wir uns jetzt den Außenbezirken des Sonnensystems zuwenden: den riesigen Gasplaneten und ihren Monden. Die Zusammensetzung der Gasplaneten weist eine große Ähnlichkeit mit den interstellaren Gaswolken auf, denn sie bestehen fast ausschließlich aus Wasserstoff und Helium. Ihre große Entfernung zur Sonne macht sie zu »kalten Riesen«. Über ihren Aufbau wissen wir nicht allzu viel, aber das Wenige reicht aus, um sich an Aussagen über die Wahrscheinlichkeit von Leben dort zu wagen.

Jupiter und Saturn – verhinderter Kronprinz und Herr der Ringe

Jupiter, der Riese unter den Planeten im Sonnensystem, ist rund 320-mal schweren als die Erde und hat damit das doppelte Gewicht aller anderen Planeten zusammen. Er ist fünfmal so weit von der Sonne entfernt wie die Erde und mit einem Durchmesser von 143 000 Kilometern mehr als elfmal so groß wie unser Planet. Damit hat Jupiter fast die für einen Gasplaneten maximale Größe erreicht. Denn auch mit mehr Materie wäre sein Durchmesser nahezu unverändert geblieben, da die Schwerkraft ihn entsprechend stärker zusammengepresst hätte. Um aber ein richtiger Stern zu werden und im Reich der Königin Sonne als Kronprinz auftreten zu können, hätte Jupiter noch 80-mal mehr Masse aufsammeln müssen.

Überraschend ist, dass Jupiter etwa zweieinhalbmal mehr Energie in Form von Infrarotstrahlung abgibt, als er von der Sonne erhält. Von Kernreaktionen im Inneren oder vom Zerfall radioaktiver Elemente kann die überschüssige Energie nicht stammen, denn schließlich besteht Jupiter – bis auf einen gesteinsartigen Kern von etwa 15 Erdmassen – fast nur aus Wasserstoff und Helium, und seine Zentraltemperatur von etwa 20 000 Kelvin ist viel zu niedrig, um Kernfusionsreaktionen zu zünden. Wo aber sitzt die Quelle dieser Energie? Jupiter schrumpft zusammen, auch heute noch, viereinhalb Milliarden Jahre nach seiner Entstehung, und dabei wird Gravitationsenergie in Form von Wärme frei.

Jupiter dreht sich in knapp zehn Stunden um die nur wenige Grad geneigte Achse. Seine mittlere Dichte ist geringfügig höher als die von Wasser, und im Gegensatz zu den inneren Planeten fehlt ihm die feste Oberfläche. In seiner Atmosphäre rotieren eine ganze Reihe paralleler, farblich unterschiedlicher Wolkenbänder, unterbrochen von großen Turbulenzzellen. Am bekanntesten ist der »Große Rote Fleck«, der seit 1664 beobachtet wird: ein riesiger Wirbelsturm mit einem Durchmesser von 48 000 Kilometern. Teilweise reichen die Turbulenzen hinab bis in eine Tiefe von mehreren tausend Kilometern, wo Winde mit Geschwindigkeiten von über 800 Kilometern pro Stunde Jupiters Gashülle durcheinander wirbeln. In den höheren Schichten Jupiters vermutet man drei unterschiedliche Wolkenschichten: eine aus Ammoniakeis, eine aus Ammoniakhydrosulfat und eine aus einer Mischung von Eis und Wasser. Die verschiedenen Farben der Wolkengürtel kommen durch geringe Unterschiede in der Temperatur und der chemischen Zusammensetzung zustande.

Von außen nach innen nimmt der Atmosphärendruck kontinuierlich zu, sodass der Wasserstoff in den äußeren Schichten als Gas, dann in flüssiger Form und schließlich ganz innen als metallisch leitende Flüssigkeit vorliegt. Da die metallische Form des Wasserstoffs ein sehr guter elektrischer Leiter ist, besitzt Jupiter auch ein relativ starkes Magnetfeld, das sich, vom Sonnenwind deformiert, in Richtung Sonne nur einige Millionen Kilometer, in entgegengesetzter Richtung aber bis zu 650 Millionen Kilometer in den Raum hinaus erstreckt.

Ist Jupiter bereits fünfmal so weit von der Sonne entfernt wie die Erde, so ist es zum Saturn noch mal so weit. Das Licht der Sonne braucht 80 Minuten bis zum Saturn. Er ist rund 95-mal schwerer als die Erde, dabei aber mit einem Durchmesser von 120 000 Kilometern so groß, dass seine mittlere Dichte geringer ist als die von Wasser. Saturn würde also, bildlich gesprochen, auf dem

Wasser schwimmen. Wie sein mythologischer Namensgeber ist Saturn eine imposante Vaterfigur. Gegenwärtig kennt man rund 30 Monde, die ihn umrunden, jeder mit einem eigenen Charakter. Nur der Jupiter hat noch mehr natürliche Satelliten aufzuweisen: 47 waren es im März 2003. Aber diese Zahlen ändern sich schnell, denn mit den immer leistungsfähigeren Teleskopen entdecken die Astronomen fast täglich weitere Monde.

Noch zu Beginn des 20. Jahrhunderts rankten sich viele Geheimnisse um den Planeten Saturn und gaben zu Spekulationen Anlass. Was mochte sich unter der dichten Wolkendecke des Planeten verbergen? Die Vermutungen reichten von einem reinen Gasball bis hin zu einer Oberfläche aus geschmolzener Lava. 1931 konnte zum ersten Mal das Spektrum des Planeten aufgenommen werden: Absorptionslinien von Methan und Ammoniak. Mittlerweile weiß man, dass er in Aufbau und Zusammensetzung dem Jupiter sehr ähnlich ist, mit einem festen Kern von etwa zehn Erdmassen und einer Gashülle aus Wasserstoff und Helium. Die Temperatur in den äußeren Gasschichten liegt weit unter minus 150 Grad Celsius. Aufgrund seiner gegenüber dem Jupiter kleineren Masse schrumpft er jedoch nicht weiter zusammen, sodass er auch nicht mehr Energie abstrahlt, als er von der Sonne bekommt.

Selbst durch moderne Teleskope ist Saturn nur unscharf zu erkennen, da seine Ringe das Licht reflektieren und streuen. Um einen vollen Umlauf des Planeten um die Sonne zu verfolgen, benötigt ein Astronom fast die gesamte Spanne seines Berufslebens: nämlich 29,5 Jahre. Anfänglich ließ sich nicht einmal die Dauer des Saturntages genau bestimmen. Beim Jupiter ist das anhand des roten Flecks relativ einfach, man muss nur die Zeit zwischen zwei aufeinander folgenden gleichen Positionen dieses Wirbels messen. So leicht macht es der Saturn seinen Beobachtern jedoch nicht. Man erkannte zwar bereits 1676 verschwommene Bänder oder Gürtel parallel zum Äquator, die als Zeitmarken dienen konnten, aber erst um 1790 gelang es Wilhelm Herschel, anhand von Leuchtphänomenen in den Ringen und einigen Besonderheiten auf der Planetenoberfläche die

Rotationsperiode auf 10 Stunden und 16 Minuten festzulegen. Mithilfe besserer Teleskope wurde dieser Wert 1876 auf 10 Stunden und 31 Minuten korrigiert.

Das zweifellos interessanteste Merkmal des Saturn sind jedoch seine Ringe, eine Reihe von Bändern aus unzähligen, etwa einen Zentimeter bis zehn Meter großen Eis- und Gesteinsbrocken. Dieses Ringsystem erstreckt sich vom Rand des Planeten knapp oberhalb der Atmosphäre rund 70 000 Kilometer in den Raum hinaus. Trotz dieser gewaltigen Dimensionen sind die Ringe erstaunlich dünn: im Durchschnitt weniger als einen Kilometer dick. Am diffusen äußeren Rand verbreitern sie sich jedoch auf eine Dicke von etwa 1000 Kilometern. Möglicherweise sind die Ringe die Überreste kleinerer Monde, die von der Schwerkraft des Saturn zerrissen wurden. Die gesamte Ringstruktur dreht sich um den Saturn, wobei die Eis- und Gesteinsbrocken häufig aneinander stoßen. Dass die Ringe trotzdem stabil bleiben, beruht vermutlich auf der Gravitationskraft einiger kleiner Monde des Saturn, welche die Gesteins- und Eisbrocken zusammenhalten wie Schäferhunde eine Herde Schafe.

Uranus und Neptun – umgekippt und ziemlich stürmisch

So wie Jupiter und Saturn, so sind sich auch die Planeten Uranus und Neptun in Aufbau und Zusammensetzung sehr ähnlich. Das Innere dieser mit nur 15 Erdmassen viel leichteren Planeten enthält im Wesentlichen gesteinsartiges Material, vermischt mit Eis und einem kleinen Silikatkern. Schalen von metallischem Wasserstoff fehlen, dafür ist der innere Kern von einer dicken Schicht Wassereis umgeben. Die äußere Atmosphäre beider Planeten besteht zu rund 83 Prozent aus Wasserstoff, etwa 15 Prozent Helium und ungefähr zwei Prozent Methan. Typisch wiederum für Gasplaneten sind die starken Winde, welche die Atmosphäre mit Geschwindigkeiten von über 2000 Kilometern pro Stunde durchmischen. Uranus kann noch mit einer Besonderheit aufwarten: Seine Rotationsachse ist nämlich um fast 90 Grad gegen die Senkrechte zur Ebene des Sonnensystems gekippt, sodass sich einer seiner Pole immer in Richtung Sonne wendet. Man vermutet, dass er bei einem katastrophalen Zusammenstoß mit einem ebenfalls sehr massereichen Körper einfach umgekippt ist.

Der kleine Unbekannte

Jetzt fehlt eigentlich nur noch Pluto, der einzige Planet im Sonnensystem, der bislang noch nicht von einer Raumsonde besucht wurde. Doch bei diesem Objekt sind sich die Astronomen mittlerweile gar nicht mehr so sicher, ob es sich überhaupt um einen Planeten handelt oder ob man diesen Körper nicht lieber dem »Kuipergürtel« zuordnen sollte, einem ringförmigen Bereich jenseits der Neptunbahn, in dem zahllose Brocken aus der Entstehungsgeschichte des Sonnensystems die Sonne umkreisen. Vermutlich besteht Pluto zu rund 70 Prozent aus gesteinsartigem Material und zu 30 Prozent aus Wassereis. Mit einem Durchmesser von etwa 2250 Kilometern ist Pluto so massearm, dass er garantiert keine Atmosphäre halten kann, und die Temperatur auf seiner Oberfläche schwankt zwischen minus 210 und minus 230 Grad Celsius. Auf seiner stark elliptischen Bahn entfernt er sich so weit von der Sonne, dass das Licht zu ihm rund fünfeinhalb Stunden benötigt. – Damit ist unser Wissen über diesen seltsamen Sonnenbegleiter auch schon erschöpft. Dennoch dürfte es ausreichen, um zu behaupten: Auch auf Pluto kann es kein Leben geben.

Leben auf einem Gasplaneten

Nach dieser Analyse der Gasplaneten stellt sich die Frage: Kann sich unter den dort herrschenden Bedingungen Materie zu organischen, vielleicht sogar zu belebten Strukturen entwickeln?

Haben diese riesigen Gasplaneten überhaupt eine feste Oberfläche, auf der sich Moleküle bilden können? Oder anders gefragt: Was hat man unter der Oberfläche einer Gaskugel zu verstehen? Sinnvoll wäre es, den Bereich der Atmosphäre eines Gasplaneten als Oberfläche zu definieren, in dem der Druck der Gashülle etwa einer Atmosphäre entspricht, also dem Druck, den wir auf der Erde haben. Die Temperaturen in diesem Bereich sind jedoch für Prozesse der organischen Chemie entschieden zu niedrig: Auf Jupiter sind es etwa minus 100 Grad Celsius, auf dem Saturn etwa minus 130 Grad Celsius und auf Uranus beziehungsweise Neptun sogar minus 200 Grad Celsius. Da kann nichts leben. Hinzu kommt, dass einem Lebewesen auf der soeben definierten Oberfläche eines Gasplaneten buchstäblich der Boden unter den Füßen fehlt. Lebende Strukturen würden in tiefere atmosphärische Schichten absinken, und zwar bis in eine Tiefe, in welcher der Gasdruck Werte annimmt, bei denen die Dichte der umgebenden Atmosphäre mit der Dichte der lebenden Strukturen vergleichbar wird. Hier herrscht aber bereits eine solche Hitze, dass Leben unmöglich ist. Und schließlich fehlt es bei den Gasplaneten an fast allen für das Leben nötigen chemischen Elementen. Außer Wasserstoff und Helium ist ja kaum etwas vorhanden. Der für die Molekülbildung so wichtige Kohlenstoff findet sich nur in Spuren und ist in Methan gebunden; das Wasser auf Uranus und Neptun ist gefroren und obendrein in den Tiefen der Planeten verborgen. Insgesamt herrschen also auf einem Gasplaneten ausgesprochen unwirtliche Bedingungen, sodass man sicher sein kann: Dort gibt es kein Leben.

Nachdem wir nun alle Planeten hinsichtlich der Existenz von Leben mehr oder weniger genau unter die Lupe genommen haben, bleibt als Resümee zunächst die Erkenntnis, dass sich außer auf der Erde nirgendwo sonst in unserem Sonnensystem Leben entwickeln konnte. Doch wir haben da noch einige Objekte vergessen: nämlich die Monde. Insgesamt kreisen rund 80 natürliche kleinere und größere Satelliten um die einzelnen Planeten; vielleicht werden wir ja dort fündig.

Wer wollte wen nicht schon alles auf den Mond schicken – folglich müsste er heute eigentlich total übervölkert sein. Aber erst als Astronauten auf dem Mond landeten und man die 400 Kilogramm Gestein, die sie mitbrachten, untersuchen konnte, wurde eindeutig klar, dass der Mond tot ist, dass da nichts lebt, nie was gelebt hat und unter natürlichen Bedingungen auch nie etwas leben wird. Wer was anderes erzählt, heißt mit Sicherheit Münchhausen. Auch die zwei Begleiter des Mars, Phobos und Deimos, sind nur kleine Felsbrocken. Bleiben noch die Monde der Gasplaneten. Jupiter besitzt insgesamt 47, Saturn etwa 30, Uranus 20 und Neptun acht natürliche Satelliten. Vielleicht sind bis zum Zeitpunkt der Veröffentlichung unseres Buches noch ein paar weitere entdeckt worden.

Mit Ausnahme der Jupitermonde Ganymed, Callisto, Europa und Io sowie des Saturnsatelliten Titan sind auch die Monde der Gasplaneten ausgesprochen ungastliche Orte. Meist ist es dort für Leben einfach viel zu kalt. Aufgrund der großen Entfernungen zur Sonne ist der Energieverlust durch Strahlung in den umgebenden Raum größer als die Energiezufuhr durch die Sonne. Da die meisten Monde relativ klein sind, reicht auch ihre Schwerkraft nicht aus, um eine Atmosphäre zu halten. Sollte es dort Wasser geben, dann nur in Form von Eis oder Dampf. Über den inneren Aufbau der Monde wissen wir nicht viel, auch nicht, wie sie entstanden sind. Geht man von der Annahme aus, dass sie sich ähnlich wie ihre Planeten gebildet haben, so dürfte ihr Kernmaterial dem des jeweiligen Gasplaneten entsprechen. Es ist aber auch denkbar, dass es sich bei einigen Monden um ursprünglich vagabundierende Asteroiden handelt, die von den massereichen Planeten eingefangen wurden.

Bleiben also noch die bereits genannten fünf größeren Monde. Vier davon, nämlich Ganymed, Callisto, Europa und Io, hätten ihren Entdecker Galileo Galilei fast auf den Scheiterhaufen der Inquisition gebracht. Heute bezeichnet man dieses Quartett auch als die Galileischen Monde. Die schönen Namen dieser Satelliten entstammen übrigens der griechischen Mythologie, wonach der Göttervater Zeus Liebesbeziehungen zu den drei Damen Io, Europa und Callisto und zu dem schönen Jüngling Ganymed unterhalten haben soll.

Ganymed ist mit einem Durchmesser von 5262 Kilometern größer als Merkur und somit der größte natürliche Satellit im ganzen Sonnensystem. Hinsichtlich seines Aufbaus lassen die von der Jupitersonde »Galileo« übermittelten Daten und Bilder vermuten, dass Ganymed aus einem geschmolzenen Eisen- und Schwefelkern besteht, umhüllt von einem Mantel aus Silikatgestein. Die Oberfläche Ganymeds ist eine Mischung zweier Geländearten: nämlich sehr alter und dunkler, mit Kratern übersäter Bereiche und etwas jüngerer, heller, von Rissen und Furchen zernarbter Zonen. Planetologen glauben, dass die Risse und Furchen das Ergebnis tektonischer Prozesse sind, sodass Ganymed der Erde ähnlicher sein könnte als Venus oder Mars, auf denen tektonische Aktivitäten nicht nachweisbar sind. Auf neueren Bildern der Sonde »Galileo« gibt es sogar deutliche Hinweise, dass Ganymed großflächig von einer dicken Eisschicht bedeckt ist. Die Atmosphäre Ganymeds ist zwar äußerst dünn, enthält aber neben Schwefeldioxid etwas Sauerstoff und Ozon. Fragt sich nur, woher der Sauerstoff kommt, wenn doch auf diesem Mond nichts lebt. Man nimmt an, dass dieses Gas durch fortwährenden Beschuss mit energiereichen Elektronen und Ionen aus dem Wassereis der Oberfläche freigesetzt wird. Ozon entsteht automatisch durch die Spaltung der Sauerstoffmoleküle in Atome.

Am meisten waren die Forscher jedoch überrascht, als sich 1996 die »Galileo«-Sonde bis auf 835 Kilometer näherte und ein ausgeprägtes Magnetfeld entdeckte. Magnetfelder in Planeten entstehen nur, wenn ein flüssiger Planetenkern mit freien Ladungsträgern existiert. In der Erde besteht dieser Kern aus geschmolzenem Eisen. Ganymed dürfte aber inzwischen so weit ausgekühlt sein, dass der Eisen-Schwefel-Kern nicht mehr flüssig sein sollte. Wo also ist die Heizquelle dieses Trabanten? Eine mögliche Erklärung könnte wie folgt lauten: Durch die Gezeitenkräfte zwischen den Monden einerseits und der enormen Schwerkraft Jupiters andererseits wird Ganymed so stark durchgeknetet, dass sich sein Inneres ausreichend aufheizt, um auch heute noch einen flüssigen Kern zu besitzen.

Zu dieser Version gibt es ein interessantes Alternativmodell, das die Frage nach Leben auf Ganymed gleich mit entscheidet: Leitfähige, strömende oder rotierende Flüssigkeiten erzeugen ein Magnetfeld. Es könnte also sein, dass bei Ganymed ein unter der Eisdecke verborgener, stark salzhaltiger Ozean mit positiven und negativen Ionen die Rolle des flüssigen Planetenkerns übernommen hat. Das würde aber heißen, dass es auf Ganymed flüssiges Wasser gibt, eine Grundvoraussetzung für Leben. Folglich könnte sich in den Tiefen eines derartigen Meeres, von außen unsichtbar, Leben entwickelt haben – ähnlich wie auf der Erde die Schwefel fressenden, völlig ohne Sauerstoff lebenden Bakterienkolonien in den Tiefen unterseeischer heißer Quellen, der so genannten Black Smokers. Ob hinter solchen Spekulationen ein Körnchen Wahrheit steckt oder ob sie lediglich dem Wunschdenken einiger fantasiebegabter Wissenschaftler entsprungen sind, lässt sich wohl nur mit einer Forschungssonde klären.

Callisto ist mit einem Durchmesser von 4800 Kilometern etwas kleiner als der Mars. Seine Dichte liegt bei 1,9 Gramm pro Kubikzentimeter, was vermuten lässt, dass er halb aus Eisen und Silikatgesteinen und halb aus Eis besteht. Bis heute konnte man bei Callisto keinen strukturierten Aufbau nachweisen, vielmehr scheint sein Inneres mehr oder weniger homogen durchmischt zu sein. Seine Oberfläche ist völlig von Kratern übersät und muss deshalb sehr alt sein. Wie beim Erdmond sind sämtliche Narben der vergangenen kosmischen Katastrophen gut erhalten. Neuere Untersuchungen bestätigten die Vermutung, dass seine oberen Schichten zur Hälfte aus Kohlendioxideis bestehen, das bei den herrschenden Temperaturen von minus 100 Grad Celsius teilweise in die Gasphase übergeht und eine hauchdünne Kohlendioxidatmosphäre bildet. Die Sonde »Galileo« entdeckte sogar Spuren von Schwefeldioxid.

Auch mit Callisto erlebten die Wissenschaftler eine Überraschung: Die Magnetometer einer vorbeifliegenden »Galileo«-Sonde registrierten nämlich eigenartige Verzerrungen im Magnetfeld Jupiters, die durch Callisto verursacht werden. Fast könnte man glauben, die kleine Nymphe zöge es immer noch zum Chef der Götter. Wissenschaftlich erklärt man sich diese Verzerrungen jedoch als das Ergebnis einer Überlagerung des Jupitermagnetfeldes mit einem auf Callisto induzierten Magnetfeld von entgegengesetzter Richtung. Ein derartiger Effekt ist von Laborexperimenten her wohl bekannt: Wenn man zum Beispiel eine leitende Hohlkugel durch ein Magnetfeld bewegt, werden dort Oberflächenströme induziert, die ein dem ursprünglichen Magnetfeld entgegengesetztes Feld hervorrufen. Derartiges könnte sich auch zwischen Callisto und Jupiter abspielen. Wo aber soll auf Callisto eine leitende Oberfläche herkommen? Callistos Baumaterial, Eis und Gestein, ist ein ausgesprochen schlechter Leiter. Aber eine mehrere Kilometer dicke Wasserschicht – diesmal jedoch *auf* der Planetenoberfläche – könnte diesen Effekt hervorrufen. Ein hoher Salzgehalt sowie Wärme, die beim Zerfall radioaktiver Elemente im Inneren Callistos entsteht, könnten ein Gefrieren des Wassers verhindern. Da die oberen Wasserschichten aufgrund der niedrigen Umgebungstemperatur stark abkühlen, könnte sich auch die Verdunstungsrate auf sehr niedrigem Niveau halten, sodass kaum Wasser verloren ginge. Sollte sich diese, zugegebenermaßen ziemlich abenteuerliche Theorie bestätigen, so gilt wie bei Ganymed: Auch auf Callisto könnte sich Leben im Meer entwickelt haben. Allerdings müssten bei dem hohen Salzgehalt des Wassers diese Wesen ausgesprochene Salzliebhaber sein.

Io, der innerste der Galileischen Monde, ist der Zugkraft des Riesen Jupiter am stärksten ausgesetzt. Dieser Mond ist der vulkanisch aktivste Himmelskörper im gesamten Sonnensystem. Mit einem Durchmesser von 3630 Kilometern ist er etwas größer als der Erdmond. Im Wesentlichen besteht Io aus einem Eisen- beziehungsweise Eisensulfidkern, der sich über schätzungsweise 30 bis 60 Prozent des Mondradius erstreckt, und einem darüber geschichteten Silikatmantel. Die bis zu 16 Kilometer aufragenden Berge lassen eine etwa 30 Kilometer dicke Kruste vermuten, und die fortwährend aus gigantischen Vulkanen hervorbrechenden Lavamassen deuten auf ein teilweise geschmolzenes, vielleicht sogar konvektiv durchmischtes Mondinneres hin – Verhältnisse also, die denen der Erde nicht unähnlich sind. Merkwürdigerweise hat dieser Trabant fast keine Einschlagkrater aufzuweisen. Seine Oberfläche muss also noch sehr jung sein, was angesichts des regen Vulkanismus auch nicht weiter überrascht. Man denke nur an Vulkangebiete auf der Erde – ein großer Ausbruch, und die Oberfläche ist nicht wieder zu erkennen. Auch die extreme Trockenheit auf Io kann nicht verwundern, denn die aus den Vulkanen ausgasenden heißen Schwefel- und Schwefeldioxidwolken hätten eventuell vorhandenes Wasser längst verdunsten lassen. Schon die »Galileo«-Sonde hat an einigen Stellen Temperaturen weit über 1200 Grad Celsius gemessen. Wie sich aus den seit 1979 durchgeführten Beobachtungen ergibt, ist die vulkanische Aktivität starken Schwankungen unterworfen. Innerhalb weniger Monate erlöschen aktive Vulkane, und andere brechen neu auf. Offenbar ist dieser Mond einem enormen Druck ausgesetzt. Seine Atmosphäre besteht im Wesentlichen aus Kohlendioxid, doch mit einem Druck von nur einem Milliardstel des irdischen Atmosphärendrucks ist sie praktisch vernachlässigbar.

Lange Zeit haben sich die Planetologen gefragt, woher die enormen Wärmemengen stammen, woher Io die Energie für seine vulkanischen Aktivitäten nimmt und wie sich der damit einhergehende kapitale Wärmeverlust eigentlich ausgleichen lässt. Mittlerweile weiß man, dass die Ursache auf den starken Gezeitenkräften beruht, die Jupiter, Ganymed und Europa auf diesen Trabanten ausüben. Unter ihrer Einwirkung wird Ios Umlaufbahn ständig mehr oder weniger stark verändert, sein Abstand zu Jupiter variiert, und der kleine Mond wird von den an- und absteigenden Gezeitenkräften regelrecht durchgeknetet. Berechnungen zeigen, dass er dabei abwechselnd um bis zu 100 Meter gedehnt und wieder gestaucht wird. Bei dieser planetaren Massage wird so viel Reibungswärme frei, dass sich die Frage nach Wärmequellen von selbst beantwortet.

Aus all diesen Beobachtungen muss man schließen, dass Io zwar ein außerordentlich interessanter Himmelskörper, aber für Leben höchstwahrscheinlich völlig ungeeignet ist.

Europa ist wohl der spektakulärste unter den Jupitermonden. Der Trabant umkreist Jupiter in ungefähr 1,6-facher Io-Entfernung. Folglich sind die Gezeitenkräfte zwar weniger ausgeprägt, aber immer noch ausreichend stark, um auch diesen Mond so durchzukneten, dass große Wärmemengen freigesetzt werden. Sein Inneres besteht wie das der anderen Monde vermutlich aus einem Eisen- beziehungsweise Eisensulfidkern und einer darüber liegenden Silikatschale. Mit einem Druck von einem hundert Milliardstel Bar ist die Atmosphäre von Europa im Prinzip nicht der Rede wert. Sie besteht im Wesentlichen aus Sauerstoff, der wie bei Ganymed beim Aufprall energiereicher Teilchen aus Wassereis freigesetzt worden sein kann.

Das auffälligste Merkmal Europas ist seine Oberfläche. Sie ist ungewöhnlich eben und nahezu völlig frei von Einschlagkratern – ein Hinweis, dass es sich hier um eine relativ junge Formation handeln muss. Bei genauerer Betrachtung erkennt man ein kompliziertes Geflecht von Bruchlinien, Streifen, Gräben und Flecken. Die von der »Galileo«-Sonde übermittelten Spektren zeigen eine für Wassereis typische ausgeprägte Absorptionslinie. Mittlerweise sind die Planetologen davon überzeugt, dass Europa von einer 80 bis 200 Kilometer dicken Eisschicht bedeckt ist. Unterhalb des Eises vermutet man einen riesigen Ozean aus flüssigem Wasser, der durch die innere Reibungswärme am Gefrieren gehindert wird. Falls diese Vermutung richtig sein sollte, so wäre in Europas Ozean mehr Wasser gespeichert als in allen irdischen Meeren zusammen. Man kann beobachten, dass sich die Oberfläche dieses Mondes ständig verändert,

Risse tun sich auf, ähnlich den Eisspalten auf der Erde. In ihnen scheint Wasser oder relativ warmes Gletschereis nach oben zu steigen und Material aus tieferen Bereichen hoch zu spülen, was die dunkle Färbung der Spalten erklären würde. Außerdem lassen sich kleine linsenförmige Erhebungen im Eis erkennen, die entstehen, wenn Eispfropfen aufgrund geringerer Dichte sich langsam zur Oberfläche bewegen und die schwere Eisdecke anheben. Die beobachteten Vertiefungen könnten von kleinen Meteoreinschlägen herrühren.

Man vermutet, dass die Eisschicht, aufgetürmt zu breiten Eisbändern, auf dem Ozean schwimmt und sich etwas schneller dreht als der Mond selbst. Die unzähligen Brüche im Eis sind aller Wahrscheinlichkeit nach das Ergebnis der Gezeitenkräfte, unter deren Diktat auch dieser Mond steht. Die Schwerkraft Jupiters hebt und senkt die Oberfläche Europas rhythmisch um mindestens 30 Meter, wobei das Eis natürlich brechen muss. Schließlich deutet auch die Entdeckung eines schwachen Magnetfeldes, das wie bei Callisto vermutlich durch das Jupitermagnetfeld induziert wird, auf flüssiges Wasser hin. Denn wenn der Eisenkern Europas nicht flüssig ist, kann das Magnetfeld nur durch eine rotierende, elektrisch leitfähige, also sehr salzhaltige Wasserschicht entstehen.

Aufgrund dieser Erkenntnisse ist auch auf Europa eine Form von einfachem Leben in der Salzlake eines gegen die Außenwelt abgeschirmten Meeres denkbar. Letztlich klären kann das nur eine Sonde, welche die sehr dicke Eisdecke durchbohrt und das darunter vermutete Wasser analysiert. Kurios ist übrigens, dass Arthur C. Clarke, lange bevor diese Einzelheiten von Europa bekannt waren, in einem seiner Romane diesen Mond als neue Erde im Sonnensystem beschrieben hat. In seinen Fantasien wird Jupiter zu einem Stern, und auf Europa kann sich Leben entwickeln.

Schauen wir abschließend noch bei dem Saturnmond Titan vorbei. Titan, ein echter Gigant unter den zierlichen Monden, ist mit einem Durchmesser von rund 5200 Kilometern annähernd so groß wie Merkur und Mars und verfügt über eine vergleichbare Schwerkraft. Soweit wir heute wissen, ist er der einzige Mond mit einer relativ dichten Atmosphäre. Sie setzt sich hauptsächlich zusammen aus Stickstoff, etwas Methan und Spuren von Wasserstoff, Kohlenmonoxid und Kohlendioxid. Wie aber kann dieser Mond eine so dichte Atmosphäre überhaupt halten, während doch Merkur gar keine und der Mars nur eine sehr dünne Atmosphäre aufweist? Haben wir da etwas übersehen? Ist es trotz relativ geringer Schwerkraft möglich, eine Atmosphäre von nennenswerter Dichte zu bewahren? Hier die einfache Antwort: Bei der schwachen Anziehungskraft des Saturnmondes ist eine dichte Atmosphäre nur aufgrund der sehr niedrigen Temperatur von minus 170 Grad Celsius beständig. Die Gase sind einfach viel zu kalt, als dass die Moleküle die nötige Entweichgeschwindigkeit erreichen könnten.

Interessanterweise bilden sich trotz dieser Eiseskälte aus den Molekülen der Titanatmosphäre komplizierte organische Verbindungen. Titan ist zwar zehnmal so weit von der Sonne entfernt wie die Erde – das Licht der Sonne braucht eine Stunde und 20 Minuten bis zu diesem Mond –, aber anscheinend reicht die Intensität der UV-Strahlung aus, um viele Gasmoleküle zu zerschlagen. Die Molekülbruchstücke suchen sich andere Reaktionspartner, sodass durch Anlagerung, die so genannte Polymerisation, neue organische Verbindungen entstehen. Und in der Tat finden sich in der Titanatmosphäre Spuren von Äthan (C_2H_6), einem Bestandteil des irdischen Erdöls, sowie Cyanoacetylen, Methylacetylen und etliche andere Kohlenwasserstoffe. Diese Verbindungen könnten wiederum zu einem, wenn auch schwach ausgeprägten Treibhauseffekt führen, der auf lange Sicht die Temperatur möglicherweise ansteigen lässt. Leider scheint Wasser in größeren Mengen oder gar in flüssiger Form in der Atmosphäre des Mondes nicht vorzukommen. Geringe Mengen könnten jedoch durch Meteoriten eingetragen worden sein. Wie auch immer – man sollte Titan im Auge behalten, Sonden hinschicken und seine Oberfläche auf Lebensspuren untersuchen.

Fazit

Alle unsere Bemühungen, unter den Planeten im Sonnensystem direkte Hinweise auf Leben zu finden, waren nicht von Erfolg gekrönt. Allerdings wird gerade aus den neueren Forschungsergebnissen ersichtlich, dass auf einigen Himmelskörpern die Voraussetzungen für Leben zumindest gegeben sein könnten. Insbesondere auf den zunächst so unscheinbaren Galileischen Jupitermonden und dem Saturnmond Titan könnte, wenn auch in geringem Umfang, eine vorbiologische organische Chemie ablaufen. Vielleicht müssen wir in Zukunft den Jupiter mit seinen Trabanten als ein eigenständiges Planetensystem im Sonnensystem betrachten. Aber das ist zurzeit noch reine Spekulation.

9.

Gesucht: Ein idealer Platz für das Leben

Und doch sind Entstehung und Bestand des Lebens an bestimmte, knapp umschriebene Bedingungen gebunden, die ihm nicht allezeit geboten waren, noch allezeit geboten sein werden. Die Zeit der Bewohnbarkeit eines Planeten ist begrenzt. Es hat das Leben nicht immer gegeben und wird es nicht immer wieder geben.

(Thomas Mann: *Bekenntnisse des Hochstaplers Felix Krull*)

Bei unseren Versuchen, das Wesen des Lebens zu ergründen, seine Strukturen, Gesetzmäßigkeiten und Bedürfnisse zu entschlüsseln und seine Entwicklungsgeschichte nachzuzeichnen, hat sich gezeigt, dass das Leben keine autonome Erscheinungsform der Materie ist. Vielmehr unterliegt es den Einflüssen seiner Umwelt, und – besonders wichtig – es stellt Bedingungen an diese. Das Leben lebt sowohl in als auch von seiner Umwelt, und es nimmt teil an den Prozessen, die darin ablaufen. Es wandelt sich mit seiner Umwelt, und in gewissen Grenzen ist es sogar in der Lage, seine Umwelt entsprechend seinen Bedürfnissen mitzugestalten. Will Leben gedeihen, so muss es sich an die vorherrschenden Verhältnisse anpassen und seinen Beitrag leisten, damit diese Verhältnisse, die Leben möglich werden ließen, auch erhalten bleiben.

Leben kann sich nur dort entfalten, wo die äußeren Umstände für seine Entwicklung günstig und wo die Forderungen, die das Leben an seine Umwelt stellt, erfüllt sind. Bei der Besprechung unserer Erde ist das sehr deutlich geworden: Hier finden sich die Bausteine zum Aufbau seiner Strukturen, die Vorräte für seine Stoffwechselreaktionen, und hier herrschen die klimatischen Bedingungen, in denen sich das Leben wohl fühlt. Von einem anfänglich sehr unruhigen Planeten ist die Erde im Laufe der Zeit zu einem zunehmend sichereren Ort geworden, zu einem Hort mit stabilen Bedingungen und unverändert guten Voraussetzungen. Störungen von außen, wie vernichtende Kometeneinschläge, sind selten; Störungen von innen, wie verheerende Naturkatastrophen, sind meist nur lokal. Das Leben hatte ausreichend Zeit, sich relativ ungestört zu entfalten. Wo sonst, wenn nicht auf einem Planeten in der Nähe eines Energie spendenden Sterns, könnten die Voraussetzungen und Verhältnisse so günstig sein? In der Leere und Kälte des freien Weltraums hat das Leben keine Chance und auf den viele tausend Grad heißen Sternen erst recht nicht.

Dass die Verhältnisse auf der Erde gerade so sind, wie sie sind, ist kein Zufall. Vielmehr sind sie eine Folge der spezifischen Werte gewisser Systemparameter wie beispielsweise der Masse der Erde oder ihrer Entfernung zur Sonne. Lassen sich im Universum Systeme mit ähnlichen Voraussetzungen finden, so besteht auch dort eine gewisse Wahrscheinlichkeit für Leben. Am Anfang aller Recherchen sollte daher weniger die Suche nach Leben stehen als vielmehr die Suche nach Orten im Universum, die dem Leben eine Chance geben.

Da wir selbst ein Teil des irdischen Lebens sind, müssen wir akzeptieren, dass unser Erkenntnishorizont auf das irdische Leben beschränkt ist. Wir können nur für diese uns bekannte Form von Leben Voraussetzungen definieren, die erfüllt sein müssen, damit das Leben eine Chance hat sich zu entwickeln. Andersartige Lebensformen kennen wir nicht, und wir können sie uns auch nur schwer vorstellen. Ob es beispielsweise belebte Gaswolken gibt oder Leben auf der Basis von Siliziumverbindungen oder Wesen, die anstelle von Luft Ammoniak atmen, darüber können wir nur spekulieren. Es bleibt uns also nichts anderes übrig, als die Erkenntnisse, die wir in den bisherigen Kapiteln gewonnen haben, nochmals aufzugreifen und zusammen mit unserem spezifischen Wissen über die Vorgänge und Verhältnisse im Universum zu verallgemeinern und als Kriterien für die Suche nach vom Leben bevorzugten Orten im All heranzuziehen.

In erster Linie diktiert der zentrale Stern die Gegebenheiten auf seinen Planeten. Doch nicht alle Sterne sind dem Leben wohlgesonnen und liefern die passende Energie in ausreichendem Umfang. Schließlich verlangt das Leben nach einer verlässlichen Energiequelle, der nicht just dann der Brennstoff ausgeht, wenn das Leben gerade aus dem Ei zu schlüpfen beginnt. Nicht minder ausschlaggebend für das Leben ist der Planetentyp. Der Blick auf unser Sonnensystem hat gezeigt, wie unterschiedlich Planeten sein können. Ein Gasplanet gehört sicherlich zu den unwirtlichsten Orten im Universum. Folglich scheint für einen belebten Planeten eine gewisse Ähnlichkeit zu unserer Erde eine notwendige, wenngleich nicht hinreichende Bedingung zu sein. Auch die atmosphärischen, klimatischen und tektonischen Verhältnisse des Planeten entscheiden über die Entwicklung von Leben. Welches Umfeld sich letztlich einstellt, hängt im Wesentlichen von den spezifischen Planetendaten ab, beispielsweise von seiner Masse oder seiner Umdrehungsgeschwindigkeit. Zu diesen primären, die Lebenschancen beeinflussenden Faktoren kommen noch die Bahnparameter des Planeten hinzu sowie die speziellen Verhältnisse und Konstellationen im System, dem der Planet angehört. Es genügt daher nicht, sich bei der Suche nach geeigneten Orten nur auf die vermeintlich dominanten Faktoren zu konzentrieren, vielmehr liefert erst eine Zusammenschau aller Variablen einen Hinweis, wo Leben möglich sein könnte.

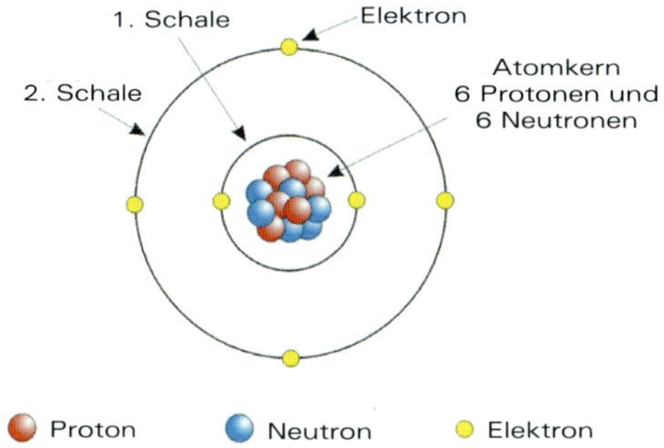

I: Aufbau eines Atoms aus Protonen, Neutronen und Elektronen am Beispiel Kohlenstoff

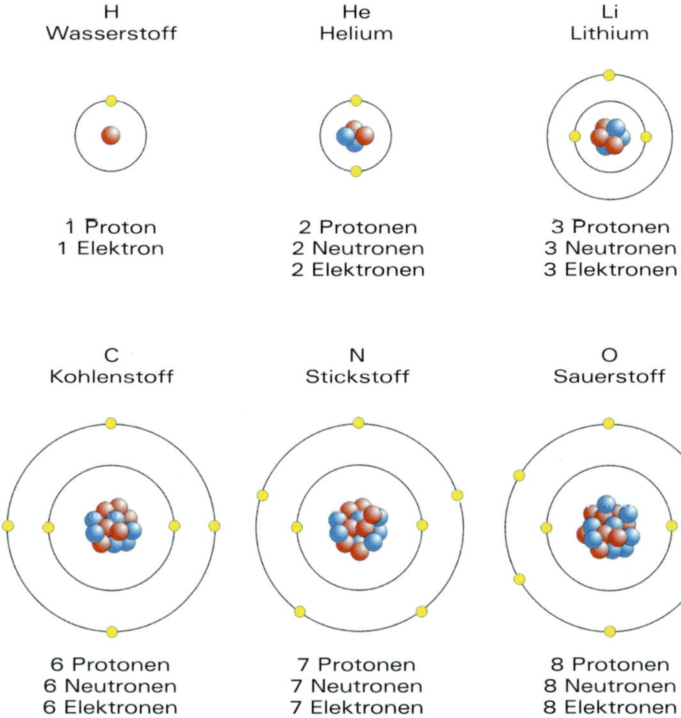

II: Verschiedene Atome und deren Aufbau

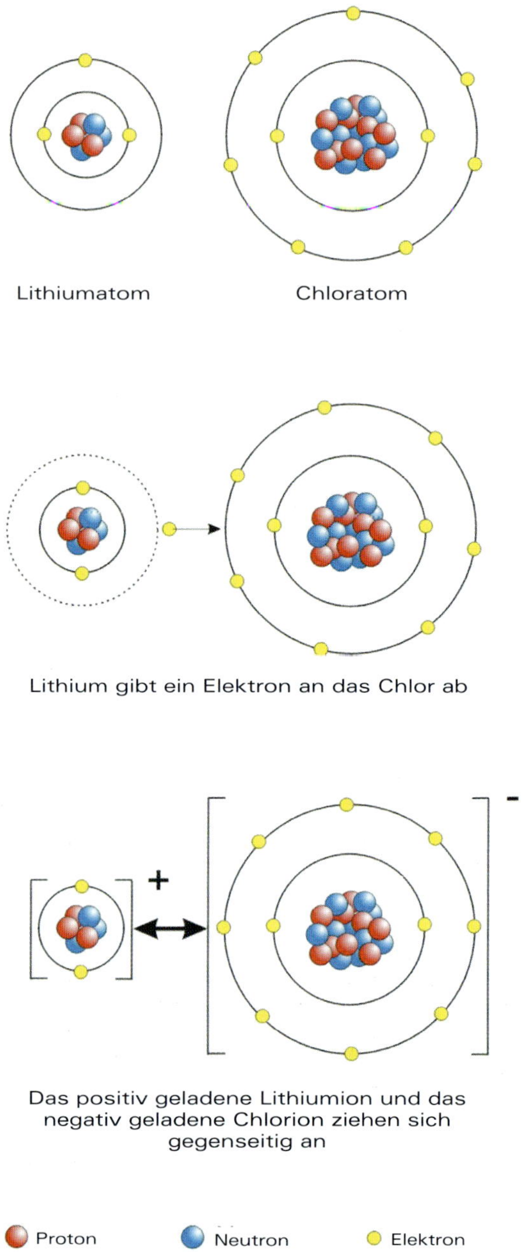

III: Die Ionenbindung

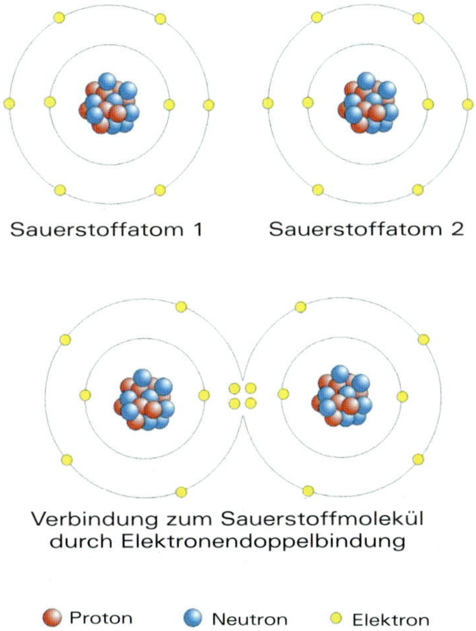

IV: Bei der Molekülbindung werden von den molekülbildenden Atomen ein oder mehrere Elektronen gemeinsam beansprucht.

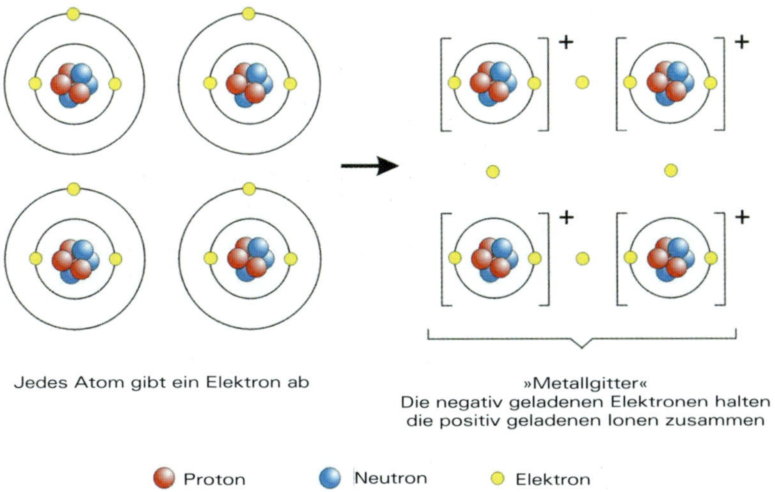

V: Die Metallbindung

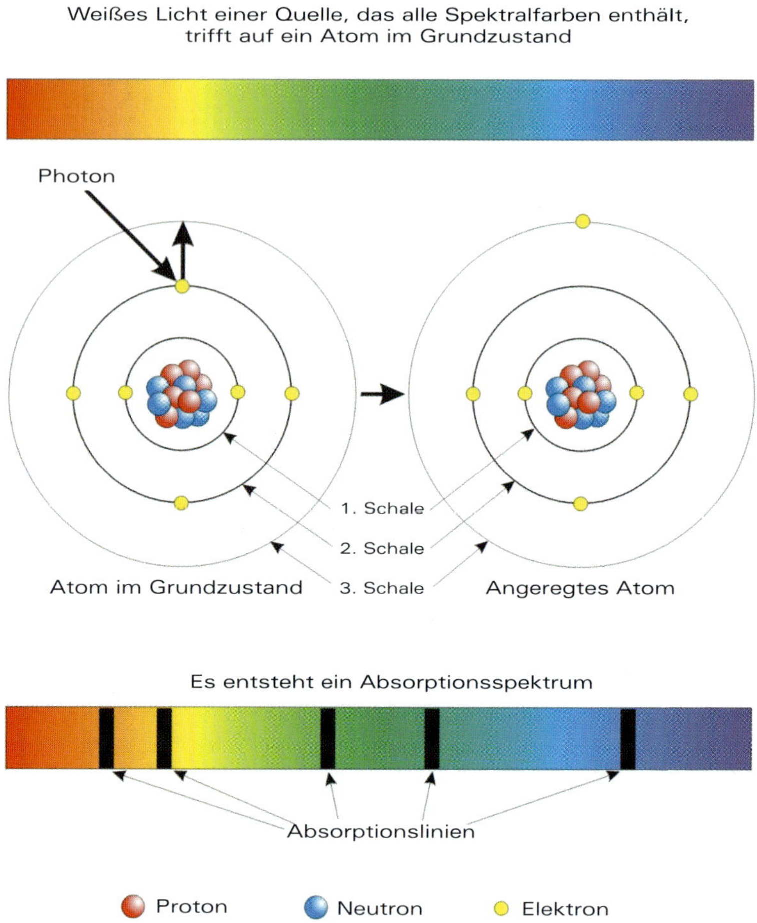

VI: Absorption von Licht: Wird Licht einer bestimmten Wellenlänge beim Durchgang durch Materie absorbiert, so werden die Elektronen der absorbierenden Atome durch die Energie der Photonen auf eine höhere Schale gehoben. An den Stellen im Spektrum, an denen die absorbierte Wellenlänge fehlt, entsteht eine dunkle Absorptionslinie.

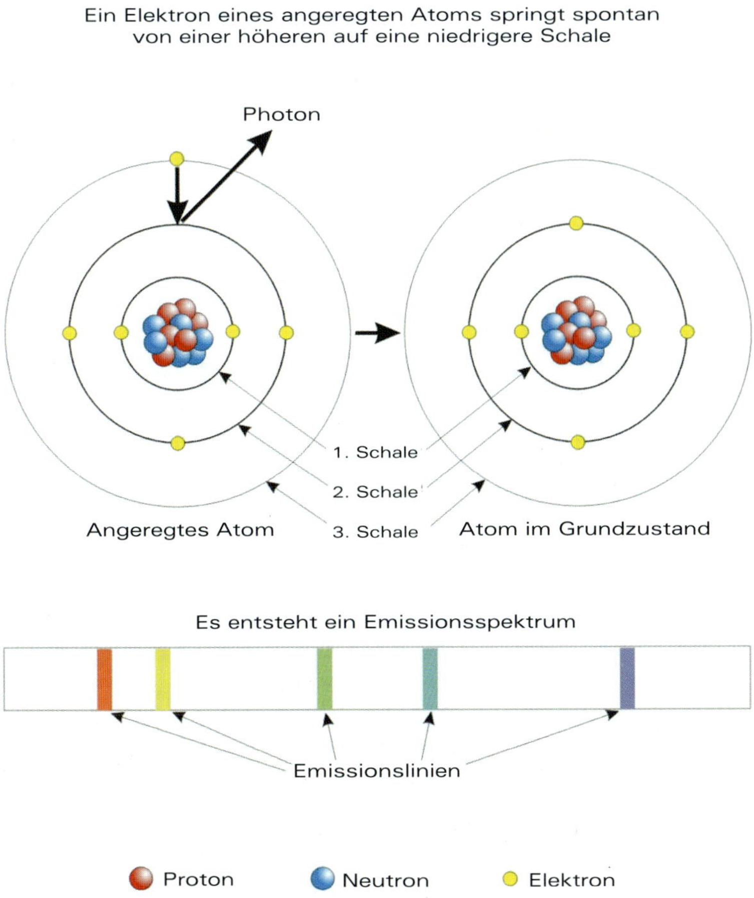

VII: Emission von Licht: Springt ein Elektron spontan von einem höheren Energieniveau auf eine Bahn geringerer Energie, so wird ein Photon der Differenzenergie der beiden beteiligten Energieniveaus emittiert. Das emittierte Licht zeigt sich im Spektrum als Emissionslinie.

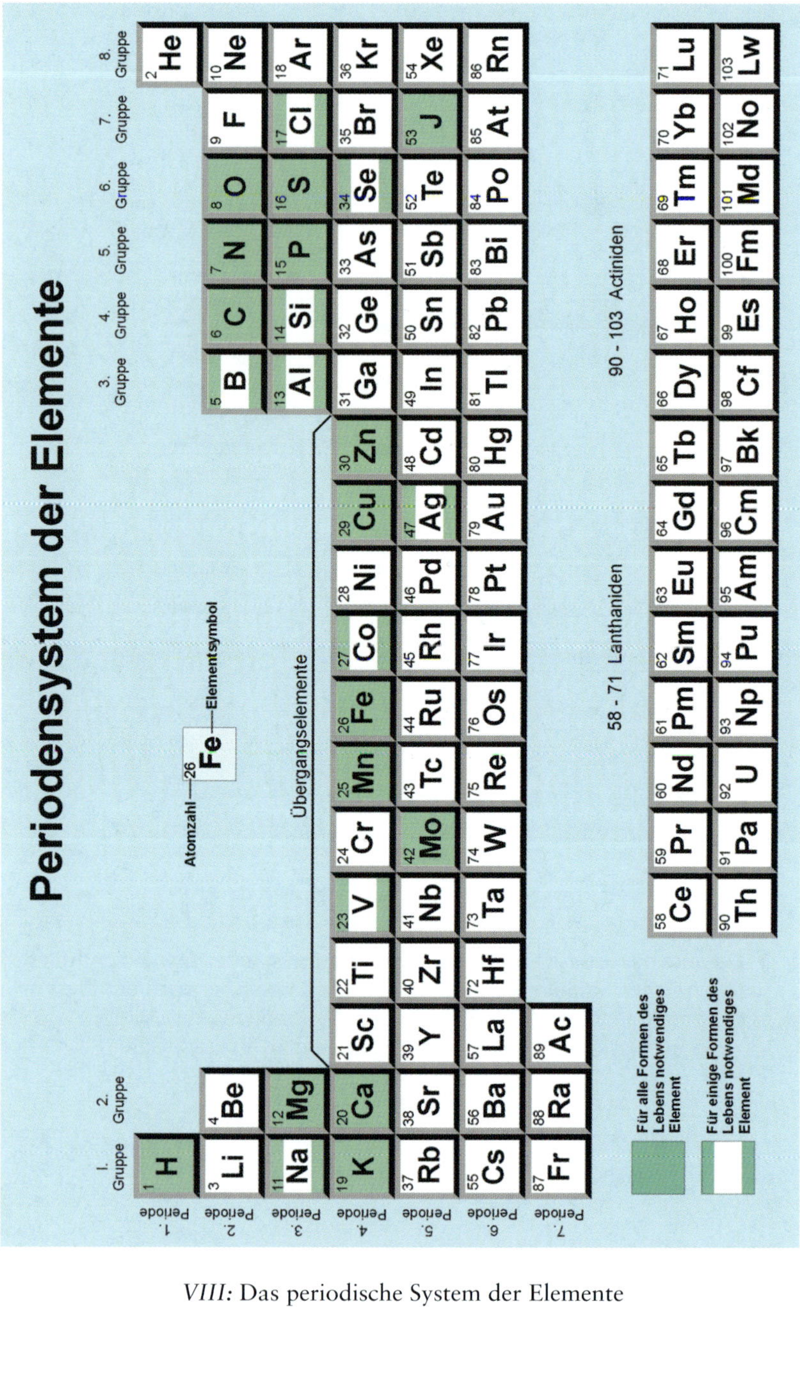

VIII: Das periodische System der Elemente

IX: Eine besonders schöne, 30 Millionen Lichtjahre entfernte Spiralgalaxie. Auch unsere Milchstraße besitzt eine ähnliche Spiralstruktur.

X: Die terrestrischen Planeten unseres Sonnensystems

XI: Die Gasplaneten unseres Sonnensystems. Im Vergleich zur Erde sind Jupiter und Saturn riesig.

XII: Ein Space-Shuttle startet zur Internationalen Raumstation.

XIII: Mit Geröll übersäte Ebene auf dem Planeten Mars

XIV: Jupiter mit den Galileischen Monden Io, Europa, Ganymed und Callisto (von oben nach unten)

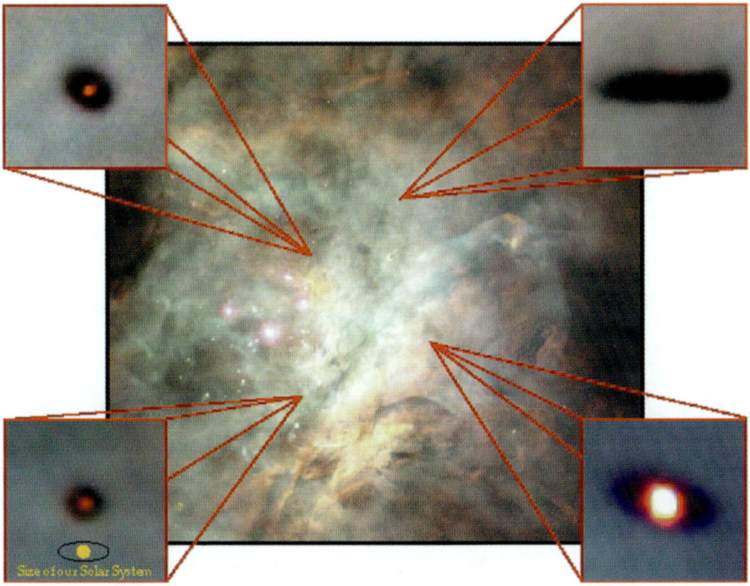

XV: Im Orionnebel entstehen fortwährend neue Sterne. Die dunklen Wolken um die noch jungen Sterne sind Gas- und Staubscheiben, aus denen sich Planeten entwickeln können.

Nächste Seite:

XVI: Das Hertzsprung-Russell-Diagramm: Die Sterne entlang der Hauptreihe befinden sich im Stadium des Wasserstoffbrennens, während die Riesen und Überriesen mit ihrer Leuchtkraft von bis zu 10 000 Sonnen dieses Stadium bereits hinter sich haben. Die Reste der ausgebrannten Sterne bezeichnet man auch als Weiße Zwerge.

XVII: Lebenszyklus eines sonnenähnlichen Sterns: Am Anfang steht der Kollaps einer Gas- und Staubwolke, aus welcher der Stern hervorgeht. Die meiste Zeit seines Lebens (weiße Kreise) verbringt der Stern dann im Stadium des Wasserstoffbrennens, bis er sich schließlich zu einem Roten Riesen aufbläht und letztlich als kleiner Weißer Zwerg auskühlt und verblasst.

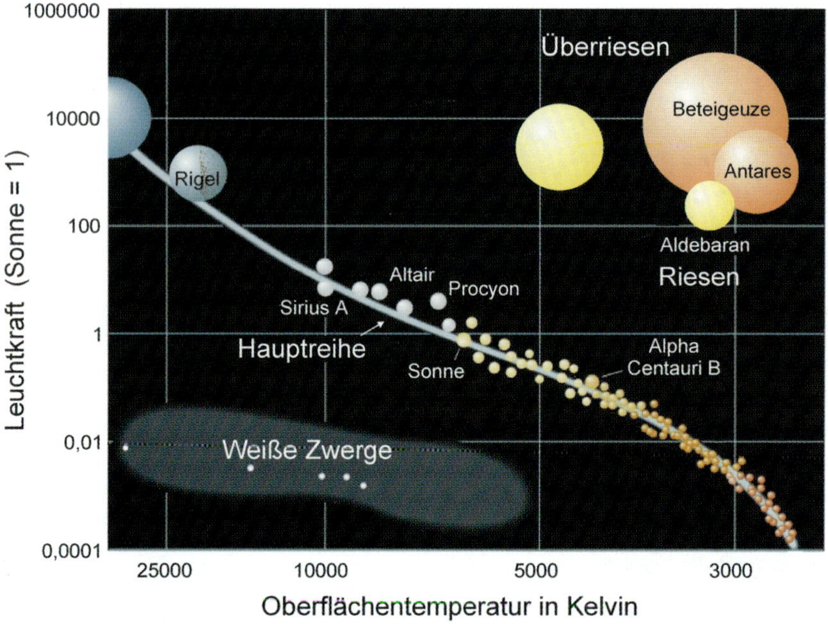
1000000
10000
100
1
0,01
0,0001
Leuchtkraft (Sonne = 1)
25000
10000
5000
3000
Oberflächentemperatur in Kelvin
Überriesen
Beteigeuze
Antares
Aldebaran
Riesen
Rigel
Sirius A
Altair
Procyon
Hauptreihe
Sonne
Alpha Centauri B
Weiße Zwerge

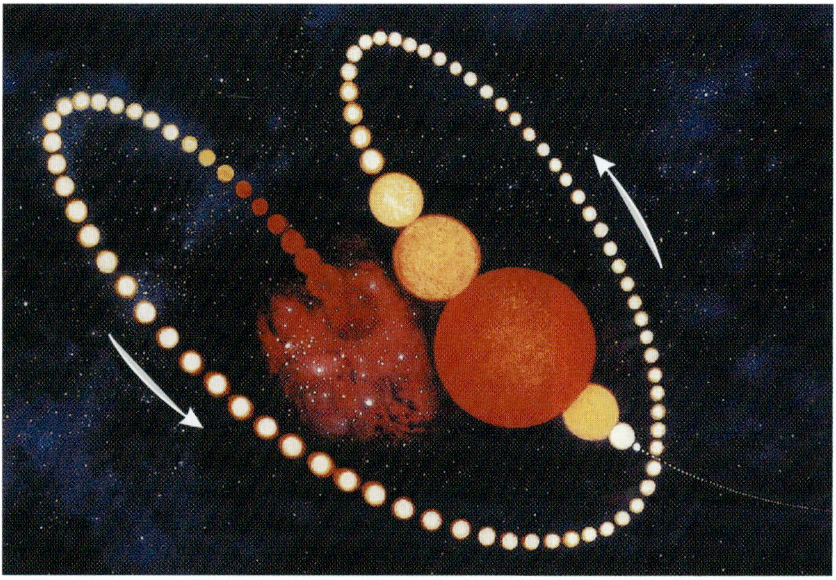

XVIII: Unsere Sonne wird sich in etwa vier Milliarden Jahren zu einem Roten Riesen aufblähen und die Planeten Merkur, Venus und vielleicht sogar die Erde verschlingen.

Nächste Seite:

XIX: Am Ende seines Lebens stößt der Stern seine äußere Hülle ab, die dann als Planetarischer Nebel noch Millionen Jahre in allen Farben leuchtet.

XX: Der berühmte Krabbennebel ist der Überrest einer Supernova. Die Explosion ereignete sich im Jahr 1054. Eigenartigerweise wurde sie jedoch nur von den Chinesen beobachtet.

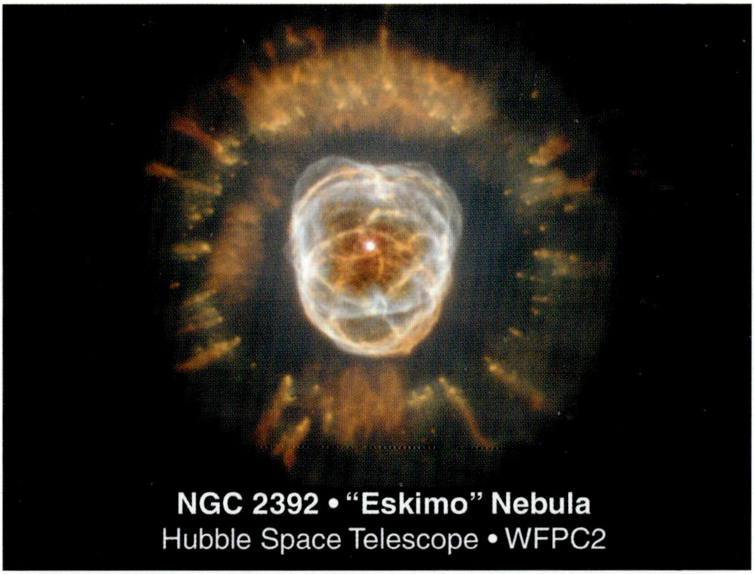
NGC 2392 • “Eskimo” Nebula
Hubble Space Telescope • WFPC2

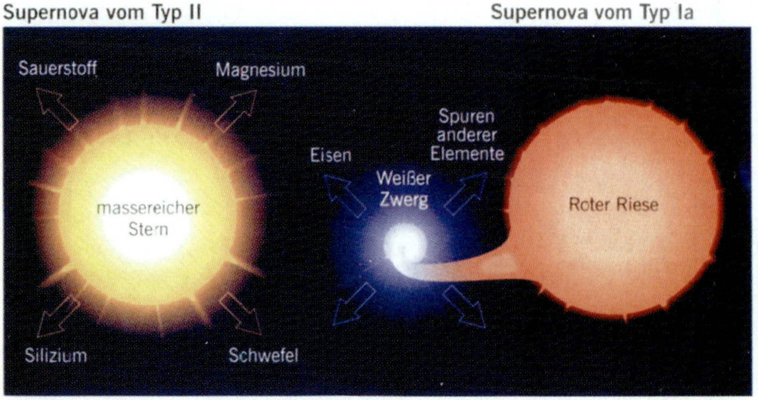

XXI: Sterne mit mehr als acht Sonnenmassen beschließen ihr Leben in einer Supernova vom Typ II und schleudern dabei ihre erbrüteten Elemente in das interstellare Medium. Ein Weißer Zwerg explodiert in einer Supernova vom Typ Ia, wenn er einem Nachbarstern so viel Materie entrissen hat, dass seine Masse 1,44 Sonnenmassen übersteigt.

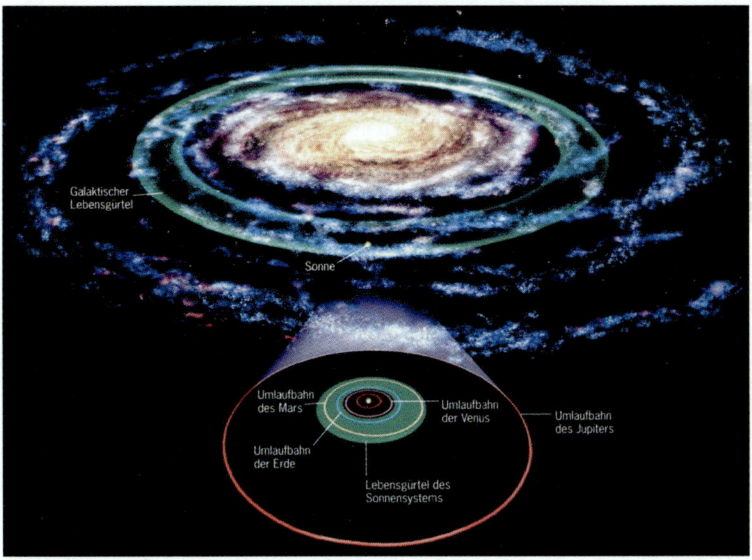

XXII: Ähnlich wie unser Sonnensystem weist auch unsere Milchstraße eine bewohnbare Zone auf, außerhalb der es vermutlich keine belebten Planeten gibt. Natürlich liegt unsere Sonne in diesem Lebensgürtel.

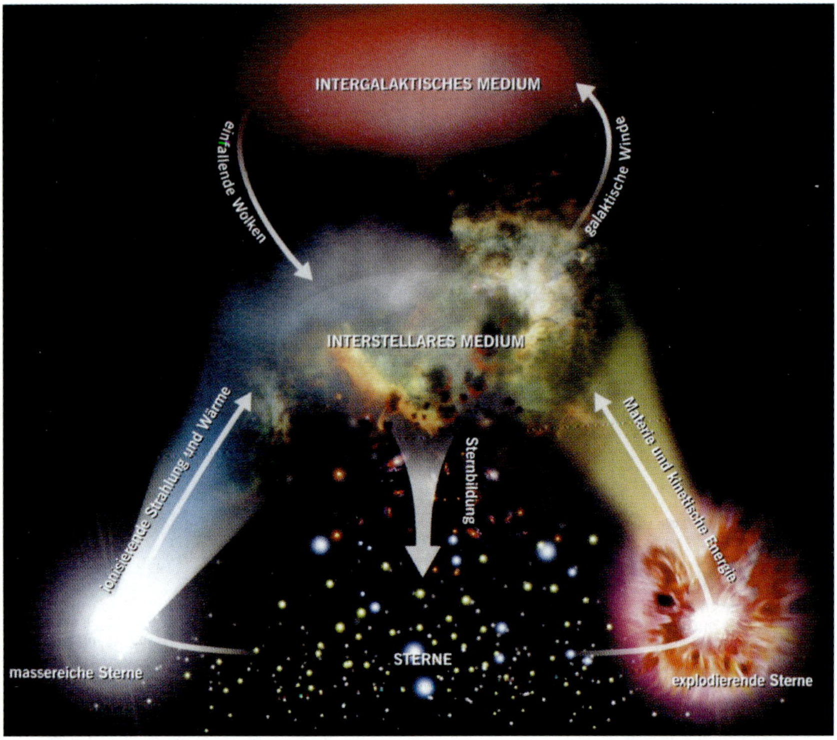

XXIII: Der Kreislauf der Materie: Die in den Gas- und Staubwolken des interstellaren Mediums entstandenen Sterne geben am Ende ihres Lebens die erbrüteten Elemente durch Sternwinde und Supernova-Explosionen wieder zurück. Das noch dünnere intergalaktische Medium nährt das interstellare Medium und wird seinerseits von dort durch galaktische Winde mit schweren Elementen angereichert.

Das Leben stellt Bedingungen

Leben ist ein sich selbst organisierendes Nichtgleichgewichtssystem, das mit seiner Umgebung Energie und Materie austauscht. Dies ist die physikalische Definition von Leben, die wir im zweiten Kapitel vorgestellt haben. Aus dieser Definition können wir bereits zwei grundlegende Voraussetzungen für Leben ableiten: Leben braucht eine kontinuierliche, artgerechte Energiezufuhr in ausreichendem Umfang zur Aufrechterhaltung des thermodynamischen Ungleichgewichts sowie ein uneingeschränkt verfügbares Transport- und Lösungsmittel, das sowohl den Austausch von Stoffwechselprodukten mit der Umgebung ermöglicht als auch die Auftrennung der gelösten Substanzen in Ionen unterstützt.

Was die Zufuhr von Energie betrifft, so erwartet das Leben von seinem Energielieferanten einen langen Atem. Immerhin dauerte es rund zweieinhalb Milliarden Jahre bis zum Erscheinen der ersten Eukaryonten auf der Erde – die Elementarzellen der biologischen Materie. Über diesen gesamten Zeitraum hinweg benötigte das Leben einen gleichmäßigen Fluss an Energie für seine Organisation und Entwicklung. An dieser Notwendigkeit hat sich bis heute nichts geändert. Angenommen, die Energiemaschine Sonne würde plötzlich ins Stottern geraten und ihren Ausstoß um nur wenige Prozent verringern – es hätte relativ kurzfristig fatale Auswirkungen auf unser Klima und das wiederum auf die Nahrungskette vieler Arten, nicht zuletzt auch auf die des Menschen. Aber auch eine geringe Erhöhung der Energieproduktion unserer Sonne würde sich keineswegs segensreich auf die Verhältnisse hier auf der Erde auswirken. Die mittlere Temperatur würde ansteigen, das Eis der Gletscher und Polkappen schmilzen, der Wasserspiegel der Meere kräftig steigen und der Golfstrom versiegen, sodass – paradoxerweise – die Meerwasserheizung der nördlichen Regionen zusammenbrechen und dort eine neue Eiszeit eingeläutet würde. Doch das wären noch die kleineren Übel, die das Leben vielleicht noch austarieren könnte, vorausgesetzt, ihm bleibt genügend Zeit, sich mittels Mutationen an die veränderten Verhältnisse anzupassen. Aber in ein bis zwei Milliarden Jahren wird das nicht mehr möglich sein, denn dann haben wir hier aller Voraussicht nach ein völlig anderes Szenario. Dann geht nämlich das Wasserstoffbrennen in unserer Sonne allmählich zu Ende, und dieser Stern bläht sich langsam auf zu einem Roten Riesen, der die Erde mit ungleich größeren Energiemengen überschüttet. Dann steigen die Temperaturen auf einige hundert Grad Celsius, und das Leben auf der Erde wird verdorren.

Eine gleich bleibende Energiezufuhr ist nicht nur für das Leben auf der Erde wichtig, sie ist es gleichermaßen auch für außerirdisches Leben in anderen Welten. Die Entwicklung von Leben benötigt Zeit, deshalb muss das Leben langfristig auf einigermaßen konstante Bedingungen vertrauen können. Auch später, wenn sich das Leben gefestigt hat, ist das nicht viel anders: Schwankungen in der Energieversorgung gefährden je nach Ausmaß kurz- beziehungsweise langfristig immer seinen Fortbestand.

Kommen wir zum für den Austausch von Materie unabdingbaren Transport- und Lösungsmittel. Auf der Erde übernimmt diese Funktion das in großen Mengen verfügbare »Element« Wasser. Im Kapitel 7, »Biochemie und Ursprung des Lebens«, haben wir bereits die besonderen chemischen und physikalischen Eigenschaften dieser Substanz untersucht und ihre Bedeutung für das Leben erkannt. Wasser ist nicht etwa *ein* Kandidat unter vielen, sondern es ist *der* Kandidat, das einzige geeignete Lösungsmittel, das mit Leben auf Kohlenstoffbasis verträglich ist. Sagen wir es ganz deutlich: Zu Wasser gibt es keine Alternative. Es ist eine unverzichtbare Voraussetzung für Leben, egal an welchem Ort im Universum. Aber das ist noch nicht alles. Wasser muss in flüssiger Form vorliegen, weil es nur in diesem Aggregatzustand die ihm gestellten Aufgaben erfüllen kann. Diese Zusatzbedingung schränkt die Auswahl der für Leben geeigneten Plätze nochmals drastisch ein.

Wir müssen also nach Orten suchen, wo einerseits ein gleichmäßiger, vom Leben verwertbarer, ausreichend hoher Fluss an

Energie gewährleistet und andererseits dieser Energiefluss gerade so dimensioniert ist, dass eventuell vorhandenes Wasser weder gefriert noch verdampft, sondern in flüssiger Form vorkommt. Gebiete, die den genannten Anforderungen gerecht werden, bezeichnet man als »habitable« oder »bewohnbare« Zonen. Dass sich derartige Bereiche im freien Raum irgendwo zwischen den Sternen finden, ist ziemlich unwahrscheinlich. Woher soll hier die nötige Energie kommen – ganz zu schweigen davon, dass Wasser unter Weltraumbedingungen bestenfalls in Form vereinzelter Moleküle vorhanden sein kann? Nur in der Umgebung von Sternen finden sich derartige Bereiche, kugelschalenförmige Zonen, die je nach Art des Sterns in einem mehr oder weniger großen Abstand beginnen und sich über Millionen Kilometer in den Raum hinaus erstrecken. Außerdem braucht das Leben »einen festen Boden unter den Füßen«. Somit besteht nur auf einem Planeten, der im richtigen Abstand einen »guten« Stern umkreist, eine gewisse Chance, alle geforderten Voraussetzungen erfüllt zu finden. Welcher Abstand aber ist der richtige, was hat man unter einem »guten« Stern zu verstehen – und vor allem: Wie beeinflusst dieser Stern die Verhältnisse auf seinen Planeten?

Welcher Stern darf es denn sein?

Vereinfacht könnte man sagen: »Gute« Sterne sind G-Sterne, und das ist nicht einmal falsch, denn unsere Sonne ist ein G-Stern – und dass sich unter ihr relativ gut leben lässt, davon können wir uns jeden Tag aufs Neue überzeugen. Doch dieses »G« steht für etwas anderes: Die Astronomen teilen die Sterne in Klassen ein, die sie mit O, B, A, F, G, K und M bezeichnen. O-Sterne gehören zu den massereichsten und sehr heißen Sternen, wogegen die M-Sterne das andere Ende der Skala bilden, also eine sehr kleine Masse besitzen und relativ kühl sind. Im Vergleich zur Sonne haben O-Sterne bis etwa 100-mal mehr Masse, wogegen sich M-Sterne mit rund einem Zehntel der Sonnenmasse begnügen.

Im Abschnitt über die Entstehung der Materie haben wir ja bereits erfahren, dass die Masse eines Sterns darüber entscheidet, wie schnell der Wasserstoffvorrat verbrannt wird beziehungsweise wie lange der Stern in der relativ ruhigen Phase des Wasserstoffbrennens verharrt. Wie sich gezeigt hat, braucht die Entwicklung von Leben Zeit, und wenn wir uns an den irdischen Verhältnissen orientieren, bemisst sich diese Zeit in Milliarden von Jahren. Es bedarf also eines Sterns geeigneter Masse, der während dieser langen Zeit Energie liefern kann, damit das Leben eine Chance hat.

Betrachten wir zunächst die Verhältnisse auf unserer Erde. Erinnern wir uns, dass sie für einen Umlauf um die Sonne genau ein Jahr benötigt und dass sie von diesem Stern 150 Millionen Kilometer, kurz: eine Astronomische Einheit (1 AE), entfernt ist. Außerdem wissen wir, dass die Temperatur auf der Sonne rund 5800 Kelvin beträgt und dass das Wasserstoffbrennen etwa neun Milliarden Jahre andauert. Von dieser Spanne sind bis heute bereits rund viereinhalb Milliarden Jahre verstrichen. Das Licht, das die Sonne zu uns schickt, reicht von Infrarot bis in das nahe Ultraviolett, wobei das Maximum der Emission im Bereich der sichtbaren Wellenlängen liegt.

Als in unserer Sonne das Wasserstoffbrennen einsetzte, da begann ihre habitable Zone in einer Entfernung von 0,8 AE und reichte bis 1,2 AE in den Raum hinaus. Unsere Erde liegt gegenwärtig genau in diesem Bereich *(Abb. 36)*. Doch mit fortschreitendem Alter eines Sterns dehnt sich die ursprünglich nur auf das Sternzentrum beschränkte Wasserstoffbrennzone aus, die Leuchtkraft nimmt zu, und der Durchmesser des Sterns schwillt an. Damit dehnt sich auch die habitable Zone, sie wird breiter und entfernt sich vom Stern. Je größer die Masse des Sterns, desto schneller schreitet seine Entwicklung voran, und desto schneller entfernt sich die bewohnbare Zone. Bei der Sonne dauert es etwa acht Milliarden Jahre, bis sich der innere Rand der habitablen Zone dorthin verschiebt, wo ursprünglich der äußere Rand dieses Bereichs lag. Somit beginnt in etwa dreieinhalb Milliarden Jahren die habitable Zone der Sonne zuerst

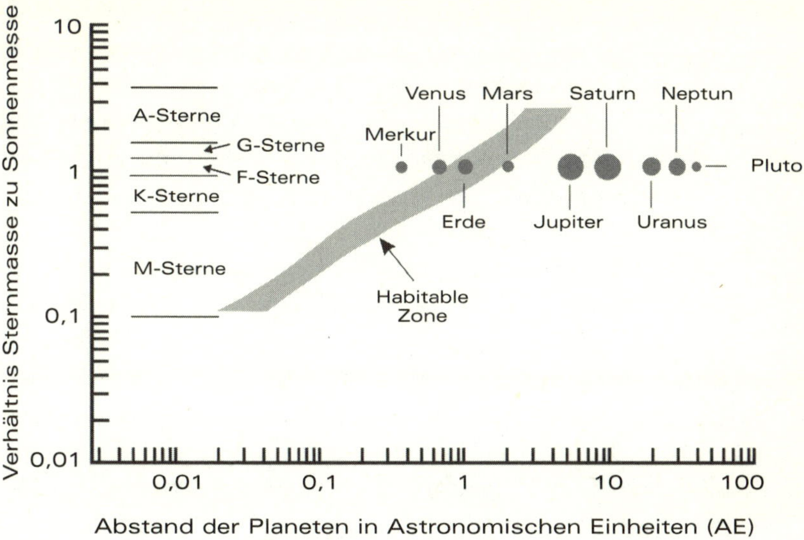

Abb. 36: Die bewohnbare so genannte habitable Zone um einen Stern wird im Wesentlichen ausschließlich von der Masse des Sterns bestimmt. In unserem Sonnensystem liegt praktisch nur die Erde inmitten dieses Bereichs.

in einer Entfernung von 1,2 AE und erstreckt sich hinaus bis etwa 1,7 AE.

Was bedeutet das für unsere Erde? Obwohl unsere Sonne noch rund viereinhalb Milliarden Jahre ruhig und gleichmäßig ihren Wasserstoffvorrat verbrennen wird, bleibt die Erde nicht während dieser ganzen Zeit in dem für Leben günstigen Bereich. In dieser Zeit gleitet die habitable Zone über unsere Erde hinaus. In etwa anderthalb Milliarden Jahren wird es daher langsam ungemütlich auf unserem Planeten. Dann kommt die Erde in dem wesentlich wärmeren Bereich zwischen der Sonne und dem inneren Rand der habitablen Zone zu liegen. Die Temperatur auf der Erde wird sich dermaßen erhöhen, dass es keine Winter mehr gibt und ein Teil der Meere verdampft. Damit steigt auch der Wassergehalt in der Atmosphäre, und die Durchlässigkeit der Lufthülle für Infrarotstrahlung sinkt. Infolgedessen kommt es zu einem verstärkten Treibhauseffekt, der die Erde noch weiter aufheizt. Schließlich wird es hier mit einigen hundert Grad Celsius so heiß wie auf der Venus sein, sodass Leben nicht mehr möglich ist. Obwohl also der Stern über rund neun Milliarden Jahre hinweg einen relativ gleichmäßigen Energiefluss garantiert, ist die Zeitspanne für biologische Entwicklungen erheblich kürzer.

Vielleicht wäre es für unsere Erde besser gewesen, wenn sie in einem Abstand von 1,2 AE zur Sonne entstanden wäre, weil sie dann nämlich, von heute an gerechnet, statt nur anderthalb noch dreieinhalb Milliarden Jahre in der habitablen Zone der Sonne zubringen könnte. Weiter entfernt von der Sonne hieße aber auch, dass die Erde länger für eine Umrundung ihres Sterns benötigen würde. Ein Erdenjahr wäre dann um rund drei Monate länger. Letztlich aber würde auch diese für die Erde günstigere Position nichts am Wärmetod unseres Planeten ändern, die Zeit bis dahin würde sich nur verlängern.

Obwohl das Ende allen Lebens auf unserem Planeten absehbar ist, wäre es verfrüht, sich heute schon darüber groß zu sorgen. In den vergangenen viereinhalb Milliarden Jahren seit Bestehen von Sonne und Erde hat es das Leben immerhin bis zur Entwicklung des Menschen geschafft. Auch die noch verbleibende anscheinend kurze Spanne von anderthalb Milliarden Jahren ist für uns immer noch eine unvorstellbar lange Zeit. Wir müssen bedenken, dass erst rund 500 000 Jahre vergangen sind, seit der Homo sapiens, der Vorfahre des heutigen Menschen, auf der Bühne des Lebens erschien. Die gesamte Entwicklung zum modernen Menschen hat mithin nur den dreitausendsten Teil der Zeit benötigt, welche die Erde noch in der habitablen Zone der Sonne zubringen wird. Anstatt sich über das unvorstellbar weit entfernte Ende Gedanken zu machen, sollten wir lieber dankbar sein, dass das Leben für seinen Start auf der Erde einen »guten« Stern abbekommen hat, der lange genug im Stadium des Wasserstoffbrennens verharrt, sodass das Leben ausreichend Zeit und Energie hatte, um sich in Ruhe zu entfalten und zu vervollkommnen. Nutzen wir daher die Zeit, die noch bleibt!

Bevor wir in Gedanken unsere Sonne durch einen anderen Stern ersetzen, wollen wir noch kurz beim Mars vorbeischauen, dem Planeten, um den sich schon seit langer Zeit der Mythos vom Leben rankt. An dieser Stelle geht es uns nur um die habitable Zone. Für den Mars gilt das Sprichwort: »Des einen Leid ist des anderen Freud«, denn er umkreist die Sonne im Abstand von 1,52 AE, sodass er gegenwärtig knapp außerhalb der habitablen Zone liegt. Aber die rückt ja langsam immer weiter nach außen, und in etwa zwei Milliarden Jahren wird der äußere Rand der bewohnbaren Zone am Mars angekommen sein. Dann wird es auch dort so warm, dass, ein entsprechend hoher Atmosphärendruck vorausgesetzt, eventuell vorhandenes Wasser in flüssiger Form bestehen kann. Allerdings ist die Zeit, während der der Mars die Annehmlichkeiten der habitablen Zone genießen darf, viel kürzer als bei der Erde. Denn wenn die Astronomen das Alter der Sonne mit viereinhalb Milliarden und die Phase des Wasserstoffbrennens mit neun Milliarden Jahren richtig berechnet haben, dann wird die Sonne sechseinhalb Milliarden Jahre alt sein, wenn die habitable Zone den Mars erreicht. Es verbleiben also nur noch zweieinhalb Milliarden Jahre, bis die Sonne das Wasserstoffbrennen beendet und sich zu einem Roten Riesen aufbläht.

Nun wollen wir überlegen, wie sich die Verhältnisse für die Planeten unseres Sonnensystems ändern würden, wäre die Sonne ein Stern der Kategorie A. Im Vergleich zur Sonne hat ein A-Stern die doppelte Masse, eine ungefähr 15-mal so große Leuchtkraft, und die Temperatur an seiner Oberfläche beträgt etwa 8000 Kelvin. Seine Lebensdauer ist bedeutend kürzer: Nach nur zirka anderthalb Milliarden Jahren ist sein Wasserstoffvorrat verbraucht. Die habitable Zone zu Beginn des Wasserstoffbrennens beginnt in einer Entfernung von vier AE und reicht bis sechs AE. Weniger als eine Milliarde Jahre vergehen, bis dieser Bereich um zwei AE nach außen gewandert ist. Nehmen wir den günstigsten Fall an, dass unser Planet den Stern auf dem äußeren Rand der habitablen Zone umkreist, also in einem Abstand von sechs AE, so heißt das, dass dem Leben nicht einmal eine Milliarde Jahre Zeit bleibt sich zu entfalten. Wenn wir der Normalfall sind und die Entwicklung des Lebens anderswo im Universum ähnlich verlaufen sollte, dann ist diese Spanne einfach zu kurz. Sie würde nicht einmal für die Entstehung der einfachsten Zellen reichen. Kaum geboren, würde das Leben schon wieder durch den sich ausdehnenden Stern zugrunde gehen.

Aber es kommt noch schlimmer: Ein Stern, der etwa 8000 Kelvin heiß ist, strahlt einen Großteil seines Lichts nicht im sichtbaren, sondern im ultravioletten Bereich des elektromagnetischen Spektrums ab *(Abb. 37)*. Das aber bekommt dem Leben überhaupt nicht. Ultraviolettes Licht ist so energiereich, dass es organische Moleküle spaltet und somit Leben zerstört. Vermutlich käme es noch nicht einmal zum ersten Stadium der

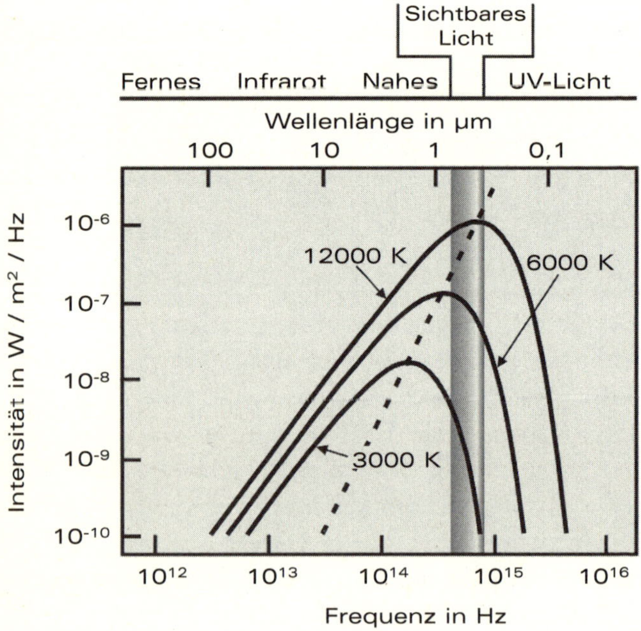

Abb. 37: In Abhängigkeit von der Sterntemperatur verschiebt sich das Maximum der Strahlungsintensität. Je heißer der Stern, desto intensiver wird die das Leben zerstörende UV-Strahlung.

belebten Materie, da schon die für das Leben unverzichtbaren Aminosäuren und Proteine immer wieder zerschossen würden. Als Mittel gegen eine zu hohe UV-Einstrahlung könnte eine ausgeprägte Ozonschicht dienen. Doch der für den Aufbau des Schutzschilds nötige Sauerstoff müsste erst durch Cyanobakterien freigesetzt werden, die wiederum einen Zeitraum von rund einer Milliarde Jahre Zeit brauchen, um sich zu entwickeln – eine Zeit, während der keine zerstörerische UV-Strahlung auftreten darf. Das Pferd lässt sich nun mal nicht von hinten aufzäumen.

Aber vielleicht könnte sich auch ohne Ozon Leben entwickeln, nämlich dann, wenn der Planet großflächig mit Wasser bedeckt wäre. Wie wir in unserem Exkurs der Entwicklungsgeschichte der Erde erfahren haben, absorbiert Wasser sehr effektiv ultraviolettes Licht. Bereits eine Schichtdicke von etwa einem Meter lässt kaum mehr etwas durch. In den Meeren könnte sich also Leben entwickeln. Die Wissenschaftler sind ja auch mehrheitlich der Ansicht, dass das Leben der Erde aus dem Wasser der Ozeane ans Licht gekrochen ist. Aber den Kopf aus dem Wasser strecken und an Land kriechen, das müsste sich das Leben auf einem Planeten um einen massereichen Stern für immer versagen, wollte es nicht Gefahr laufen, wieder vernichtet zu werden. Doch ganz egal wie es das Leben auch anstellt, der hohe Brennstoffverbrauch des Sterns würde allem ein relativ frühes Ende bereiten.

Als Nächstes wollen wir an die Stelle der Sonne einen M-Stern mit etwa 0,2 Sonnenmassen setzen. Ein solcher Stern geizt mit seinem Wasserstoffvorrat dermaßen, dass er einige hundert Milliarden Jahre davon leben kann. Angenommen, ein derartiger Stern wäre zum frühestmöglichen Zeitpunkt im Universum geboren worden, dann hätte er heute, nach etwa 14 Milliarden Jahren, erst ein Zehntel seines Lebens hinter sich. Man könnte daher glauben, mit einem M-Stern den idealen Kandidaten für einen über lange Zeit kontinuierlichen Energiefluss vor sich zu haben.

Doch der Schein trügt, denn die Probleme haben sich nur verlagert. Ein Stern mit einem Fünftel Sonnenmasse ist nur wenig heißer als 3000 Kelvin und hat im Vergleich zu unserer

Sonne eine rund 100-mal geringere Leuchtkraft. Da aber die Bestrahlungsstärke mit dem Quadrat der Entfernung abnimmt *(Abb. 38)*, müsste unser Modellplanet in einer Entfernung von lediglich 0,1 AE um den M-Stern kreisen, um mit der gleichen Energiemenge versorgt zu werden, wie sie uns unsere Sonne in der zehnfachen Entfernung bereitstellt. Mit der Verringerung des Abstands wächst aber auch die Anziehungskraft, die der Stern auf seinen Planeten ausübt. Obwohl die anziehende Masse des M-Sterns etwa um den Faktor 5 kleiner ist als die unserer Sonne, spürt unser Modellplanet doch eine 20-mal so große Anziehungskraft, da die auf den zehnten Teil zusammengeschrumpfte Entfernung die geringe Sternmasse mehr als wettmacht. Um nicht in den Stern hineinzustürzen, muss daher der Planet den kleinen Stern viel schneller umkreisen. Mithilfe der Keplerschen Gesetze kann man ausrechnen, dass die Umlaufzeit für einen Planeten mit der Masse der Erde weniger als einen Monat betragen würde. Ein »Planetenjahr« wäre schon nach einem knappen Monat vorüber, und die Jahreszeiten würden im Sechstagerhythmus wechseln.

Wie die habitable Zone eines 0,2-Sonnenmassen-Sterns aussieht, ist nicht schwer zu erraten. Sie muss ziemlich nahe an den kleinen Stern herangerückt sein, damit der Planet pro Zeitein-

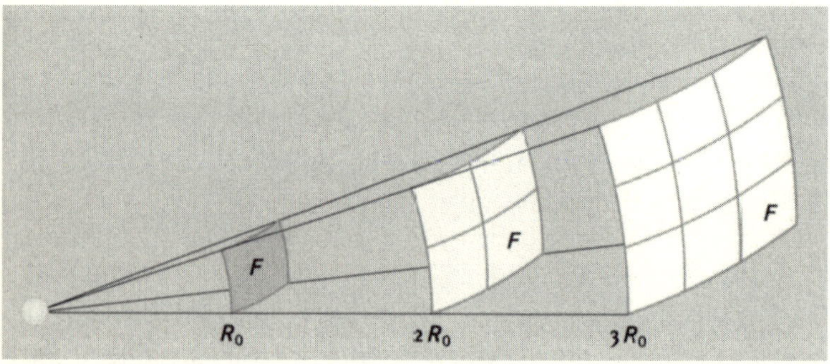

Abb. 38: Die Bestrahlungsstärke einer Fläche F im Abstand R von der Quelle sinkt im doppelten Abstand 2R auf ein Viertel und im dreifachen Abstand 3R auf ein Neuntel des ursprünglichen Wertes ab. Mit anderen Worten: Die Bestrahlungsstärke verringert sich mit dem Quadrat des Abstands.

heit die gleiche Energiemenge abbekommt wie die Erde von der Sonne. Zu Beginn des Wasserstoffbrennens reicht sie von etwa 0,08 bis 0,1 AE und ist damit so schmal, dass man nicht mehr von einer Zone, sondern eher von einer habitablen Linie sprechen muss. Dafür ist die Zeit, die vergeht, bis sie sich um ihre Breite nach außen verschiebt, mit rund 120 Milliarden Jahren außerordentlich lang. Auf einem Planeten, der zum Zeitpunkt der Sternentstehung am äußeren Rand der habitablen Zone liegt, hätte das Leben rein rechnerisch 20-mal mehr Zeit als auf der Erde. Dass dies jedoch nicht zutrifft, liegt an den Gezeitenkräften, deren Auswirkung wir schon im Kapitel über die Erde kennen gelernt haben. Zur Erinnerung: Bei der Drehung der Erde unter den vom Mond aufgetürmten Flutbergen wird Reibungsenergie verbraucht, sodass sich ihre Umdrehungsgeschwindigkeit zunehmend verlangsamt. Erst wenn die Erde für eine Umdrehung genauso lange braucht wie der Mond für eine Umrundung der Erde, ist das Spiel beendet. Von da ab wendet die Erde dem Mond immer dieselbe Seite zu. Diesen als Korotation bezeichneten Zustand hat der Mond schon vor langer Zeit erreicht, denn so wie die Gravitationskraft des Mondes auf die Erde wirkt, wirkt auch die Gravitationskraft der Erde auf den Mond. Erde und Mond zwingen sich also gegenseitig zur Korotation, wobei dieses Schicksal den masseärmeren Partner zuerst ereilt.

Was für das System Erde/Mond gilt, trifft natürlich auch für einen Planeten und seinen Stern zu. Da sich die Gezeitenkräfte umgekehrt proportional zur dritten Potenz des Abstands Stern–Planet verändern – eine Halbierung des Abstands hat achtmal so große Gezeitenkräfte zur Folge –, wirkt sich eine Verringerung der Entfernung zwischen Stern und Planet ziemlich drastisch aus. Bei einem 0,2-Sonnenmassen-Stern, den ein Planet mit der Masse unserer Erde in einer Entfernung von 0,1 AE umkreist, dauert es nur etwa 25 bis 30 Millionen Jahre, bis der Stern die Korotation des Planeten erzwungen hat. Aber Korotation ist nicht gut für das Leben. Wenn ein Planet seinem Stern stets dieselbe Seite zuwendet, heizt sich diese so stark auf, dass das Leben dort praktisch gegrillt wird, wogegen die abgewandte Seite durch Wärmeabstrahlung in den Weltraum abkühlt und das Leben dort zu Eis erstarrt. In einem sehr schmalen Übergangsbereich kann sich vielleicht eine für das Leben noch akzeptable Temperatur einstellen. Wenn der Planet aber eine Atmosphäre besitzt, entwickeln sich aufgrund der hohen Temperaturdifferenz zwischen den beiden Hemisphären extrem starke Winde, die mit Geschwindigkeiten von 1000 und mehr Kilometern pro Stunde über den Planeten fegen. Dass weder das eine noch das andere eine gute Voraussetzung für die Entstehung von Leben ist, liegt auf der Hand.

Solange der Planet noch nicht in Korotation verfallen ist, könnten die Verhältnisse noch erträglich sein, danach sind sie sehr wahrscheinlich unerträglich. Damit haben wir den paradoxen Fall, dass auf einem erdähnlichen Planeten, der einen 0,2-Sonnenmassen-Stern mit einer Lebensdauer von 150 Milliarden Jahren umkreist, nur über einen Zeitraum von einigen zig Millionen Jahren die Verhältnisse so günstig sind, dass sich Leben entwickeln kann. Die so genannte biologische Entwicklungszeit ist also um Größenordnungen kleiner als die Lebensdauer des Sterns.

Doch den vermutlich größten Nachteil, den sich ein Planet mit einem massearmen Stern eingehandelt hat, haben wir noch gar nicht erwähnt. Ein Stern mit einer Temperatur von 3200 Kelvin liefert im Bereich des sichtbaren Lichts gerade mal ein Fünfzigstel der Photonenmenge, die unsere Sonne bereitstellt. Das Maximum der Energieabstrahlung liegt bei den kühlen Sternen im infraroten Bereich *(Abb. 37)*. Das bedeutet, dass der Prozess der Photosynthese, der den Pflanzen die Umwandlung von Kohlendioxid und Wasser in Kohlenhydrate ermöglicht und bei dem als »Abfallprodukt« Sauerstoff freigesetzt wird, nicht oder nur sehr eingeschränkt ablaufen kann. Sollte es das Leben in der zur Verfügung stehenden kurzen Zeit von einigen zig Millionen Jahren wirklich geschafft haben, so etwas Ähnliches wie Pflanzen hervorzubringen, so müsste sich die Natur einen völlig anderen Prozess einfallen lassen, damit diese Wesen die Stoffe synthetisieren können, die sie für ihren Aufbau benötigen. Es fehlt schlicht die nötige Energie!

Ziehen wir an dieser Stelle ein erstes Fazit: Ob auf einem Planeten Leben entstehen kann, hängt in erster Linie davon ab, wie viel Masse der Mutterstern hat. Allein die Masse entscheidet über die wichtigsten Parameter des Sterns: über seine Lebensdauer, seine Temperatur, seine Leuchtkraft, bei welcher Wellenlänge die meiste Energie abgestrahlt wird und nicht zuletzt über Lage und Breite der habitablen Zone. Sollen die Bedingungen des Lebens erfüllt sein, so darf die Masse des Zentralsterns weder zu groß noch zu klein sein. Untersuchungen haben gezeigt, dass die Anforderungen bezüglich Lebensdauer und biologisch nutzbarer Energie am besten von Sternen im Bereich von 0,8 bis 1,2 Sonnenmassen erfüllt werden. Die habitable Zone dieser Sterne zu Beginn des Wasserstoffbrennens reicht beim kleinsten von etwa 0,5 AE bis 0,7 AE und beim größten von 1,2 AE bis 1,8 AE.

Es verwundert nicht, dass sich die Masse unserer Sonne in diesem günstigen Bereich befindet. Die Ansprüche des Lebens an seine Energiequelle sind ja gerade von dem Leben abgeleitet, das der Sonne seine Existenz verdankt. Überraschender ist, dass die Spanne von 0,8 bis 1,2 Sonnenmassen in dem Intervall liegt, in dem – mit allem Vorbehalt – die überwiegende Mehrzahl der wasserstoffbrennenden Sterne zu finden ist: nämlich im Bereich von etwa 0,2 bis zwei Sonnenmassen. Was die Bandbreite dieses Intervalls betrifft, so ist die Aussage mit großer Vorsicht zu genießen, denn eine Abschätzung zur Anzahl der Sterne kann nur das Ergebnis von Beobachtungen sein. Doch damit gibt es reichlich Probleme. Zum einen sind die massearmen Sterne in den Beobachtungen unterrepräsentiert, da viele, insbesondere in größerer Entfernung, aufgrund ihrer geringen Leuchtkraft einfach nicht zu sehen sind. Andererseits müssten sich massereiche, leuchtkräftige Sterne relativ leicht entdecken lassen. Doch die sind meist noch relativ jung und oft in den für das Licht undurchdringlichen Staub- und Dunkelwolken der Sternentstehungsgebiete versteckt, sodass auch ihre Beobachtung nicht immer möglich ist. Außerdem verheizen massereiche Sterne relativ schnell ihren Brennstoffvorrat, was wiederum das Zeitintervall für ihre Beobachtung einschränkt. Mit Sicherheit lässt sich daher nur die Aussage vertreten, dass es wesentlich mehr Sterne geringer Masse als solche mit großer Masse gibt. Doch wenn wir hier ganz einfach trotz aller Bedenken das Intervall von 0,2 bis zwei Sonnenmassen gelten lassen, bedeutet das, dass wir schon mal auf eine relativ große Anzahl von Sternaspiranten hoffen dürfen, deren Planeten als Heimat für außerirdisches Leben infrage kommen könnten.

Der ideale Kandidat: nicht zu schwer und nicht zu leicht

Von seinem Planeten fordert das Leben vor allem, dass er innerhalb der habitablen Zone seinen Stern umkreist, oder besser noch: dass er am äußeren Rand dieser Zone liegt. Dann nämlich streicht die habitable Zone im Zuge der Sternentwicklung in ihrer vollen Breite über den Planeten hinweg, und das Leben hätte die längstmögliche Zeit zur Verfügung. Für diesen günstigsten Fall errechnen sich für die infrage kommenden Planeten der 0,8- bis 1,2-Sonnenmassen-Sterne biologische Entwicklungszeiten von vier bis 20 Milliarden Jahre. Schon der kleinste dieser Werte ist vergleichbar mit dem Alter unserer Erde. Wenn hier das Leben etwa 3,8 Milliarden Jahre gebraucht hat, um höhere Lebewesen zu entwickeln, dann sind, zumindest was die Zeit anbelangt, die Aussichten auf Planeten um Sterne aus dem betrachteten Intervall nicht schlecht.

Aber damit haben wir erst einen Punkt aus dem Wunschkatalog des Lebens erörtert. Wie bereits erwähnt, ist das Vorkommen ausreichender Mengen von Wasser in flüssiger Form unabdingbar. Obwohl in der habitablen Zone Wasser auf einem Planeten weder gänzlich gefriert noch verdampft, reicht eine Positionierung des Planeten in diesem Bereich allein nicht aus, um Wasser flüssig zu halten. Zusätzlich bedarf es eines entsprechend großen äußeren Drucks, vornehmlich ausgeübt durch eine auf dem Planeten lastende Atmosphäre. Wie wir schon bei der Besprechung des Mars erfahren haben, kann Wasser bei einem Druck unter sechs Millibar, unabhängig von der Temperatur, nur dampfförmig oder als festes Eis vorkommen.

Der Druck beeinflusst auch die Temperatur, bei der das Wasser zu kochen beginnt. Bei dem auf der Erde herrschenden Normaldruck von 1013 Millibar siedet Wasser bei 100 Grad Celsius. Erniedrigt man den Druck auf etwa ein Zehntel dieses Wertes, so kocht es bereits bei rund 50 Grad Celsius und bei einem Hundertstel des Normaldrucks sogar bei weniger als zehn Grad Celsius. Die Temperaturspanne, innerhalb der Wasser flüssig ist, wird also mit abnehmendem Druck immer kleiner. Es ist daher nicht die Temperatur allein, die darüber entscheidet, ob Wasser flüssig ist, sondern die Kombination aus Temperatur und Druck. Damit das Leben auch die Vorteile flüssigen Wassers nutzen kann, ist ein ausreichender atmosphärischer Druck eine weitere grundlegende Voraussetzung, die ein Planet zu erfüllen hat.

Doch nicht alle Planeten sind in der Lage, eine Atmosphäre auch festzuhalten. Das gelingt nur, wenn die Masse des Planeten ausreichend groß ist, sodass die Gravitation, die proportional mit der Planetenmasse anwächst, die Atmosphärenmoleküle am Entweichen in den Weltraum hindern kann. Je heißer es auf dem Planeten zugeht, desto größer ist die thermische Energie der Atmosphärenmoleküle, und desto eher erreichen diese Teilchen Geschwindigkeiten, mit der sie die Anziehungskraft des Planeten überwinden und in den Raum hinaus entschwinden können. Auf einem Planeten von der Größe des Merkur, dessen Masse nur fünf Prozent der Erdmasse ausmacht und auf dem Temperaturen bis zu 400 Kelvin herrschen, kann keine Atmosphäre existieren.

Es gibt übrigens noch eine andere Möglichkeit, Wasser flüssig zu halten, sogar ganz ohne Atmosphäre. Erinnern wir uns an den Jupitermond Europa, bei dem die Planetologen ganze Meere unter einer mehrere Kilometer dicken Eisschicht vermuten. Dort ist es die auf der Wasseroberfläche lastende Eisdecke, die einen entsprechend großen äußeren Druck ausübt und so das darunter befindliche Wasser vor dem Verdunsten schützt. Dieses Beispiel zeigt, dass auch Planeten, die auf den ersten Blick die bereits aufgestellten Kriterien hinsichtlich einer Atmosphäre nicht erfüllen, Voraussetzungen bieten können, bei denen das Leben eine Chance hat.

Kehren wir zur Atmosphäre zurück. Wenn es nur um die Aufrechterhaltung des äußeren Drucks geht, ist es völlig egal, welche Zusammensetzung die Atmosphäre des Planeten hat. Dem Leben aber kann das nicht gleichgültig sein. Auf den Gasplaneten unseres Sonnensystems besteht die Atmosphäre im Wesentlichen aus Wasserstoff und Helium, mit sehr geringen Anteilen Methan und Ammoniak. Damit aber kann das Leben nichts anfangen. Wünschenswert ist eine reduzierende Atmosphäre mit hohen Anteilen Methan, Ammoniak, Wasserstoff und Wasserdampf, oder noch besser: eine schwach reduzierende Atmosphäre, die sich hauptsächlich aus Kohlenmonoxid, Kohlendioxid, Stickstoff und nur wenig Wasserstoff zusammensetzt. Die schon erwähnten Experimente von Urey und Miller zeigen, dass sich aus diesen Komponenten unter gewissen Bedingungen komplexe organische Moleküle bilden können, insbesondere Aminosäuren, die Bausteine der Proteine. Ob das auch der Weg ist, den die Natur bei der Entstehung von Leben eingeschlagen hat, wissen wir nicht – aber es wäre eine Möglichkeit.

Der Gehalt an Kohlendioxid sollte in der Planetenatmosphäre nicht zu hoch sein. Auch hier gilt: »Allzu viel ist ungesund.« Hohe Kohlendioxidkonzentrationen können einen Treibhauseffekt auslösen, der die Temperatur auf dem Planeten in die Höhe treibt, so wie es beispielsweise auf der Venus der Fall ist. Dann verdampfen große Mengen des eventuell vorhandenen Wassers, und der in die Atmosphäre aufsteigende Dampf trägt zu einer weiteren Verstärkung des Treibhauseffekts bei. Schließlich werden Temperaturen erreicht, bei denen das Wasser der Meere zu kochen beginnt und Proteine wie Eiweiß in der Bratpfanne gerinnen – das Leben geht unter.

Nebenbei bemerkt: Eine hohe Kohlendioxidkonzentration in der Atmosphäre muss nicht zwangsläufig einen Treibhauseffekt auslösen. Auf dem Mars beträgt der Anteil atmosphärischen Kohlendioxids etwa 95 Prozent, und dennoch liegen die Temperaturen dort teilweise weit unter minus 100 Grad Celsius – vom Treibhauseffekt also weit und breit keine Spur. Wieso das? Mit einem Druck von gerade mal einem Hundertstel der irdischen Atmosphäre ist die Marsatmosphäre sehr dünn, und folglich ist auch die Menge an Kohlendioxid klein. Es kommt also nicht so sehr auf den prozentualen Gehalt an, sondern vielmehr auf die tatsächliche Menge dieses Gases.

Allerdings, ganz ohne Kohlendioxid geht es auch nicht. Wenn die Entwicklungskette ähnlich verlaufen soll wie auf der Erde, ist das Vorkommen von Kohlendioxid eine unabdingbare Voraussetzung für eine Photosynthese, die zuerst vielleicht in Blaugrünalgen, in Stromatoliten und später in den Pflanzen zur Synthese von Kohlenhydraten wie zum Beispiel Zucker führt. Außerdem ist der bei diesem Prozess frei werdende Sauerstoff der unverzichtbare Ausgangsstoff für die Bildung von Ozon, das, in ausreichender Menge in den oberen Atmosphärenschichten verteilt, das Leben vor der zerstörerischen Ultraviolettstrahlung schützt.

Übrigens – sollte es das Leben auf einem Planeten bis zu Lebewesen gebracht haben, welche die Technik der Photosynthese und damit der Sauerstoffproduktion beherrschen, so würde gerade der Sauerstoff oder das daraus entstandene Ozon den Planeten als belebt verraten. Freier Sauerstoff, wenn er nicht fortwährend nachgeliefert wird, verschwindet relativ schnell von der Planetenoberfläche, weil er sich umgehend mit den Gesteinen zu Oxiden verbindet. Das Vorhandensein von freiem Sauerstoff widerspricht also in hohem Maß dem thermodynamischen Gleichgewicht. Sollten sich irgendwann einmal in den spektroskopischen Daten eines fernen Planeten ausgeprägte Sauerstoff- oder Ozonlinien finden lassen, so kann man relativ sicher sein, dass dort das Leben Fuß gefasst hat.

Wenden wir uns nochmals der Masse eines Planeten zu.

Neben dem Vorhandensein einer Atmosphäre hängt noch eine Reihe anderer Merkmale von diesem Parameter ab, beispielsweise ob der Planet, geologisch gesprochen, lebendig oder tot ist. Sind seine tiefer liegenden Schichten oder auch sein Kern noch sehr heiß und damit flüssig, oder ist der Planet auch in seinem Inneren bereits gänzlich erstarrt? Ein heißes, glutflüssiges Inneres ist eine wesentliche Voraussetzung für eine Plattentektonik, wie wir sie von der Erde kennen, wo die erkaltete, erstarrte Planetenkruste auf einer zähflüssigen Unterlage gleitet. Im Wesentlichen bestimmen drei Faktoren über die Temperatur im Planeteninneren. Da ist zum einen die Masse des Planeten. Mit ihr steigt neben dem Druck auch die Temperatur im Planeteninneren. Außerdem lässt die eigene Gravitationskraft, die ja auch wieder proportional zum Quadrat der Planetenmasse anwächst, den Planeten kontinuierlich schrumpfen, zumindest solange er noch nicht ganz erstarrt ist. Die dabei gewonnene Gravitationsenergie wird in Form von Wärme frei. Hinzu kommen im Planeten abgelagerte radioaktive Elemente wie Uran, Thorium und Radon, bei deren Zerfall ebenfalls Wärme frei wird, die wiederum zur Aufheizung des Planeten beiträgt. Ebenfalls hängt die radioaktive Heizleistung von der Masse des Planeten ab: Je größer die Masse, desto mehr radioaktives Material ist vorhanden. Und schließlich kann auch ein ständiges Bombardement mit Meteoriten, Kometen und Kleinstasteroiden einen Planeten aufheizen, da die Bewegungsenergie der Einschlagkörper in Form von Wärme übertragen wird. Glücklicherweise ist der letztgenannte Prozess heute auf der Erde außerordentlich selten, ansonsten wäre es hier ziemlich ungemütlich.

Warum aber ist eine funktionierende Plattentektonik auf einem Planeten für das Leben so wichtig? Wo die Platten zusammenstoßen, falten sich Gebirge auf, und ein Teil der Kruste wird in das Planeteninnere hinabgedrückt. Dabei werden die alten Gesteine und biologischen Sedimente wieder aufgeschmolzen und in ihre Bestandteile zerlegt. Andererseits wird das heiße Planeteninnere fortwährend durch Konvektionsströme durchmischt, sodass wie in einem Kochtopf Blasen flüssigen Magmas bis kurz unter die Oberfläche des Planeten aufsteigen. Wird der Druck zu groß, bilden sich Vulkane, durch deren Schlote große Mengen Magma austreten und zu neuer Kruste erstarren. Vulkanische Aktivitäten auf einem Planeten sind für das Leben von großer Bedeutung, denn sie fördern immer wieder wichtige Elemente, vornehmlich Kohlenstoff in Form von Kohlendioxid und -monoxid, und Mineralien für den Aufbau und die Ernährung organischer Strukturen aus dem Planeteninneren hervor. Eine funktionierende Plattentektonik ist daher eine wesentliche Voraussetzung für elementare Recyclingprozesse auf einem Planeten.

Von der inneren Wärme eines Planeten kann das Leben auch unmittelbar profitieren und sich ökologische Nischen erobern, die unter normalen Bedingungen ein absolut lebensfeindliches Umfeld darstellen. Wir erinnern an die Black Smokers, diese mehrere hundert Grad heißen, vom Meeresboden aufsprudelnden Quellen, die in der irdischen Tiefsee anaeroben Bakterien als Energie- und Nahrungsquelle dienen sowie in ihrer Umgebung eine erstaunlich differenzierte und bizarre Fauna und Flora gedeihen lassen.

Nicht zuletzt trägt die durch Konvektionsströme an die Oberfläche transportierte Wärme auch dazu bei, Wasser flüssig zu halten und anteilig den Energiebedarf lebender Strukturen zu decken. Dadurch kann sich auch auf jenen Planeten eine Entwicklung von Leben anbahnen, welche knapp außerhalb der habitablen Zone liegen und daher von ihrem Stern nicht ausreichend mit Energie versorgt werden. Eine entsprechende innere »Zusatzheizung« vermag unter Umständen den Fehlbetrag auszugleichen.

Eine weitere Lebenshilfe, die auf den ersten Blick in keinem Zusammenhang mit der inneren Wärme eines Planeten zu stehen scheint, sind planetare Magnetfelder. Sie sind ein sehr wirksamer Schutz gegen die von den Sternen ausgehenden Sternenwinde, welche die Planeten ständig mit einem Strom hoch energetischer Elektronen und Protonen berieseln. Anstatt direkt auf den Planeten zu treffen, werden die elektrisch geladenen Teilchen entlang der Feldlinien um den Planeten herumgeführt.

Diese hoch energetischen Partikel bedrohen zwar das Leben nicht unmittelbar durch eine Zerstörung seiner Strukturen, sondern eher aufgrund einer Erhöhung der Mutationsrate, die im Laufe einiger Generationen zu lebensuntüchtigen Individuen führen kann. Wie bereits beim Thema Erde besprochen, entstehen planetare Magnetfelder immer dann, wenn im Inneren des Planeten heißes, elektrisch leitendes Material aufgrund der größeren Dichte seiner Umgebung nach oben steigt, dort abkühlt und wieder absinkt. Infolge dieser Konvektion im Planetenkern entsteht ein elektrischer Strom, der schließlich das Magnetfeld induziert. Ob ein solcher innerer Dynamo anspringt, hängt davon ab, ob die Temperatur im Planeten hoch genug ist, um innere Bereiche aufzuschmelzen und flüssig zu halten. Wieder ist es die Masse des Planeten, die hierüber entscheidet.

Fassen wir erneut kurz zusammen. Auch für den Planeten ist die Masse eine ausschlaggebende Größe. Sie bestimmt, ob er eine Atmosphäre halten kann, in welchem Temperaturbereich Wasser als Flüssigkeit vorliegt und ob Temperatur und Druck im Planeteninneren sich dermaßen steigern, dass es zu vulkanischen Aktivitäten kommt. Auch ob der Planet ein das Leben schützendes Magnetfeld aufbauen kann, hängt vor allem von seiner Masse ab. Bei der Suche nach außerirdischem Leben sollte also der erste Blick den Massen der Partner Stern/Planet gelten, denn allein anhand dieser Werte lässt sich bereits entscheiden, ob eine weitere Nachforschung sinnvoll ist.

Auch Planeten fahren Karussell

Ob sich das Leben auf einem Planeten wohl fühlt, ist nicht zuletzt eine Frage des dort vorherrschenden Klimas. Grundsätzlich bevorzugt Leben einigermaßen gleichmäßige, nicht zu großen Schwankungen unterworfene Wetterbedingungen. Ob die Verhältnisse auch diesen Wünschen entsprechen, entscheidet im Wesentlichen die Bahn, auf welcher der Planet seinen Stern umkreist. Für das Leben wäre es ideal, wenn er sich dabei immer in der habitablen Zone des Sterns bewegen könnte. Eine Kreisbahn erfüllt diese Bedingungen am besten. Doch reine Kreisbahnen sind selten.

Wie der deutsche Astronom und Mathematiker Johannes Kepler schon zu Beginn des 17. Jahrhunderts zeigen konnte, wandern Planeten auf Ellipsen um ihren Stern im Brennpunkt der Ellipse. Frischen wir unser Schulwissen über Ellipsen etwas auf: Eine Ellipse ist der geometrische Ort aller Punkte, für welche die Summe der Abstände von zwei gegebenen festen Punkten, den Brennpunkten der Ellipse, gleich groß ist *(Abb. 39)*. Die Linie vom Mittelpunkt der Ellipse zu einem ihrer Scheitel bezeichnet man als große Halbachse der Ellipse. Die Form einer Ellipse, ob nun lang gestreckt oder eher einem Kreis ähnelnd, ist durch die so genannte Exzentrizität der Ellipse festgelegt. Darunter versteht man das Verhältnis vom halben Abstand der beiden Brennpunkte zur großen Halbachse. Je größer dieser Wert, desto länglicher ist die Ellipse. Bis zu einer Exzentrizität von 0,3 sind Ellipsen mit dem bloßen Auge kaum von Kreisen zu unterscheiden. Ist die Exzentrizität null, so fallen die beiden Brennpunkte zusammen, und die Ellipse wird zum Kreis. Mit Ausnahme von Merkur und Pluto sind die Planetenbahnen in unserem Sonnensystem von sehr geringer Exzentrizität, sodass man sie näherungsweise als kreisförmig behandeln kann.

Auf Ellipsen mit einer nicht mehr zu vernachlässigenden Exzentrizität kann der Abstand zwischen Sonne und Planet während eines vollen Umlaufs gewaltig variieren. Beim Planeten Merkur, dessen Bahn auf einer Ellipse mit einer relativ kleinen Exzentrizität von 0,2 verläuft, macht sich das schon deutlich bemerkbar: Im Perihel (Sonnennähe) beträgt der Abstand zur Sonne 46 Millionen Kilometer, im Aphel (Sonnenferne) dagegen 70 Millionen Kilometer. Bei größeren Exzentrizitäten fällt dieser Unterschied noch drastischer aus. Der Energiefluss auf dem Planeten ändert sich daher kontinuierlich, wenn sich der Planet auf einer elliptischen Bahn bewegt. Verdoppelt man beispielsweise den Abstand zum Zentralstern, so wird seine Oberfläche nur noch mit einem Viertel der ursprünglichen Energie beauf-

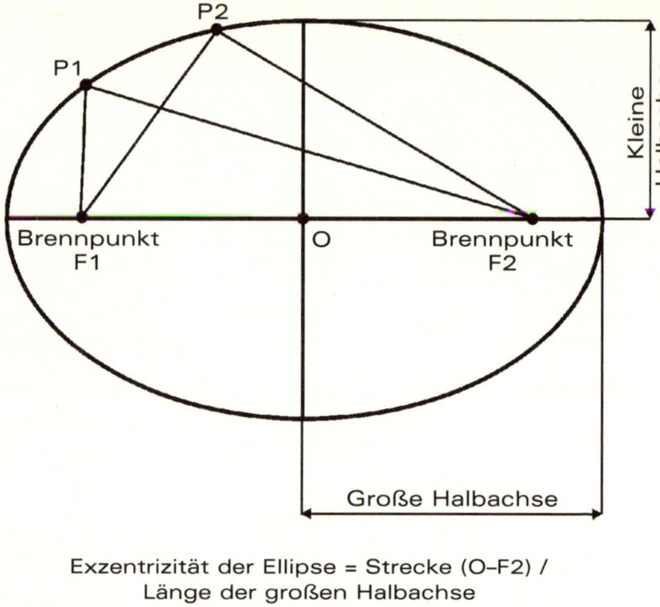

Abb. 39: Planeten bewegen sich auf Ellipsen um ihren Zentralstern.

schlagt. Parallel zum Energiefluss schwankt natürlich auch die mittlere Temperatur auf dem Planeten, was sich auf eventuelles Leben ungünstig auswirkt. Richtig problematisch wird es aber erst, wenn die Temperatur im Perihel knapp über der Vereisungsgrenze liegt. Im Aphel kühlt dann der Planet so weit aus, dass die Vereisung allein durch die Wiederannäherung an den Mutterstern nicht mehr rückgängig gemacht werden kann, da eine Eisschicht vermehrt Licht reflektiert und so eine erneute ausreichende Erwärmung des Planeten verhindert. Der Planet wird für immer unter einer Eisdecke erstarren. Um hier noch was zu retten, wäre eine ausgeprägte vulkanische Aktivität oder eine erhöhte Kohlendioxidkonzentration als Motor für einen verstärkten Treibhauseffekt sehr willkommen. Leider geht jedoch bei der Abkühlung des Planeten Kohlendioxid aus der Atmosphäre verloren, da kaltes Wasser mehr Kohlendioxid zu lösen vermag als warmes.

Ein weiterer Klimaparameter ist die Eigenrotation des Planeten. Je schneller sich der Planet um seine Achse dreht, desto rascher wechseln Tag und Nacht einander ab. Während sich die dem Stern zugekehrte Tagseite aufheizt, kühlt die dem Stern abgewandte Nachtseite durch Strahlungsverlust in den Weltraum aus. Wichtig ist, dass die Rotationsperiode einen Wert hat, bei dem der Temperaturunterschied zwischen Tag- und Nachtseite gering ausfällt. Wie wir bei der Besprechung der Planeten gesehen haben, ist das zum Beispiel bei Merkur nicht der Fall. Merkur benötigt für eine Umdrehung 59 Tage und für eine Umrundung der Sonne 88 Tage. Das bedeutet, dass eine bestimmte Fläche über lange Zeit ununterbrochen von der Sonne beschienen wird. Verstärkt wird dieser Effekt durch die Bahnexzentrizität des Planeten. Beides führt dazu, dass die Temperatur auf der Tagseite bis auf 425 Grad Celsius klettert, während die Nachtseite auf minus 170 Grad Celsius auskühlt. Hätte Merkur eine Atmosphäre, so würden sich durch diese Temperaturdifferenz gewaltige atmosphärische Druckunterschiede aufbauen und starke Stürme mit Geschwindigkeiten von mehreren hundert Stundenkilometern um den Planeten rasen.

Schließlich wirkt sich auch noch die Neigung der Planetenachse auf das Klima aus. Ist die Achse gegen eine Senkrechte zur Bahnebene des Planeten gekippt, so trifft das Licht unter verschiedenen Winkeln auf die beiden Halbkugeln des Planeten. Fällt beispielsweise das Licht auf der Nordhalbkugel zunächst nahezu senkrecht und auf der Südhalbkugel eher schräg auf die Oberfläche, so kehren sich die Verhältnisse nach einer halben Umkreisung des Zentralsterns gerade um. Auf diesem Unterschied im Einfallswinkel der Sonnenstrahlen beruhen die Jahreszeiten. Im Sommer fällt das Licht fast senkrecht ein, im Winter dagegen unter einem größeren Winkel. Im Allgemeinen gilt: Je stärker die Rotationsachse des Planeten gegen seine Bahnebene geneigt ist, desto ausgeprägter sind die Temperaturunterschiede während eines Umlaufs und damit die Jahreszeiten. Die Lage spitzt sich weiter zu, wenn die Umlaufperiode sehr lang, die Bahnexzentrizität groß und der Neigungswinkel der Rotationsachse nicht konstant sind. Die damit einhergehenden Klimaschwankungen können sich für das Leben zu einer erdrückenden Belastung auswachsen. Trotzdem dürfte eine solche Situation für die Entstehung von Leben kein unüberwindbares Hindernis darstellen. Durch Mutation und Selektion ist vermutlich eine Anpassung auch an kurzfristige, nicht zu große Klimaschwankungen zu erreichen.

Auf der Erde sind die jahreszeitlichen Temperaturschwankungen im Mittel eher mäßig und vor allem immer von annähernd gleicher Amplitude. Das hängt damit zusammen, dass die Erdachse nur um einen Winkel von ziemlich genau 23,5 Grad geneigt ist und die Erde im Verhältnis zu ihrer Masse einen relativ großen Mond besitzt, der die Achsenneigung stabilisiert. Wie das funktioniert, davon war bereits in Kapitel 8 in Bezug auf die Erde die Rede. Wird also ein Planet von einem massereichen Trabanten begleitet, so gewinnen auch auf den ersten Blick unwichtig erscheinende Eigenschaften wie Eigenrotation und Achsenstellung neben ihrem Einfluss auf Atmosphärentemperatur und Jahreszeit für die Stabilisierung der klimatischen Bedingungen über einen längeren Zeitraum zusätzlich an Bedeutung

Kommen wir nochmals auf die Planetenbahn und ihre Auswirkung auf das Leben zurück. Es nutzt der Beständigkeit des Lebens wenig, wenn die Bahn anfänglich innerhalb der habitablen Zone verläuft, aber nach einiger Zeit sozusagen aus der Spur läuft. Nur stabile Planetenbahnen garantieren die erwünschte Kontinuität in der Versorgung mit stellarer Energie. In Systemen mit mehreren Planeten besteht die Gefahr, dass sich einzelne Planeten auf ihrer Bahn um den Stern zu nahe kommen. Bei jeder Begegnung können sie daher aufgrund ihrer Gravitationskräfte ein wenig von ihrem ursprünglichen Kurs abgedrängt werden. Das kann so weit gehen, dass zwei Planeten schließlich kollidieren. In Extremfällen können sich durch entsprechende Bahnkonstellationen die Gravitationskräfte dermaßen aufsummieren, dass ein Planet sogar ganz aus dem System hinauskatapultiert wird. Nur Kreisbahnen mit relativ großen

Radiussprüngen garantieren, dass mehrere Himmelskörper einen Stern auf Dauer unfallfrei umkreisen können.

In unserem Sonnensystem findet man dieses Erfolgsrezept in wunderbarer Weise verwirklicht. Außer Merkur und Pluto laufen alle Planeten praktisch auf Kreisbahnen. Dass Merkur trotz seiner exzentrischen Bahn das System gravitativ nicht merklich stören kann, verdanken wir seiner sehr kleinen Masse. Bei Pluto, dessen Bahn teilweise innerhalb des weiter innen liegenden Planeten Neptun verläuft, sorgt eine spezielle Abstimmung der Umlaufperioden von Neptun und Pluto für ein problemloses Nebeneinander. Neptun umläuft die Sonne fast dreimal in der Zeit, die Pluto für zwei Umläufe benötigt. Man spricht hier auch von einer Drei-zu-zwei-Resonanz. Immer dann, wenn Pluto von Neptun überholt wird, befindet sich Ersterer gerade am sonnenfernen Scheitel seiner Bahnellipse, sodass der Abstand der beiden Planeten besonders groß und folglich die gegenseitige Störung minimal ist.

Wir wissen nicht, ob unser Sonnensystem schon jeher so aussah wie heute: mit neun Planeten auf fast kreisförmigen Bahnen. Es könnte durchaus sein, dass das nicht immer so war, dass in der Entstehungsphase unseres Sonnensystems »überzählige« Planeten entweder von der Sonne geschluckt oder durch die vereinten Gravitationskräfte der anderen Planeten aus dem System geworfen wurden. Einige Wissenschaftler haben sich die Frage gestellt, ob im Sonnensystem überhaupt Platz für einen weiteren Planeten wäre, ohne dass dadurch die Stabilität des Systems gefährdet würde. Anhand von Computersimulationen lässt sich zeigen, dass sich Umlaufbahnen von Körpern mit mondähnlicher Masse relativ schnell so stark verändern, dass es zu Zusammenstößen oder zum »kick out« dieser Objekte kommen kann. Könnte man beispielsweise die Erde mitsamt ihrem Mond aus dem Sonnensystem entfernen, so würden die Gravitationskräfte des Jupiter die Bahnen von Merkur und Venus so verändern, dass ein Zusammenstoß dieser beiden Planeten unvermeidbar wäre. Solche radikalen Prozesse könnten zur gegenwärtigen Konstellation in unserem Sonnensystem geführt haben. Bei diesem brutalen Ausleseverfahren würden bevorzugt die massereichen Himmelskörper überleben, da sie sich viel schwerer ablenken und aus der Bahn werfen lassen als kleine Planeten. Verdankt also unser Sonnensystem seine momentane Stabilität dem Ausschluss einer Vielzahl anfänglich vorhandener kleiner Körper? Wie bereits gesagt: Wir wissen es nicht.

Bei unseren bisherigen Überlegungen haben wir als selbstverständlich vorausgesetzt, dass ein Planetensystem von einem einzigen Zentralstern dominiert wird. Tatsächlich aber entstehen bei der Sternentwicklung zu etwa 80 Prozent Doppelsterne, die einander umkreisen und deren Massen nicht selten sehr unterschiedlich ausfallen. In einem solchen Doppelsternsystem sehen die Verhältnisse zwischen den Planeten und den Sternen jedoch ganz anders aus. Ein Planet, der einen der beiden Sterne zum Mutterstern hat, gerät auf seiner Bahn periodisch in den Anziehungsbereich des anderen Sterns und wird in den meisten Fällen nach einiger Zeit aus der Bahn geschleudert. Wie aus Computersimulationen ersichtlich wird, sind stabile Bahnen entweder nur in unmittelbarer Nähe um einen der beiden Sterne oder in großem Abstand um beide Sterne möglich. Doch keine der beiden Situationen kann für das Leben befriedigend sein.

Im ersten Fall muss der Planet seinen Mutterstern in sehr geringem Abstand umrunden, damit die Anziehungskraft des Sternzwillings gegen die Gravitation des Planetenmuttersterns vernachlässigbar klein bleibt. Zu nahe dran dürfte er aber auch nicht sein, denn dann befände er sich weit innerhalb der habitablen Zone seines Sterns und liefe Gefahr zu überhitzen. Außerdem würde der Planet schon nach relativ kurzer Zeit zur Korotation gezwungen, eine Situation, welche die Probleme mit der Temperatur nochmals verschärft. Im Übrigen wären eventuelle intelligente Lebewesen auf einem dem Mutterstern sehr nahen Planeten vermutlich einem ziemlich großen psychischen Stress ausgesetzt. Man muss sich nur vorstellen, wie bedrohlich ein Blick nach oben wirken müsste: Mehr als die Hälfte des Himmels würde von einer brodelnden, gleißend hellen Gaskugel eingenommen, die fortwährend gigantische Plasmaeruptionen in Richtung des Planeten feuert. Das alles müsste den potenziellen Bewohnern wie ein riesiges Damoklesschwert erscheinen, das über ihren Köpfen hängt.

Umkreist der Planet beide Sterne, so erleben potenzielle Bewohner ein ganz anderes Schauspiel. Man versuche sich nur vorzustellen, wie bei zwei Sonnen die Tage und Nächte aussähen. Doch ob sich auf einem Planeten weitab eines Doppelsterns jemals Leben entwickeln könnte, ist ungewiss – schließlich wäre der Energiefluss während eines Umlaufs alles andere als gleichmäßig. Liegen die Sterne weit auseinander, so sieht sich der Planet mit zwei getrennten habitablen, kugelförmigen Zonen konfrontiert; stehen die Sterne nahe beieinander, so überlagern sich die jeweiligen habitablen Zonen zu einem gemeinsamen Bereich. Seine Form wird jedoch keine Kugelschale mehr sein, sondern eher der einer Erdnuss gleichen.

Neben »nahe dran« und »weit weg« existiert noch eine dritte Möglichkeit für stabile Umlaufbahnen. In einem Doppelsternsystem gibt es nämlich fünf ausgezeichnete Stellen, die so genannten Lagrange-Punkte, an denen sich die Anziehungs- und Zentrifugalkräfte die Waage halten. Drei der Punkte liegen auf einer Linie mit den Sternen, die beiden anderen seitlich zu ihnen, und zusammen mit den Sternen finden sie sich alle in einer gemeinsamen Ebene. Ein Planet auf einem dieser Punkte rotiert synchron mit den beiden Sternen um den gemeinsamen Schwerpunkt, sodass vom Planeten aus betrachtet die Position der beiden Sterne immer gleich bleibt. Wie sich unter diesen Umständen die Jahreszeiten, die Tag- und Nachtverhältnisse und der Temperaturverlauf auf dem Planeten in Abhängigkeit von seiner Rotationsperiode und der Neigung seiner Drehachse gestalten, ist jedoch zu kompliziert, als dass wir hier näher darauf eingehen könnten.

Alles in allem bleibt die Erkenntnis, dass die Verhältnisse in einem Doppelsternsystem reichlich verwickelt und vermutlich Planeten von Doppelsternen für Leben völlig ungeeignet sind.

Neben den bisher betrachteten Kriterien gibt es noch eine Reihe anderer Umstände, die in einem Planetensystem zwar nicht unbedingt erfüllt sein müssen, die sich aber positiv auf die Entwicklung von Leben auswirken, wenn sie zutreffen. So ist es beispielsweise günstig, wenn neben dem zu betrachtenden Planeten mindestens ein weiterer, jedoch wesentlich massereicherer Planet den Zentralstern auf einer kreisförmigen, stabilen Bahn umrundet. Kommen sich die beiden Planeten während ihrer Umläufe nicht zu nahe und sind ihre Orbitalperioden so aufeinander abgestimmt, dass keine die Bahnkurve des betrachteten Planeten verzerrenden Resonanzen auftreten, so kann das für das Leben auf einem Planeten von großem Nutzen sein. In diesem Fall wirkt der zusätzliche massereiche Planet wie eine Art Schutzschild vor kosmischen Bomben, die aufkeimendes oder bestehendes Leben wieder vernichten könnten. Aufgrund seiner beträchtlich größeren Masse werden nämlich in das System eingedrungene Kometen, Meteoriten und kleine Asteroiden in seinem Gravitationsfeld gefangen.

In unserem Sonnensystem übernimmt der Planet Jupiter diese Rolle. Das wurde besonders deutlich, als im Juli 1994 der Komet Levy-Shoemaker eben nicht auf der Erde, sondern glücklicherweise auf dem Jupiter einschlug. Die einzelnen Bruchstücke, in die Levy-Shoemaker schon vor dem Aufprall zerborsten war, schlugen mit einer Geschwindigkeit von rund 60 Kilometern pro Sekunde ein und schleuderten dabei gewaltige Fontänen heißen Gases etwa 3000 Kilometer in den Raum hinaus. Das auf die Oberfläche zurückfallende Material heizte die Atmosphäre noch weiter auf, sodass über Wochen im infraroten Bereich helle Flecken mit einem Durchmesser von rund 25 000 Kilometern zu beobachten waren. Aus der Zusammenschau aller Daten konnten die Astronomen errechnen, dass trotz des eindrucksvollen Spektakels der Durchmesser jedes der etwa 20 einzelnen Kometenbruchstücke nicht größer war als etwa 700 Meter. Man wagt sich gar nicht auszumalen, was hätte geschehen können, wäre Shoemaker-Levy als ganzer Komet auf die Erde gestürzt.

Leider funktioniert dieser Schutzmechanismus nicht immer zuverlässig. In der Geschichte unserer Erde hat es in den letzten 500 Millionen Jahren mindestens fünf Perioden eines allumfassenden Massensterbens gegeben, wobei jedesmal 50 bis 90 Prozent aller Arten in einem Zeitraum von 10 000 bis 50 000 Jahren ausgelöscht wurden. Vermutlich sind die meisten dieser Katastrophen auf Meteoriteneinschläge zurückzuführen. Die vorletzte Katastrophe vor etwa 250 Millionen Jahren leitete den Aufstieg der Dinosaurier ein, die letzte vor etwa 65 Millionen Jahren führte zu ihrem Aussterben und zum Siegeszug der Säugetiere. Was die Dinosaurier betrifft, so ist man sich ziemlich sicher, dass es ein Meteorit war, der die Population dieser Urriesen ausgelöscht hat. Man glaubt sogar zu wissen, wo dieser Asteroid niedergegangen ist: nämlich auf der mittelamerikanischen Halbinsel Yucatán. Dort hat man unter mittlerweile abgelagerten Sedimenten einen Krater von 180 Kilometer Durchmesser gefunden, den ein etwa zehn Kilometer großer Brocken verursacht haben muss. Das Alter des Kraters passt gut mit den 65 Millionen Jahren zusammen, die seit dem Aussterben der Dinosaurier vergangen sind.

Statistische Untersuchungen zur Einschlaghäufigkeit haben ergeben, dass Meteoriten beziehungsweise Asteroiden dieser Größe im Schnitt nur etwa alle 100 Millionen Jahre auf der Erde einschlagen. Brocken von einem Kilometer Größe – ein solcher Meteorit soll beispielsweise im Nördlinger Ries niedergegangen sein – treffen die Erde dagegen bereits alle 500 000 Jahre, und Gesteinstrümmer von 50 bis 100 Meter Durchmesser schlagen sogar alle 100 bis 1000 Jahre auf. Schon diese relativ kleinen Bomben setzen beim Aufschlag eine Energie frei, die einer Milliarde Tonnen TNT oder mehreren Wasserstoffbomben gleichkommt. Was ein derartiger Einschlag bewirken kann, ließ sich 1908 in der sibirischen Taiga bei Tunguska beobachten, wo durch einen ähnlich kleinen Meteoriten Wälder auf einer Fläche von mehr als 2000 Quadratkilometern wie Streichhölzer geknickt wurden.

Angesichts solcher Katastrophen wäre es besser, wenn das Leben nicht zu früh mit seiner Entwicklung beginnt. Es sollte warten, bis die in der Frühphase der Planetenentstehung wesentlich häufigeren Meteoriteneinschläge weitgehend abgeklungen sind und die gefährlichen Kleinstkörper mehrheitlich durch die Anziehungskraft massereicher Planeten aus dem Planetensystem entfernt sind. Aber dann hätte das Leben auf der Erde erst vor etwa 60 Millionen Jahren beginnen können, und es wäre bis heute nicht über seine ersten Versuche hinausgekommen. Und wer weiß schon, wann der nächste Einschlag droht? Will sich das Leben einen Planeten erobern, so muss es eben auch solche gelegentlichen Katastrophen überstehen.

Nadeln im Heuhaufen

Unsere Liste der Voraussetzungen für Leben ist nun einigermaßen komplett. Jetzt wollen wir uns nach Orten im All umsehen, wo diese Bedingungen erfüllt sein könnten. Angenommen, wir hätten ein Raumschiff zur Verfügung, mit dem wir das ganze Universum bereisen könnten – wo in diesen unendlichen Sphären würden wir mit unserer Suche nach außerirdischem Leben beginnen? Wo sind die Orte zu finden, an denen eine gewisse Wahrscheinlichkeit besteht, dass die Voraussetzungen für Leben erfüllt sind? Wo könnte sich eine Suche nach belebten Planeten lohnen? Bevor wir ziellos umherzuirren beginnen, sollten wir lieber das Universum zunächst genau unter die Lupe nehmen und versuchen, anhand unseres Wissens über den Kosmos und seine Strukturen die vielversprechendsten Plätze im Universum herauszufiltern. Wie sich gleich zeigen wird, scheint nämlich bis auf wenige Ausnahmen der überwiegende Teil des Universums dem Leben eher feindlich gesonnen zu sein.

Nach allem, was wir bisher wissen, fliegen Planeten nicht irgendwo frei im Raum herum, sondern sind stets an Sterne gebunden. Sterne sind nicht gleichmäßig im Raum verteilt, vielmehr gehören sie zu riesigen Sternverbänden, den Galaxien, die wie leuchtende Oasen im Meer der Leere schweben. Wenn eine Suche Erfolg haben soll, dann vermutlich nur unter den Milliarden Sternen einer Galaxie. Aber nicht jede Galaxie kommt dafür infrage. Da gibt es alte und junge Galaxien und unter diesen wiederum irreguläre, elliptische und Scheibengalaxien. Auch die Sternpopulationen der diversen Galaxien unterscheiden sich beträchtlich. Im Laufe der letzten Jahrzehnte haben die Astronomen mithilfe immer leistungsstärkerer Teleskope und Messapparaturen so viel Wissen über Galaxien zusammengetragen, dass es oft schon ausreicht, den Galaxientyp zu identifizieren und nach dem Alter einer Galaxie zu fragen, um entscheiden zu können, ob eine Suche dort Erfolg haben könnte.

Mit einem Blick durch unsere Teleskope auf sehr weit entfernte Sterne und Galaxien tun wir gleichzeitig einen gewaltigen Schritt in die Vergangenheit des Universums. Galaxien in Entfernungen von Milliarden Lichtjahren sehen wir so, wie sie vor Milliarden Jahren waren, da das Licht von dort Milliarden Jahre zu uns gebraucht hat. Was wir sehen, sind also Galaxien zu einem Zeitpunkt, als diese noch relativ jung waren. Wir wissen heute, dass in jungen Galaxien die Verhältnisse ganz anders sind als in Galaxien, die bereits eine lange Entwicklungsgeschichte hinter sich haben. Es haben sich erst vor kurzem die ersten Sterne gebildet, und die meisten von ihnen sind noch am Leben. Folglich ist in jungen Galaxien das interstellare Gas noch ausgesprochen arm an schweren Elementen, die ja erst in den noch lebenden Sternen erbrütet werden müssen. Deshalb können sich noch keine erdähnlichen Planeten mit einem gesteins- oder metallartigen Kern gebildet haben, da die entsprechenden Elemente noch nicht in ausreichendem Umfang vorhanden sind. Erst wenn die erste Generation von Sternen erloschen ist und mit ihren Fusionsprodukten das interstellare Medium mit schweren Elementen angereichert hat, können Planeten aus den Gasscheiben, welche die neu geborenen Sterne umgeben, »auskristallisieren«.

Hinzu kommt, dass es in jungen Galaxien in der Regel ziemlich turbulent zugeht. Dort findet man vermehrt Schwarze

Löcher, umgeben von einer rotierenden Gasscheibe, so genannte Quasare. Die gewaltige Gravitationskraft eines Schwarzen Lochs saugt fortwährend Gas aus der Scheibe in sich hinein, wobei ungeheure Mengen tödlicher Röntgenstrahlung entstehen und sich gigantische Materiejets zu beiden Seiten der Gasscheibe bis zu einige hunderttausend Lichtjahre weit in das interstellare Medium hineinbohren. Die Leuchtkraft eines solchen Quasars ist bis zu 100-mal größer als die Leuchtkraft einer ganzen Galaxie von etwa 100 000 Lichtjahren Ausdehnung, obwohl der Quasar selbst millionenfach kleiner ist als eine Galaxie. In der Umgebung dieser kosmischen Kraftwerke wäre das Leben ständig bedroht, wenn es überhaupt Fuß fassen könnte. Doch damit nicht genug. In jungen Galaxien würde das Leben auch noch durch eine überproportionale Häufigkeit von Supernova-Explosionen gefährdet, da die ersten Sterne relativ massereich ausfallen und folglich viele von ihnen in einer Supernova explodieren

Nun kann man natürlich zu Recht sagen: Das, was die Astronomen da in ihren Teleskopen sehen, war einmal. Mittlerweile sind ja auch in den beobachteten Galaxien die Milliarden Jahre vergangen, die das Licht auf seinem langen Weg zu uns gebraucht hat. Es wird sich also auch dort einiges verändert haben. Aber, und das ist unser Dilemma: Wie sich die Galaxien inzwischen entwickelt haben und welche Verhältnisse dort heute herrschen, das kann niemand sagen. Wir wissen nicht einmal, ob es diese Galaxien überhaupt noch gibt. Zum gegenwärtigen Zeitpunkt lässt sich lediglich feststellen, dass es eher unwahrscheinlich ist, in den Spektren weit entfernter, also noch relativ junger Galaxien Anzeichen von Leben zu finden, von einem Leben, das sich trotz aller Widrigkeiten, die in jungen Galaxien vorherrschen, entwickelt haben müsste.

Die am häufigsten vorkommenden Galaxien gehören zum elliptischen Typ, und zwar deshalb, weil sie wie dicke Zigarren aussehen oder einem amerikanischen »Football« ähneln. Auch dort ist die Wahrscheinlichkeit für Leben gering. Diese riesigen Sternsysteme bestehen überwiegend aus alten Sternen. Alte

Sternpopulationen bieten dem Leben jedoch keine guten Bedingungen, da sich viele ihrer Mitglieder schon zu Roten Riesen entwickelt haben. Dieser Sternentyp hat das Wasserstoffbrennen beendet und bläht sich nun gewaltig auf. Wurden die Sterne einst von Planeten umkreist, so sind sie mit großer Wahrscheinlichkeit entweder von ihren Muttersternen verschlungen worden, oder es ist auf ihrer Oberfläche inzwischen so heiß, dass dort kein Leben mehr existieren kann. Trotz einer normalen, teilweise sogar überhöhten Metallhäufigkeit und einem Gasanteil, der durchaus vergleichbar ist mit dem in den noch zu besprechenden Scheibengalaxien, kommt es in elliptischen Galaxien zu keiner nennenswerten Neubildung von Sternen, da das Gas zwischen den alten Sternen mit etwa zehn Millionen Kelvin viel zu heiß und seine Dichte zu gering ist. Auch eine Entstehung neuer Planeten ist eher unwahrscheinlich, da sich diese Objekte ja aus dem Material der Staubscheiben zusammenballen, welche nur um relativ junge Sterne zu finden sind.

Nachteilig für die Entstehung von Leben ist auch, dass sich die Sterne in elliptischen Galaxien keiner vorherrschenden Bewegungsrichtung unterordnen, beispielsweise einer Rotation um ein ausgewiesenes Zentrum, sondern eher chaotisch durcheinander laufen. So kommt es häufig zu Beinahebegegnungen, und Bahnstörungen aufgrund der gegenseitigen Anziehungskräfte sind die Regel. Zusammenstöße ereignen sich jedoch nur äußerst selten. Bei einer derartigen engen Sternbegegnung unterliegen die an die Sterne gebundenen Planeten gewaltigen Gravitationskräften: Entweder wird ihre Bahn kräftig verzerrt, oder sie werden sogar aus dem Anziehungsfeld ihres Sterns herauskatapultiert. Aufgrund seiner im Verhältnis zum Stern geringen Masse kann ein Planet den attraktiven Kräften kaum etwas entgegensetzen.

Alles in allem sind auch in elliptischen Galaxien die Voraussetzungen für Leben nicht sonderlich gut.

In der anderen großen Galaxiengruppe, den Scheibengalaxien, zu denen die Spiral- und die Balkengalaxien gehören, sieht es bedeutend besser aus. Da wir uns in unserer Milchstraße, einer Spiralgalaxie, am besten auskennen, wollen wir an ihrem

Abb. 40: Aus Messungen der Gasverteilung kann man auf die Struktur und das Aussehen unserer Milchstraße schließen. Demnach handelt es sich dabei um eine rotierende Scheibengalaxie mit ausgeprägten Spiralarmen, ähnlich dem dargestellten Bild. Unser Sonnensystem liegt etwa 26 000 Lichtjahre vom Zentrum entfernt.

Beispiel die Verhältnisse in Spiralgalaxien untersuchen. In diesem Galaxientyp unterscheidet man drei Bereiche: nämlich eine zentrale, nahezu kugelförmige Verdickung im Zentrum, den so genannten Bulge, eine ausgedehnte, relativ dünne Scheibe mit den Spiralarmen und den Halo, einen sphärischen Bereich, der die gesamte Galaxie umgibt *(Abb. 40)*.

Im Halo unserer Milchstraße, teilweise weit außerhalb der Scheibenebene, befinden sich neben vereinzelten Sternen rund 150 so genannte Kugelsternhaufen. Wie der Name schon sagt, sind das kugelförmige Ansammlungen von mehreren 100 000 Sternen, die im Zentrum besonders dicht beieinander stehen. Auch hier ist vermutlich die Aussicht, belebte Planeten zu finden, gering, denn diese Kugelsternhaufen beherbergen die ältesten Sterne des Universums. Deshalb sind sie sehr arm an Metallen und Gas. Damit dürfte die Wahrscheinlichkeit, auf erdähnliche, gesteinsartige und metallreiche Planeten zu stoßen, kaum gegeben sein. Vermutlich sind dort noch nicht mal Gasplaneten entstanden, da auch die Bildung dieser Giganten mit einem mehrere

Erdmassen großen Metall- und Gesteinskern beginnt, der dann aufgrund seiner Gravitation rasch eine große Menge Gas aus der umgebenden Wolke an sich bindet. Auch in Kugelsternhaufen sind über einen langen Zeitraum stabil bleibende Planetenbahnen nicht garantiert. Der Grund ist der gleiche wie bei den elliptischen Galaxien: Die Sterndichte ist so hoch, dass ein Planet fortwährend in den Einflussbereich naher Sterne und deren Gravitationskräfte geraten würde und daher stets Gefahr liefe, aus seiner Bahn katapultiert zu werden. Ein weiterer Nachteil der Kugelsternhaufen ist der überproportional hohe Anteil an Doppelsternen. Oft bilden die beiden Sterne eine intensive Röntgenquelle, oder einer der Partner hat sich am Ende seines Lebens zu einem schnell rotierenden Pulsar entwickelt.

Man muss allerdings betonen, dass diese Erkenntnisse speziell für die Kugelsternhaufen unserer Milchstraße gelten. In anderen Galaxien, wie beispielsweise der großen und der kleinen Magellanschen Wolke, trifft das nicht zu. Dort kommen Kugelsternhaufen vor, in denen junge Sterne das Bild beherrschen. Auch in elliptischen Galaxien hat man in letzter Zeit mithilfe des Hubble-Weltraumteleskops Kugelsternhaufen mit jungen Sternen entdeckt. Die Behauptung, dass Leben in Kugelsternhaufen kaum eine Chance hat, gilt daher vornehmlich für unsere Galaxie. Eine Verallgemeinerung der in unserer Milchstraße herrschenden Verhältnisse kann also auch zu Fehlschlüssen führen.

Kommen wir zum Zentrum der Scheibengalaxien, dem Bulge. Auch hier sind die Sterne sehr alt, und die Sterndichte ist so hoch, dass man langfristig nicht mit stabilen Planetenbahnen rechnen kann. Hier ist das Leben ebenfalls aufgrund vieler hoch energetischer Prozesse gefährdet, zum Beispiel durch Supernova-Explosionen des Typs Ia, die mit der völligen Zerstörung eines Weißen Zwerges einhergehen. Die dabei in Form von Strahlung und Schockwellen freigesetzte Energie ist so gewaltig, dass in der unmittelbaren Umgebung nahezu alle Materie verstrahlt, verdampft oder einfach weggepustet wird. Wenn sich eine derartige Katastrophe in der Nähe eines belebten Planeten ereignet, kann das der Anfang vom Ende sein. Eine weitere Bedrohung stellen die heftigen Gammastrahlenausbrüche von Quasaren dar, die bevorzugt im Bulge angesiedelt sind. Und schließlich vermuten die Astronomen, dass die Zentren der Scheibengalaxien von Schwarzen Löchern beherrscht werden. Diese saugen die in ihren Einflussbereich geratene Materie auf und setzen dabei enorme Mengen hoch energetischer, für das Leben tödlicher Strahlung frei.

Bleibt noch die Galaxienscheibe mit den Spiralarmen und den Scheibensternen. Dort scheinen nach allem, was wir bis heute wissen, die Voraussetzungen für Leben am günstigsten zu sein: Hier ist reichlich Gas für die Entstehung neuer Sterne vorhanden. Auch der Anteil schwerer Elemente und insbesondere an Kohlenstoff in den Molekülwolken des interstellaren Mediums ist ausreichend hoch, um sowohl die Bildung von Planeten als auch ein Leben auf der Grundlage der Kohlenstoffchemie zu ermöglichen.

Doch ebenso gibt es in der Scheibe geeignete und weniger geeignete Zonen. Das beruht im Wesentlichen auf der Verteilung des Metallgehalts, der vom Scheibenzentrum zum Rand hin abnimmt. Bei einem zu geringen Metallgehalt in den Randbereichen der Scheibe wird die Bildung gesteins- und eisenhaltiger Planeten immer unwahrscheinlicher. Nahe der Scheibenmitte ist der Metallgehalt dagegen überproportional hoch und ausreichend Material für erdähnliche Planeten vorhanden. Dafür taucht dort ein anderes Problem auf, das mit den Spiralarmen zusammenhängt. Um zu verstehen, was es damit auf sich hat, müssen wir etwas ausholen: Spiralarme entstehen aufgrund von Dichtewellen und sind im Prinzip Zonen, in denen das Scheibengas im Vergleich zu den Bereichen zwischen den Armen dichter ist. Die Spiralarme rotieren mehr oder weniger starr mit konstanter Winkelgeschwindigkeit um das Zentrum. Das Scheibengas und die Sterne rotieren dagegen differenziell, schneller in Zentrumsnähe und langsamer am Rand der Scheibe. Insgesamt betrachtet dreht sich das System der Spiralarme jedoch langsamer als das Scheibengas mit den Sternen. Das führt dazu, dass das Scheibengas die Spiralarme überholt und der Reihe nach durchläuft. Die Verdichtung, die das Scheibengas dabei in jedem Spiralarm erfährt, führt zu einer Neubildung von Sternen. Das erklärt auch, warum die Spiralarme so hell leuchten: Sie sind die Orte, an denen die jungen, gleißend hellen, blau strahlenden Sterne geboren werden.

In den Spiralarmen sterben aber auch viele Sterne, vor allem die massereichen. Das hängt damit zusammen, dass massereiche Sterne eine vergleichsweise kurze Lebenserwartung haben und sich trotz ihrer Bewegung relativ zu den Spiralarmen in der kurzen Spanne ihres Lebens nicht weit von ihrem Geburtsort entfernen. Wie wir schon wissen, enden massereiche Sterne in einer Supernova mit den bekannten negativen Auswirkungen für Leben auf benachbarten Planeten.

Soweit die Fakten. Doch was hat das mit dem Leben zu tun? Wie es scheint, kann man auch unserer Milchstraße eine habitable Zone zuweisen. Sie liegt etwa auf halber Entfernung zwischen dem Bulge und dem Rand der Scheibe und scheint ziemlich schmal zu sein. Dort ist die Metallhäufigkeit für erdähnliche Planeten ausreichend hoch und die Differenzgeschwindigkeit von Spiralarmen und Scheibengas gering. Ein Stern, der hier gerade zwischen zwei Spiralarmen liegt, verbleibt auch relativ lange in diesem von astronomischen Katastrophen weniger bedrohten Bereich, sodass dem Leben viel Zeit bleibt, sich zu etablieren.

Was bedeutet das für uns? Die Sonne rotiert mit einer Geschwindigkeit von 220 Kilometern pro Sekunde in einer Entfernung von 26 000 Lichtjahren um das Zentrum der Milchstraße, also ziemlich genau in der habitablen Zone der Galaxis. Da die Spiralarme am Ort der Sonne nur etwa halb so schnell rotieren, dauert es rund 500 Millionen Jahre, bis alle Spiralarme einmal durchlaufen sind. Außerdem steht unsere Sonne gegenwärtig ziemlich genau zwischen zwei Spiralarmen: in einem Bereich, in dem die Gefahr einer Supernova gering ist. – Vielleicht haben wir es nicht zuletzt diesen glücklichen Konstellationen zu verdanken, dass das Leben auf der Erde Fuß fassen konnte.

Inwieweit sich die Verhältnisse in unserer Milchstraße auch auf andere Spiralgalaxien übertragen lassen, ist schwer zu sagen. Im Allgemeinen sind sich Spiralgalaxien, was ihren Aufbau und ihre Struktur betrifft, jedoch sehr ähnlich. Sollte es uns in der Zukunft technisch möglich sein, die Suche nach belebten Planeten auch auf andere Galaxien auszudehnen, so ist es mit Sicherheit nicht falsch, sich zunächst auf Spiralgalaxien zu konzentrieren und dort zuerst die viel versprechenden Scheibenbereiche unter die Lupe zu nehmen.

Und wieder mal ein Fazit

Wir haben nun viele Umstände aufgezählt, welche die Chancen des Lebens erhöhen, aber auch einige, die es verhindern können. Jetzt drängt sich die Frage auf, ob es nicht ein großer Zufall ist, dass all die positiven Faktoren für unsere Erde zutreffen, wogegen die negativen kaum ins Gewicht fallen. Nun, nach unserer Meinung ist es absolut kein Zufall, sondern schlichtweg selbstverständlich. Um nachvollziehen zu können, wie wir zu dieser Meinung kommen, wollen wir die Methodik bei unserer Analyse der Gegebenheiten verdeutlichen: Dass es auf der Erde Leben gibt, ist Fakt. Also haben wir die Aspekte, mit denen sich das Leben hier konfrontiert sieht, zusammengetragen, um schließlich festzustellen: Für die Erde trifft das alles zu! Man kann diese Vorgehensweise vergleichen mit einem Menschen, der wissen möchte, warum sein Auto fährt. Er zerlegt es und stellt fest, dass dazu ein Motor, vier Räder, ein Lenkrad und dergleichen mehr nötig sind. Dann baut er es wieder zusammen und freut sich, dass alles da ist, was man zum Fahren braucht. Doch ihm ist jetzt nicht nur klar, dass sein Auto fährt, er versteht auch, warum. Will unser Autofahrer nun herausfinden, ob auch andere Objekte fahren können, dann hat er eine ganze Palette von Komponenten zur Hand, von denen er weiß, dass sie unerlässlich sind, um fahren zu können.

So steht es auch mit unseren Erkenntnissen. Wir wissen jetzt, was das Leben braucht und wie die Verhältnisse auf Planeten sein müssen, damit eine gewisse Wahrscheinlichkeit besteht, dort auch Leben zu finden. Vielleicht müssen nicht alle Faktoren zusammentreffen, aber die meisten sind unverzichtbar, damit Leben entstehen kann.

10.

Extrasolare Planeten

War es unerlaubt zu denken, dass gewisse Planeten des atomischen Sonnensystems – diese Heere und Milchstraßen von Sonnensystemen, die die Materie aufbauten –, dass also einer oder der andere dieser innerweltlichen Weltkörper sich in einem Zustand befand, der demjenigen entspricht, der die Erde zu einer Wohnstätte des Lebens machte?

(Thomas Mann: *Der Zauberberg*)

Aus Staub geboren

Nachdem wir bereits festgestellt haben, dass neben der Erde in unserem Sonnensystem bestenfalls noch einige Monde für die Entfaltung von Leben infrage kommen, eine genauere Untersuchung dieser Objekte, zum Beispiel mithilfe von Sonden, jedoch noch nicht möglich ist, müssen wir uns auf der Suche nach außerirdischem Leben als Nächstes unter den Planeten außerhalb unseres Sonnensystems umsehen. Gibt es überhaupt andere Planetensysteme, so müssen wir fragen, und lassen sich unter ihnen Kandidaten ausmachen, die den Anforderungen des Lebens auch gerecht werden? Mittlerweile versuchen weltweit mehrere Forschergruppen hierauf Antworten zu finden.

Doch zunächst wollen wir uns ansehen, wie man sich die Entstehung von Planeten vorzustellen hat. Dazu müssen wir die Vorgänge betrachten, die bei der Entstehung des Sterns in seiner unmittelbaren Umgebung ablaufen. Wie wir bereits im Kapitel 5 erfahren haben, entstehen Sterne, indem eine dichte, kalte Gas- und Staubwolke unter ihrer eigenen Schwerkraft zusammenbricht. Während im Zentrum der kollabierenden Wolke der junge Stern heranwächst, konzentriert sich ein Teil des Wolkengases in einer Scheibe um den Stern. Dichte und Temperatur des Gases fallen zum Scheibenrand hin kontinuierlich ab. Im Abstand von einer AE zum Stern liegt die Scheibentemperatur typischerweise im Bereich von 50 bis etwa 300 Kelvin. Derartige Scheiben mit einer Masse von 0,005 bis 0,2 Sonnenmassen und einem Durchmesser bis zu 100 AE hat man mittlerweile um viele noch sehr junge Sterne entdeckt.

Ein erster Blick auf unser Sonnensystem legt nahe, dass Planeten aus einer solchen zirkumstellaren oder, wie man auch sagt, planetaren Scheibe entstehen. Besonders zwei Gesichtspunkte stützen diese Theorie. Zum einen bewegen sich die Planeten auf nahezu kreisförmigen Bahnen, die alle mehr oder weniger in der gleichen Ebene verlaufen. Zum anderen kreisen sämtliche Planeten mit gleichem Drehsinn um die Sonne. Dies sind beides Indizien, die für eine Planetenentwicklung aus einer relativ flachen Scheibe sprechen.

Gemäß den gegenwärtigen Theorien zur Planetenentstehung stoßen die in der Scheibe rotierenden Staubteilchen zusammen und verbacken dabei zu immer größeren Klümpchen *(Abb. 41)*. Warum aber kollidieren die Teilchen, obwohl sie doch scheinbar unabhängig voneinander in der Gasscheibe den Stern umkreisen? Ursache dafür ist ein subtiles Wechselspiel zwischen dem Gas der Scheibe und den darin enthaltenen Staubteilchen. Generell werden sowohl das Gas als auch der Staub von der Schwerkraft des Sterns angezogen. Betrachten wir zunächst das Gas: Um nicht in den Stern hineinzustürzen, muss auf das Gas eine gleich große, der Anziehungskraft entgegengerichtete Kraft wirken. Diese Kraft setzt sich zusammen aus der Zentrifugalkraft, hervorgerufen durch die Rotation des Gases um den Stern, und dem in der Scheibe herrschenden Gasdruck. Da der Gasdruck einen Teil der für das Gleichgewicht nötigen Kraft übernimmt, kann die Zentrifugalkraft etwas kleiner sein. Das Gas rotiert folglich langsamer, als es ohne die Wirkung des Gasdrucks nötig wäre. Wie aber ist das bei den Staubpartikeln? Sie

Abb. 41: Planeten entstehen aus einer Gas- und Staubscheibe um einen noch jungen Stern. Staub und Gas klumpen zunächst zu immer größeren Körpern, den so genannten Planetesimalen, zusammen, die ihrerseits wieder zusammenstoßen und sich schließlich zu einem Planeten vereinigen.

sind anfänglich so klein, dass sie von den Gasmolekülen mitgerissen werden und mit gleicher Geschwindigkeit wie das Gas rotieren. Da auf diese Teilchen der Gasdruck jedoch keine Auswirkung hat, rotieren sie insgesamt etwas zu langsam, um sich auf einer Kreisbahn halten zu können. Infolgedessen ergibt sich ein Gravitationsübergewicht, das den Staub spiralförmig nach innen driften lässt. Auf derartigen Spiralbahnen sind Kollisionen mit anderen Teilchen viel wahrscheinlicher als auf kreisförmigen Bahnen, auf denen alle Partikel in annähernd gleicher Geschwindigkeit unterwegs sind.

Haben die Staubteilchen schließlich infolge der fortwährenden Zusammenstöße eine gewisse Größe erreicht, so koppeln sie sich vom Gas der Scheibe ab. Im Laufe von einigen Jahrmillionen bilden sich dann durch weitere Kollisionen die Vorläufer der Planeten, Brocken mit Durchmessern von bis zu 100 Kilometern, die so genannten Planetesimale. Von da ab erfolgen die Zusammenstöße nur noch aufgrund der Anziehungskräfte, die zwischen den Planetesimalen wirken. Massereiche Körper kollidieren dabei wegen ihrer größeren Gravitationskräfte weitaus häufiger mit massearmen Körpern als massearme Planitesimale mit anderen massearmen Objekten. Auf diese Weise wachsen die großen Planitesimale auf Kosten der kleinen schließlich zu einem tausende Kilometer großen Planeten heran. Das Wachstum ist beendet, wenn alles Material im Bereich der jungen Planeten aufgesammelt ist. Der ganze Prozess dauert nicht länger als etwa 100 Millionen Jahre.

Nach Ansicht der meisten Theoretiker haben sich die gesteinsartigen, eisenhaltigen terrestrischen Planeten unseres Sonnensystems, nämlich Merkur, Venus, Erde und Mars, entsprechend den geschilderten Prozessen gebildet. Diese Theorie stützt sich auf den Befund, dass die Temperatur des Gases am inneren Rand der Scheibe am höchsten ist und nach außen abfällt. Das bedeutet, dass in der näheren Umgebung des Zentralsterns nur solche Materialien auskondensieren können, die einen hohen Schmelzpunkt aufweisen. Im Wesentlichen sind das die Elemente Eisen, Silizium, Aluminium, Magnesium und deren Oxide. Für die Planetenbildung im inneren Scheibenbereich steht somit nur Kondensatmaterial hoch schmelzender Komponenten zur Verfügung. Die terrestrischen Planeten entstanden also sozusagen »vor Ort«.

Die Kondensationstemperaturen für Gase wie Methan, Ammoniak, Kohlendioxid oder auch Wasserdampf liegen dagegen weiter außen in der Scheibe. Folglich können sich Gasplaneten erst in größerer Entfernung vom Stern, ab etwa fünf AE, bilden. Die Theorie zur Entstehung von Gasplaneten geht davon aus, dass sich wie bei den terrestrischen Planeten zunächst ein gesteinsartiger Kern aus silikatischem, karbonatischem oder ferritischem Staubkondensat zusammen mit Eiskondensaten von Wasserdampf, Methan oder Kohlendioxid ausformt. Anschließend kommt es zu einer raschen Anhäufung von umgebendem Gas auf dem Kern. Solange die Masse des Kerns noch unterhalb eines kritischen Werts von etwa 10 bis 15 Erdmassen liegt, hält der Strahlungsdruck, der sich in erster Linie aus der Bewegungsenergie aufprallender Planetesimale speist, dem Druck der Gashülle das Gleichgewicht. Mit wachsender Gasmasse reicht jedoch die frei werdende Energie nicht mehr aus, um die Gashülle zu stabilisieren, sodass sie schließlich kollabiert und neues Gas aus der umgebenden Scheibe zufließen kann. Ab jetzt übertrifft die Gasakkretionsrate die Festkörperakkretionsrate um mehrere Größenordnungen. Computersimulationen zeigen, dass sich beispielsweise die gesamte Hülle des größten Gasplaneten in unserem Sonnensystem, des Jupiter, in nur etwa 100 000 Jahren gebildet haben könnte.

Halten wir als Quintessenz fest: Gesteinsartige, erdähnliche Planeten bilden sich sehr wahrscheinlich nur in geringem Abstand zum Zentralstern, wogegen Gasplaneten erst in größerer Entfernung entstehen können. Wir werden darauf später noch zurückkommen. Doch jetzt zum eigentlichen Thema, den extrasolaren Planeten.

Das Versteckspiel

Es war schon immer ein Traum der Astronomen, Planeten um andere Sterne zu finden. Als 1992 Wolszczan und Frail um einen Pulsar, einen schnell rotierenden Neutronenstern, vier Trabanten entdeckten, war die Aufregung unter den Astronomen entsprechend groß. Man konnte sich zwar nicht erklären, wie diese Objekte die Supernova-Explosion, aus welcher der Pulsar hervorgegangen sein musste, überstanden hatten, doch in der allgemeinen Euphorie war das zunächst eine Frage von untergeordneter Bedeutung. Drei Jahre später gelang den Astronomen Mayor und Queloz mit der Entdeckung eines Planeten um einen Hauptreihenstern ein weiterer Treffer. Von da ab wurde die Suche nach Planeten außerhalb unseres Sonnensystems zum zentralen Thema vieler Forschungsgruppen. Sie wollen herausfinden, wie häufig Planetensysteme vorkommen, ob die Planeten hinsichtlich ihrer Masse, ihrer Orbitalbahnen und Bahnexzentrizitäten sowie bezüglich ihres Aufbaus den Planeten unseres Sonnensystems ähnlich sind und inwieweit die Systeme unserem gleichen.

Mittlerweile haben die Astronomen eine Reihe von Methoden zum Aufspüren von Planeten erdacht und immer weiter verbessert. Einige dieser Verfahren sind nicht ausgesprochen neu, aber ihre Anwendung ist erst in den letzten Jahren durch den Einsatz zunehmend leistungsfähigerer Teleskope und Detektoren möglich geworden. Schauen wir in die Trickkiste der Planetenjäger, und machen wir uns mit den Verfahren zur Suche nach Planeten vertraut.

Die nahe liegende Idee, Sterne direkt mit einem Teleskop zu beobachten und dabei auf den Stern umkreisende Planeten zu stoßen, bereitet ziemliche Schwierigkeiten. Planeten leuchten ja nicht aus eigener Kraft, sondern beziehen ihre Helligkeit aus der Reflexion des vom Zentralstern abgestrahlten Lichts. In unserem Sonnensystem leuchtet beispielsweise der Planet Jupiter im Bereich des sichtbaren Lichts rund eine Milliarde Mal schwächer als die Sonne. In größerer Entfernung wird daher der Planet vom Stern total überstrahlt und ist praktisch nicht zu erkennen. Man kann das vergleichen mit dem Versuch, aus 1000 Kilometer Entfernung eine Kerze neben einem Stadionscheinwerfer ausfindig zu machen.

Ein Verfahren, das die Physiker als »Nulling« bezeichnen, soll dieses Problem in naher Zukunft weitgehend beheben. Dazu überlagert man die Bilder zweier Teleskope in einer gemeinsamen Ebene derart, dass das Licht des Sterns, nicht aber das des Planeten, unterdrückt wird und so der schwach leuchtende Planet neben seinem Stern zum Vorschein kommt. Erste Versuche mit dieser Technik sind bereits viel versprechend verlaufen. Für das Jahr 2011 plant die NASA den Start des »Terrestrical Planet Finder« (TPF), und die ESA will 2014 mit »DARWIN« nachziehen. Bei beiden Systemen handelt es sich um eine Anordnung von fünf beziehungsweise sechs frei fliegenden, interferometrisch gekoppelten Weltraumteleskopen. Damit soll es möglich sein, das Licht eines Sterns auf etwa ein Hunderttausendstel abzuschwächen, sodass Planeten bis zu einer Entfernung von 50 Lichtjahren noch gut zu erkennen sein würden.

Eine andere Methode zur Planetenentdeckung ist die so genannte Astrometrie, die Vermessung des Sternortes in Abhängigkeit von der Zeit. Fragt man am Stammtisch in die Runde, wie man sich die Bewegungen eines Planeten um seinen Stern vorzustellen hat, so erhält man oft zur Antwort, dass sich der Planet um den stillstehenden Zentralstern dreht. Diese Ansicht ist jedoch falsch. In Wahrheit drehen sich Stern *und* Planet, und zwar um ihren gemeinsamen Schwerpunkt. Von der Erde aus gesehen, scheint daher der Stern fortwährend am Himmel hin und her zu pendeln. Diese Bewegung bezeichnen die Astronomen auch als »star-wobble«. Eine derartige Pendelbewegung ist ein untrügliches Zeichen für die Gegenwart eines massereichen Begleiters. Um zu einer Aussage über die Masse des Planeten in der Lage zu sein, muss man den Winkel messen, um den sich der Stern von der Erde aus gesehen verschiebt. Da der Planet wesentlich masseärmer ist als sein Stern, liegt der gemeinsame Schwerpunkt meist in unmittelbarer Nähe des Zentralsterns, und der zu messende Winkel wird sehr klein. Ein Planet von der Größe Jupiters, der einen unserer Sonne ähnlichen Stern umkreist, würde, aus einer Entfernung von etwa 30 Lichtjahren betrachtet, nur ein Hin- und Herschwingen von einem zehnmillionstel Grad verursachen. Man braucht also extrem genaue Instrumente. Die Geräte des Satelliten »FAME«, der 2004 gestartet werden soll, können diesen Wert noch um eine Größenordnung überbieten, sodass man damit Planeten von der doppelten Jupitermasse noch in einer Entfernung von rund 80 Lichtjahren finden könnte. Eine nochmalige Steigerung der Messgenauigkeit um den Faktor 50 wird es mit dem schon erwähnten »TPF« geben. Dann könnten sogar Planeten von der Größe der Erde aus Entfernungen von bis zu etwa zehn Lichtjahren aufgespürt werden.

Aus der Messung des Winkels allein lässt sich jedoch noch nicht auf die Planetenmasse schließen. Man muss auch die Periode des Hin- und Herpendelns messen. Sind schließlich noch die Entfernung Beobachter–Stern und die Sternmasse bekannt, so kann man daraus die Masse des Planeten und seinen Abstand vom Stern ermitteln.

Eine dritte Art, fernen Planeten auf die Spur zu kommen, sind so genannte Laufzeitmessungen. Sie lassen sich nur anwenden bei Objekten, die wie beispielsweise die Pulsare periodisch kurze Lichtsignale aussenden. Die Zeit, die das Licht von einem derartigen Objekt bis zum Beobachter benötigt, ist umso länger, je weiter das Objekt vom Beobachter entfernt ist. Wird der Pulsar von einem Planeten begleitet und ist die Ebene der Planetenbahn im Raum zufällig so orientiert, dass sie der Beobachter von der Seite sieht, so führt die Rotation um den gemeinsamen Schwerpunkt zu einer periodischen Entfernungsänderung zwischen Pulsar und Beobachter. Damit ändert sich auch die Zeit, die das Licht für den Weg vom Pulsar zum Beobachter benötigt. Aus der Zeitdifferenz der Lichtsignale vom erdnächsten beziehungsweise erdfernsten Punkt zum Beobachter und der gemessenen Rotationsperiode lassen sich wiederum die Masse des Planeten und seine Entfernung zum Pulsar ableiten.

Dass man mit diesem Verfahren durchaus Erfolg haben kann, beweist die Tatsache, dass der erste extrasolare Trabant ausgerechnet um einen Pulsar entdeckt wurde. Anwendbar ist diese Methode aber auch auf andere Objekte, die periodisch Licht aussenden. Die Verfahren zur Messung von Zeitdifferenzen sind mittlerweile so weit verfeinert, dass die Ermittlung auch extrem kleiner Zeitunterschiede kaum Probleme bereitet.

Eine Orientierung der Bahnebene des Planeten wie bei der Laufzeitmessung eröffnet noch eine andere Möglichkeit, Planeten zu entdecken. Bei dieser Konstellation gerät der Planet auf seinem Weg um den Stern periodisch direkt zwischen Stern und Beobachter, und man sieht den Planeten vor der Sternscheibe vorüberziehen *(Abb. 42)*. Je nach Größe des Planeten wird dabei ein gewisser Prozentsatz des Sternenlichts abgeblockt, und der Beobachter misst während des Vorbeigangs eine verringerte Sternhelligkeit. Aus dem Helligkeitsunterschied vor und während des Vorbeigangs und aus der Dauer der Bedeckung kann man den Durchmesser des Planeten und seinen Abstand zum Stern bestimmen. Sind die Masse des Sterns und die Umlauf-

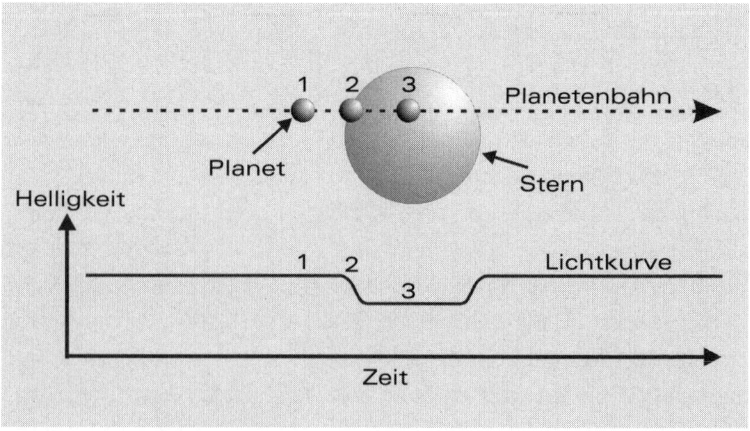

Abb. 42: Läuft ein Planet auf seiner Umlaufbahn vor seinem Stern vorbei, so verringert sich für einen Beobachter auf der Erde die Helligkeit des Sterns. Aus der Variation der Lichtkurve kann man auf die Masse, die Umlaufzeit und die Entfernung des Planeten vom Stern schließen.

periode des Planeten, die ja gleich dem zeitlichen Abstand zweier aufeinander folgender Bedeckungen ist, bekannt, so kann man auch die Planetenmasse berechnen.

Doch wie groß sind die zu erwartenden Helligkeitsunterschiede? Beim System Sonne/Jupiter sinkt die Helligkeit um etwa ein Hundertstel, bei einem Sonne-/Erde-ähnlichen System sogar nur um ein Zehntausendstel. Man braucht also wieder sehr genaue und empfindliche Messgeräte. Wegen der Turbulenzen in der Atmosphäre sind derartig geringe Helligkeitsunterschiede aber schwierig zu messen, sodass sich von der Erde aus nur Planeten mit mindestens Jupitermasse entdecken lassen. Um Planeten von der Größe der Erde aufzuspüren, muss man die Beobachtung von einem Satelliten außerhalb der Erdatmosphäre durchführen. Ab dem Jahr 2006 wird diese Aufgabe ein von der NASA entwickelter Photometriesatellit mit dem ehrwürdigen Namen »Kepler« übernehmen. Damit sollen über vier Jahre hinweg in einem ausgewählten Sektor unserer Milchstraße unentwegt bis zu 100 000 Sterne gleichzeitig beobachtet werden.

Bei der Suche nach fernen Planeten kann auch ein Phänomen behilflich sein, das die Astronomen als Gravitationslinseneffekt bezeichnen. Dieser Effekt entsteht immer dann, wenn eine große Masse den Raum lokal verzerrt, ähnlich wie eine Bleikugel eine tiefe Delle in ein gespanntes Gummituch hineindrückt. Befindet sich die Masse zwischen dem Beobachter und einem fernen Hintergrundstern, so wirkt sie wie eine Linse, die das Licht des Hintergrundsterns bündelt und ihn heller erscheinen lässt, als er tatsächlich ist *(Abb. 43)*. Bei einem Stern mit einem Planeten als »Linse« beobachtet man ein glockenförmiges Ansteigen der Helligkeit mit einer aufgesetzten, vom Planeten hervorgerufenen zusätzlichen Helligkeitsspitze. Abschätzungen zeigen, dass ein erdähnlicher Planet den durch den Stern verursachten Helligkeitsanstieg jedoch nur um etwa ein Prozent erhöht. Man muss also wieder sehr genau messen. Als Hintergrundsterne eignen sich besonders Sterne im Zentrum unserer Milchstraße, das von unserem Sonnensystem rund 26 000

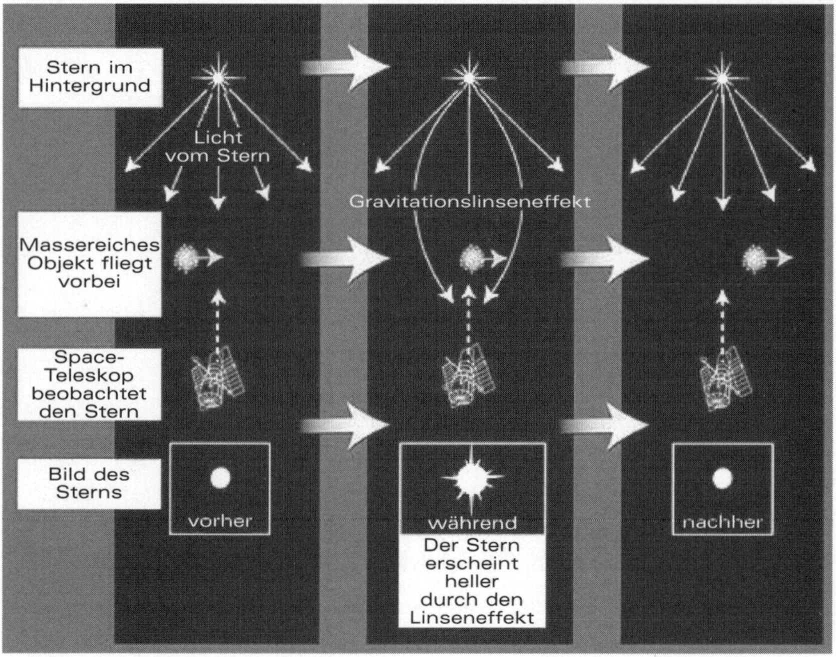

Abb. 43: Zieht ein massereiches Objekt zwischen Teleskop und einem fernen Stern vorbei, so erscheint der Stern durch den Gravitationslinseneffekt kurzfristig heller, wenn das Objekt gerade die Sichtlinie Teleskop/Stern kreuzt.

Lichtjahre entfernt ist. Da der Gravitationslinseneffekt jedoch am deutlichsten ausfällt, wenn die Linse auf der halben Entfernung Beobachter–Hintergrundstern zu liegen kommt, lassen sich nur Planeten in einem relativ engen Entfernungsbereich um 13 000 Lichtjahre aufspüren. Dass außerdem der Gravitationslinseneffekt lediglich ein einziges Mal auftritt, weil sich die entsprechende Konstellation zwischen Beobachter, Stern mit Planet und Hintergrundstern nicht wiederholt, erschwert die Suche zusätzlich. Diese zeit-, intensitäts- und entfernungsbedingten Nachteile machen die Gravitationslinsenmethode denn auch relativ unattraktiv.

Die zurzeit erfolgreichste Methode zum Auffinden extrasolarer Planeten bedient sich des Dopplereffekts. Ist das System

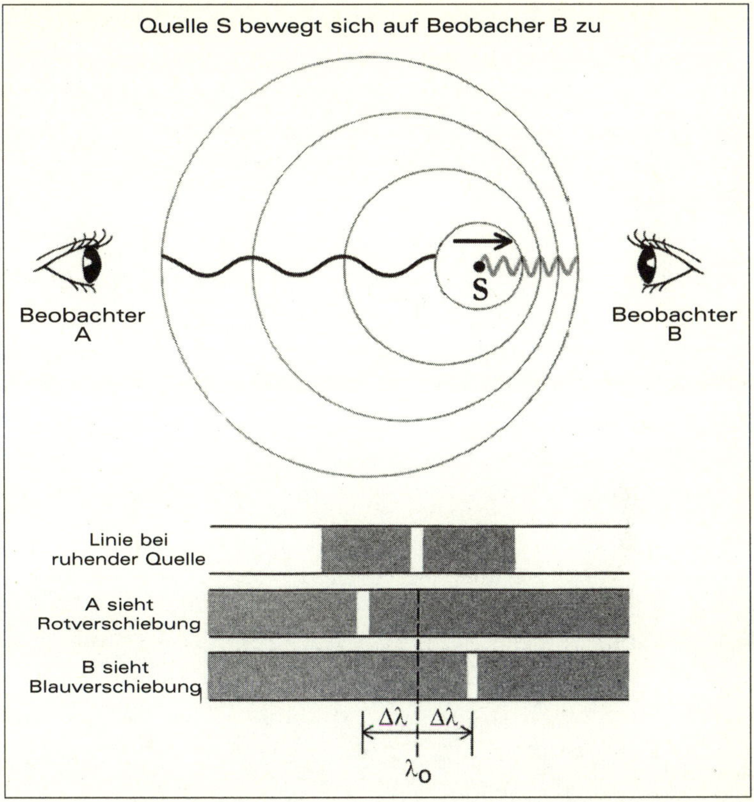

Abb. 44: Ein Beobachter, auf den sich die Lichtquelle zubewegt, misst eine kürzere Wellenlänge (Blauverschiebung) als ein Beobachter, von dem sich die Lichtquelle entfernt (Rotverschiebung).

Stern/Planet so orientiert, dass der Beobachter von der Seite auf die Planetenbahn blickt, so bewegt sich der Stern bei seiner Rotation um den Schwerpunkt periodisch auf den Beobachter zu und wieder von ihm weg. Was eine derartige Bewegung für das vom Stern emittierte Licht bedeutet, lässt sich gut anhand einer bewegten Schallquelle erklären. Wenn im Bahnhof eine Lokomotive kurz vor der Abfahrt pfeift, nehmen wir den Pfiff in einer bestimmten Tonhöhe wahr. Kommt die Lok pfeifend auf uns zu, ist der Ton höher, fährt sie von uns weg, ist er niedriger. Die Physiker bezeichnen das als Dopplereffekt. Das Gleiche passiert mit dem vom Stern emittierten Licht. Bewegt sich der Stern auf uns zu, wird sein Licht zu höheren Frequenzen oder, wie man auch sagt, ins Blaue verschoben. Entfernt er sich von uns, verschiebt sich sein Licht ins Rote, es wird niederfrequenter *(Abb. 44)*.

Aus der Rot- beziehungsweise Blauverschiebung kann man die Geschwindigkeit ermitteln, mit der sich der Stern relativ zum Beobachter bewegt. Typische Werte liegen bei etwa 30 Meter pro Sekunde. Läuft der Planet auf einer Kreisbahn um seinen Stern, so beschreibt auch der Stern einen Kreis um den gemeinsamen Schwerpunkt, und die Geschwindigkeiten bei der Annäherung und Entfernung des Sterns sind gleich. Folglich liegen die Messwerte auf einer schönen Sinuskurve *(Abb. 45)*. Dagegen deutet

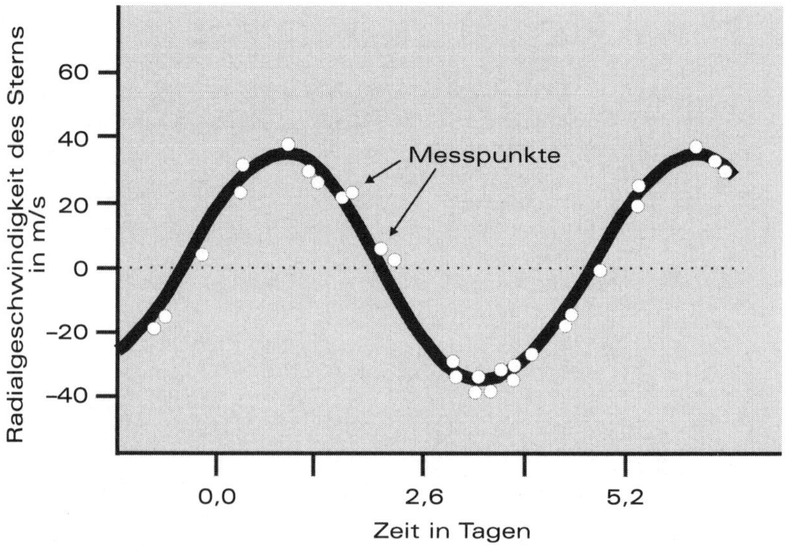

Abb. 45: Ein von einem Planeten umkreister Stern rotiert auch selbst um den gemeinsamen Massenschwerpunkt Stern/Planet. Auf dieser Bahn läuft er periodisch auf den Beobachter zu und wieder von ihm weg. Mithilfe des Dopplereffekts kann man diese so genannte Radialgeschwindigkeit der Sternannäherung und des Sich-wieder-Entfernens messen und daraus auf die Masse und Bahnperiode des Planeten schließen.

eine mehr oder weniger verzerrte Sinuskurve auf eine elliptische Umlaufbahn hin. Aus den gemessenen Werten, der bekannten Masse des Sterns und der Umlaufperiode des Planeten, die gleichbedeutend ist mit der Zeit zwischen zwei aufeinander folgenden Rot- beziehungsweise Blauverschiebungen, lassen sich schließlich die Masse des Planeten, sein Abstand zum Stern und seine Bahngeschwindigkeit berechnen.

Natürlich hängt die Dopplerverschiebung von der Größe der Planetenmasse ab: Je kleiner sie ist, desto geringer fällt auch die Dopplerverschiebung aus. Derzeit kann man die betreffenden Geschwindigkeiten mit einer Genauigkeit von etwa drei Metern pro Sekunde bestimmen. Damit lassen sich Planeten von der Masse Jupiters noch in einem Abstand von fünf AE entdecken. Für masseärmere Planeten sind entweder Geräte mit größerer Messgenauigkeit erforderlich, oder der Planet muss den Stern in einem geringeren Abstand umkreisen. Wenn es gelänge, die Messgenauigkeit auf einen Meter pro Sekunde zu steigern, wären auch Planeten mit saturnähnlicher Masse zu entdecken. Mittlerweile gehen die Planetenjäger davon aus, dass sich die Geräte innerhalb der nächsten Jahre so verbessern lassen, dass mit dem Dopplerverfahren sogar Planeten bis zur 15-fachen Erdmasse aufgespürt werden können – vorausgesetzt, ihre Entfernung zum Zentralstern ist klein genug. Planeten von der Größe der Erde werden sich jedoch noch eine geraume Weile den »Dopplerjägern« entziehen.

Die Beute

Mit den geschilderten Verfahren suchen Astronomen seit rund sechs Jahren unsere nähere Umgebung nach Sternen ab, die wie unsere Sonne von einem oder auch von mehreren Planeten umkreist werden. Dass man dabei fündig geworden ist, haben wir mit einigen Beispielen belegt. Nicht selten mussten dazu Sterne über Jahre hinweg beobachtet werden, um eine Bewegung wie das Hin- und Herpendeln überhaupt erkennen zu können, denn dieser Bewegung sind andere Bewegungen überlagert. So wandert beispielsweise der Stern in seiner Galaxie, indem er um das Zentrum rotiert. Hinzu kommen eventuelle Driftbewegungen des Sterns unter dem Einfluss anziehender Massen, die entgegen, mit oder quer zur allgemeinen Rotation verlaufen können. Alles zusammen ergibt eine Eigenbewegung des Sterns, aus der sich nur mühsam die für das jeweilige Verfahren bedeutsame Bewegung herausfiltern lässt. Man muss sich dessen bewusst sein, um die Arbeit der Wissenschaftler und die erzielten Ergebnisse auch gebührend würdigen zu können.

Was lässt sich zu Art und Umfang der bisher eingebrachten Beute sagen? Konzentrieren wir uns nur auf die für das Leben interessanten Hauptreihensterne, auf Sterne, die sich in der Phase des Wasserstoffbrennens befinden. Am 7. Januar 2003 standen auf der Liste des Planetenjägers Jean Schneider vom Observatoire de Paris genau 91 Sterne mit insgesamt 105 Planeten. Unter den 91 Sternen sind zehn, die jeweils zwei Planeten besitzen, und zwei, die sogar von drei Planeten umkreist werden. Mit einer Ausnahme liegen alle Sterne im Bereich von 0,7 bis hinauf zu 1,4 Sonnenmassen und davon wiederum 65 im besonders interessanten Sektor von 0,8 bis 1,2 Sonnenmassen. Was die Entfernungen zu unserer Sonne betrifft, so sind es zum nächst liegenden Stern nur ganze elf und zum am weitesten entfernten rund 5000 Lichtjahre. Das Gros der Sterne befindet sich in einem Abstand von 50 bis 200 Lichtjahren. Wenn man bedenkt, dass allein unsere Milchstraße einen Durchmesser von 100 000 Lichtjahren aufweist, haben die Planetenjäger bisher nicht mehr als gerade mal die Gegend unmittelbar vor unserer Haustür abgeklappert. Aber in größere Entfernungen kann man zurzeit einfach nicht vordringen, da die Geräte noch zu unempfindlich sind. Erst die neue Instrumentengeneration, die etwa ab dem Jahr 2005 zum Einsatz kommen soll, wird uns aller Voraussicht nach einen großen Schritt vorwärts bringen.

So weit ist eigentlich nichts besonders Auffälliges aufgetaucht in der Liste der Sterne, nichts jedenfalls, was man nicht auch hätte erwarten können. Nachdem die Astronomen sich aber die zu den Sternen gehörenden Planeten genauer angesehen hatten, waren sie doch sehr überrascht. Das waren ja echte Riesen, die man da gefunden hatte! Dass man aufgrund der eingeschränkten Empfindlichkeit der Geräte keine Planeten von der Größe der Erde entdecken würde, war allen klar. Aber solche Giganten, die bis zu 13-mal mehr Masse haben als Jupiter, der größte Planet in unserem Sonnensystem, hatte man nicht erwartet. Der kleinste Planet hat immerhin noch 38 Erdmassen. 31 sind kleiner beziehungsweise fast gleich groß wie Jupiter, 28 haben eine ein- bis zweifache Jupitermasse, und die restlichen 46 sind um ein Vielfaches massereicher als Jupiter.

Kaum hatte man sich vom ersten Schock erholt, folgte gleich der nächste. Die Entfernungen der Planeten zu ihrem Stern waren zum Teil aberwitzig klein. Zum Vergleich: In unserem Sonnensystem umkreist die Erde die Sonne in einer Entfernung von rund 150 Millionen Kilometern, im Abstand einer Astronomischen Einheit, kurz 1 AE. Jupiter, der 320-mal so massereich ist wie die Erde, zieht seine Bahn in einem Abstand von 5,2 AE und braucht für eine Umrundung 11,86 Jahre. Und die entdeckten Planeten? Sage und schreibe 53 umkreisen ihren Stern in einem Abstand, der kleiner ist als eine AE. Den Rekord hält ein 0,9 Jupitermassen großer Planet mit nur 0,0225 AE. Zwei Planeten sind genauso weit von ihrem Stern entfernt wie die Erde von der Sonne, und 20 liegen im Bereich zwischen einer und zwei AE. Auch unter den restlichen 30 weiter entfernten Planeten finden sich nur zwei, deren Entfernung zu ihrem Stern größer ist als der Abstand zwischen Sonne und Jupiter. Somit umkreisen weit mehr als die Hälfte aller Planeten ihren Stern in einer um ein Vielfaches geringeren Entfernung als unser Jupiter die Sonne. Das wirkt sich natürlich auch auf die Umlaufzeiten aus. 35 der »Fundstücke« brauchen weniger als 100 Tage für einen Umlauf, wobei der Schnellste seine Runde bereits nach knapp 29 Stunden beendet hat. Selbst der mit 13,75 Jupitermassen zweitgrößte Planet der Liste schafft eine Umrundung seines Sterns in 8,4 Tagen. Nur 26 brauchen länger als ein Jahr, und lediglich zwei Planeten benötigen mehr Zeit als Jupiter für einen Umlauf um die Sonne.

Vergleicht man die Daten der 105 Planeten mit den in unserem Sonnensystem geltenden Maßstäben, so kommen nur sieben den Verhältnissen dort einigermaßen nahe. Ihre Masse liegt zwischen 0,76 und 1,57 Jupitermassen, und sie umkreisen ihre Sterne in einem Abstand von 2,3 bis 3,65 AE. Mit diesen Daten könnten sie in unserem Sonnensystem gerade noch als Jupiters Brüder durchgehen.

Bei elf der bisher entdeckten Planeten sind die Verhältnisse besonders bizarr. Sie umlaufen ihre Muttersterne in Abständen, die kleiner sind als 0,1 AE, mit einer Periode von maximal elf Tagen. Wenn man bedenkt, dass in unserem Sonnensystem der sonnennächste Planet, Merkur, immerhin 88 Tage für eine Umrundung im Abstand von 0,3 AE benötigt, erscheinen uns die Entdeckungen schon reichlich seltsam.

Solche Verhältnisse kennen wir nicht in unserem Sonnensystem. Und vor allen Dingen widersprechen sie so ziemlich jeglicher bisheriger Vorstellung von der Entstehung von Planeten. Demnach sollten sich Planeten, insbesondere Gasplaneten von der Größe Jupiters, erst in einem Abstand von etwa vier bis fünf AE vom Zentralstern bilden, wo die Temperatur in der planetaren Gasscheibe auf mindestens 150 Kelvin gefallen ist. Erst dort, so die Theorie, ist es kalt genug, dass die für den Aufbau von Gasplaneten nötigen Komponenten wie Kohlendioxid, Ammoniak und Wassereis aus dem Scheibengas auskondensieren können. Man muss sich also fragen, wie es dazu kommen konnte, dass diese Planeten ihrer Sonne so zu Leibe gerückt sind.

Nun, auch dafür haben die Astrophysiker inzwischen eine Erklärung gefunden: Solange noch nicht alles Gas der Scheibe für den Aufbau anderer Planeten aufgebraucht ist, wird der Planet sowohl durch Reibung mit dem Restgas als auch durch die Gravitationskräfte, die der Gasanteil außerhalb seiner Umlaufbahn auf ihn ausübt, abgebremst. Dabei verliert er Bahndrehenergie – die Physiker sagen dazu Bahndrehimpuls – an das außerhalb der Planetenbahn rotierende Scheibengas. Mit dem verringerten Drehimpuls ist aber das Gleichgewicht zwischen der anziehenden Schwerkraft des Sterns und der nach außen treibenden Zentrifugalkraft gestört. Um nun wieder ins Gleichgewicht zu kommen, muss der Planet seine Bahn verlassen und nach innen wandern. Diesen Vorgang bezeichnet man auch als »Tidal Migration«, was auf Deutsch »Gezeitenwanderung« heißt. Der Zeitbedarf für derartige Wanderbewegungen ist überraschend kurz, massereiche Planeten wie Jupiter oder Saturn benötigen dafür nur etwa 100 000 Jahre.

Wenn aber die Planeten in Richtung Zentralstern wandern, warum werden dann nicht alle letztlich vom ihrem Mutterstern geschluckt, wieso überleben einige Planeten diesen Wanderungsprozess? Hierfür gibt es mehrere Antworten, eine davon haben wir bereits im Zusammenhang mit der Korotation am Beispiel des Systems Erde/Mond kennen gelernt. Erinnern wir uns: Je näher der Planet seinem Stern kommt, desto stärker werden die Gezeitenkräfte zwischen beiden Himmelskörpern. Die Kräfte bremsen die Eigenrotation von Stern und Planet ab und beschleunigen den Planeten auf seiner Bahn. Auch in diesem Fall wird Drehimpuls übertragen, diesmal vom Stern auf den Planeten. Ab einem gewissen Abstand zum Stern wird dem Planeten genauso viel Drehimpuls übertragen, wie er seinerseits an das Scheibengas abgibt, sodass seine Wanderung nach innen zum Stillstand kommt.

Doch das muss nicht immer klappen. Es kann durchaus sein, dass der Planet, noch ehe seine Wanderung nach innen gestoppt wird, eine so enge Bahn um den Stern zieht, dass er für einen Umlauf nicht länger braucht als der Stern für eine Drehung um seine Achse. Im Jargon der Astrophysiker heißt das: Der Planet hat den Korotationsradius erreicht. Ist dieser Zustand, bei dem auch der Stern dem Planeten immer dieselbe Seite zukehrt eingetreten, so gibt es kein Halten mehr! Denn jetzt dreht sich der Stern ebenfalls nicht mehr unter den vom Planeten auf dem Stern hervorgerufenen »Gezeitenbergen« hindurch, sodass die Reibung, die vorher den Stern in seiner Umdrehungsgeschwindigkeit abgebremst hat, wegfällt. Folglich wird auch kein stabilisierender Drehimpuls mehr auf den Planeten übertragen, und er verliert nur noch Drehimpuls an das Scheibengas. Also driftet er immer näher an den Stern heran, fällt schließlich in ihn hinein und – wird verschluckt.

Nehmen wir an, dass auf diese Weise bereits eine Reihe Planeten vom Zentralstern verspeist wurde. Da der Aufbau dieser Planeten schon eine Menge Scheibengas verbraucht hat, ist auch die Dichte in der Gasscheibe entsprechend deutlich abgesunken. Schließlich entwickelt sich aus den verbliebenen Gasresten ein letzter Planet und tritt seinen Weg in Richtung Zentralstern an. Da jetzt die Gasscheibe nahezu vollständig aufgezehrt ist, kann der Planet keinen Drehimpuls mehr abgeben. Er bleibt also auf seinem Weg in Richtung Stern stehen und umrundet ihn fortan auf einer stationären Orbitalbahn.

Wenn dieses theoretische Szenario Allgemeingültigkeit hat, dann wäre es durchaus möglich, dass unser Sonnensystem zur Zeit seiner Entstehung vor rund viereinhalb Milliarden Jahren anders als heute aussah. Es könnte auch hier anfänglich sehr massereiche Gasplaneten in unmittelbarer Nähe zur Sonne gegeben haben, die jedoch im Lauf der weiteren Entwicklung entweder in die Sonne gefallen sind oder aus dem Sonnensystem hinauskatapultiert wurden. Vielleicht ist das, was wir heute sehen, das Ergebnis einer Entwicklung, die erst zum Stillstand kam, als das Scheibengas verbraucht war. Vielleicht ist unser Sonnensystem auch gar kein Spezialfall, wie es der Vergleich mit den neu entdeckten Planetensystemen suggeriert, sondern das Ergebnis natürlicher Prozesse. Mit unserem gegenwärtigen Wissen können wir das Rätsel nicht lösen – wir können nur hoffen, dass die Entdeckung weiterer Planetensysteme mehr Klarheit schafft.

Planetensysteme

Die meisten Sterne auf der Liste der Trophäenjäger werden nur von einem Planeten umkreist. Für unsere Fragestellung interessanter sind aber Planetensysteme. Doch da ist die Ausbeute bisher gering: Nur zehn der entdeckten Sterne werden von zwei

Planeten umkreist und zwei Sterne von drei. Bisher hat man also zwölf Planetensysteme gefunden. Doch hinsichtlich Art und Anzahl der Planeten unterscheiden sie sich beträchtlich von unserem Sonnensystem. Aber mit voreiligen Schlüssen sollte man vorsichtig sein. Unser Sonnensystem nun als ungewöhnlichen Sonderfall, als eine glückliche, aber eher unwahrscheinliche Abweichung von den neu entdeckten Regeln hinzustellen, ist gewiss verfrüht. Noch ist nicht sicher, ob zu den entdeckten Systemen nicht noch weitere Planeten gehören, solche mit wesentlich kleinerer Masse als Jupiter, beispielsweise von der Größe des Mars. Und möglich ist auch, dass sich die anderen Sterne, bei denen bisher nur ein Planet gefunden wurde, mit einer verfeinerten Messtechnik als Planetensysteme entpuppen. Es ist sogar sehr wahrscheinlich, dass im Laufe der nächsten Jahre mit der Einführung der neuen, satellitengestützten Instrumente die Palette der entdeckten Planeten farbiger wird. Die Beobachter sind zuversichtlich, dass dann auch Planeten von der Größe der Erde aus dem kosmischen Dunkel auftauchen. Man darf gespannt sein, welche Werte hinsichtlich der Entfernung zum Stern und zu der Bahnperiode dabei herauskommen. Für ein endgültiges Urteil brauchen wir noch viel mehr Daten. Vielleicht stellt sich dann unser Sonnensystem doch als die Norm heraus und nicht als die Ausnahme.

Was wir unterschlagen haben

Wer die Berichte der Planetenjäger genauer verfolgt hat, wird vielleicht kritisieren, dass unsere Liste mit 105 Planeten unvollständig ist. Gut, wir geben es zu – zwei Klassen von Objekten haben wir unter den Tisch fallen lassen: nämlich die Trabanten um Pulsare und die »Planeten«, deren Massen größer sind als 13 Jupitermassen. Zunächst zu den Pulsaren: Ein Pulsar ist ein rotierender Neutronenstern, der nach einer Supernova-Explosion eines massereichen Sterns übrig geblieben ist. In ihm laufen keine Kernreaktionen mehr ab. Diese exotischen Sterne emittieren Strahlung über einen weiten Bereich des elektromagnetischen Spektrums, angefangen von Radiowellen bis hin zu harter Röntgenstrahlung, wobei Letztere überwiegt. Deshalb ist Leben in der Nähe eines Pulsars ziemlich unwahrscheinlich. Doch was sind das für Objekte, die einen Pulsar umkreisen? Planeten des ursprünglichen Sterns können es wohl nicht sein, sie dürften die Supernova-Explosion kaum überstanden haben. Es bleibt die Vermutung, dass es sich dabei um Körper handelt, die sich nach der Explosion aus der Restmaterie wieder zusammengeballt haben. Dann aber müssen sie noch sehr jung sein, höchstens zehn Millionen Jahre, denn so alt sind die meisten bisher entdeckten Pulsare. Aber zehn Millionen Jahre sind eine viel zu kurze Zeit für die Entwicklung von Leben. Folglich sind diese Objekte für uns nicht von Interesse.

Die Vernachlässigung der »Planeten«, die größer sind als 13 Jupitermassen, hat einen anderen Grund. Die An- und Abführungszeichen deuten schon an, dass es mit diesen Kolossen eine besondere Bewandtnis hat. In den meisten Fällen, vielleicht sogar in allen, handelt es sich dabei gar nicht um Planeten, sondern um »Braune Zwerge«. Wenn die Theoretiker Recht haben, bilden sich diese Körper nicht wie Planeten aus dem Material stellarer Gasscheiben, sondern wie Sterne aus dem Kollaps einer Gaswolke. Braune Zwerge sind die Verlierer im Universum – sie haben es nicht zu einem Stern geschafft. Bei einer Masse von etwa 15 bis 80 Jupitermassen reichen Druck und Temperatur im Inneren aus, um das Deuterium zu Helium zu verbrennen, das aus der primordialen Elemententstehung stammt und das in der Gas- und Staubwolke enthalten war, aus der sich der Braune Zwerg gebildet hat. Aber um die nächste Stufe, das Wasserstoffbrennen, zünden zu können, sind die Braunen Zwerge einfach zu klein. Der Energiegewinn aus dem Deuteriumbrennen ist jedoch geringer als der fortwährende Verlust durch Wärmeabstrahlung. Braune Zwerge kühlen folglich langsam immer weiter ab und sind deshalb auch nur sehr schwer zu entdecken. Wären diese Objekte ein wenig größer als 80 Jupitermassen oder 0,08 Sonnenmassen, der unteren Massengrenze für Sterne, so wäre aus dem System Stern/Brauner Zwerg ein Doppelstern geworden. Als Orte für die Entwicklung von Leben sind Braune Zwerge jedoch ungeeignet, da sie trotz fortwährender Abkühlung immer noch viel zu heiß sind.

Wie sich belebte Planeten verraten

Dass unter den 105 gefundenen Riesenplaneten ein belebter sein könnte, mag sich kein Wissenschaftler so recht vorstellen, handelt es sich doch mit großer Wahrscheinlichkeit bei allen um Gasplaneten, die, wie mittlerweile schon mehrmals erwähnt, für das Leben keine guten Orte sind. Doch wie kann man einen belebten von einem unbelebten Planeten aus einer Entfernung von mindestens 4,3 Lichtjahren – so weit ist der nächste Stern von der Sonne entfernt – unterscheiden? Dazu müssen wir uns nochmals vor Augen führen, wie das Leben einen Planeten verändert – genauer gesagt: seine Atmosphäre – und wie man über deren Zusammensetzung mithilfe der Spektroskopie Aufschluss erhält. Grundvoraussetzung für Leben ist das Vorhandensein größerer Mengen Wasser und Kohlendioxid. Auch wenn auf dem Planeten kein Leben entstanden ist, so wird dennoch ein mehr oder weniger großer Anteil Wasserdampf und Kohlendioxid in seiner Atmosphäre zu finden sein, da alle Planeten diese Gase aus der protoplanetaren Gasscheibe, aus der sie entstanden, mitbekommen haben. Doch wenn es Leben gibt, kommen drei weitere atmosphärische Bestandteile hinzu: nämlich Sauerstoff, Ozon und größere Mengen Methan. Dass Sauerstoff von Bakterien und Pflanzen bei der Photosynthese erzeugt wird und dass sich Ozon aus freiem Sauerstoff durch die Einwirkung der ultravioletten Strahlung in den oberen Atmosphärenschichten bildet, wissen wir bereits. Gibt es kein Leben, so gibt es auch keine nennenswerten Mengen an freiem Sauerstoff, denn dieses Element ist so reaktionsfreudig, dass es bereits nach kurzer Zeit, beispielsweise in den Gesteinen des Planeten, gebunden wird. Das Leben muss also fortwährend neuen Sauerstoff nachliefern.

Und das Methan, woher kommt das? Methan ist ein Stoffwechselprodukt, das von primitiven Lebensformen wie Bakterien ausgeschieden wird, das aber auch in großen Mengen in den Verdauungsorganen höherer Lebewesen entsteht, beispielsweise in den Mägen von Rindern. Vermag man also bei der Spektralanalyse der Atmosphäre eines Planeten alle fünf Komponenten gleichzeitig und in größerer Menge nachzuweisen, so darf man ziemlich sicher sein, dass sich dort Leben ausgebreitet hat.

Die Spektralanalyse eines fernen Planeten ist jedoch ein schwieriges Unterfangen. Zum einen braucht man eine Lichtquelle, beispielsweise einen Stern, der den Planeten von hinten beleuchtet, zum anderen muss das System Stern/Planet so zum Beobachter orientiert sein, dass der Planet auf seinem Weg um den Stern die Verbindungslinie Beobachter–Stern kreuzt und das Licht zuerst die Atmosphäre des Planeten durchdringen muss, bevor es den Beobachter auf der Erde erreicht. Sind diese Bedingungen erfüllt, so lässt sich ein Absorptionsspektrum aufzeichnen *(Abb. 46)*. Was dabei passiert, haben wir bereits in Kapitel 3, »Die Bausteine des Lebens«, bei der Besprechung der Atomspektren eingehend erklärt: Je nach Art der in der Gashülle vorhandenen Moleküle werden bestimmte Wellenlängen der Lichtquelle absorbiert. Auf diese Weise gibt uns ein Absorptionsspektrum Auskunft über die Zusammensetzung der Planetenatmosphäre. Beispielsweise unterscheiden sich die Absorptionsspektren von Venus, Erde und Mars insbesondere dort, wo Wasser und Ozon ihre Absorptionslinien haben *(Abb. 47)*. Während diese Linien bei der Erde deutlich auszumachen sind, fehlen sie bei Venus und Mars nahezu völlig.

Aussagekräftige Absorptionsspektren erhält man jedoch nur, wenn sichergestellt ist, dass die Linien des Absorptionsspektrums von der Atmosphäre des Planeten und nicht von der Atmosphäre des Sterns stammen. Man muss also zuerst das Sternspektrum aufnehmen und ein zweites dann, wenn der Planet gerade vor dem Stern vorbeiläuft. Darauf muss der Beobachter allerdings unter Umständen viele Jahre warten. Sind schließlich beim Vergleich der beiden Spektren neue Linien hin-

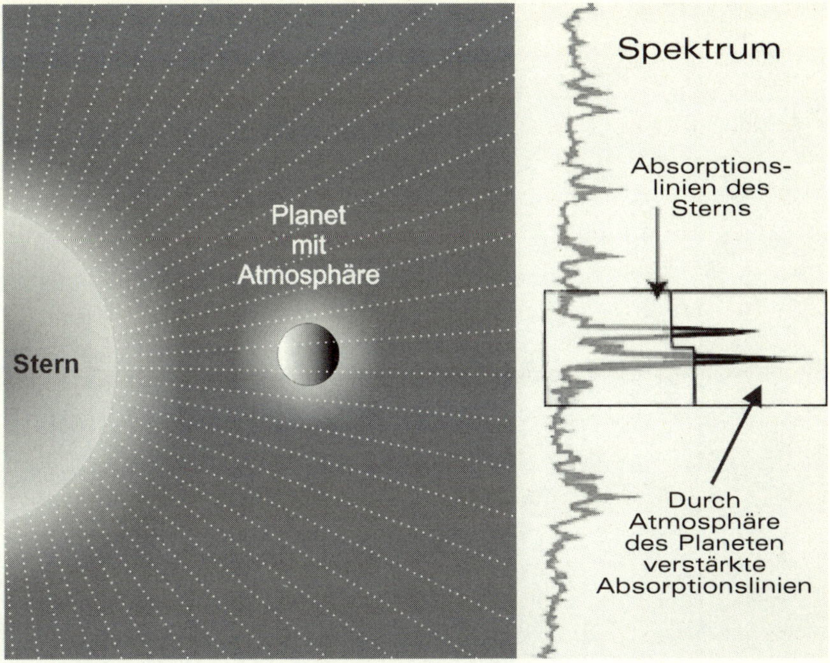

Abb. 46: Das vom Stern ausgehende Licht wird beim Durchgang durch die Atmosphäre des Planeten von den dort vorhandenen Molekülen absorbiert. Mithilfe der Spektralanalyse kann man aus der Lage und Intensität der Absorptionslinien Art und Konzentration der Atmosphärenbestandteile bestimmen.

zugekommen beziehungsweise haben sich bereits vorhandene Linien verstärkt, so stammen sie vom Planeten. Einen Unterschied wird man jedoch nur feststellen können, wenn die Atmosphäre des Planeten hinreichend dicht und ausgedehnt und die Konzentration der Komponenten in der Atmosphäre hoch ist. Ansonsten sind die Absorptionslinien so schwach, dass man sie auch mit den feinsten Geräten nicht mehr feststellen kann.

In den seltensten Fällen passen alle Faktoren so glücklich zusammen, dass man tatsächlich eine Aussage machen kann. Bisher ist das nur ein einziges Mal gelungen: Im November 2001 konnte mit dem Hubble-Space-Teleskop von dem sonnenähnlichen Stern HD 209458, der etwa 150 Lichtjahre von uns ent-

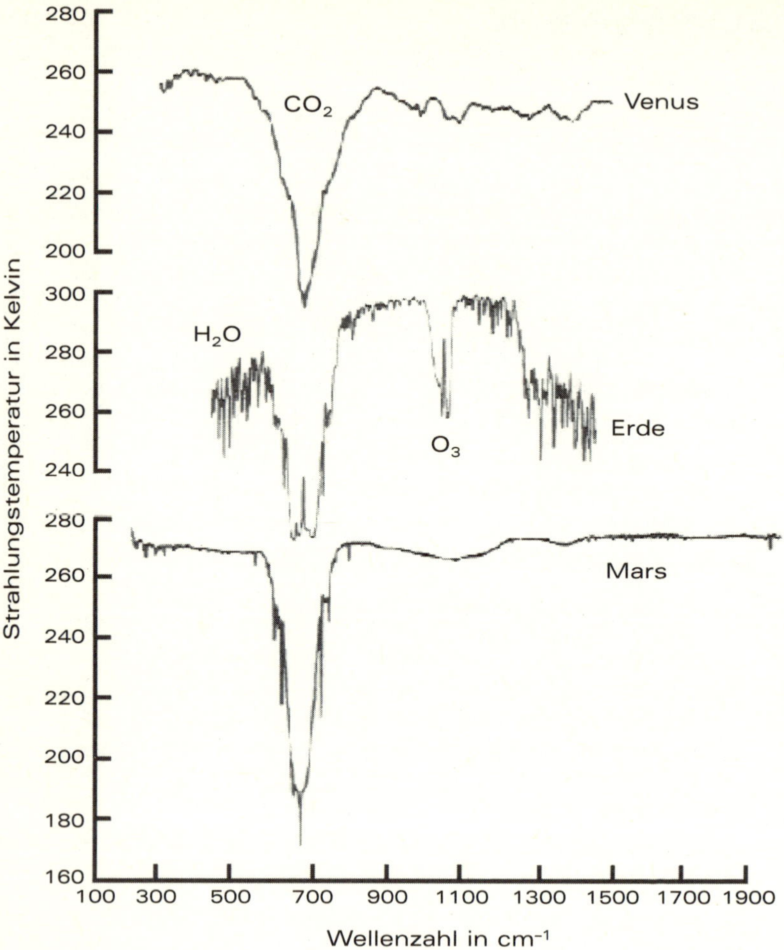

Abb. 47: Die Absorptionsspektren von Venus, Erde und Mars zeigen nur auf unserem Planeten die für das Leben notwendigen Moleküle Wasser und Ozon an.

fernt in der Konstellation Pegasus beheimatet ist und bei dem 1999 ein Planet von etwa 0,7 Jupitermassen entdeckt wurde, erstmals ein Absorptionsspektrum aufgenommen werden. Was man fand, war jedoch ziemlich ernüchternd: eine Atmosphäre, bestehend aus Natriumdampf – also nicht unbedingt das, was sich das Leben wünscht. Man muss jedoch erwähnen, dass das Hubble-Space-Teleskop gar keine anderen Bestandteile entdecken konnte, weil seine Geräte in den Wellenlängenbereichen, in denen Wasser, Sauerstoff, Ozon, Kohlendioxid und Methan ihre Fingerabdrücke hinterlassen, nicht empfindlich sind. Die Astronomen wollen daher die Justierung ändern und nochmals das Licht dieses Sterns analysieren. Allerdings besteht wenig Hoffnung auf Spektakuläres. Mittlerweile weiß man nämlich, dass es sich bei dem Planeten um einen Gasriesen handelt, auf dem a priori nicht mit Leben zu rechnen ist

Aber auch wenn sich demnächst ein Kandidat finden sollte, dessen Atmosphäre alle Anzeichen von Leben widerspiegelt – es ist dennoch sehr unwahrscheinlich, dass sich das Leben dort nach dem gleichen Muster, hin zu den gleichen Lebewesen entwickelt hat wie auf der Erde. Allein unsere Erde belegt eine schier unglaubliche Vielfalt an Lebensformen, darunter zahlreiche, die wir erst bei genauerer Betrachtung überhaupt als Lebewesen erkennen. Wer sagt uns denn, dass die Natur, auch wenn wir nur Leben auf der Grundlage der Kohlenstoffchemie betrachten wollen, nicht noch ganz andere Möglichkeiten hat?

11.

Die Suche nach außerirdischem Leben

Fast gewiss habe das Leben selbst und überhaupt seinen Ursprung nicht auf Erden. Das Leben sei von anderen Sternen zur Erde gebracht worden, und seither sei der Zweifel gewachsen, ob es ursprünglich auf Erden zu Hause sei. Er habe aus bester Quelle, dass es von Nachbarsternen stamme.

(Thomas Mann: *Doktor Faustus*)

Außerirdische Lebensformen und Intelligenz

Leben ist eine außerordentlich komplexe Form der Materie, die sich entgegen den Regeln der Thermodynamik zu organisieren vermag. Wie sich im Laufe unserer Ausführungen herausgestellt hat, muss eine ganze Reihe von Faktoren zusammenkommen, damit Leben entstehen und sich ausbreiten kann. Demnach sind wohl nur Planeten geeignete Orte, an denen das Leben die passenden Bausteine in ausreichender Menge findet und sich ein lebensfreundliches Umfeld einstellen kann. Dass die Wahrscheinlichkeit für Planeten, bei denen alle Umstände glücklich zusammentreffen, relativ gering zu sein scheint, ist bei der Inspektion unseres Sonnensystems und der Milchstraße deutlich geworden. Erinnern wir uns an die bewohnbare Zone um die Sonne. Dort sind drei Planeten beheimatet, aber nur auf einem hat sich Leben entwickelt. Auf der Venus hat offenbar der Treibhauseffekt einen katastrophalen Verlauf genommen, und auf dem Mars führte vermutlich der größere Abstand zur Sonne zum Verschwinden einer vielleicht früher existierenden Atmosphäre. Berechnungen ergeben, dass bereits eine dreiprozentige

Veränderung des Abstands Erde–Sonne in die eine oder andere Richtung auf der Erde wahrscheinlich zu Verhältnissen führen würde, wie sie auf der Venus beziehungsweise auf dem Mars anzutreffen wären. Entstehung und Aufrechterhaltung lebensunterstützender Umstände wie flüssigen Wassers oder einer dichten, wohl temperierten Atmosphäre sind auf einem Planeten offenbar nur unter sehr speziellen Bedingungen zu erreichen. Allein die Anwesenheit eines Planeten in der bewohnbaren Zone um einen Stern garantiert noch nicht, dass sich dort Leben entwickelt. Doch auch wenn alles passt, kann man da sicher sein, dass das Leben die Chance auch ergreift? Wir wissen es nicht. Bisher vermochten wir ja noch nicht einmal einen geeigneten Planeten zu entdecken. Wie wir im Kapitel über extrasolare Planeten erfahren haben, ist alles, was man bisher gefunden hat, so massereich, dass es sich vermutlich ausschließlich um Gasplaneten handelt, die nur einige Lichtsekunden von ihrem Stern entfernt mit aberwitzigem Tempo ihre Bahnen ziehen. Kleinere, in jeder Hinsicht erdähnliche Planeten – sollte es sie überhaupt geben – können noch nicht aufgespürt werden, da die Methoden, mit denen man nach ihnen sucht, nicht empfindlich genug sind. Vermutlich wird noch ein Jahrzehnt vergehen, bis die Technik einen deutlich schärferen Blick auf die Begleiter benachbarter Sterne erlaubt.

Wodurch sich ein belebter Planet verraten kann, davon war schon kurz die Rede. Ein ziemlich sicheres Indiz ist das Vorhandensein von Sauerstoff, Ozon und Methan in seiner Atmosphäre. Mithilfe der Spektralanalyse lassen sich diese Gase ermitteln. Doch solange man Planeten um Sterne leider nur indirekt nachweisen kann, da eine direkte Beobachtung aufgrund der dominanten Muttersterne zum gegenwärtigen Zeitpunkt noch nicht gelingt – was will man da spektral analysieren?

Natürlich kann man grundsätzlich kritisieren, dass unsere Suche nach außerirdischem Leben von einer viel zu anthropozentrischen Sichtweise geprägt ist, also zu sehr auf den Menschen bezogen. Wenn man kein Ozon, keinen Sauerstoff und kein Methan auf einem Planeten findet, kann man dann sicher sein, dass es dort auch kein Leben gibt? Wir können nur Leben erkennen, das den Formen auf der Erde in relativ engen Grenzen ähnlich ist und das über ähnliche chemische und biologische Prozesse gleichartige Strukturen hervorbringt beziehungsweise seine Umwelt in ähnlicher Weise verändert. Wir kennen nur Leben auf der Grundlage der Kohlenstoffchemie. Wenn sich hierzu keine Analogien finden lassen, wenn man nicht weiß, wie andersartiges Leben aussehen könnte beziehungsweise ob es überhaupt andere Formen von Leben gibt, ist dann das Fehlen der besagten Gase wirklich der Beweis für die Abwesenheit von Leben?

Trotz und gerade wegen der berechtigten Kritik wollen wir noch einmal die Indizien aufzählen, die für unsere von irdischen Erfahrungen und universellen wissenschaftlichen Gesetzmäßigkeiten geprägte Sichtweise sprechen, denn sie erscheinen uns als Grundlage für die Suche nach außerirdischem Leben. Wenn Leben auf Kohlenstoffbasis der universelle Normalfall sein sollte, dann kann das Vorhandensein der Photosynthese nicht auf einem Zufall beruhen, sondern sie muss aus einem Wettbewerb unterschiedlicher Verfahren hervorgegangen sein mit dem Ziel, den Fortbestand des Lebens sicherzustellen. Die ultimative, über lange Zeiträume dauerhaft stabile Energiequelle eines Planeten ist nun mal die elektromagnetische Strahlung seines Zentralgestirns. Die Photosynthese, also die Energiegewinnung aus Sternenlicht, ist folglich der konsequenteste Weg aus einer drohenden Energiekrise, wenn die ursprünglich vom Leben genutzten Ressourcen erschöpft sind. Und wie schon mehrmals erwähnt, entsteht bei der Photosynthese der unvermeidbare Sauerstoff. Auch die Auswahl des sichtbaren Lichts als Energiequelle ist rein physikalisch begründbar und deshalb ebenso auf andere Planeten übertragbar. Molekulare Strukturen werden durch energiereiche Strahlung wie UV- und Röntgenlicht zerstört. Andererseits sind Infrarot- und Radiostrahlung nicht ausreichend »gehaltvoll«, um die Prozesse des Lebens in Gang zu halten. Da die Sterne, die nach den gängigen Vorstellungen der Wissenschaftler als Muttersterne für belebte Planeten infrage kommen, ihr Emissionsmaximum im Bereich des sichtbaren Spektrums haben, wäre es geradezu widersinnig, wenn Organismen andere Wellenlängen als Energiequelle nutzen würden. Auf Planeten um massereichere oder masseärmere Sterne mag das vielleicht anders sein. Weil hier ultraviolette beziehungsweise Radiostrahlung das Angebot an sichtbarem Licht übertrifft, könnte die Wahl des Lebens auch auf diese Wellenlängen gefallen sein. Doch an dieser Stelle schließt sich der Argumentationszirkel: Wie soll eine Lebensform aussehen, die auf die zerstörerische Strahlung von UV- und Röntgenlicht angewiesen ist? Hat es mit dem uns Bekannten etwas gemein? Wir können uns da einfach nichts vorstellen.

Mit diesen Argumenten im Hinterkopf scheint es nicht die schlechteste Strategie zu sein, bei der Suche nach Leben im Universum auf besondere, den biologischen Prozessen zugeordnete Moleküle wie Sauerstoff, Ozon und Methan zu achten. »DARWIN«, ein Projekt der europäischen Weltraumorganisation ESA, dem wir im Kapitel über die extrasolaren Planeten bereits begegnet sind, wird diese Suche in etwa zwölf Jahren intensiv angehen. Insgesamt sechs 1,5-Meter-Parabolspiegel werden im Weltraum zu einem so genannten Interferometer zusammengeschaltet, um in der galaktischen Nachbarschaft der Sonne ausgeprägte Absorptionslinien von Ozon ausfindig zu machen. Dieses Projekt ist jedoch nicht mit der allgemeinen Suche nach komplexen Molekülen in den interstellaren Gas- und Staubwolken des Universums zu verwechseln, die ja schon seit mehr als zwei Jahrzehnten sehr erfolgreich betrieben wird. Die Existenz von Kohlenwasserstoffverbindungen im All hat mit der Suche nach Leben nur indirekt zu tun, denn interstellare Wolken erfüllen keines der für Leben notwendigen Kriterien: Sie sind weder besonders strukturiert noch reproduzieren sie sich, noch lässt sich ein Stoffwechsel nachweisen. Aber die Technologie, die bei der Molekülsuche zum Einsatz kommt, spielt auch bei der Suche nach Absorptionslinien lebensrelevanter Atmosphärenmoleküle eine wichtige Rolle.

Es bedarf keiner großen seherischen Gabe, um zu prognostizieren, dass, würde dereinst ein Planet mit einer größeren Konzentration an Sauerstoff, Ozon und Methan entdeckt und der Beweis erbracht, diese Stoffe stammten tatsächlich von dort verbreitetem Leben, die ganze Welt Kopf stehen würde. Sollte das je eintreffen – was wäre gewonnen? Unweigerlich kämen weitere Fragen auf: Um welche Art von Leben handelt es sich denn da? Sind es nur einfache, primitive Lebensformen, beispielsweise Bakterien, oder bereits komplexe Vielzeller, oder könnten es gar intelligente, hoch entwickelte Lebewesen sein? Sauerstoff ist Sauerstoff und Methan eben Methan – durch was oder gar durch wen die Gase entstanden sind, darüber geben die Moleküle keine Auskunft. Zieht man wieder unser altbekanntes Leben, das Leben auf der Erde, zur Orientierung heran, wo auf die eine einzige Spezies Mensch allein mehrere Millionen Arten diverser Bakterienstämme kommen, so ist die Wahrscheinlichkeit recht groß, dass es sich auch dort auf diesem hypothetischen Planeten um eine Population niedriger Lebewesen handelt. Einfache Lebensformen wie Einzeller sind eben viel genügsamer als komplexe Vielzeller. Einen Planeten mit strukturlosem, organischem »Matsch« zu überfluten dürfte biochemisch relativ einfach sein. Diese Vermutung stützt sich auch auf die Erkenntnisse der Paläontologen, deren Funde beweisen, dass bereits mehrere hundert Millionen Jahre nach Entstehung der Erde erste primitive einzellige Lebewesen existierten. Wenn unser Planet der kosmische Normalfall ist, dann dürfte die Entwicklung von Einzellern auch auf jedem halbwegs bewohnbaren Planeten relativ problemlos und deshalb realistisch sein. Einfach strukturierter Biomasse würde vermutlich auch der Einschlag eines Asteroiden oder ein sich rasch änderndes Umfeld nicht so zusetzen, dass die gesamte Biosphäre des Planeten ernsthaft bedroht wäre. Je simpler ein System ist, desto weniger kann kaputtgehen. Mit anderen Worten: Die Existenz niedriger außerirdischer Lebensformen im Kosmos scheint wesentlich wahrscheinlicher zu sein als das Auftreten komplexer Lebewesen. Will man genau wissen, was da draußen so kreucht und fleucht, so muss man hinfliegen und nachsehen – ein schwieriges

Unterfangen, dessen Realisierungsmöglichkeit wir später noch eingehend untersuchen werden.

Doch sind wir wirklich am grünen Matsch irgendeines Planeten interessiert? Ehrlicherweise wohl eher nicht. Mag ja sein, dass die Wissenschaftler ganz aus dem Häuschen sind, wenn sie irgendwo organisches Leben entdecken. Aber wenn es dann noch Milliarden Jahre dauert, bis dort wenigstens mal ein hundeähnliches Wesen bellt oder ein schmetterlingsähnliches Insekt durch die Lüfte taumelt – dann ist das doch nicht das, was wir uns erhoffen. Intelligente Lebewesen sollten es sein, komplexe, hoch entwickelte Kreaturen, die wir auch als solche erkennen und mit denen wir auf irgendeine Art kommunizieren können. Das ist doch die Wunschvorstellung gewesen, mit der die wissenschaftliche Auseinandersetzung über außerirdisches Leben angefangen hat. Blättern wir mal kurz in der Historie und schauen, wie das Thema SETI (Search for Extraterrestrial Intelligence) tatsächlich begonnen hat. Ohne auf besondere Suchmethoden eingehen zu müssen, kann man bereits einiges über die Gedankengänge der beteiligten Wissenschaftler und die Erfolgschancen von SETI erfahren.

SETI

Der Gedanke, dass der Mensch nicht als einziges intelligentes Wesen das Universum bewohnt, ist nicht neu. Schon der dominikanische Mystiker Meister Eckehart (1260–1327), dann Nikolaus von Cues (1401–1464), ein deutscher Theologe und Philosoph, sowie der bekannte italienische Philosoph Giordano Bruno (1548–1600) waren der Ansicht, dass Welten wie die unsere in großer Zahl existieren. Auch zahlreiche Science-Fiction-Autoren von Jules Verne bis Isaac Asimov haben mit ihrer Fantasie unsere Vorstellungskraft beflügelt. Selbst so große Geister wie Immanuel Kant, der alte Königsberger Philosoph der Aufklärung, oder der große Mathematiker Carl Friedrich Gauß haben sich über außerirdische Lebewesen Gedanken gemacht.

Kant glaubte, dass auf jedem Planeten des Sonnensystems Lebewesen existieren. Für ihn war klar, dass die Entfernung die wichtigsten Eigenschaften der jeweiligen Planetenbewohner bestimmt. Je näher ein Planet der Sonne ist, desto »erdverbundener« und sittlich tiefer stehend sollten die Bewohner sein. Auf den entfernteren Gasplaneten hingegen vermutete Kant ausgesprochen feinstoffliche, nahezu gasförmige Lebewesen von hoher moralischer Gesinnung, sodass auf Jupiter und Saturn besonders gute Geister beheimatet wären. Von den übrigen äußeren Planeten wusste Kant noch nichts. Carl Friedrich Gauß dachte sogar darüber nach, wie man mit den Außerirdischen in Kontakt treten könnte. Er schlug vor, in Sibirien kilometergroße Strukturen in Kornfelder zu mähen, die zum Beispiel den Satz des Pythagoras, $a^2 + b^2 = c^2$, als Zeichen unserer hoch entwickelten mathematischen Kenntnisse den Außerirdischen mitteilen sollten.

Heute ist die Vorstellung, dass es Außerirdische geben könnte, allgemein verbreitet. Dazu haben seit Jahren nicht zuletzt zahllose und mehr oder weniger hirnlose Science-Fiction-Filme beigetragen. Vor mehr als 40 Jahren erschien es hingegen als geradezu revolutionär, dass erstmals seriöse Naturwissenschaftler begannen, sich Gedanken über eine Suche nach ETI zu machen, und welche Chancen solchen Suchprojekten einzuräumen sei. So hat sich in der relativ kurzen Zeitspanne von 1952 bis 1962 die wissenschaftliche Haltung gegenüber ETI von leicht belustigter Vernachlässigung zu aufgeschlossener Neugier gewandelt. Auslöser für diesen Umschwung war ein Aufsatz in der hoch angesehenen britischen Zeitschrift *Nature* vom 19. September 1959 mit dem Titel »Suche nach interstellarer Kommunikation«. In diesem Artikel wiesen die beiden Autoren und Physiker Philip Morrison und Giuseppe Cocconi darauf hin, dass man aufgrund der fortgeschrittenen Radioastronomie Radiosignale auch für den Kontakt zu Außerirdischen nutzen könnte. In der naturwissenschaftlichen Gemeinschaft genossen beide Autoren bereits große Reputation. Morrison hatte vorab schon einige Beiträge zur Atomtheorie geliefert, lange bevor er am »Manhattan«-Projekt mitwirkte, dem Bau der ersten Atombombe, und Cocconi gehörte damals zu den herausragenden Experimentalphysikern Europas. In ihrem Aufsatz trugen sie folgende These vor: Wenn es in der Milchstraße fortgeschrittene technologische Zivilisationen gibt, die sich mit uns oder anderen aufstrebenden Gesellschaften in Verbindung setzen wollen, dann werden sie das vermutlich mit Radiosignalen tun. Der Wellenlängenbereich, der sich dafür anbietet, liegt um die so genannte 21-Zentimeter-Linie, der natürlichen Strahlung von neutralem Wasserstoff, die im All nahezu überall anzutreffen ist. Da die 1959 vorhandenen oder gerade im Bau befindlichen Radioteleskope in der Lage waren, Signale dieser Art aufzufangen, gab der Aufsatz der wissenschaftlichen Gemeinde den eigentlichen Anstoß, nicht nur über Außerirdische zu spekulieren, sondern mit wissenschaftlicher Methodik auch ernsthaft danach zu suchen.

Projekt OZMA

Zur gleichen Zeit, als Cocconi und Morrison ihren Artikel schrieben, hing der Astronom Frank Drake vom National Radio Astronomy Observatory (NRAO) in der Nähe von Greenbank, West Virginia, ähnlichen Gedanken nach. Das erste große Radioteleskop war in den Bergen von West Virginia erst kurz zuvor fertiggestellt worden. Drake erkannte, dass es vergleichsweise einfach sein musste, das neue Instrument für die Suche nach Radiosignalen von nahen Sternen einzusetzen. Das Aufsehen, das Cocconis und Morrisons Aufsatz in *Nature* erregt hatte, verlieh diesem Vorhaben zusätzlichen Schwung. Im Frühling 1960 wurde das Projekt OZMA, benannt nach dem Märchenland Oz, ins Leben gerufen und zum ersten Mal in der Geschichte der Menschheit der Versuch unternommen, gezielt nach Hinweisen auf intelligente außerirdische Lebewesen zu suchen. Drake und seine Mitarbeiter richteten das mit einem neuen elektronischen Verstärker ausgerüstete Radioteleskop auf Tau Ceti, einen unserer Sonne ähnlichen nahen Stern *(Abb. 48)*.

Doch weder am ersten noch an irgendeinem anderen Tag der drei Monate, die man für das Projekt angesetzt hatte, fing das Teleskop ein bedeutsames Signal auf. Erst als man die Suche auf Epsilon Eridani ausdehnte, einen anderen sonnenähnlichen Stern in unserer Nachbarschaft, ereignete sich etwas Spektakuläres. Sofort als die Anlage eingeschaltet wurde, empfing man ein deutliches Signal. Im Kontrollraum muss an jenem Tag sicher große Aufregung geherrscht haben. Doch zu ihrem Leidwesen mussten die Protagonisten des Projekts OZMA nach einigen Wochen eingestehen, dass das Signal von einem vorbeifliegenden Flugzeug ausgesendet wurde. Obwohl damit die Empfindlichkeit der technischen Anlage bewiesen war, wurden nach diesem ersten »Flop« keine weiteren signifikanten Signale mehr aufgefangen, die als Hinweis auf intelligente außerirdische Zivilisationen dienen konnten. Auch russische Suchprogramme mit in der damaligen Sowjetunion stationierten Radioteleskopen verliefen erfolglos.

Eine einfache Gleichung

Ein erstes Resümee der Suche nach außerirdischer Intelligenz sollte am 1. und 2. November 1961 auf einer Tagung im Observatorium von Greenbank gezogen werden. Sie lief unter dem Namen »Greenbank-Tagung über extraterrestrisches intelligentes Leben« und war von recht bescheidenem Ausmaß – es hatten sich nur elf Teilnehmer eingefunden. Die Auswirkungen gingen aber weit über den bescheidenen Rahmen hinaus. Die Tagung schuf nämlich das Fundament für die künftige Suche nach ETI. Wichtigstes und vielerorts zitiertes Ergebnis war eine Abschätzung der Anzahl N kommunikationsbereiter Zivilisationen in der Milchstraße. Dazu benutzten die Wissenschaftler eine recht einfache Gleichung, die so genannte Drake- oder Greenbank-Gleichung, ein Produkt aus insgesamt sieben Wahrscheinlichkeitsgrößen, die auf der Grundlage des momentanen astronomischen Wissens abgeschätzt werden können. Die Gleichung lautet:

$$N = R \times f_p \times n_e \times f_l \times f_i \times f_c \times L$$

Schauen wir uns zunächst an, was die einzelnen Faktoren bedeuten: R steht für die Sternentstehungsrate, also die Anzahl der in unserer Milchstraße pro Jahr neu entstehenden Sterne. f_p beschreibt den prozentualen Anteil der Sterne, die ein Planetensystem hervorgebracht haben, und n_e die Zahl der Planeten in jedem Planetensystem, auf denen für das Leben geeignete Bedingungen herrschen. f_l gibt die Wahrscheinlichkeit an, ob auf einem für das Leben geeigneten Planeten auch tatsächlich Leben existiert, f_i die Wahrscheinlichkeit, dass es dieses Leben bis zu intelligenten Lebewesen geschafft hat, und f_c steht für die Wahrscheinlichkeit, dass diese intelligenten Wesen auch zur Kommunikation über interstellare Entfernungen fähig sind. Schließlich bedeutet L die Zeit in Jahren, während der eine solche Kultur um einen Kontakt bemüht ist.

Die Auffassung der Tagungsteilnehmer, eine so simple mathematische Gleichung könne ausreichen, um die Anzahl der intelligenten Zivilisationen in unserer Milchstraße abzuschätzen, erscheint uns heute naiv. Natürlich ist es nicht schwer, eine solche Gleichung zu formulieren, doch die Abschätzung der einzelnen Parameter ist alles andere als einfach, denn über einige Prozesse, deren Wahrscheinlichkeiten man abschätzen muss, wissen wir nicht sehr viel. In Anbetracht der unvorstellbaren Entfernungen der Beobachtungsobjekte könnte man sogar vermuten, wir wissen überhaupt nichts. Doch das stimmt nicht ganz. Wenn die Hypothese richtig ist, dass die Naturgesetze überall im Universum die gleichen sind, und das halten wir für realistisch, haben wir sogar ein ziemlich starkes Argument, um das Abschätzungsproblem auf sinnvolle Weise zu lösen. Wir sprechen vom »Postulat der Durchschnittlichkeit«, das mittlerweile unter den Wissenschaftlern unbestritten ist. Sinngemäß

Abb. 48: Die Gründer des Projekts OZMA vor ihrem Radioteleskop in Greenbank, West Virginia

bedeutet es: Am Sonnensystem und am Planeten Erde ist nichts Besonderes. Mit anderen Worten: Man kann davon ausgehen, dass der Rest des Universums im Großen und Ganzen unserer Nachbarschaft entspricht. Da wir über die Erde und ihre nähere Umgebung relativ gut Bescheid wissen, kann man in Anlehnung an die Verhältnisse hier entsprechende Werte in die Greenbank-Gleichung einsetzen.

Die beiden ersten Glieder der Gleichung betreffen die Entstehung von Sternen und Planeten, Vorgänge, über die wir mittlerweile relativ gut Bescheid wissen. So erhält man eine grobe Schätzung für R, wenn man die Zahl der Sterne in der Milchstraße (100 Milliarden Sterne) durch das Alter der Milchstraße (zehn Milliarden Jahre) dividiert. Folglich erhält man für R den Wert 10 Sterne pro Jahr. Das mag zunächst etwas niedrig erscheinen, wenn man bedenkt, dass zur Zeit der Entstehung unserer Galaxis vermutlich viel mehr Sterne geboren wurden. Im derzeitigen Stadium der Galaxis schätzt man jedoch die Sternentstehungsrate auf ein bis zehn Sterne pro Jahr. Der Prozess der Planetenentstehung ist eng verbunden mit den zirkumstellaren Gasscheiben, die sich um junge Sterne bilden. 1961 wusste man noch relativ wenig über die beteiligten Prozesse. Heute schätzen die Astronomen, dass sich um mindestens 40 Prozent aller Sterne, wenn nicht sogar um jeden Stern Planeten ausbilden, sodass für f_p Werte zwischen 0,4 und 1 einzusetzen sind.

Bei den folgenden Gliedern der Greenbank-Gleichung wird die Zuordnung von Zahlen für die verschiedenen Parameter noch subjektiver. Die Vermutung der Durchschnittlichkeit wird in ihrer Bedeutung zunehmend größer, das heißt, die entsprechenden Faktoren der Gleichung orientieren sich immer mehr an den Daten unseres Sonnensystems. So wissen wir, dass bei unserem Sonnensystem $n_e = 1$ gilt. Zum Zeitpunkt der Greenbank-Tagung war man sich da noch nicht so sicher, denn Leben auf dem Mars hielt man noch für möglich, sodass für n_e auch der Wert 2 hätte gelten können. Wendet man die Verhältnisse in unserem Sonnensystem auch auf f_l an, die Wahrscheinlichkeit, dass sich auf einem Planeten Leben entwickelt, so ist dieser

Parameter ebenfalls mit 1 zu bewerten. Wir gehen also von der Hypothese aus, dass auf jedem Planeten, der lebensfreundlich ist, sich unweigerlich Leben entwickelt. Und schließlich, wenn wir den Menschen als intelligentes Lebewesen bezeichnen wollen – eine Annahme, die von einigen Leuten gelegentlich heftig bestritten wird –, muss auch f_i, die Wahrscheinlichkeit für intelligentes Leben, gleich 1 gesetzt werden.

Was die Wahrscheinlichkeit f_c betrifft, dass intelligentes Leben auch das Potenzial zur Kommunikation mit Kulturen auf anderen Planeten entwickelt, so erhält man aus der Geschichte der Menschheit nur ein paar magere Hinweise. Fünf bis zehn große zivilisierte Hochkulturen hat es gegeben, zum Beispiel die alten Ägypter, die Griechen, die Römer und nicht zu vergessen die Chinesen. Setzt man hier Kommunikationsfähigkeit gleich mit der Neugierde des Menschen, mit dem Bestreben, Neues zu entdecken, die Welt zu erkunden und dazu weite Reisen zu unternehmen – wobei die oft dahinter stehenden pekuniären Interessen einmal außer Acht gelassen sein sollen –, und wendet man diese Definition auf die damalige Menschheit an, so ergibt sich ein interessanter Aspekt: Nur eine Kultur, nämlich die abendländische, hat sich die Fähigkeit zur weltweiten Kommunikation angeeignet und darüber hinaus Entdeckungsreisen ins nahe Weltall unternommen. Europa wurde nie entdeckt, aber es waren Europäer, die andere Kontinente entdeckten und die ganze Welt umsegelten und erforschten. Die Chinesen waren knapp davor, Europa zu betreten, doch ihre riesigen Schiffe machten kurz vor der arabischen Halbinsel wieder kehrt. Man mag diese Tatsache für Zufall halten, dennoch ist sie kein Einzelfall in den Geschichtsbüchern. Wir müssen einräumen, dass sich eben nicht jede hoch entwickelte Zivilisation sozusagen automatisch für die nähere oder ferne Umwelt interessiert, dass sie prinzipiell kommuniziert oder auch nur kommunikationsbereit ist. Der Wert für f_c wird deshalb in der Regel zwischen 0,1 und 0,2 angesetzt.

Als letzte Zahl muss L geschätzt werden, die Zeit, während der eine Zivilisation sich in kommunikationsfähigem Zustand befindet und ihre Umwelt erforscht. Erneut gebietet die Annahme der Durchschnittlichkeit, dass die Bereitschaft zur Kommunikation mit mindestens 100 Jahren anzusetzen ist. Das ist nämlich die Spanne, die in etwa vergangen ist, seit die Menschheit erstmals in der Lage war, Radiosignale auszustrahlen und Funksignale zu empfangen. Wenn eine Zivilisation das Interesse an einer derartigen Kommunikation nicht verliert, wird dieser Zustand bis zum selbst verschuldeten oder durch andere Umstände herbeigeführten Untergang der Zivilisation anhalten. Die maximale Zeit, die einer Zivilisation auf ihrem Planeten vergönnt ist, entspricht in etwa der Zeit, während der der Mutterstern einigermaßen gleichmäßig seinen Wasserstoff verbrennt. Diese obere, astrophysikalische Grenze liegt bei 10^8 bis 10^9 Jahren.

Je nachdem, ob man den Parametern der Greenbank-Gleichung optimistische oder pessimistische Wahrscheinlichkeiten zuweist, fällt das Ergebnis N der Anzahl der Zivilisationen, die mit uns in Kontakt treten wollen beziehungsweise können, sehr unterschiedlich aus. Im Folgenden soll daher die Berechnung mit drei verschiedenen Parametersätzen durchexerziert werden. Was dabei herauskommt, zeigt die Tabelle.

	R	f_p	n_e	f_l	f_i	f_c	L	N
Optimistisch	10	1,0	1	1	1	0,2	10^8	2×10^8
Zurückhaltend	10	0,5	1	1	1	0,2	10^6	10^6
Pessimistisch	1	0,4	1	1	1	0,1	10^2	4

Bei Betrachtung der letzten Spalte fällt auf, wie groß die Bandbreite kommunikationsbereiter Zivilisationen nach der Greenbank-Gleichung ist – zwischen 200 Millionen und weniger als 10. Entscheidend ist, dass N sehr klein sein kann. N gleich 4 ist von gleicher Größenordnung wie N gleich 1. Da jedoch unbestritten eine Zivilisation existiert, die den Erfordernissen der Gleichung entspricht, nämlich unsere eigene, deutet ein Ergebnis, das für N den Wert 1 liefert, darauf hin, dass es in der Milchstraße außer uns kein anderes kommunikationsbereites Leben gibt. Das heißt jedoch nicht, dass außer auf der Erde überhaupt kein Leben in unserer Galaxis existiert. Lebewesen auf einer niedrigeren Entwicklungsstufe sind durchaus möglich, allerdings können sie sich nicht durch Radiowellen verraten, sondern bestenfalls auf indirektem Wege, beispielsweise über einen hohen Ozonanteil in der Atmosphäre ihres Planeten.

Angesichts dieser Ergebnisse kann man sich fragen, welche Erfolgsaussichten das Projekt OZMA hatte. Betrachten wir dazu die Entfernungen zwischen den Zivilisationen in unserer Milchstraße. Nimmt man an, dass sich die Sterne gleichmäßig auf ein Volumen verteilen, das sich aus dem Radius unserer Galaxie von 50 000 Lichtjahren und einer Scheibendicke von 1000 Lichtjahren zu 7,9 Kubiklichtjahren errechnet, so erhält man in Abhängigkeit von N folgende Werte als mittleren Abstand zwischen zwei Sternen:

N	Entfernung (in Lichtjahren)
10^8	50
10^6	250
10^4	1100
10^2	5300

Selbst bei ziemlich optimistischen Werten für N wären intelligente Zivilisationen durch riesige Entfernungen voneinander getrennt. Das ist auch der Grund, weshalb die Wissenschaftler von Greenbank zwar eine Kommunikation zwischen intelligenten Kulturen für möglich hielten, keinesfalls aber einen Besuch. Ein Plädoyer für die Ergebnisse der Tagung scheint hier jedoch angebracht, sonst könnte man den Eindruck bekommen, die elf Herren hätten sich Gedanken über ein offensichtlich völlig aussichtsloses Unterfangen gemacht. Die Überlegungen von damals sind schließlich auch heute noch als Basis für ein Standardverfahren bei der Suche nach außerirdischer Intelligenz gebräuchlich. Insbesondere das Prinzip der Durchschnittlichkeit hat für die wissenschaftliche Diskussion große Bedeutung erlangt. Jeder andere Standpunkt würde in die Irre führen. Wenn man wie bei der Suche nach Leben nur einen einzigen Fall kennt, kann die Meinung, dieser eine Fall sei etwas Besonderes, sich als fataler Fehler erweisen. Im Folgenden wollen wir daher die beiden extremen Standpunkte in der Diskussion einmal analysieren.

Beginnen wir mit den Optimisten, zum Beispiel den Science-Fiction-Autoren. Sie spekulieren gerne damit, dass es massenhaft außerirdische Zivilisationen gibt, von denen einige schon seit mehreren Milliarden Jahren existieren und aufgrund ihres hohen technologischen Standards große Teile der Milchstraße und ihrer Bewohner beherrschen. Auf dieser Vorstellung beruht oftmals die Handlung ihrer Romane. Aber Vorsicht ist geboten, denn die Optimisten gehen unbekümmert davon aus, dass die irdische Technologie des 21. Jahrhunderts ohne Schwierigkeiten in eine ferne Zukunft hochzurechnen ist. Demnach hätten die Außerirdischen längst alle Probleme gelöst, an denen sich die irdischen Naturwissenschaftler und Ingenieure zurzeit noch die Zähne ausbeißen. Die prinzipiellen physikalischen Grenzen wie zum Beispiel die Unschärfe in der Quantenmechanik oder die Lichtgeschwindigkeit als Grenze der Fortbewegung lassen sich aber nicht wegdiskutieren, vielmehr werden sie durch die beobachtbaren Prozesse im Universum ständig aufs Neue bestätigt. Deshalb wird es auch den Außerirdischen nicht anders gehen als uns: Auch auf deren Planeten wird es keine unerschöpflichen Energiequellen oder unendlich viel Nahrungsmittel geben. Auch dort gelten Energieerhaltung und der Satz: »Von nichts kommt nichts.« Die extremen Optimisten in der ETI-Diskussion argumentieren leider viel zu naiv.

Die entgegengesetzte Haltung, die der extremen Pessimisten, ist genauso irreführend. Wenn man die Meinung vertritt, dass das Phänomen Leben nur auf unseren Planeten beschränkt sein kann, weil doch so viele besondere Bedingungen erfüllt sein müssen, dann unterschätzt man schlicht die Möglichkeiten, die strukturierter organischer Materie innewohnen. Schon das Leben auf der Erde besitzt eine enorme Bandbreite, angefangen bei Bakterien, die sich in absoluter Dunkelheit von Salpetersäure ernähren, bis hin zu den großen Säugetieren, den Walen, oder den außergewöhnlichen Pflanzen, den kalifornischen Mammutbäumen. Strukturen, wie sie heute auf der Erde vorkommen, waren vor vier Milliarden Jahren nicht vorhersehbar. Offenbar besitzt das Phänomen Leben eine scheinbar unbegrenzte Vielfalt, die sich entsprechend den planetaren Bedingungen ausbreitet und ständig erfolgsorientiert weiterentwickelt. Extreme Skepsis ist also auch nicht der richtige Standpunkt, wenn man seriöse Aussagen zum Thema SETI machen will.

Kommen wir noch kurz auf einen anderen Aspekt der Kommunikation mit Außerirdischen zu sprechen, der auch schon auf der Greenbank-Konferenz angeklungen war. Es geht um die Frage: Wenn die anderen genauso sind wie wir, wie würden sie sich dann verhalten, wenn sie, anstatt von uns entdeckt zu werden, uns entdeckten? Denkt man an die zahlreichen menschlichen Katastrophen, welche die Entdecker den Entdeckten im Laufe der Jahrhunderte bescherten – zum Beispiel die Ausrottung der süd- und nordamerikanischen Indianer –, so könnte man einen Besuch der Außerirdischen als äußerst bedrohlich ansehen. Insbesondere die Filmindustrie hat dazu viele Beispiele geschaffen. Wendet man das Prinzip der Durchschnittlichkeit in aller Konsequenz an, dann ist es offenbar gar nicht so günstig, entdeckt zu werden. Vielleicht sollten wir daher besser darauf verzichten, mittels starker Radiosender auf unsere Existenz aufmerksam zu machen.

Suchstrategien

Will man in das Universum hinaushorchen, so stellt sich primär die Frage nach den geeigneten Kanälen, auf denen Aussicht besteht, andere Kulturen zu belauschen. Auf welche Frequenzen soll man die Empfänger einstellen, und kann man überhaupt darauf hoffen, die richtigen Frequenzen zu finden? Auch in diesem

Fall vermag uns die Annahme der Durchschnittlichkeit weiterzuhelfen: Wir gehen davon aus, dass außerirdische Kulturen ihre Botschaften auf ähnliche Weise verbreiten wie wir. Für diese Annahme sprechen allein schon die Naturgesetze, deren universelle Gültigkeit durch eine Vielzahl von Experimenten hinlänglich bewiesen ist.

Im Weiteren muss man unterscheiden zwischen Botschaften, die eine Kultur zur internen Kommunikation in den Äther schickt, und solchen Botschaften, die man absichtlich an andere Kulturen oder auch ziellos in den interstellaren Raum hinausstrahlt in der Hoffnung, irgendwo empfangen zu werden. Was die Kommunikation auf der Erde betrifft, so ist der Frequenzbereich von einigen hundert Kilohertz bis zu einigen zig Gigahertz zur Nachrichtenübertragung besonders geeignet. Auf diesen Frequenzen senden unsere Radiostationen und das Fernsehen. Warum sollte das nicht auch für eine interstellare Kommunikation gelten? Welche Vorteile haben diese Wellenlängen gegenüber anderen Frequenzen? Werfen wir dazu einen Blick auf das elektromagnetische Spektrum. Die Wellenlänge der Gammastrahlen am äußersten Rand des elektromagnetischen Spektrums ist rund eine Million Milliarden Milliarden (10^{24}) Mal kleiner als die der längsten elektromagnetischen Wellen am anderen Ende des elektromagnetischen Spektrums. Doch welche Frequenzen aus dieser enormen Bandbreite soll man wählen? Gibt es vielleicht eine »natürliche«, durch überall im Universum ablaufende physikalische Prozesse bedingte Frequenz, eine, die sich jeder Kultur aufdrängen müsste, die Kontakt zu anderen Zivilisationen sucht? Tatsächlich scheint es zumindest einen wahrscheinlichsten Frequenz*bereich* zu geben, selbst wenn man sich nicht auf eine bestimmte Frequenz aus diesem Intervall festlegen kann. Dieser Frequenzbereich ist bestimmt durch eine kosmische Leitfrequenz und zwei Kriterien, die vermutlich allgemein gültig sind: nämlich durch Ökonomie und Störungsfreiheit.

Am ökonomischsten, insbesondere was die Kosten einer interstellaren Kommunikation betrifft, sind sicher Radiowellen.

Für die Übertragung der kleinsten Informationseinheit (ein Bit) genügt oft ein einziges Photon. Zur Verbesserung des Signals und zur Vermeidung von Irrtümern kann jedoch mehr als ein Photon pro Bit nötig sein. Zwar braucht eine Radiobotschaft pro Bit genauso viele Photonen wie eine Nachricht im sichtbaren Licht, doch das optische Photon befördert rund eine Million Mal mehr Energie als das Radiophoton. Folglich sind die Kosten für Radiosignale um einiges geringer als für Botschaften, die mit sichtbarem Licht übermittelt werden – für außerirdische Finanzminister ein nicht zu unterschätzender Vorteil! Denn im Sinne der Durchschnittlichkeitshypothese wird es auch auf anderen bewohnten Planeten Skeptiker geben, die ein Unternehmen zur extraplanetaren Kontaktaufnahme für sinn- und zwecklos halten und es mit entsprechenden finanziellen Vorbehalten bekämpfen werden.

Weitere Bedingungen der Kommunikation betreffen die ungehinderte Ausbreitung über astronomische Distanzen und die geringe Störanfälligkeit des Signals. Eine verzerrte oder verstümmelte Botschaft ist für den Empfänger ohne Wert, da kann er bestenfalls raten, was dahinter steckt. Nicht alle Photonen können sich im Weltraum und in der Atmosphäre eines Planeten gut bewegen. Hierzu gehören insbesondere die hoch energetischen Röntgen- und Gammastrahlen, aber auch das sichtbare und das ultraviolette Licht. So kann man beispielsweise nicht durch die dicke Wolkendecke der Venus schauen, weil sichtbares Licht von Gas und Staub absorbiert und gestreut wird. Die Richtungsinformation geht verloren. Hingegen lassen sich Radiowellen von Gas und Staub kaum beeinflussen. Mithilfe von Radarwellen haben wir längst genaue Informationen über die Venusoberfläche erhalten. Auch vom Zentrum unserer Milchstraße erreichen uns nur infrarotes Licht und Radiowellen. Kein optisches Photon aus den zentralen Bereichen der Galaxis ist je ungestreut zu uns gelangt. Deshalb gibt es auch keine optischen Bilder von ihrem Kern. Also sind hier ebenfalls Radiosignale die bessere Wahl.

Ein weiterer Grund für die Verwendung von Radiofrequenzen ist bei den Sternen zu suchen: Sie strahlen in diesem Frequenzbereich viel weniger Energie ab als im sichtbaren Bereich. Wollte sich eine außerirdische Kultur dem Universum auf optischem Wege bekannt machen, so müsste sie ihre Botschaften mit einer Intensität abstrahlen, welche die ihres Sterns übertrifft, andernfalls ginge die Nachricht im optischen Rauschen des Sterns unter. Ein derartiger Energieaufwand wäre ziemlich unsinnig. Selbst unsere Kultur macht sich schon heute mit Radiofrequenzen über Entfernungen von bis zu 30 Lichtjahren bemerkbar – trotz der Radiostrahlung von der Sonne.

Ungeachtet aller Vorteile ist eine Kommunikation mit Radiowellen nicht problemlos. Zunächst einmal lässt unsere Atmosphäre Radiowellen nur im Frequenzbereich von etwa zehn bis 50 000 Megahertz (MHz) durch. Diesen Bereich bezeichnet man auch als Radiofenster, das auf der kurzwelligen Seite durch die Absorption des atmosphärischen Wasserdampfs und auf der langwelligen Seite durch die Reflexion in der Ionosphäre begrenzt wird. Hinzu kommt, dass es viele natürliche Radioquellen gibt, die ständig in diesen Bereich »hineinfunken«. Dazu gehören die Überreste früher Supernovae, Radiogalaxien und Quasare, die ihre Energie vornehmlich aus einer Gasscheibe um ein zentrales Schwarzes Loch beziehen. Eine weitere Störquelle ist die Synchrotronstrahlung. Sie entsteht, wenn sich Elektronen hoher Energie in Spiralbahnen um die Kraftlinien kosmischer Magnetfelder winden. Dieser kosmische Radiohintergrund ist bei Frequenzen um 1000 MHz relativ schwach, nimmt aber bei längeren Wellenlängen an Intensität stark zu. Allerdings sind die Quellen nicht sehr scharf, das heißt, anstelle einer einzelnen Frequenz strahlen sie ein breites Band von Radiofrequenzen ab. Ein starker Sender, der nur in einem engen Frequenzbereich strahlt, wie beispielsweise ein Pulsar, könnte sich in diesem Frequenzwirrwarr gut bemerkbar machen. Doch um mit der Leistung eines Pulsars zu senden, bräuchte man eine Energiemenge, welche die Ressourcen eines Planeten bei weitem übersteigt. Mit einer Frequenz unterhalb von 1000 MHz gegen die natürlichen Quellen konkurrieren zu wollen, ist also nicht sehr sinnvoll.

Aber auch höhere Frequenzen haben ihre Tücken. So trifft beispielsweise die Reststrahlung des Urknalls, die kosmische Mikrowellenhintergrundstrahlung, von allen Seiten gleichmäßig auf die Erde. Die Intensität dieser Strahlung steigt von etwa 100 MHz bis 100 000 MHz kontinuierlich an. Doch im Bereich der hohen Frequenzen ist das nicht mehr entscheidend, da sich die Absorption durch Wasserdampf in der Atmosphäre schon ab einigen zehntausend Megahertz deutlich bemerkbar macht. Da Wasserdampf in der Atmosphäre belebter extrasolarer Planeten sehr wahrscheinlich ist, werden sich auch deren Kulturen wohl kaum solch hoher Frequenzen bedienen.

In Anbetracht dieser Fakten scheint der Frequenzbereich von 500 bis 5000 MHz am besten für eine interstellare Kommunikation geeignet. Einerseits ist in diesem Frequenzintervall die Intensität des kosmischen Radiohintergrunds auf ein Minimum abgefallen, andererseits halten sich die Absorption der Atmosphäre und die Störung durch den kosmischen Mikrowellenhintergrund noch in vertretbaren Grenzen. Die Argumente Ökonomie und Störungsfreiheit sprechen also eindeutig für die Verwendung von Radiofrequenzen.

Doch welche Frequenzen innerhalb des mit 4500 MHz noch immer relativ breiten Kommunikationsfensters soll man abhorchen? Gibt es vielleicht kosmische Leitfrequenzen, die für vernunftbegabte Wesen im Universum von Bedeutung sein könnten? Cocconi und Morrison hatten ja schon die 1420-MHz-Linie des neutralen Wasserstoffs angeregt. Die Sinnhaftigkeit des Vorschlags wird offenbar, wenn man weiß, was es mit dieser Strahlung auf sich hat. Das Wasserstoffatom besteht aus einem Proton, dem Kern des Atoms, und einem um den Kern kreisenden Elektron. Beide Teilchen drehen sich auch noch um ihre Achse, das heißt, sie haben einen Eigendrehimpuls, den die Teilchenphysiker auch als Spin bezeichnen. Normalerweise sind die Spins der beiden Partner im Wasserstoffatom einander entgegengesetzt gerichtet, also antiparallel. Stoßen jedoch zwei Wasserstoffatome zusammen, kann der Spin des Elektrons umklappen, sodass nun beide Spins zueinander parallel gerichtet sind. Das entspricht einem Zustand geringfügig höherer Energie. Weil aber die Wasserstoffatome bestrebt sind, den Zustand niedrigster Energie einzunehmen, klappt der Spin des Elektrons nach einiger Zeit wieder um, wobei die Energiedifferenz in Form eines Photons der Wellenlänge 21,1 Zentimeter abgestrahlt wird. Da das interstellare Gas in unserer Milchstraße und in anderen Galaxien zu 75 Prozent aus Wasserstoff besteht, ist diese Strahlung fast überall vorhanden. Jede vernunftbegabte Kultur sollte deshalb damit vertraut sein und wird beim Studium einer entfernten Galaxie auf diese Radiowellen stoßen.

Durch den Dopplereffekt wird die Emission des Wasserstoffs über ein Frequenzintervall von 1419 bis 1421 MHz »verschmiert«. Es ist aber wenig sinnvoll, in diesem Intervall zu senden, denn einerseits ist die Strahlung ziemlich intensiv, und andererseits kann der Empfänger wohl kaum unterscheiden, ob es sich um die natürliche Emission des neutralen Wasserstoffs oder um ein künstliches Signal einer intelligenten Kultur handelt. Man sollte also Frequenzen in der Nähe dieses Intervalls wählen, aber welche? Wählt man besser höhere oder niedrigere Frequenzen? Wenn wir davon ausgehen, dass Wasser für die meisten Lebensformen ebenso wichtig ist wie für uns, kann man vermuten, dass sich wohl alle galaktischen Hochkulturen am so genannten Wasserloch treffen. Unter diesem Begriff versteht man den Frequenzbereich, in dem die Emissionslinien des Wassermoleküls liegen. Jedes Wassermolekül setzt sich zusammen aus einem Wasserstoffatom und einem Hydroxyl-Radikal (OH). Wie der Wasserstoff, dessen Linie bei 1420 MHz liegt, emittiert auch das Sauerstoff-Wasserstoff-Molekül Photonen bei einer Reihe von Frequenzen: nämlich bei 1612, 1655, 1667 und 1721 MHz. Da alle diese Frequenzen eindeutig auf das Wasser zurückzuführen sind, bezeichnet man den Frequenzbereich von 1420 bis 1721 MHz eben als das »Wasserloch« *(Abb. 49)*.

Neben der Wahl einer geeigneten Frequenz muss der Absender noch eine weitere Entscheidung treffen: Entweder will er möglichst viel an Information in das Signal packen, oder er will lieber ein sehr intensives Signal abschicken, das sich gut gegen

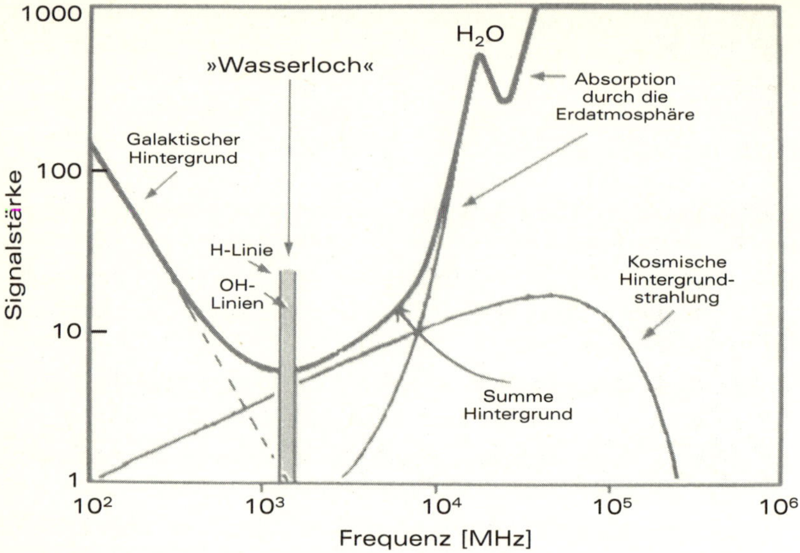

Abb. 49: Im Bereich des »Wasserlochs« ist der Pegel der Störstrahlung durch galaktische und extragalaktische Quellen relativ niedrig. Deshalb liegt die Vermutung nahe, dass intelligente Lebewesen diesen Frequenzbereich zur interstellaren Kommunikation benutzen werden.

das Hintergrundrauschen abhebt. Je mehr Information es enthalten soll, desto breiter muss das Frequenzintervall sein und desto mehr Energie ist nötig. Beschränkt man sich dagegen auf wenig Information, so kann man die ganze Energie in ein relativ schmales Frequenzband, dafür aber in ein sehr intensives Signal stecken. Beispielsweise verwenden unsere Rundfunksender Bandbreiten von zehn Kilohertz (kHz) für Mittelwelle und 200 Kilohertz für UKW. Für die informationsintensiven Fernsehbilder, braucht man schon größere Bandbreiten, etwa sechs MHz pro Kanal. Eine Kultur, die im Universum auffallen möchte, wird daher eher intensive schmalbandige Signale mit geringem Informationsgehalt abschicken.

Der minimalen Breite eines Signals sind jedoch Grenzen gesetzt, denn das interstellare Medium lässt nur Bandbreiten ab etwa 0,1 Hertz (Hz) zu. Signale mit geringerer Bandbreite werden auf ihrem Weg durch das Universum auf mindestens 0,1 Hz

Breite verschmiert. Es macht also wenig Sinn, Signale geringerer Bandbreite zu senden – man verschwendet nur Energie. Wenn sich jedoch eine außerirdische Kultur entschließt, mit 0,1 Hz breiten Signalen zu kommunizieren, dann haben wir als Empfänger ein Problem. Da man die genaue Frequenz des Signals nicht kennt, sondern nur vermuten kann, dass es in das Frequenzintervall des »Wasserlochs« zwischen 1420 und 1721 MHz fällt, ist man gezwungen, fortwährend 3,01 Milliarden Kanäle von 0,1 Hz Breite zu überwachen.

Bisher war das ein ziemlich hoffnungsloses Unterfangen, doch mittlerweile hat das mit privaten Mitteln betriebene SETI-Institut in San Francisco einen Spektrographen von der NASA erhalten, der zwei Millionen Frequenzkanäle gleichzeitig absuchen kann. Damit besteht zumindest eine kleine Chance, ein signifikantes Signal aufzuspüren – immer vorausgesetzt, man sucht in der richtigen Richtung und das Signal liegt im Frequenzband des »Wasserlochs«.

Abschließend wollen wir noch auf ein Dilemma hinweisen, das all die schönen Überlegungen zur Wahl von Radiowellen zunichte machen kann. Es geht wieder um die Störung der Signale, eine Störung, die wir ganz allein zu verantworten haben. Da wir Tag und Nacht erreichbar sein wollen und uns Nachrichten aus der ganzen Welt in unsere Wohnzimmer holen, besitzt mittlerweile fast jeder ein Mobiltelefon, und jeden Abend werden weltweit zig Fernsehkanäle rauf- und runtergezappt. Um die Informationsgesellschaft zu füttern, spucken tausende Fernsehsender, Funkstationen und Richtantennen unentwegt Radiosignale in den Äther, und zahllose Kommunikationssatelliten umrunden unseren Planeten. Infolgedessen ist unser »Radiohimmel« mittlerweile total verseucht. Den Radioastronomen bereitet dieser Störhintergrund große Schwierigkeiten, deshalb wird bereits an ein internationales Abkommen gedacht, das die entscheidenden Frequenzen exklusiv für die Radioastronomie reserviert. Sollte das nicht zustande kommen, so müssten sich die Beobachter irgendwann auf eine vom allgemeinen Frequenzwirrwarr abgeschirmte Empfangsstation zurückziehen, am besten auf die Rückseite des Mondes: Von dort könnten sie das Universum belauschen, ohne von der Radiostrahlung der eigenen Zivilisation belästigt zu werden.

Genau hinsehen lohnt sich

Sollte es tatsächlich einmal gelingen, ein verdächtiges Radiosignal aufzufangen, so muss das nicht von einer fremden Kultur stammen. Wir haben ja gesehen, wie reichhaltig die Palette natürlicher Radioquellen ist und wie leicht die Signale mit denen einer fernen Zivilisation auf einem fernen Planeten verwechselt werden können. Gibt es überhaupt Möglichkeiten zu unterscheiden, was künstlich ist und was naturbedingt? Nehmen wir an, die Außerirdischen haben eine mit unserer vergleichbare technologische Entwicklungsstufe erreicht und nutzen wie wir Radiowellen zur internen Kommunikation. Wenn es uns gelingen könnte, diesen Funkverkehr mit unseren Antennen abzuhören oder gar die Fernsehprogramme der »Aliens« zu empfangen, wären alle Zweifel schlagartig ausgeräumt. Wir könnten sogar in Erfahrung bringen, welche Probleme sie auf ihrem Planeten haben und ob es sich bei ihnen um eine friedliebende Kultur handelt, mit der wir in Kontakt treten wollen. Doch dass wir jemals so präzise Botschaften bekommen werden, können wir nicht erwarten. Viel wahrscheinlicher ist, dass wir irgendwann Radiowellen auffangen, diesen Signalen aber keine Botschaft entnehmen können. Was dann? Hat man eine außerirdische Zivilisation angepeilt oder wieder nur eine natürliche Radioquelle? Gibt es auch für diesen Fall Kriterien, die eine Unterscheidung ermöglichen?

Eine eingehende Analyse der Signale, entsprechend dem heutigen Stand der Technik, kann da durchaus weiterhelfen. Zunächst muss man untersuchen, ob die Stärke der Signale konstant ist oder periodisch schwankt. Um zu verstehen, was man daraus ablesen kann, versetzen wir uns kurz in die Rolle eines Außerirdischen, der unsere Erde mit seinem Radioteleskop im Visier hat. Wenn sein Planet nicht zufällig auf der Verlängerung der Erdachse liegt, werden seine Geräte eine regelmäßig wiederkehrende Veränderung der Signalstärke registrieren, weil unsere Radio- und Fernsehsender nicht gleichmäßig verteilt, sondern vornehmlich auf die USA, Europa und Japan konzentriert sind. Da diese Sender die Radiowellen bevorzugt parallel zur Erdoberfläche abstrahlen, wird der Außerirdische immer dann Signale besonders hoher Intensität empfangen, wenn die irdischen Sendestationen aufgrund der Erdrotation gerade über den Horizont aufsteigen oder hinter ihm versinken. Er empfängt also ein alle zwölf Stunden wiederkehrendes Muster aus an- und abschwel-

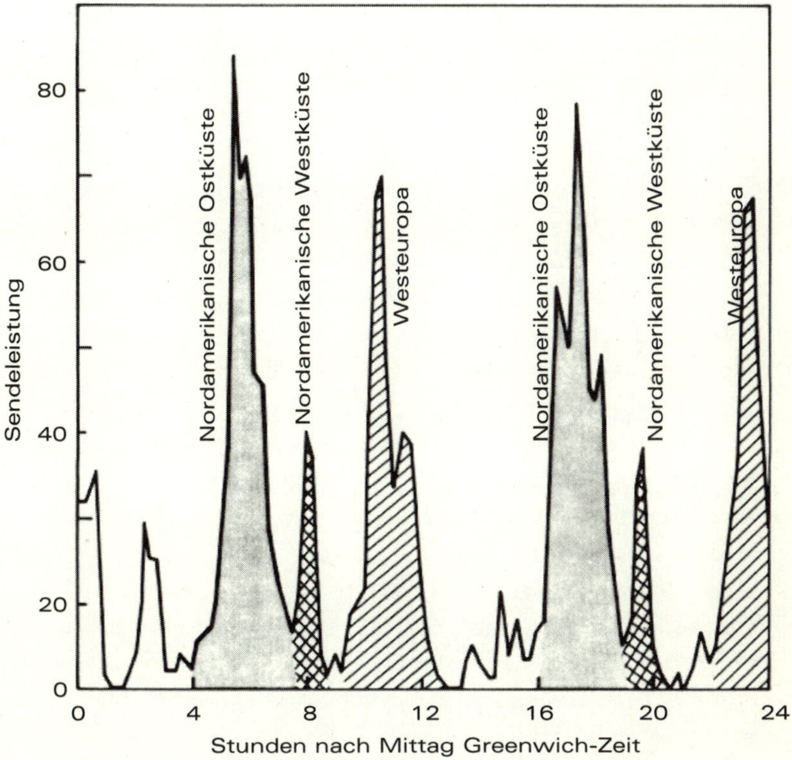

Abb. 50: Ein außerirdischer Beobachter würde die von den Fernsehsendern der Erde erzeugten Radiosignale als ein charakteristisches Intensitätsmuster erkennen, das sich durch die Drehung der Erde alle 24 Stunden wiederholt.

lenden Signalen *(Abb. 50)*. Eine derartige Beobachtung könnte der Fremde bereits als eine künstlich erzeugte Signalfolge interpretieren.

Unterzieht der Außerirdische aufgrund dieses Anfangsverdachts die Frequenzen der Signale einer genauen Überprüfung, so wird er bemerken – vorausgesetzt, er blickt parallel zur Erdbahnebene auf unser Sonnensystem –, dass ein Signal der Frequenz 1 GHz innerhalb eines Jahres um etwa ± 100 KHz schwankt. Führt er dieses Verhalten auf den Dopplereffekt zurück, so liegt er mit seinen Überlegungen genau richtig. Da die Erde die Sonne umrundet, entfernt sie sich ein halbes Jahr lang vom Beobachter, um im nächsten halben Jahr wieder auf ihn zuzulaufen. Diese Situation, die zu einer Dopplerverschiebung eines Signals führt, haben wir bereits in Kapitel 10 bei der Suche nach extrasolaren Planeten beschrieben. Der Beobachter stellt also nicht nur fest, dass die Radiowellen aus der unmittelbaren Nachbarschaft eines Sterns, unserer Sonne, gesendet werden, sondern er bemerkt auch, dass die Signale periodisch sowohl einer relativ kurzfristigen Intensitäts- als auch einer langfristigen Frequenzschwankung unterworfen sind. Anhand dieser Beobachtungen können sich die Astrophysiker auf dem fernen Planeten schnell zusammenreimen, dass die Radiowellen von einem Objekt ausgehen, das einen Stern umkreist und sich in 24 Stunden einmal um die eigene Achse dreht. Diese Indizien lassen für den Außerirdischen nur den einen Schluss zu: Die Signale haben keinen natürlichen Ursprung, sondern stammen von einer intelligenten Zivilisation.

Bleiben wir noch ein wenig in der Rolle des außerirdischen Beobachters. Wie weit darf er denn von der Erde entfernt sein, um Beobachtungen wie die soeben beschriebenen machen zu können? Vor acht Jahrzehnten, genau am 29. Oktober 1923, eröffnete die Radio-Stunde A. G. in Berlin den öffentlichen Rundfunkprogrammdienst in Deutschland. Radiowellen werden also noch gar nicht so lange um die Welt und damit auch in das All hinaus geschickt. Da es sich bei Radiowellen bekanntermaßen um eine elektromagnetische Strahlung handelt, die sich nicht unendlich schnell, sondern »nur« mit der Geschwindigkeit des Lichts ausbreitet, können die Signale in den 80 Jahren lediglich eine Entfernung von 80 Lichtjahren beziehungsweise rund 750 000 Milliarden Kilometern zurückgelegt haben. Ein Beobachter in einer größeren Entfernung kann daher von unseren Signalen noch gar nichts wissen, weil sie ihn nämlich noch nicht erreicht haben. Aber allein im Umkreis von 80 Lichtjahren um die Sonne befinden sich rund 4000 Sterne, auf deren Planeten die Radio- und TV-Signale aufgefangen worden sein könnten. Fragt sich nur: Warum hat bis heute noch niemand auf unsere Signale reagiert? Ein Zyniker könnte auf diese Frage antworten: Den Außerirdischen ist es gelungen, unsere Fernsehprogramme zu entschlüsseln, und was sie da gesehen haben, war für sie so niederschmetternd, dass sie zu der Ansicht kommen mussten, wir seien für sie keine Gesprächspartner. Doch trotz dieser im Kern vielleicht gar nicht so grundlosen Befürchtung steigen unsere Chancen auf Antwort von Jahr zu Jahr weiter an. In 400 Jahren liegen in unserem Radiowellenfeld, das sich wie eine Seifenblase mit Lichtgeschwindigkeit ausbreitet, schon etwa eine Million Sterne. Somit können die Bewohner auf den Planeten von einer Million Sternen anstelle von nur 4000 von unseren Signalen Kenntnis erhalten – vielleicht antwortet uns ja dann jemand.

Die Hoffnung, wir könnten hier auf der Erde die Programme außerirdischer Kulturen belauschen, ist dagegen sehr gering. Unsere Antennen schicken die Radiowellen nicht gebündelt auf ein spezielles Ziel, sondern in alle Richtungen mehr oder weniger gleichmäßig in den Raum hinaus, sodass die Intensität der Signale mit wachsender Entfernung rasch abnimmt. Falls wir annehmen, dass Außerirdische ihre Sendeanlagen auf ähnliche Art und mit ähnlichen Leistungen betreiben wie wir auf der Erde, so kommt bei uns nur noch sehr wenig von der abgestrahlten Energie an. Gegenwärtig reicht die Empfindlichkeit unserer Geräte gerade aus, um fremde Kulturen über Entfernungen von bestenfalls einigen zig Lichtjahren aufzuspüren. Gerichtete, schmalbandige Signale hoher Leistung, insbesondere wenn sie auf den Frequenzen des »Wasserlochs« gesendet werden, könnten wir zumindest theoretisch noch aus den entferntesten Ecken unserer Milchstraße empfangen – vorausgesetzt, sie sind genau auf uns gerichtet und wir kennen die Frequenz. Bis heute haben wir jedoch weder von gerichteten noch von ungerichteten Signalen etwas bemerkt.

Doch eine ferne Zivilisation muss sich nicht unbedingt auf Radiowellen festlegen, wenn sie sich dem Universum mitteilen möchte. Eine andere, vielleicht sogar bessere Möglichkeit wäre Licht, scharf gebündeltes, monochromatisches Licht, wie es mit Lasern erzeugt werden kann. Bei einem Laser ist die gesamte Energie auf eine einzige Frequenz konzentriert, die anders als bei Radiowellen auf ihrem Weg durch das interstellare Medium nicht über einen größeren Frequenzbereich verschmiert wird. Da außerdem ein Laserlichtbündel kaum auffächert, können Lasersignale von einem Planeten über Entfernungen von zig Lichtjahren bemerkt werden. Mit unserer heutigen Technologie sind wir schon in der Lage, kurze Laserimpulse zu erzeugen, deren Strahlstärke die Leuchtkraft der Sonne bei gleicher Frequenz 5000-mal übertrifft – und das lässt sich sicher noch gewaltig steigern. Doch das wäre gar nicht nötig, wenn man sich eines speziellen Tricks bedient. Einem Beobachter erscheint das Licht eines Sterns nicht völlig gleichmäßig, vielmehr weist es an bestimmten Stellen des elektromagnetischen Spektrums Lücken auf, so genannte Absorptionslinien. Diese Linien entstehen, weil die Atmosphäre des Sterns, je nachdem, welche Atome und Moleküle in ihr vorkommen, gewisse Wellenlängen des von der Sternoberfläche ausgehenden Lichts verschluckt. Folglich sind die Lücken dunkel, dorthin dringt kein Licht vor. Die Absorptionslinien unserer Sonne sind nach ihrem Entdecker, dem deutschen Physiker und Optiker Fraunhofer (1787–1826), benannt und heißen folglich Fraunhofer-Linien. Würde man mit einem Laser ins All strahlen, dessen Frequenz genau mit einer dieser Absorptionslinien übereinstimmt, so würde bereits eine Leuchtkraft, wie sie die Sonne bei dieser Frequenz besitzt, ausreichen, um die Lücke wieder mit Licht zu füllen beziehungsweise die Absorptionslinie verschwinden zu lassen. Wenn man den Laser dann noch kontinuierlich ein- und ausschaltet, müsste es eigentlich in jedem mit einem Spektrometer ausgerüsteten fernen Observatorium auffallen, dass da jemand, neben dem Stern, dazwischenfunkt. Man kann nur hoffen, dass die Astronomen an ihren Teleskopen die Augen offen halten.

Wo sind *sie* denn?

Obwohl die Suche nach extraterrestrischer Intelligenz nun schon über Jahre hinweg intensiv betrieben wird, können die Forscher noch kein einziges Ereignis vorweisen, das man als ein Zeichen für deren Existenz werten könnte. Das kann verschiedene Gründe haben. Vielleicht liegt es daran, dass unsere Suchstrategien noch nicht optimal sind, dass unser technisches Rüstzeug noch zu unempfindlich ist oder wir zur falschen Zeit in der falschen Himmelsrichtung suchen. Es gibt viele Möglichkeiten, warum es nicht klappt. Unser Stolz auf die technischen Errungenschaften unserer Kultur könnte uns sogar zu der Behauptung verleiten: Die anderen sind noch nicht so weit wie wir, sie verfügen noch nicht über die Technologien, um sich bemerkbar zu machen. Doch mit dieser Einschätzung lägen wir völlig falsch. Denn wenn es Außerirdische geben sollte, so befänden sie sich mit großer Wahrscheinlichkeit auf einer viel höheren Entwicklungsstufe als wir. Dafür spricht allein schon die im Vergleich zum Alter des Universums extrem kurze Zeit, die seit dem ersten Auftauchen des Menschen auf der Erde vergangen ist. Homo sapiens ist gerade mal knapp 200 000 Jahre alt und unser Sonnensystem rund viereinhalb Milliarden Jahre. Aber unsere Galaxie, die Milchstraße, existiert bereits seit etwa zehn Milliarden Jahren, und sie enthält unzählige Sterne, die bedeutend älter sind als unsere Sonne. Auf den zugehörigen Planeten hätte das Leben im Vergleich zur Erde Jahrmilliarden länger Zeit gehabt, um sich zu entwickeln.

Wenn es also lange vor unserer Zeit bereits Zivilisationen in der Milchstraße gegeben haben sollte, dann dürften sie sicherlich auf einem technischen Niveau angelangt sein, das ihnen die Erforschung des Alls mit Raumschiffen oder Sonden ermöglicht. Berechnungen haben ergeben, dass sogar eine Kolonisierung der gesamten Milchstraße innerhalb von 30 bis 100 Millionen Jahren möglich sein sollte. Bei einem Alter der Milchstraße von rund zehn Milliarden Jahren wäre also genügend Zeit für mindestens 100 Kolonisationszyklen gewesen. Folglich müssten die Außerirdischen eigentlich überall in unserer Galaxis präsent sein. Dass wir davon noch nichts mitbekommen haben, veranlasste 1950 den Kernphysiker Enrico Fermi zu seiner mittlerweile berühmt gewordenen Frage: »Ja, wo sind sie denn?« Diese Frage macht den Widerspruch zwischen unserer Suche und dem Fehlen jeder Spur von außerirdischem Leben erst so richtig deutlich. Wenn es extraterrestrische Zivilisationen gibt – wieso haben sie sich dann noch nicht bei uns gemeldet? Fermi zog aus dem Fehlen eines wie auch immer gearteten Hinweises auf außerirdische Raumschiffe und Zivilisationen den Schluss, dass es eben keine Außerirdischen gibt. Doch das Nichtvorhandensein eines Beweises ist noch kein Beweis für das Nichtvorhandensein.

Zu Fermis Zeit gehörte nahezu alles, was über außerirdische Zivilisationen im Umlauf war, in den Bereich der Science-Fiction. Seither sind zahlreiche wissenschaftliche Versuche unternommen worden, die Anzahl außerirdischer Zivilisationen abzuschätzen. Bekanntestes Beispiel ist die Greenbank-Gleichung. Doch ein Beweis für die Existenz außerirdischer intelligenter Lebewesen war nicht zu finden, und die Fragen nach dem Grund des kosmischen Schweigens wurden immer dringlicher. Wie kann man das eklatante Missverhältnis zwischen der vermuteten Menge außerirdischer Kolonien und der Zeichen, die auf die Existenz Außerirdischer schließen lassen, erklären? Das Problem löst sich in Luft auf, wenn man einfach behauptet, die Spezies Mensch sei die einzige intelligente Lebensform in der Milchstraße. Doch dieser Standpunkt widerspricht den wissenschaftlichen Erkenntnissen der letzten 400 Jahre. Wir haben gelernt, dass die Erde eben nicht den Mittelpunkt des Universums darstellt und dass unsere Sonne ein ganz gewöhnlicher Stern unter hundert Milliarden anderen Sternen in unserer Milchstraße ist. Jede neue Erkenntnis war eine Lektion in Bescheidenheit. Die logische Fortsetzung wäre die Erkenntnis, dass es Millionen von Planeten wie die Erde gibt und wir nur eine von unzähligen Lebensformen sind, die sie bevölkern. Diese Hoffnung mag auch der Grund sein für die Beharrlichkeit, mit der Astronomen nach Leben im All suchen.

Wenn Außerirdische uns auch nur annähernd ähnlich sind, dürften auch bei ihnen menschenähnliche Wesensmerkmale zu finden sein. Neugier ist mit Sicherheit eine der charakteristischsten Eigenschaften eines intelligenten Wesens, dazu gehört auch der Mut zu neuen Entdeckungen; man will wissen, was hinter dem Horizont liegt. Dass der Mensch seinen Planeten erkundet, dass er den Himmel mit Teleskopen absucht und Sonden zum Mond, zum Mars und den anderen Planeten des Sonnensystems schickt, entspricht genau diesem Grundbedürfnis. Wenn es andere Zivilisationen gibt, dann werden auch sie ihre kosmische Umgebung erforschen – bloß wir haben bisher nichts davon bemerkt. Zu diesem Missverhältnis vermag uns die »extraterrestrische Soziologie« einige Erklärungen zu geben, ihre Hypothesen sind allerdings zum Teil sehr gewagt.

Wie bereits erwähnt ist die einfachste Erklärung die: Das Leben ist eine extrem seltene, vielleicht sogar einmalige Erscheinungsform im Universum, und wir sind die absolute Ausnahme. Dem darf man aber entgegenhalten, dass eine Entwicklung zu größerer Komplexität nicht nur für das Leben auf der Erde charakteristisch ist, sondern überall im Universum beobachtet werden kann. Mithin könnte man das Prinzip der Durchschnittlichkeit auch auf das Leben ausdehnen, mit dem Ergebnis, dass Leben im Universum ebenso wahrscheinlich ist wie auf der Erde. Dass wir uns allein vorkommen, kann aber auch daran liegen, dass einstmalige außerirdische Zivilisationen im Laufe der Jahrmillionen bereits wieder untergegangen sind. Als Ursachen hierfür können entweder interne Krisen oder lokale kosmische Prozesse infrage kommen, beispielsweise extreme Gammastrahlungsausbrüche im Zentrum der Milchstraße, die jede Form von galaktischem Leben ausgelöscht haben. Auch können Prozesse, die auf der Erde zum mehrmaligen Aussterben ganzer Arten geführt haben, einst so universell gewesen sein, dass alles Leben in der Galaxis davon betroffen war. Noch viele Gründe mehr sind vorstellbar.

Ein anderer Grund, warum wir noch keinen Kontakt hatten, könnte darin bestehen, dass wir die Außerirdischen nicht erkannt haben. Vielleicht wurden ihre Radiosignale übersehen oder als natürliche Erscheinung interpretiert. Es gibt viele Radioquellen am Himmel, mit regelloser, periodischer oder auch quasi-periodischer Variabilität auf Zeitskalen von Bruchteilen einer Sekunde bis hin zu mehreren Jahren. Sind wirklich alle natürlicher Art? Normalerweise ist man zunächst ja immer versucht, ein neues Signal mit bereits mehr oder weniger verstandenen Ereignissen zu vergleichen, ehe man zu exotischen Interpretationen greift. Wir haben ja schon zu Beginn dieses Kapitels beschrieben, wie schwierig es ist, ein künstliches von einem natürlichen Signal zu unterscheiden. Es könnte also durchaus sein, dass die Astronomen bereits künstliche Signale empfangen haben und sie, ohne lange nach dem Ursprung der Variabilität zu suchen, als ein Signal eines veränderlichen Sterns einstuften.

Schließlich ist es auch denkbar, dass *sie* sich nicht zeigen wollen oder können. Um die möglichen Gründe für ein solches Verhalten zu diskutieren, müssen wir den außerirdischen Wesen ein quasi-menschliches Verhalten unterstellen. Dem kann man zwar durchaus skeptisch gegenüberstehen, aber in Ermangelung besseren Wissens wollen wir es doch einmal versuchen, vor allem weil sich damit einige weitere interessante Hypothesen formulieren lassen.

Da ist zunächst die Kontemplationshypothese: *Sie* schauen auf eine innere Welt, in der wir nicht vorhanden sind. *Sie* haben keinerlei Interesse zu forschen oder zu kommunizieren, da es nach ihrer Meinung nichts Neues mehr zu lernen gibt beziehungsweise weil *sie* an Kontakten zu Wesen außerhalb ihrer

Sphäre nicht interessiert sind. Solche Leute gibt es ja auch bei uns auf der Erde.

Als Nächstes könnte man eine ökologische Hypothese formulieren, wonach *sie* weder ihre Umwelt verändern noch Energie für Sonden und Radiowellen verschwenden wollen. Ein anderer Gesichtspunkt wäre die so genannte Angsthypothese: Aus ihrer Sicht könnte der Start automatischer und intelligenter Raumsonden auch gewisse Risiken bergen, die *sie* nicht eingehen wollen, wenn es beispielsweise den Robotern gelänge, sich der Kontrolle ihrer Erbauer zu entziehen und die Herrschaft zu übernehmen. Man denke hier an den ersten »Star-Trek«-Spielfilm mit dem riesigen Maschinenplaneten und der uralten Sonde »Voyager« im Zentrum.

Dass *sie* sich nicht zeigen, könnte auch mit der Hypothese vom geistigen Horizont erklärt werden. Demnach sind wir für die Außerirdischen eine primitive Zivilisation, quasi ein Volk im Dschungel, dem die moderne Zivilisation unbekannt und dessen geistiger Horizont zu beschränkt ist, als dass wir für *sie* von Interesse sein könnten. Da die Physik ihrer Kommunikationstechniken unser geistiges Fassungsvermögen übersteigt, sind wir unfähig, ihre Radiosendungen zu empfangen. Vielleicht wollen *sie* auch nur einen zu frühen Kontakt vermeiden, der uns zu reinen Informationskonsumenten machen und verhindern würde, dass wir die einzigartige Erfahrung der Weiterentwicklung unserer Kultur allein und unbeeinflusst machen – eine Erfahrung, die eventuell eine Bereicherung für alle galaktischen Bewohner darstellen könnte. Wollen wir diese Hypothese ernst nehmen, so müssen wir allerdings fragen, warum wir keine Anzeichen ihres überragenden Fortschritts bemerken, so wie primitive Völker unsere Flugzeuge sehen.

Wenn wir in ihren Augen eine primitive Zivilisation sind, gefangen in einem galaktischen Reservat, dann könnte auch die so genannte Zoohypothese richtig sein. Sie geht davon aus, dass *sie* uns aus den gleichen Gründen nicht aufsuchen, aus denen wir Naturschutzgebiete auf der Erde schonen. Demnach hätten wir uns die angeblich so oft gesichteten UFOs als Fahrzeuge von

Wildhütern vorzustellen, die wir Erdenbewohner während ihrer Kontrollrunde zufällig einmal zu Gesicht bekommen.

Es könnte aber auch sein, dass *sie* uns nicht trauen, weil unser technologischer Fortschritt und der beunruhigende Verlauf unserer Weltgeschichte uns fragwürdig erscheinen lassen. Hier haben wir die Misstrauenshypothese. Einige unserer planetaren Aktivitäten, beispielsweise Kriege, die Ausrottung von Naturvölkern, Kernexplosionen, globale Umweltverschmutzungen, sind tatsächlich kein gutes Aushängeschild und könnten bei ihnen schon mal die Alarmglocken schrillen lassen. Vielleicht beobachten *sie* uns ja deswegen schon lange mit Argwohn aus der Ferne. In diesem Falle, um in der Welt der Science-Fiction zu bleiben, sitzen in den UFOs Beobachter, die unsere Aktivitäten wie bei einer Luftaufklärung ängstlich überwachen. Vermutlich treiben wir es mit derartigen Vermutungen nun doch etwas zu bunt. Aber Hypothesen haben immer einen hoch spekulativen Charakter.

Nicht weniger spekulativ ist die so genannte Däniken-Hypothese, derzufolge *sie* bereits auf der Erde gewesen sind. Träfe sie zu, so wäre das eine plausible Erklärung für das Zustandekommen einer ganzen Reihe antiker architektonischer Meisterwerke und den erwiesenermaßen recht hohen wissenschaftlichen und technologischen Standard einiger vergangener Kulturen. Doch dann müssten wir auch erklären können, warum *sie* nicht geblieben sind. Oder sind *sie* vielleicht doch geblieben – und *wir* sind *sie*? Es könnte auch sein, dass *sie* zu einer Zeit kamen, als der Mensch noch nicht auf der Erde war. Aber warum haben *sie* dann keine Sonden in einer Umlaufbahn um die Erde hinterlassen? Damit hätten *sie* die weitere Entwicklung des Planeten verfolgen können, den *sie* nach ihrer eigenen Erfahrung als einen günstigen Ort für das Leben beziehungsweise für eine neue Zivilisation erkannt haben müssen.

Zu guter Letzt kommen wir zu der Möglichkeit, dass *sie* bisher weder die Zeit noch die Möglichkeit hatten, die Erde aufzusuchen. Dies ist sicher die einfachste und realistischste Erklärung und ein Grund dafür, weshalb sich die Forscher in den vergangenen Jahren auch am meisten damit beschäftigt haben. Interstellare Reisen sind nur mit Raumschiffen zu bewältigen, die mindestens zehn Prozent der Lichtgeschwindigkeit erreichen. Dass das nicht einfach ist und dass wir noch weit davon entfernt sind, derartige Vehikel zu konstruieren, werden wir im folgenden Kapitel noch ausführlich besprechen. Es könnte sein, dass die Außerirdischen einen ähnlich »niedrigen« Stand der Technik erreicht haben und daher – wie wir – noch gar nicht in der Lage sind, unsere Galaxis zu kolonisieren; oder *sie* haben gerade erst damit begonnen. Optimistisch geschätzt, braucht eine Gesellschaft etwa 50 Millionen Jahre für die Kolonisierung der Galaxis. Zu dieser Einschätzung kommt man beim Versuch, die bei der Kolonisierung der Erde gemachten Erfahrungen auf die Besiedlung der Milchstraße zu übertragen und sie an deren besondere Bedingungen anzupassen. Da jedoch viele Parameter geschätzt werden müssen, zum Beispiel die Geschwindigkeit der Siedlerraumschiffe, die Dauer der Pausen zwischen den einzelnen Kolonisationswellen, die Rate, mit der die Bevölkerung der Siedler wächst, und die Entfernung zwischen kolonisierbaren Orten, kann die Zeit von 50 Millionen Jahren nur ein Anhaltspunkt sein. Doch 50 Millionen Jahre sind eine lange Zeit. Vielleicht sind *sie* ja bereits unterwegs, aber noch weit von uns entfernt. Die Situation ändert sich jedoch, wenn die Außerirdischen nicht selbst reisen, sondern automatische Sonden auf den Weg schicken, die sich selbst reproduzieren. Damit entfallen die langen Zeiten, welche die Siedlerbevölkerungen brauchen, um so zahlreich zu werden, dass der Populationsdruck eine neue Auswanderungswelle hervorruft. Die Kolonisierungszeit, die automatische Sonden benötigen, hängt im Wesentlichen von den technologischen Fähigkeiten der kolonisierenden Gesellschaft ab und kann sich auf wenige Millionen Jahre reduzieren. Wie auch immer Außerirdische vorgehen, eine Kolonisierung der Milchstraße ist nur mit entsprechend schnellen Raumschiffen zu schaffen. Vielleicht ist das ja das größte Problem und die Erklärung dafür, warum *sie* noch nicht da sind.

Außerirdische stellen sich vor

Sich eine Vorstellung vom Aussehen eines Außerirdischen zu machen, kommt dem Versuch eines Blinden gleich, die Farbe einer Blume zu benennen. Aber so, wie der Blinde einen Taststock benutzt, der ihm eine gewisse Vorstellung von seiner Umwelt vermittelt, so kann man sich zur Beschreibung möglicher außerirdischer Lebensformen auf die Naturgesetze sowie die physikalischen und chemischen Regeln stützen, welche die Prozesse im Universum bestimmen. Allerdings darf man dabei keine konkreten Aussagen erwarten wie etwa: Außerirdische haben grüne Haare, drei Beine und trinken bevorzugt Schwefelsäure. Vielmehr geht es darum, anhand der spezifischen Eigenschaften der Lebensbausteine sowie der speziellen Bedingungen, die auf einem Planeten herrschen, ein Bild zu entwerfen, wie das Leben dort aussehen könnte.

Was stellen wir uns vor, wenn von Außerirdischen die Rede ist? Wohl kaum irgendwelche Pflanzen, Bakterien oder seelenloses Kriech- und Krabbelgetier, sondern vielmehr Wesen, die es an Intelligenz und Fähigkeiten mit uns aufnehmen können oder uns sogar überlegen sind. Nach einer EMNID-Umfrage glauben 49,7 Prozent aller Deutschen, darunter insbesondere höher gebildete westdeutsche Männer, dass es Außerirdische gibt. Viele Jugendliche behaupten sogar, genau zu wissen, wie sie aussehen. Fast immer gleichen die Beschreibungen den Darstellungen, wie sie uns in Comics, Science-Fiction-Romanen und in Spielfilmen über die Bedrohung der Welt durch Außerirdische präsentiert werden. Diese Medien zielen jedoch weniger darauf ab, Fakten zu vermitteln, als vielmehr zu unterhalten. Dass dabei meistens die Gesetze der Physik, Chemie und Biologie auf der Strecke bleiben und dem Neugierigen die absurdesten Dinge untergejubelt werden, ist für die Autoren und die meisten der Konsumenten von untergeordneter Bedeutung. Hauptsache, es gefällt, es schockt, man gruselt sich. In dieser Hinsicht wird man von der Filmindustrie und den Science-Fiction-Poeten wahrlich nicht enttäuscht. Die Szenerie ist fast immer die gleiche: auf der einen Seite die nahezu göttergleichen Erdlinge, heroische, kraftstrotzende Männer und überirdisch schöne, atemberaubend erotische weibliche Wesen, auf der anderen Seite grausame, seelenlose Monster von grotesker Gestalt und abstoßender Hässlichkeit. Überdies sind Außerirdische fast immer böse, kommen nahezu ausschließlich mit kriegerischen Absichten zu uns und wollen meist nur töten, erobern und vernichten. Was kann man auch anderes erwarten von Wesen, deren äußere Erscheinungsform bereits Abscheu und Ekel erregt. Gewiss, es gibt Ausnahmen, zum Beispiel der Film »E.T.«. Doch wieso muss Andersartigkeit immer abstoßend sein? Ein Hund oder eine Katze unterscheiden sich in jeder Hinsicht völlig von uns, und dennoch werden sie von vielen oft mehr geliebt als die Menschen. Wir können offenbar nur akzeptieren, was wir kennen. Und wer kennt schon die Außerirdischen?

In den bisherigen Kapiteln haben wir immer wieder darauf hingewiesen, dass die Naturgesetze auch für den Außerirdischen gelten. Die Regeln von Physik und Chemie sind universell. Sie gelten nicht nur für Wesen, die uns in irgendeiner Weise ähnlich sind, sondern auch für alle Arten von Leben, unabhängig davon, ob sie ihre Existenz der Chemie des Kohlenstoffs verdanken oder anderen Formen chemischer Bindung. Außerdem will und muss sich das Leben den vorherrschenden Bedingungen anpassen, es kann nicht anders. Unsere Gestalt und unser Aussehen sind bestimmt durch die Anforderungen und Umweltbedingungen, denen sich unsere Vorfahren im weitesten Sinne im Lauf der Evolution zu stellen hatten. Das Gleiche gilt für Pflanzen- und Tierformen. Andere Bedingungen führen mit Sicherheit zu anderen Anpassungsprozessen und somit zu anderen Strukturen und anderem Aussehen. Das Leben ist kein einfältiges System, sondern äußerst wandelbar und erfinderisch. Auf Welten, die der unseren verwandt sind, werden vermutlich ähnliche Strukturen entstehen, auf anderen Planeten könnte die Entwicklung jedoch in völlig anderen Bahnen verlaufen sein.

Das Leben auf unserer Erde beruht auf der Chemie des Kohlenstoffs. Das schließt nicht aus, dass es unter anderen Umweltbedingungen auch andere Formen von Leben geben kann. Warum soll es nicht möglich sein, Kohlenstoff durch Silizium zu ersetzen? Allerdings wären Lebensformen auf Siliziumbasis mit Leben, wie wir es kennen, wohl unvereinbar. Aber unmöglich sind sie deshalb nicht. Worin besteht der Unterschied? Wir wollen nur kurz die wichtigsten Eigenschaften des Kohlenstoffs wiederholen: Kohlenstoff kann lange Kettenmoleküle und ringförmige, aromatische Verbindungen bilden. Wesentlich dabei ist, dass sich seine Atome über Doppelbindungen verknüpfen können und dass Bindungen zwischen Kohlenstoffatomen annähernd so stark sind wie Bindungen zwischen Kohlenstoff und Wasserstoff, Sauerstoff oder einem Halogenatom, zum Beispiel Chlor. Silizium liegt in der gleichen Gruppe des Periodensystems wie Kohlenstoff und ist wie dieser vierwertig. Wie Kohlenstoff kann es sich auch zu Ketten und Ringen verbinden. Im Unterschied zu ihm ist Silizium jedoch nicht zu Doppelbindungen fähig, weder mit sich selbst noch mit anderen Elementen. Außerdem ist die Bindung zwischen zwei Siliziumatomen bedeutend schwächer als die zwischen zwei Kohlenstoffatomen, sogar schwächer als eine Bindung zwischen Silizium und Wasserstoff, Sauerstoff oder Chlor. Daher sind Siliziumketten instabiler als Kohlenstoffketten, und den Bausteinen des irdischen Lebens ähnlich komplexe Moleküle auf der Basis von Siliziumketten würden zu leicht entzweibrechen.

Dass Silizium nicht zu Doppelbindungen fähig ist, hat noch eine andere weit reichende Konsequenz. Verbindet sich Kohlenstoff mit zwei Sauerstoffatomen zu Kohlendioxid, so sind alle Bindungen gesättigt, und das entstandene Molekül des für unser Leben so wichtigen Gases zeigt keine Tendenz mehr, sich mit weiteren Atomen zu vereinigen. Es bleibt unter Atmosphärenbedingung gasförmig. Verbindet sich Silizium mit zwei Sauerstoffatomen, so bleiben jedoch zwei Valenzen des Siliziums ungesättigt. Diese Valenzen nutzt das Siliziumdioxidmolekül, um sich mit anderen Siliziumdioxidmolekülen in einem Kristallgitter zu arrangieren. Unter Atmosphärenbedingungen ist Siliziumdioxid somit kein Gas, sondern ein Festkörper, nämlich

Quarz. Für eine wie auch immer geartete Form der Photosynthese ist Siliziumdioxid also ungeeignet. Ein weiteres Problem bilden die lebenswichtigen Verbindungen mit Wasserstoff. Mit Kohlenstoff gibt es in dieser Hinsicht keine Probleme. Auch Silizium verbindet sich bei Temperaturen von mehr als 1000 Grad Celsius mit Wasserstoff zu so genannten Silanen. Während Mono- (SiH_4) und Disilane (Si_2H_6) noch bis zu Temperaturen um 450 beziehungsweise 300 Grad Celsius stabil bleiben, zersetzen sich die höheren Silane bereits bei Zimmertemperatur. Das gilt jedoch nur in einer Umgebung ohne Sauerstoff und ohne Wasser. An Luft verbrennen nämlich Silane explosionsartig zu Siliziumdioxid, und bei Kontakt mit Wasser zerfallen sie zu Kieselsäure. Sollte es also irgendwo Leben auf Siliziumbasis geben, so könnte es sich nur auf einem Planeten ohne Sauerstoff und Wasser entwickelt haben. Dort müsste dann Ammoniak die Rolle des Wassers übernehmen und müssten zum Beispiel Stickstoff, Chlor oder Fluor an die Stelle des Sauerstoffs treten.

Das alles ist, wie gesagt, nicht unmöglich. Allerdings ist die Wahrscheinlichkeit für die Entwicklung von Leben auf Siliziumbasis bedeutend geringer als die auf Kohlenstoffbasis. Halten wir uns nochmals die Verteilung der häufigsten Elemente im Universum vor Augen. Nach ihrem Vorkommen geordnet sind dies in erster Linie Wasserstoff, Helium, Sauerstoff, Kohlenstoff, Neon und Schwefel. Silizium ist in etwa gleich häufig wie Schwefel. Auf der Erde hingegen ist Silizium in weit größerer Menge vorhanden als Kohlenstoff, und doch hat sich die Natur für Kohlenstoff als Gerüst des Lebens entschieden. Nehmen wir an, Siliziumwesen gibt es irgendwo im Universum, dann müssen analog zu den Bakterien, die auf der Erde in den Mägen der Kühe Methan als Stoffwechselprodukt ausscheiden, die Bakterien in den Siliziumlebewesen anstelle von Methan Silane produzieren. Bekämen wir jemals Besuch von einem solchen Wesen, so würde es abgesehen davon, dass es unseren Planeten als ausgesprochen ungastlich empfände, beim Ausatmen Feuer spucken.

Da wir gerade Ammoniak als Wasserersatz ins Spiel gebracht

haben, noch ein paar Worte zu dieser Verbindung: Prinzipiell spricht nichts dagegen, dass auf einem Planeten mit hohem Ammoniakvorkommen die Natur Wesen entstehen lässt, die Ammoniak statt Wasser trinken. Ein Verirrter in der Wüste würde dort statt »Wasser, Wasser« eben »Ammoniak, Ammoniak« rufen. Ganz so einfach ist es natürlich nicht – es gibt da doch einige Schwierigkeiten, denn Ammoniak kocht bereits bei minus 33 Grad Celsius und gefriert bei minus 77 Grad Celsius zu Eis. Eventuelles Leben müsste also an relativ niedrige Temperaturen angepasst sein. Das gilt aber nur für einen Atmosphärendruck von einem Bar. Bei einem Druck von rund 60 Bar siedet Ammoniak erst bei 98 Grad Celsius und gefriert bei minus 32 Grad Celsius. Das käme dem Temperaturbereich, in dem Wasser auf der Erde flüssig ist, schon recht nahe. Mit anderen Worten: Das Leben auf einem derartigen Planeten ist nicht unbedingt auf Temperaturen unter null Grad Celsius festgelegt, sondern könnte bei höherem Druck durchaus auch unter erdähnlichen Klimabedingungen existieren. Hinzu kommt, dass Ammoniakeis schwerer als flüssiges Ammoniak ist, es sinkt daher auf den Grund eines eventuellen Ammoniakmeeres ab. Auf der Erde schwimmt Eis immer oben und isoliert das Wasser darunter gegen eine weitere Abkühlung. Ein Ammoniaksee hingegen könnte bis zum Grund durchfrieren. Eventuelle Lebewesen im See würden ersticken. Auch ein Auftauen des abgesunkenen Ammoniakeises wäre schwierig, da erst der ganze See über den Schmelzpunkt aufgeheizt werden müsste. Außerdem hat Ammoniak einen zu hohen pH-Wert, die für das Leben so wichtigen Enzyme sind nicht funktionsfähig. Diese im Verhältnis zur Erde unterschiedlichen Bedingungen müssten auf einem Ammoniakplaneten zwangsläufig zu völlig anderen Entwicklungsprozessen und somit auch zu völlig anderen Lebensformen führen. Sollten sich Erdlinge und »Ammoniakaner« jemals begegnen, so wären sie sich sicherlich sehr fremd, und jeder würde des anderen Welt als eine sehr feindliche Umgebung empfinden.

Auf der Erde ist neben Kohlendioxid und Stickstoff der Sauerstoff der wichtigste Bestandteil der Atmosphäre. Aber wir können uns auch eine andere Welt vorstellen, beispielsweise einen Planeten, auf dem ein Halogen, beispielsweise Fluor oder Chlor, die Rolle des Sauerstoffs übernimmt. Ähnlich wie bei uns das Leben Sauerstoff benötigt, könnten in einer Halogenwelt die Lebewesen Chlor atmen. Die Pflanzen erzeugten wahrscheinlich in einem der Photosynthese ähnlichen Prozess aus Tetrachlorkohlenstoff (CCl_4) eine Verbindung, die Stärke entspräche, und anstelle von Sauerstoff würde dabei Chlor in die Atmosphäre freigesetzt. Die Rolle des irdischen Chlorophylls müsste ein »Halogen-Chlorophyll« übernehmen, und die Meere wären nicht mit Wasser gefüllt, sondern mit Salzsäure. Um die Atmung der Zellen sicherzustellen, müsste das »Blut« der Lebewesen eine dem Hämoglobin ähnliche Verbindung enthalten, die Chlor gut bindet, aber auch wieder leicht abgibt.

Eine derartige Welt widerspräche nicht den physikalischen und chemischen Gesetzmäßigkeiten, und auf dem Papier passt auch alles gut zusammen. Sollte es tatsächlich solche Ammoniaklebewesen geben, so sähen sie in unseren Augen mit ihrer gegen Chlorgas und Salzsäure unempfindlichen »Haut« sicherlich sehr eigenartig aus. Man kann davon ausgehen, dass es weder Menschen auf ihrem Planeten noch »Halogenianer« hier auf der Erde – trotz Schutzanzügen und künstlicher Atmosphäre – längere Zeit aushalten würden.

Die Bedingungen auf einem fernen Planeten müssen nicht immer so extrem sein. In unserem Sonnensystem ist es auf zwei Planeten heißer als auf der Erde, auf den übrigen aber viel kälter. Wenn wir dem Prinzip der Durchschnittlichkeit treu bleiben wollen, können wir diese Relationen auch auf andere Sonnensysteme übertragen und davon ausgehen, dass Planeten mit niedrigen Temperaturen überwiegen. Bei Temperaturen von minus 100 Grad Celsius und darunter kann sich Leben, zumindest so, wie wir es kennen, nicht entwickeln. Aber oberhalb dieser Schwelle können wir uns nicht mehr so sicher sein. Zwar laufen bei niedrigen Temperaturen die chemischen und biologischen Prozesse verlangsamt ab, doch müssen sie nicht zwangsläufig zum Stillstand kommen. Im Eis der Antarktis finden wir beispielsweise Lebensformen, wenn auch auf sehr niedriger Entwicklungsstufe, denen Temperaturen von minus 50 bis minus 70 Grad Celsius offensichtlich nichts ausmachen. Wenn ausreichend Zeit zur Verfügung stünde, könnten sich vielleicht auch unter solchen Bedingungen höhere Lebensformen entwickeln. Aber mit großer Wahrscheinlichkeit werden wir auf einem eisigen Planeten keine Wesen antreffen, die 100 Meter in 10,0 Sekunden sprinten können, weil eben alle biologischen Vorgänge, wie beispielsweise der Stoffwechsel, entsprechend langsam ablaufen. Auch die Leitung von Signalen in den Nervenzellen wird extrem langsam vonstatten gehen. Bis die »Eiswesen« einen Gedanken beendet und diesen in die Tat umgesetzt hätten, könnten Stunden oder gar Tage vergehen. Derartige Kreaturen wären außerordentlich träge, im Ausgleich dazu aber vermutlich mit einem sehr hohen Lebensalter gesegnet.

Bei hohen Temperaturen trifft natürlich das Gegenteil zu. Alle chemischen Vorgänge laufen beschleunigt ab. Um den hohen Stoffwechselraten gerecht zu werden und nicht innerlich »auszubrennen« und zu verhungern, müssten Wesen auf einem Planeten mit hoher Temperatur fortwährend Nahrung zu sich nehmen. Schwierige Mathematikaufgaben könnten sie vielleicht im Bruchteil von Sekunden lösen, da in ihren Gehirnen die Gedanken nur so durch die Ganglien »blitzten«. Aber ihr Leben wäre vermutlich besonders hektisch und nur sehr kurz.

Stellen wir uns nun noch veränderte atmosphärische Druckverhältnisse vor. Ein hoher Druck wäre eine Möglichkeit, die Prozesse auf einem Eisplaneten zu beschleunigen, da die Reaktionspartner, die Moleküle, auf denen die biologischen Abläufe beruhen, näher zueinander rücken würden. Hohe Drücke müssten sich aber auch in der Gestalt der dort lebenden Wesen widerspiegeln, sie hätten vielleicht sehr gedrungene und kräftige Körper. Für »Hochtemperaturwesen« wäre eine Kombination von hoher Temperatur und hohem Druck eher unvorteilhaft. Alles ginge noch viel schneller, und die Wesen wären vielleicht zu einer solch kurzen Lebensspanne wie jener von Eintagsfliegen verdammt. Andererseits würden die auf der Erde über Jahrmilliarden andauernden Evolutionsprozesse ungleich rascher ablaufen, sodass sich derartige Kulturen innerhalb kurzer Zeit zu Entwicklungsformen mit ungeahnten technologischen Fähigkeiten aufschwingen könnten.

Stellen wir uns nun einen Planeten vor, auf dem die Temperaturen »normale«, vergleichbar irdische Werte aufweisen, der Atmosphärendruck aber relativ hoch ist. In unserem Sonnensystem könnte das eventuell in den tieferen atmosphärischen Schichten Jupiters der Fall sein. Zur Erinnerung: Jupiter ist ein Gasplanet, der im Wesentlichen aus Wasserstoff und Helium besteht, bei dem Dichte und Temperatur mit zunehmender Tiefe kontinuierlich ansteigen. Könnte es auf oder besser in einem solchen Planeten Leben geben? Wenn wir voraussetzen, dass dort außer Wasserstoff und Helium auch ein gewisser Prozentsatz an Methan, Kohlendioxid und Ammoniak vorkommt, könnten in der Atmosphäre ähnlich wie bei den Urey-Miller-Experimenten durch elektrische Entladungen fortwährend organische Verbindungen entstehen. Diese Reaktionsprodukte könnten als Nahrung für Lebewesen dienen. Da den Kreaturen dort jedoch sprichwörtlich »der Boden unter den Füßen« fehlen würde, müssten sie in der Gestalt ballonartiger Gebilde in der Atmosphäre schweben.

Beziehen wir die Masse eines Planeten als Maß für die herrschende Schwerkraft in unsere Spekulationen mit ein, so können wir uns eine verallgemeinernde Aussage über die Form und das Aussehen Außerirdischer erlauben. Auf Planeten mit großer Schwerkraft und dichter Atmosphäre dürfen wir Wesen von untersetzter, plumper Gestalt mit einer ausgeprägten Muskulatur und einem sehr stabilen Körperbau erwarten. Auf massearmen Planeten mit geringer Schwerkraft und dünner Atmosphäre werden die Wesen eher groß, feingliedrig und arm an Muskeln sein, aber ausgerüstet mit vergleichsweise großen, leistungsfähigen Atmungsorganen.

Bisher noch nicht in Betracht gezogen haben wir Planeten, die vollkommen mit Wasser bedeckt sind. Hier brauchen wir nicht viel Fantasie, um uns eine außerordentlich belebte Welt vorzustellen. Denken wir nur an die Artenvielfalt in unseren Meeren. Doch wie steht es mit der Intelligenz? Mittlerweile glauben viele Biologen, dass Delfine ein ähnlich gut ausgebildetes Gehirn wie der Mensch haben. Warum sollte eine solche Entwicklung auf einem anderen Planeten nicht noch ein Stück weiter gegangen sein?

Doch kommen diese Lebewesen je in die Verlegenheit, sich einem Leben auf dem Land anpassen zu müssen? Da alles mit Wasser bedeckt ist, fehlt dazu jeglicher Anreiz. Schon eher vorstellbar wäre der Versuch, sich über die Meere zu erheben und das Fliegen zu erlernen. Aber »wohnen«, in wie auch immer gearteten »Städten«, müsste man doch im Wasser. Und im Wasser ist eine Atmung durch kiemenähnliche Organe bei weitem effizienter als die Lungenatmung. Daher ist es sehr wahrscheinlich, dass sich auf einem Wasserplaneten so etwas wie Kiemenatmer entwickeln. Außerhalb des Wassers aber versagen Kiemen ihren Dienst. Ein Verlassen des angestammten Lebenselements ist nur möglich, wenn der Atmungsapparat so flexibel ist, dass auch aus der Atmosphäre Sauerstoff bezogen werden kann, oder wenn man über eine entsprechende technische Ausrüstung verfügt. Sollten uns also Wasserwesen einmal einen Besuch abstatten, so müsste ihr Vehikel eher einem Wassertank gleichen als dem »Raumschiff Enterprise«. Hinzu kommt, dass die Entwicklung von Raketen immer mit elektrischen Stromkreisen verbunden ist, die für die Regelung der komplizierten Antriebstechnologie und die Leben erhaltenden Systeme zuständig sind. Im Wasser aber ist elektrischer Strom lebensgefährlich, deshalb erscheint es unwahrscheinlich, dass sich Wasserlebewesen eines Tages aufmachen, um andere Sonnensysteme zu besuchen. Außerdem setzt Raumfahrt Astronomiekenntnisse voraus. Wie aber soll man sich eine astronomische Forschung im Wasser vorstellen? Teleskope, die dicke Wasserschichten durchdringen müssen, um das Licht anderer Himmelskörper zu empfangen, erscheinen unmöglich. Die Eigenschaft des Wassers, Licht zu absorbieren beziehungsweise zu brechen, machen Beobachtungen mittels Fernrohren unwahrscheinlich. Ohne eine genaue

Kenntnis der astronomischen Umgebung kann man aber wohl kaum Raumfahrt betreiben. Gleiches gilt übrigens auch für Lebewesen, deren Planet unter einer dicken Wolkendecke versteckt ist – sie lässt kein sichtbares Licht durch. Zumindest in diesem Wellenlängenbereich könnten sie nichts über den Weltraum erfahren.

Machen wir uns abschließend noch ein paar Gedanken über die Lebensform der Insekten. Auf der Erde kommt diese Art in unzähligen, äußerst widerstandsfähigen Varianten vor. Immer wieder wird behauptet: Sollte die menschliche Rasse einmal untergegangen sein, dann werden die Insekten die Erde beherrschen. Deshalb sind auch viele Drehbuchautoren und Schriftsteller der Meinung, Außerirdische gleichen ins Riesenhafte vergrößerten Insekten. In ihrer Fantasie erobern gigantische Ameisen, Spinnen und Gottesanbeterinnen, die neben ihrer vergleichsweise erstaunlichen Kraft auch ihre Gehirnleistung um ein Vielfaches gesteigert haben, unseren Planeten. Wenn das auf anderen Planeten möglich sein soll, dann muss die Frage erlaubt sein: Warum haben die Insekten das nicht auch auf der Erde geschafft? Bei Millionen unterschiedlichen Arten und einigen Milliarden Jahren Entwicklungszeit hätte das doch möglich sein müssen. Besteht da etwa ein grundsätzliches Problem? Vermutlich haben sich die Insekten im Laufe ihrer Entwicklung selbst ins Abseits gestellt. Das Problem liegt sowohl in ihrer Art zu atmen als auch im Aufbau ihres Körpers. Insekten atmen über Tracheen, röhrenförmige, sich immer weiter verästelnde Gebilde, durch die die Luft in das Körperinnere geführt wird. Man hat hochgerechnet, dass Tracheenatmung jenseits einer gewissen Körpergröße und Körpermasse nicht mehr ausreicht, um den Sauerstoffbedarf des Insekts zu decken. Außerdem haben Tracheen den Nachteil, dass Fremdkörper und Wasser relativ leicht in die Öffnung eindringen können, dass der Verlust an Wasser durch Verdunstung relativ groß ist und dass sie die Häutung erschweren. Der zweite Grund, warum Insekten nicht ins Uferlose wachsen, hängt mit ihrem äußeren Gerüst zusammen, das ihre Stabilität garantiert. Je größer Insekten werden, desto massiver, dicker und starrer muss dieser Panzer ausfallen. Das bedeutet ein hohes Gewicht, ein hohes Maß an Unbeweglichkeit und einen großen Energie- und Materialaufwand bei der »Konstruktion« des Skeletts. Wenn dann während der Lebensspanne noch ein mehrfacher Häutungsprozess nötig ist, sind die ökonomischen Grenzen schnell überschritten. Es besteht daher keine sonderlich große Wahrscheinlichkeit, dass wir eines Tages von Außerirdischen in Insektengestalt überfallen werden.

Keine übertriebenen Erwartungen bitte!

In Anbetracht der Vielfalt möglicher Lebensformen wird verständlich, warum immer mehr Menschen intelligentes Leben irgendwo im Weltraum, weit entfernt von unserer Erde, für möglich halten. Aber obwohl sich die meisten Menschen der Bandbreite des Lebens auf unserem Heimatplaneten wohl bewusst sind, herrscht mehrheitlich die Ansicht, dass uns Außerirdische ähnlich sind. Wir können uns grundlegend andere Lebensformen eben nur schwerlich vorstellen. Aber wie wahrscheinlich ist eine Ähnlichkeit mit Außerirdischen? Allein die Artenvielfalt auf unserer Erde lässt erhebliche Zweifel aufkommen. Was kreucht, fliegt, schwimmt und wuselt da nicht alles an wahrlich abstrusen Gestalten herum, die selbst mit uns Menschen nicht das Geringste mehr gemein haben. Die Natur spiegelt einen enormen Einfallsreichtum wider bei der Entwicklung erfolgreicher Kreaturen. Einige sind für unsere Augen wunderschön, andere aber Ekel erregend und abstoßend, manche sogar gefährlich. Wenn es denn unbedingt andere Lebensformen sein sollen, dann wenigstens Abarten unserer Spezies, die uns jedoch keinesfalls überlegen sein dürfen. Vielleicht liegt es auch an einer gewissen Form von Überheblichkeit, dass man sich so schwer tut, intelligentere Lebensformen zu akzeptieren. Solange der Mensch denken kann, hat er sich immer als die Krone der Schöpfung begriffen und, was den Lebensraum Erde betrifft, auch begreifen dürfen. Die Vorstellung, dass Wesen irgendwo im Universum ihm diese Rolle streitig machen, ihn sogar zu einer unterentwickelten Lebensform degradieren könnten, ist schwer zu ertragen. Diese Situation lässt sich durchaus mit der vergleichen, in der sich die Menschen befanden, als sie entdeckten, dass die Erde nicht der Mittelpunkt des Universums ist, sondern nur ein x-beliebiger Planet, der um die Sonne kreist.

Sollte es trotz aller dagegen sprechenden Argumente einst zu einem Besuch Außerirdischer kommen, was dürfen wir erwarten? So wie wir einen Gastplaneten zu entdecken versuchten, der unserer Erde möglichst ähnlich ist, können wir wohl auch extraterrestrischen Gästen unterstellen, dass sie nach einem gastfreundlichen Ort zum Landen suchen. Damit wird die Wahrscheinlichkeit sehr gering, dass uns plötzlich Wesen aus einer Wasserwelt, von einem Ammoniakplaneten oder »Halogenianer« gegenüberstehen. Es werden eher Wesen sein, die von einem erdähnlichen Planeten stammen und aufgrund der ähnlichen Umweltbedingungen eine ähnliche Entstehungsgeschichte und Evolution hinter sich haben. Damit sind *sie* uns vermutlich nicht so absolut fremd, dass wir sie als Lebewesen überhaupt nicht erkennen könnten, aber sicher auch nicht so vertraut, dass wir uns gleich mit ihnen verbrüdern wollten. Auch im Ähnlichen hat die Natur Spielarten parat, die einander verständnislos gegenüberstehen.

12.

Raumfahrt

Damit kam ein Lichtjahr auf rund und nett 6 Trillionen Meilen zu stehen, und auf dreißigtausendmal soviel belief sich also die Exzentrizität unseres Solarsystems, während der Gesamtdurchmesser der galaktischen Hohlkugel zweihunderttausend Lichtjahre betrug. Nein, er war nicht unermesslich, aber er war zu bemessen. Was soll man auf einen solchen Angriff auf den Menschenverstand sagen?

(Thomas Mann: *Doktor Faustus*)

Aufgrund der wissenschaftlichen Erkenntnisse der letzten Jahre ist in unserem Sonnensystem nicht mit weiterem Leben, geschweige denn mit intelligenten Wesen zu rechnen. Wenn es dennoch andere hoch entwickelte Lebensformen geben sollte, dann vermutlich nur auf Planeten um Sterne in den Tiefen unserer oder anderer Galaxien. Ob da wirklich etwas ist, wissen wir nicht. Sollte es dennoch einmal gelingen, ein Funksignal aufzufangen, so hätte man zwar ein erstes Lebenszeichen, von einem Händedruck mit einem Außerirdischen wäre man aber im wahrsten Sinne des Wortes Lichtjahre entfernt.

Botschaften fremder Wesen aufzufangen, zu entschlüsseln und in einem vernünftigen Zeitrahmen mit ihnen in Kontakt zu treten, das kann man sich vielleicht noch vorstellen. Aber den Absendern einen Besuch abzustatten, das ist, zumindest zum gegenwärtigen Zeitpunkt, völlig utopisch. Die mit einer solchen Reise verbundenen Probleme sind um ein Vielfaches größer als die bloße Suche nach außerirdischer Intelligenz. Während die Radio- oder Lichtsignale, die wir empfangen und senden können, den Raum immerhin mit der Geschwindigkeit des Lichts durcheilen, gleichen unsere heutigen »Raumschiffe« eher einer Schneckenpost. Außer einigen Abstechern zum Mond hat noch kein Mensch einen Fuß auf einen anderen Himmelskörper gesetzt. Und obwohl wir schon fast alle Planeten unseres Sonnensystems mit unbemannten Sonden beziehungsweise Roboterflugkörpern erkundet haben, ist dieser mühsam erreichte Radius nüchtern betrachtet vernachlässigbar klein. Was bedeuten diese Ausflüge in unsere »unmittelbare Umgebung« denn schon? Angesichts der Entfernung von 4,3 Lichtjahren zu unserem nächsten Stern Proxima Centauri ist der Durchmesser unseres Sonnensystems mit rund zehn Milliarden Kilometern, das entspricht einem tausendstel Lichtjahr, geradezu lächerlich klein. Mit einer »Apollo«-Kapsel, die mit einem Tempo von rund 5200 Kilometern pro Stunde zum Mond flog, würde eine Reise zu Proxima Centauri etwa 900 000 Jahre dauern. Und selbst die »Voyager«-Sonde, die es immerhin auf eine Geschwindigkeit von rund 60 000 Stundenkilometern gebracht hat, wäre erst in etwa 80 000 Jahren bei unserem nächsten Nachbarstern. Diese Zeiten muss man auch noch verdoppeln, wenn man vorhat, wieder zur Erde zurückzukehren. Solche Zeiträume sprengen schlichtweg unser Vorstellungsvermögen. Was kann in dieser Zeit nicht alles geschehen! Vielleicht können sich die Bewohner der Erde überhaupt nicht mehr erinnern, einstmals Astronauten losgeschickt zu haben. Im schlimmsten Fall finden die Nachkommen der zurückkehrenden Astronauten ihren Mutterplaneten nicht mehr, da die Erde in der Zwischenzeit zerstört wurde.

Um nicht ganz den Boden unter den Füßen zu verlieren, wollen wir uns im Folgenden mit den Problemen befassen, die bereits eine relativ kurze Reise durch unser Sonnensystem aufwirft. Ob in den heutigen Technologien Potenzial zur Weiterentwicklung steckt, wird sich zeigen.

Die größte Entfernung zwischen Erde und Mars beträgt rund 400 Millionen Kilometer. Immer wieder erreicht die Erde aber eine Position genau zwischen Sonne und Mars, die man auch als Marsopposition bezeichnet. Der Abstand Erde–Mars schrumpft in dieser Konstellation beträchtlich zusammen. Am 13. Juni 2001 waren es nur noch 67 Millionen Kilometer und am 27. August 2003 sogar nur 57 Millionen Kilometer. An diesen Terminen ist der Mars für astronomische Beobachtungen ein lohnendes Ziel, zum Beispiel lassen sich gute Aufnahmen machen oder die Polkappen des Planeten studieren. Da sich die Oppositionsstellung alle 26 Monate wiederholt, könnte man also eine solche Gelegenheit in naher Zukunft beim Schopf packen, um auf kürzestem Wege zum Mars zu fliegen. Doch daraus wird leider nichts, denn da sich die Planeten relativ zueinander bewegen, steht der Mars einige Zeit nach dem Start der Rakete schon wieder ganz woanders am Himmel. Man müsste ihm also fortwährend mit einem hohen Verbrauch an Treibstoff nachjagen.

Die Raumfahrtexperten haben daher nach einem Weg gesucht, wie der Mars mit einem möglichst geringen Aufwand an Energie zu erreichen sein könnte. Am vorteilhaftesten wäre es, die Geschwindigkeit der Erde auszunutzen und die Rakete auf eine elliptische Bahn um die Sonne zu schicken, die sowohl die Erd- als auch die Marsbahn tangential berührt. Dabei muss der Zeitpunkt des Starts so gewählt werden, dass sich Mars und Rakete gerade dann treffen, wenn die Rakete die Hälfte der Ellipsenbahn zurückgelegt hat. Mit rund 400 Millionen Kilometern ist dieser Weg, den man nach seinem Entdecker auch als »Hohmann-Orbit« bezeichnet, zwar deutlich länger als die direkte Verbindung zum Zeitpunkt einer Marsopposition, aber energetisch ist er ungleich günstiger *(Abb. 51)*.

Auf dem Hohmann-Orbit braucht das Raumschiff etwa 260 Tage bis zum Mars. Das entspricht einer mittleren Geschwindigkeit von rund 64 000 Kilometern pro Stunde. Um den Rückflug auf die gleiche Energie sparende Weise antreten zu können,

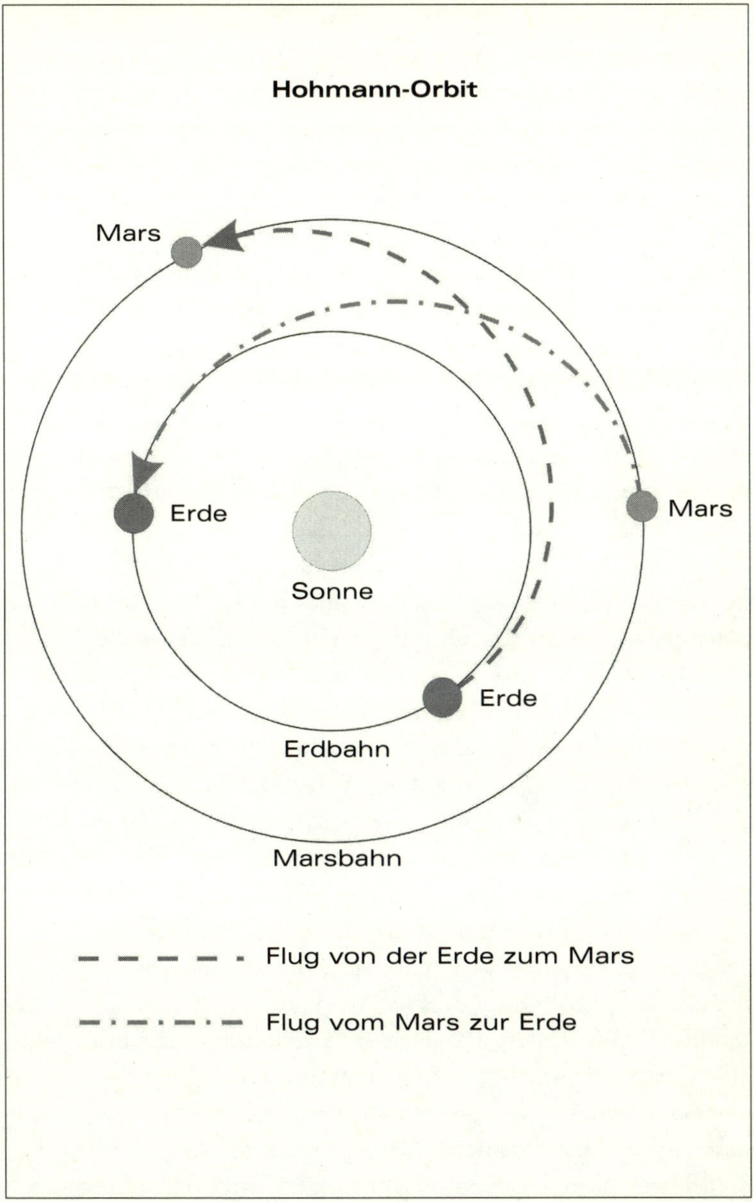

Abb. 51: Der Hohmann-Orbit, eine Ellipse mit der Sonne in einem ihrer Brennpunkte, ist die ökonomischste Bahn, ein Raumschiff von der Erde zum Mars und wieder zurück zu bringen.

müssen die Astronauten jedoch rund 460 Tage auf dem Mars zubringen. Erst nach Ablauf dieser Zeit stehen Erde und Mars wieder in der für den Hohmann-Orbit günstigen Ausgangsposition. Es vergehen also 980 Tage oder mehr als zweieinhalb Jahre, bis die Raumschiffbesatzung wieder auf der Erde landen kann. Und damit sind wir schon bei den Problemen, die ein längerer Raumflug mit sich bringt.

Bei einer solchen Reise sind die Astronauten ja völlig auf sich gestellt; Zwischenlandungen, um Reparaturen auszuführen oder beispielsweise zum Arzt zu gehen, sind unmöglich. Neben der technischen Ausrüstung müssen folglich Nahrung und Wasser für 30 Monate mitgeführt werden, und das für mehrere Personen. Es ist also eine enorme Menge Ballast, die beschleunigt und am Ende der Reise auch wieder abgebremst werden muss. Das kostet Treibstoff und erhöht das Gewicht der Rakete. Weil das Raumschiff während der Reise einem ständigen Bombardement von Partikeln des Sonnenwindes ausgesetzt ist, bedarf es einer einige Zentimeter dicken Abschirmung, um die Besatzung und die empfindliche Elektronik vor den hoch energetischen Teilchen zu schützen. Das bedeutet zusätzlichen Ballast. Und schließlich mischen sich in diesen relativ konstanten Teilchenstrom immer wieder Partikel, deren Energie um einige Größenordnungen höher liegt, sodass sie nur mit einem mehrere Meter dicken Schutzschild wirksam abzublocken wären. Aus Gewichtsgründen macht das natürlich wenig Sinn, ein gewisses Katastrophen- und Gesundheitsrisiko ist also unvermeidlich.

Diese technischen Probleme sind jedoch nur die eine Seite der Medaille. Bemannte Raumflüge über derart lange Zeit werfen noch ganz andere Fragen auf. Astronauten, die über Jahre auf engstem Raum zusammenleben und -arbeiten müssen, sind einem enormen psychischen Druck ausgesetzt, den vermutlich nur wenige aushalten, ohne gelegentlich mal durchzudrehen. Hinzu kommt, dass die Astronauten bei unvorhergesehenen Schwierigkeiten oder Unfällen nicht mit Hilfe von der Erde rechnen können. Außerdem wissen wir von den Besatzungen der ehemaligen russischen Raumstation »Mir«, dass sich bei längerem Aufenthalt in der Schwerelosigkeit die Stabilität des Knochengerüsts verringert und Muskelmasse abgebaut wird. Auch das Herz-Kreislauf-System passt sich den reduzierten physischen Anforderungen der Schwerelosigkeit an und ist nach einiger Zeit nur noch vermindert leistungsfähig. Um dem entgegenzuwirken, muss entweder für eine künstliche Schwerkraft gesorgt werden, oder die Astronauten haben neben ihren sonstigen Aufgaben ein umfangreiches tägliches Krafttraining zu absolvieren. Das aber wiederum bedeutet zusätzlichen physischen Stress. Wie kommen Menschen mit all dem zurecht?

Dieser fiktive Ausflug auf den Mars zeigt, dass bereits Reisen über kosmisch gesehen relativ geringe Entfernungen von einigen hundert Millionen Kilometern neben höchsten körperlichen und psychischen Belastungen einen enormen technischen und damit auch finanziellen Aufwand erfordern. Der Gedanke an einen Flug zu unserem nächsten Stern mit unseren heutigen technischen Mitteln in einem zeitlich überschaubaren Rahmen ist zurzeit völlig utopisch. Für eine interstellare Reise brauchen wir gänzlich neue Raumschiff- und Antriebskonzepte.

Eine Gleichung, nach der sich Raketen richten

Grundvoraussetzung jeglicher Raketentechnologie ist ein leistungsfähiger Antrieb. Betrachten wir zunächst das Funktionsprinzip unserer heutigen Raketen. In einer Brennstoffkammer wird Treibstoff zusammen mit einem Oxidationsmittel verbrannt, und die aus der Düse des Raketenmotors mit hoher Geschwindigkeit ausströmenden Gase beschleunigen die Rakete in die entgegengesetzte Richtung *(Abb. 52)*. Hinter diesem Vorgang steht das grundlegende physikalische Prinzip der Impulserhaltung: Das Produkt aus Raketenmasse und Raketengeschwindigkeit ist gleich der Masse der ausströmenden Gase, multipliziert mit deren Ausströmgeschwindigkeit. Um einer Rakete mit bestimmter Masse eine bestimmte Geschwindigkeit zu verleihen, kann man also sozusagen an zwei Schrauben drehen:

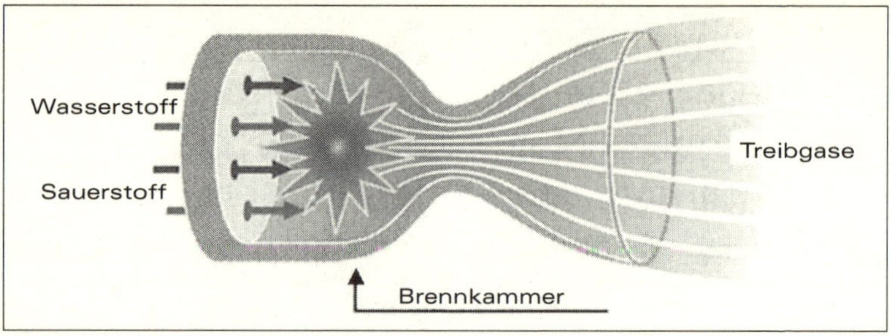

Abb. 52: Prinzip eines chemischen Raketentriebwerks

Entweder man lässt eine große Gasmenge mit relativ niedriger oder eine kleine Gasmenge mit hoher Geschwindigkeit aus dem Raketenmotor ausströmen. Da das Gesamtgewicht der Rakete wesentlich von der mitzuführenden Treibstoffmenge abhängt, sind die Raketentechniker natürlich bestrebt, die Austrittsgeschwindigkeit der Gase möglichst hochzutreiben, um das Startgewicht in vertretbaren Grenzen zu halten.

Was es mit der Ausströmgeschwindigkeit der Gase auf sich hat, wird erst so richtig deutlich, wenn man die berühmte Raketengleichung von Konstantin Ziolkowskij heranzieht. Diese Gleichung stellt einen Zusammenhang zwischen der Masse der noch nicht mit Treibstoff betankten Rakete, der Masse der voll betankten Rakete, ihrer Endgeschwindigkeit und der Ausströmgeschwindigkeit der Verbrennungsgase her. Was dabei herauskommt, ist überraschend und deprimierend zugleich. Hält man die Ausströmgeschwindigkeit der Treibgase konstant, so wächst das Massenverhältnis von betankter zu leerer Rakete exponentiell mit ihrer Geschwindigkeit. Um eine Rakete beispielsweise auf die 2,3-fache Austrittsgeschwindigkeit der Treibgase zu beschleunigen, muss das Massenverhältnis den Wert 10 annehmen. Das bedeutet, dass man die zehnfache Masse der leeren Rakete an Treibstoff braucht. Will man die Endgeschwindigkeit verdoppeln, so ist bereits ein Massenverhältnis von 100 nötig, eine Verdreifachung der Geschwindigkeit führt gar zu einem Massenverhältnis von 1000! Für das Erreichen hoher Geschwindigkeiten sind mithin enorme Mengen Treibstoff nötig. Die Mas-

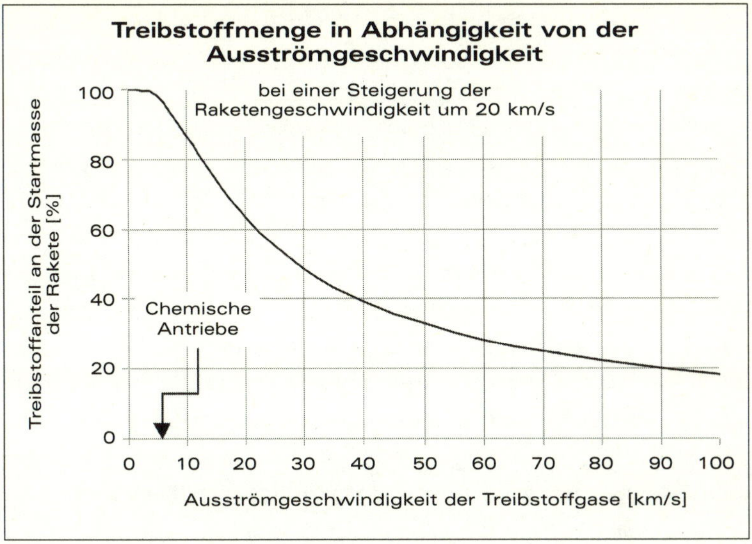

Abb. 53: Der Treibstoffanteil an der Gesamtmasse der Rakete hängt vor allem von der Geschwindigkeit ab, mit der die Verbrennungsgase aus der Düse des Raketenmotors austreten. Will man beispielsweise die Geschwindigkeit der Rakete um 20 Kilometer pro Sekunde steigern, so entfallen bei den heutigen chemischen Antrieben mit einer Gasaustrittsgeschwindigkeit von rund fünf Kilometern pro Sekunde fast 90 Prozent des Raketengewichts allein auf den Treibstoff.

se der Rakete nach Brennschluss, die man auch als Nutzlast bezeichnet, macht also nur einen Bruchteil der mitzuführenden Treibstoffmasse aus, sodass das Startgewicht der Rakete fast ausschließlich von der Masse des Treibstoffs bestimmt wird *(Abb. 53)*. Hätten wir einen Treibstoff, dessen Verbrennungsprodukte mit einem Hundertstel der Lichtgeschwindigkeit aus der Raketendüse strömen, und wollte man damit die Rakete auf ein Zehntel der Lichtgeschwindigkeit beschleunigen, so kämen auf ein Kilogramm Nutzlast rund 22 Tonnen Treibstoff.

Mit den heutigen chemischen Triebwerken, in denen Wasserstoff mit Sauerstoff zu Wasser verbrannt wird, ist nur eine maximale Ausströmgeschwindigkeit von 4,5 Kilometern pro Sekunde zu erreichen. Mit anderen Treibstoffkombinationen lässt sich die Ausströmgeschwindigkeit vielleicht noch etwas steigern – aber wie immer man es auch dreht: Über eine Ausströmgeschwindigkeit von zehn Kilometern pro Sekunde wird man mit chemischen Treibstoffen nie hinauskommen. Sollten die Raketentechniker auf die Idee verfallen, mit einem »Zehn-Kilometer-pro-Sekunde-Treibstoff« eine Rakete auf ein Prozent der Lichtgeschwindigkeit beschleunigen zu wollen, so müssten sie ein Massenverhältnis von rund 10^{130} zu 1 einkalkulieren. Mit anderen Worten: Pro Kilogramm Nutzlast wäre eine Eins, gefolgt von 130 Nullen Kilogramm Treibstoff nötig! Wenn man bedenkt, dass die Gesamtmasse der Erde »nur« 10^{24} Kilogramm beträgt, so wird klar, wie hoffnungslos ein derartiges Unterfangen ist. Raketen mit chemischen Treibstoffen werden uns also niemals zu anderen Sternen und ihren Planeten bringen.

Welches Triebwerk soll es denn sein?

Wenn es also mit chemischen Treibstoffen nicht zu schaffen ist, dann müssen wir uns wohl oder übel nach anderen Antriebsformen umsehen. Neben den chemischen Triebwerken gibt es eine ganze Reihe von Konzepten mit dem Ziel, höhere Gasaustrittsgeschwindigkeiten zu erreichen. Einige sind bereits im Einsatz, einige in der Testphase, andere stecken noch mitten im Entwicklungsstadium. Ohne näher auf die technischen Details einzugehen, wollen wir hier nur die dahinter stehenden physikalischen Prinzipien zusammenfassen.

Generell unterscheidet man drei Gruppen: elektro- und nuklearthermische, elektrostatische und magnetoplasmadynamische Antriebe. Bei den thermischen Antrieben wird ein Gas, meist Wasserstoff, mithilfe von Bogenentladungen, Widerstandselementen oder einem Kernreaktor stark aufgeheizt. Das Gas dehnt sich dabei abrupt aus und strömt mit hoher Geschwindigkeit aus einer Düse. Die NASA hat lange Zeit am Konzept des thermonuklearen Antriebs gearbeitet und schließlich im Rahmen des »NERVA«-Projekts (»Nuclear Engine for Rocket Vehicle Appli-

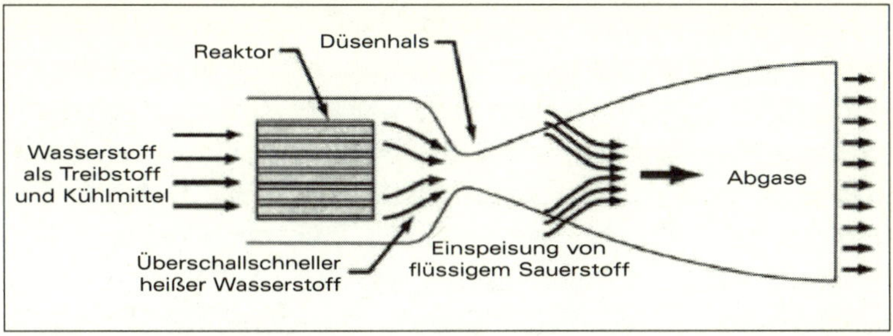

Abb. 54: Prinzip eines nuklearthermischen Raketenantriebs. Bei diesem Triebwerk wird der als Treibstoff verwendete Wasserstoff durch die Reaktionswärme eines Kernreaktors aufgeheizt und anschließend mit Sauerstoff zu Wasser verbrannt.

cation«) einen Antrieb mit einem Schub von etwa 33 Tonnen konzipiert. Das Triebwerk war für eine Betriebszeit von 10 Stunden und 60 Einsätzen ausgelegt und wog insgesamt 10,5 Tonnen *(Abb. 54)*. Aufgrund der hohen Risiken einer Strahlenverseuchung bei einem Absturz der Rakete auf die Erde wurde dieses Projekt jedoch nicht weiterverfolgt.

Elektrostatische Antriebe verwenden kein Gas, sondern nutzen elektrisch geladene Atome, so genannte Ionen, die zunächst durch Beschuss, beispielsweise von Cäsium oder Xenon, mit einem Elektronenstrahl erzeugt werden. Anschließend durchlaufen diese Teilchen ein starkes elektrisches Feld, um sie auf eine hohe Geschwindigkeit zu beschleunigen. Werden keine allzu großen Anforderungen an die Leistung des Triebwerks gestellt, so reichen Solarzellen aus, um die Energie zur Beschleunigung der Ionen zu gewinnen. Für Leistungen ab etwa 100 Kilowatt, das entspricht der Energie, die nötig ist, um 1000 Glühbirnen mit je 100 Watt eine Sekunde lang brennen zu lassen, wären aber zu große Solarflächen nötig, sodass die Energieversorgung besser von einem mitgeführten Kernreaktor übernommen werden sollte.

Bei den magnetoplasmadynamischen Antrieben treten Magnetfelder an die Stelle der elektrischen Felder. Das bei diesen Antrieben verwendete Plasma, ein »Gas« aus Ionen und Elektronen, wird in einem elektrischen Feld zwischen zwei Elektroden kontinuierlich erzeugt und magnetisch beschleunigt. Triebwerke dieser Art haben den Vorteil, eine ganze Reihe verschiedenster Treibstoffe wie Ammoniak, Hydrazin, Methan, Wasserstoff, Stickstoff, Edelgase und sogar Alkalimetalle wie Lithium, Kalium und Natrium nutzen zu können. Mit diesen Triebwerken lassen sich Gasgeschwindigkeiten von bis zu 100 Kilometern pro Sekunde bei Leistungen bis zu 10 Megawatt erzielen.

Erwähnenswert ist noch ein Triebwerkskonzept, bei dem sich die Teilchen spiralförmig um ein Magnetfeld bewegen und durch die Einwirkung intensiver Radiostrahlung wie in einem Mikrowellenherd auf einige Millionen Grad aufgeheizt werden. Ein weiteres Magnetfeld zwingt die Teilchen aus der rotierenden wieder in eine geradlinige Bewegung, hinaus aus der Beschleunigerkammer. Durch Änderung der Magnetfeldstärke beziehungsweise der eingestrahlten Radioleistung kann der Schub sogar in gewissen Grenzen variiert werden.

Mit den vorgestellten Antriebskonzepten lassen sich zwar höhere, zum Teil sogar wesentlich höhere Gasaustrittsgeschwindigkeiten erzielen als mit chemischen Triebwerken, aber bei einem Wert von etwa 1000 Kilometern pro Sekunde ist auch bei diesen Triebwerken eine obere theoretische Grenze erreicht. Außerdem ist – mit Ausnahme der thermischen Triebwerke – der erzielbare Schub mit fünf bis maximal 100 Kilogramm zurzeit noch ziemlich gering, sodass diese Systeme vornehmlich zur Beschleunigung kleinerer Sonden außerhalb der Erdatmosphäre dienen könnten. Stehen jedoch einmal derartige Antriebe mit entsprechender Leistung zur Verfügung, so werden interplanetare Reisen in unserem Sonnensystem mit einem vertretbaren Treibstoff-Nutzlast-Verhältnis und in relativ kurzer Zeit durchführbar sein. Doch für eine 100 Jahre dauernde Reise nach Alpha Centauri mit einer Geschwindigkeit des Raumschiffs von rund 13 000 Kilometern pro Sekunde bräuchte man bei einer Austrittsgeschwindigkeit der Gase von 1000 Kilometern pro Sekunde pro Kilogramm Nutzlast immer noch etwa 400 Tonnen Treibstoff.

Um interstellare Reisen in realistischen Zeiten durchführen zu können, fehlt es folglich an Antriebskonzepten, die den Bedarf an Treibstoff drastisch reduzieren beziehungsweise dessen Mitführen sogar gänzlich überflüssig machen. Letzteres wäre nur möglich, wenn der Treibstoff während der Reise »eingesammelt« oder an Bord hergestellt würde. Alternativ könnte man auch versuchen, dem Raumschiff Treibstoff von der Erde aus nachzusenden. Außerdem muss man darüber nachdenken, wie die Geschwindigkeit der Raumvehikel wesentlich gesteigert werden kann, am besten auf Werte nahe der Lichtgeschwindigkeit.

Exotische Projekte

Bevor wir uns jedoch Konzepten zuwenden, denen vielleicht die Zukunft gehört, wollen wir uns einige recht exotisch anmutende Projekte ansehen, die der mit der Reise zu den Sternen befasste Erfindergeist einiger Physiker und Ingenieure hervorgebracht hat. Die Aussicht, dass sie jemals realisiert werden, ist jedoch extrem gering.

Was Atombombenexplosionen so gefährlich macht, ist im Wesentlichen die dabei freigesetzte intensive Gamma- und Wärmestrahlung. Daneben entstehen aber auch viele kleine und kleinste Teilchen aus Spaltprodukten und pulverisiertem Bombenmaterial, die mit hoher Geschwindigkeit vom Explosionszentrum weggeschleudert werden. Der gewaltige Impuls dieser Partikel übt einen enormen Druck auf die Materie im Umkreis der Explosion aus. Eine Atombombe, gezündet in der Nähe eines Raumschiffs, könnte das Vehikel also mächtig »anschieben«. Doch wie soll das Raumfahrzeug eine solche Explosion schadlos überstehen?

Im Rahmen des 1968 gestarteten »Orion«-Projekts legte der Physiker Freeman Dyson folgenden Plan vor: Man sollte ein sehr kompaktes, 20 000 Tonnen schweres Raumschiff mit einer ebenso schweren graphitbeschichteten Prallplatte bauen lassen,

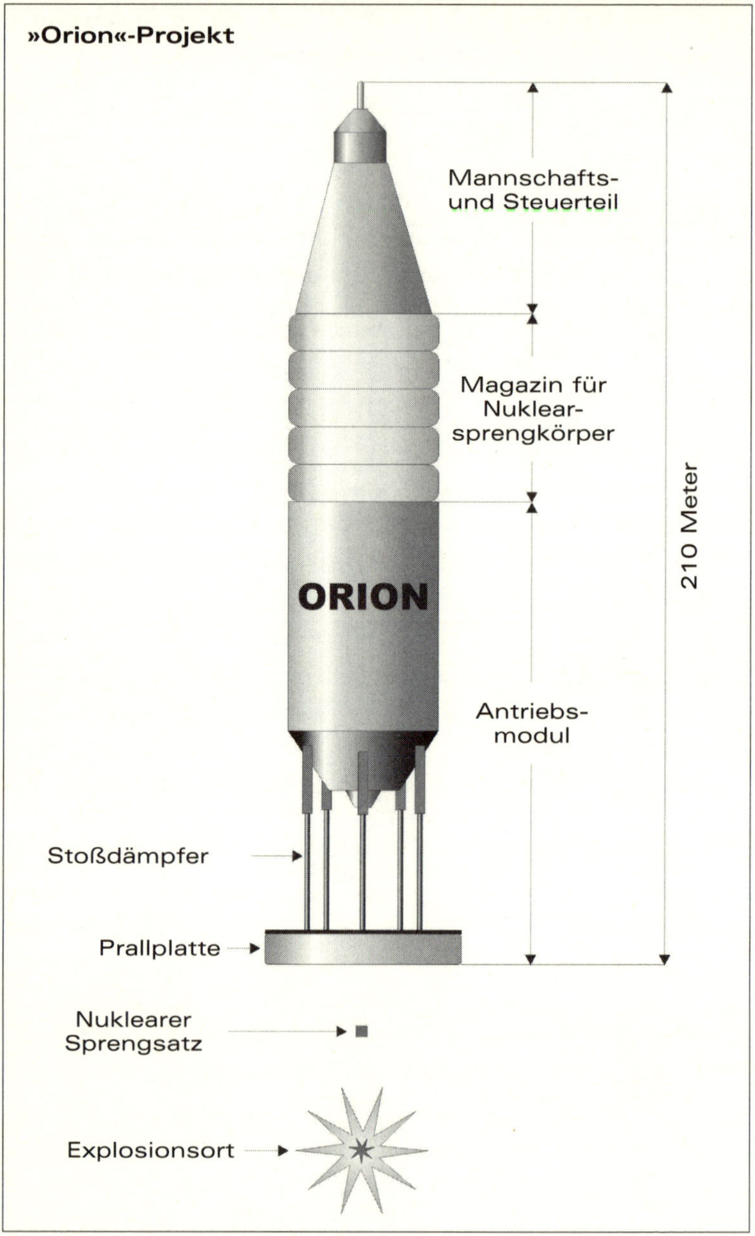

Abb. 55: Wie sich die Konstrukteure des »Orion«-Projekts ein Raumschiff mit Kernexplosionsantrieb vorstellen.

die über lange Stoßdämpfer mit dem Raumschiff verbunden ist. Die Prallplatte hätte die Aufgabe, den Impuls der Teilchen einer 100 Meter entfernt explodierenden Atombombe aufzunehmen und auf das Raumschiff zu übertragen *(Abb. 55)*. Als »Treibstoff« dachte Dyson an 300 000 thermonukleare Bomben, jede mit der 50-fachen Sprengkraft der Hiroshima-Bombe. Nach Dysons Berechnungen sollte das Raumschiff eine Geschwindigkeit von 10 000 Kilometern pro Sekunde erreichen, wenn über einen Zeitraum von zehn Tagen alle drei Sekunden eine Bombe hinter dem Raumschiff gezündet würde. Proxima Centauri wäre somit in rund 130 Jahren erreicht. Setzt man das Gewicht einer Bombe mit fünf Tonnen an, so hätte das ganze Schiff ein Startgewicht von etwas mehr als anderthalb Millionen Tonnen. Das entspräche einem Massenverhältnis von rund 40 zu 1. Am Ziel angekommen, müsste das Raumschiff allerdings wieder heruntergebremst werden, wozu eine zweite Raketenstufe von ähnlichem Ausmaß nötig wäre.

Die Kosten dieses Projekts schätzte Dyson auf einige hundert Milliarden Dollar. Angesichts dieser Summe wurde die Realisierung natürlich nicht weiter in Betracht gezogen. Manche haben das sehr bedauert, da der Bau eines derartigen Raumschiffs eine einmalige Gelegenheit gewesen wäre, sich des gesamten nuklearen Vernichtungspotenzials der Menschheit auf einen Schlag zu entledigen. Immerhin konnte Dyson zeigen, dass, zumindest theoretisch, bereits mit der Technologie der 1970er-Jahre die von uns aus nächsten Sterne in überschaubaren Zeiträumen erreichbar sind.

Ein noch gigantischeres Vorhaben als das »Orion«-Projekt war das so genannte »Daedalus«-Projekt. Es wurde 1973 von der British Interplanetary Society ins Leben gerufen, um Planeten eines Sterns in der Nachbarschaft unserer Sonne mit einer unbemannten Erkundungskapsel im Vorbeiflug auf ihre Bewohnbarkeit hin zu untersuchen. Als Ziel hatte man Barnard's Stern ausgewählt, einen Roten Zwerg von einem Zehntel Sonnenmasse in einer Entfernung von rund sechs Lichtjahren, von dem die Astronomen noch 1960 glaubten, dass er ein Planetensystem besitze. Gegen Ende der »Daedalus«-Entwicklungsarbeiten erwies sich diese Annahme jedoch als falsch, was schließlich mit ein Grund war, das »Daedalus«-Projekt in der Versenkung verschwinden zu lassen.

Das Konzept sah ein zweistufiges 120 Meter langes Raumschiff vor, dessen Hauptantrieb einer gewaltigen, kuppelförmigen Kammer ähnelt: Mit einem Durchmesser von 100 Metern ist sie so groß wie der Petersdom in Rom. Die zweite Stufe des Raumschiffs ist eine verkleinerte Version der ersten, und die Nutzlast von etwa 400 Tonnen ist in einem zylindrischen Modul am Kopf des Raumschiffs untergebracht *(Abb. 56)*. Als Treibstoff sollten kleine Tabletten aus Deuterium und Helium3 dienen, die in sechs mit flüssigem Helium gefüllten Kugeltanks von je 60 Meter Durchmesser gespeichert sind.

Im Inneren der halbkugelförmigen Brennkammer sind 75 Laser- oder Elektronenkanonen so ausgerichtet, dass sich deren Strahlen exakt im Zentrum der Reaktionskammer treffen. Entsprechend den Vorstellungen der Konstrukteure sollen jede Sekunde 200 Brennstofftabletten in diesen Brennpunkt geschossen und während einer zehnmilliardstel Sekunde durch die Energie der Elektronen so stark aufgeheizt werden, dass das Deuterium mit dem Helium3 in einer gewaltigen Explosion spontan zu Helium4 verschmilzt. Dabei würde eine Energiemenge freigesetzt, die der Explosion von einigen Tonnen TNT vergleichbar wäre. Eine mehrfache Wiederholung dieses Prozesses würde pro Stunde das Energieäquivalent von rund einer Megatonne TNT liefern.

Um »Daedalus« auf rund zehn Prozent der Lichtgeschwindigkeit zu beschleunigen, bräuchte man etwa 30 000 Tonnen Helium3 und nahezu die gleiche Menge Deuterium. Ein zweijähriger ununterbrochener Betrieb der Antriebseinheit würde die Rakete auf etwa sieben Prozent der Lichtgeschwindigkeit beschleunigen. Dann würde die erste Stufe abgesprengt, und die zweite Stufe könnte die Nutzlast binnen weiterer 20 Monate auf die Endgeschwindigkeit von 12 Prozent der Lichtgeschwindigkeit bringen. Zu diesem Zeitpunkt wäre »Daedalus« von

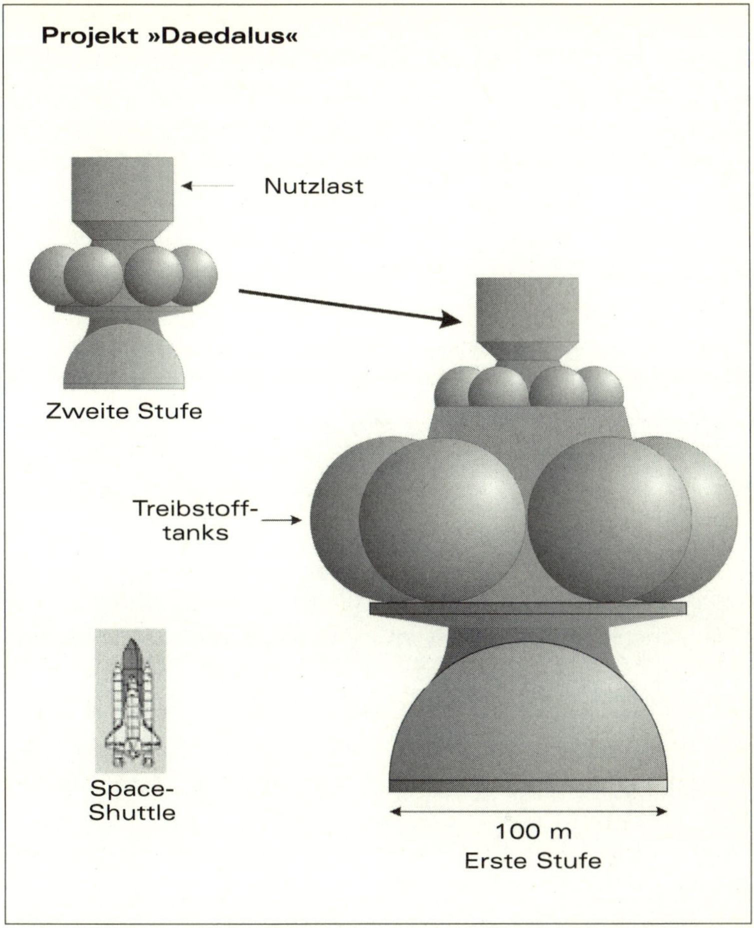

Abb. 56: Der zweistufige Aufbau der »Daedalus«-Rakete im Größenvergleich zu einem Space-Shuttle.

der Erde bereits 13 000-mal so weit weg wie die Erde von der Sonne. Das Licht benötigt für diese Strecke schon zweieinhalb Monate. Folglich könnte eine derartige Mission auch nicht mehr von der Erde aus kontrolliert werden, sie müsste die vorgegebenen Aufgaben vollautomatisch erledigen.

Wem das alles noch nicht exotisch genug ist, für den sei hinzugefügt, dass das benötigte Helium3 weder auf der Erde noch auf den anderen terrestrischen Planeten Merkur, Venus und Mars in nennenswertem Umfang vorkommt. Die »Daedalus«-Pläne sehen daher vor, das Schiff zunächst im Erdorbit zusammenzu bauen, es zu einem der Jupitermonde zu schleppen und dort in leerem Zustand zu parken. Währenddessen soll mithilfe einer Flotte von etwa 100 Laborschiffen, jedes mit einem kleinen Fusionsreaktor ausgerüstet, innerhalb von 20 Jahren aus dem nahezu unendlichen Vorrat Jupiters an Helium4 die entsprechende Menge Helium3 gewonnen und das Raumschiff damit betankt werden. Was die Durchführbarkeit dieses Vorhabens anbelangt, so ist dieses Unternehmen mindestens so spektakulär wie das eigentliche »Daedalus«-Projekt.

Dass ein derartiges Vorhaben, vielleicht zu einem anderen als Barnard's Stern, jemals realisiert wird, ist jedoch ziemlich unwahrscheinlich. Dennoch – die Physiker und Ingenieure konnten auch hier wieder zeigen, dass ein Flug, zumindest zu den nächsten Sternen, mit der Technologie, die wir im 21. Jahrhundert zur Verfügung haben werden, eventuell möglich wäre. Künstliche Intelligenz zur automatischen Führung einer solchen Mission und die Beherrschung der Kernfusion dürften in etwa 50 Jahren keine Probleme mehr bereiten. Einzig die Gewinnung von Helium3 aus der Jupiteratmosphäre erfordert noch einiges an Anstrengungen und Erfindergeist.

Treibstoff: Antimaterie

Natürlich haben die Raketeningenieure auch an die Nutzung von Antimaterie als Treibstoff gedacht. Beim Zerstrahlungsprozess von Materie mit Antimaterie wird die physikalisch höchstmögliche Energie gewonnen. Anders als bei Kernspaltungs- und Kernfusionssystemen geht die Vernichtung von Antimaterie mit Materie spontan vor sich und benötigt keine komplizierten Reaktorsysteme. Diese Eigenschaften machen die Antimaterie zu einer sehr attraktiven Form von Treibstoff. Allerdings denken die Physiker hier nicht an die Paarvernichtung von Elektronen und Positronen, sondern an die von Protonen und Antiprotonen. Die erstgenannte Reaktion führt zu hoch energetischen Gamma-Quanten, die für einen Antrieb nicht genutzt werden können. Bei der Paarvernichtung von Protonen mit Antiprotonen entstehen dagegen geladene und ungeladene Teilchen, so genannte Pionen, die ihre Energie entweder an ein Treibgas abgeben oder selbst als Treibgas dienen können.

Unserem Wissen nach kommt Antimaterie in der Natur nicht vor. Antiprotonen lassen sich aber in Teilchenbeschleunigern durch Beschuss von Metallen mit nahezu lichtschnellen Protonen erzeugen. Die gewonnenen Antiprotonen müssen im Hochvakuum in so genannten magnetischen Käfigen gespeichert werden, da sie bei einem Kontakt mit Materie sofort vernichtet würden. Erzeugung, Sammlung, Speicherung und Handhabung von Antimaterie sind ziemlich kompliziert und aufwendig, und viele der damit verbundenen Probleme sind noch nicht gelöst.

Gegenwärtig diskutiert man vier unterschiedliche Konzepte von Materie-Antimaterie-Antrieben. Bei den so genannten Festkernantrieben zerstrahlen die Antiprotonen in einem festen Wärmetauscher. Mit der gespeicherten Wärme wird Wasserstoffgas erhitzt, das anschließend durch eine konventionelle Düse austritt. In Gaskernantrieben findet die Paarvernichtung direkt in dem für den Vortrieb verwendeten Treibgas statt. Von einem Plasmakernantrieb spricht man, wenn größere Mengen Antimaterie in Wasserstoff zur Reaktion gebracht werden, sodass ein heißes Wasserstoffplasma entsteht. Das Plasma ist in einer so genannten magnetischen Flasche eingeschlossen und wird zur Erzeugung des Schubes an einem Ende der magnetischen Falle ausgetrieben. Da die Magnetfelder einen Kontakt des heißen Plasmas mit den Düsenwänden verhindern, ist die Arbeitstemperatur des Antriebs nicht durch den Schmelzpunkt der verwendeten Materialien begrenzt. Mit dem so genannten Strahlungskernantrieb ließe sich sogar eine Gasgeschwindigkeit von 100 000 Kilometern pro Sekunde erreichen. Dieser Antriebstyp benutzt Magnetfelder, um die bei der Paarvernichtung entstehenden geladenen Teilchen zu einem Strahl zu fokussieren. Der hierbei erzeugte Schub ist jedoch sehr gering, da die Masse der Teilchen kleiner ist als die ursprüngliche Masse der zerstrahlten Antiprotonen und Protonen.

Trotz der zum Teil viel versprechenden Vorteile dieser Antriebskonzepte kommt man nicht um die Frage herum: Wie viel Antimaterie ist erforderlich, um einen derartigen Motor zu betreiben? Ausgehend von einer Tonne Nutzlast und einer Geschwindigkeit der Rakete von zehn Prozent der Lichtgeschwindigkeit, wären für einen Vorbeiflug an Alpha Centauri lediglich vier bis fünf Tonnen Treibgas und einige Dutzend Kilogramm Antimaterie nötig. Für eine Mission wie die des »Daedalus«-Projekts würde ein mit einem Antimaterieantrieb ausgerüstetes Raumschiff mit 2200 Tonnen Treibgas und etwa 8,5 Tonnen Antimaterie auskommen. Verglichen mit dem »Daedalus«-Projekt entspricht das einer Treibstoffreduzierung um den Faktor 25 und eröffnet, wie es scheint, völlig neue Aussichten.

Doch die Sache hat einen Haken: Zurzeit liegt die weltweite Produktion von Antiprotonen bei nur einigen Milliardstel Gramm pro Jahr! Mit dem Teilchenbeschleuniger von CERN in der Schweiz können momentan nur 6×10^{-7} Milligramm Antiprotonen im Jahr erzeugt werden. Außerdem bedeutet Produktion nicht automatisch auch Speicherung. Tatsächlich konnten bisher nur Bruchteile der produzierten Antiprotonen über einen längeren Zeitraum gelagert werden. Von den Kosten haben wir noch gar nicht gesprochen. Allein der Betrieb des Fermi-Lab-Beschleunigers in Amerika schlägt pro Jahr mit etwa 50 Millionen Dollar zu Buche. Die Produktion von Antimaterie im Kilogramm- oder gar Tonnenbereich würde auch bei einem nur auf die Herstellung von Antimaterie ausgerichteten Betrieb Unsummen verschlingen.

Reine Antimaterieantriebe erfordern zu viel von diesem seltsamen Stoff. Aber wie wäre es mit einem Hybridantrieb, bei dem die Energie der Antimaterie-Materie-Reaktionen dazu verwendet wird, ein Verschmelzen von beispielsweise Deuterium mit Tritium zu erleichtern? Bei der NASA werden mittlerweile auch solche Konzepte auf ihre Tauglichkeit für die Raumfahrt untersucht. Eines dieser Projekte nennt sich »Antiproton-Catalyzed Micro-Fission/Fusion Propulsion«. Dabei geht es um Folgendes: Brennstofftabletten, bestehend aus Uran 238, Deuterium und Tritium, werden zunächst mittels Laser- oder Ionenkanonen komprimiert und aufgeheizt. Zum Zeitpunkt der maximalen Kompression werden die Tabletten mit einer winzigen Menge von etwa einer Milliarde Antiprotonen, entsprechend einem Billionstel Milligramm, beschossen, um eine Kernspaltung der Uranatome auszulösen. Schließlich zündet die bei der Kernspaltung frei werdende Energie eine Kernverschmelzung zwischen den Deuterium- und Tritiumatomen, und das dabei entstehende Plasma liefert den Schub des Triebwerks. Im Gegensatz zu den reinen Antimateriekonzepten benötigt ein derartiger Prozess Antimaterie nur in Mengen, wie wir sie bereits heute mit Hochenergie-Teilchenbeschleunigern herstellen können. Bis zu den Sternen kämen wir damit zwar nicht, allerdings könnte der Zeitbedarf für interplanetare Raumfahrten mit diesem Antrieb drastisch verkürzt werden: In 100 bis 130 Tagen wäre man auf dem Mars, in anderthalb Jahren auf dem Jupiter und in drei Jahren auf dem Pluto – Rückreise jeweils inbegriffen.

Die Energie kommt per Post

Was die Raumfahrt im Wesentlichen so problematisch macht, sind die enormen Mengen Treibstoff, die zu einem ungünstigen Nutzlast-Treibstoff-Verhältnis führen und einem Flug zu Planeten oder fernen Sternen im Wege stehen. Wie schon erwähnt wären Raumschiffe ideal, die nur noch sehr wenig oder besser noch gar keinen Treibstoff mehr mit sich führen müssen, sondern ihn auf ihrer Reise zu den Sternen aufsammeln oder von der Erde aus nachgeschickt bekommen. Wie vom nicht ruhenden Erfindergeist der Physiker und Ingenieure nicht anders zu erwarten, gibt es auch dazu bereits viel versprechende Konzepte.

Ein Beispiel sind die so genannten »Beamed-Energy«-Antriebe. Unter diesen Begriff fallen Antriebe, die ihre Energie in Form von

Licht geeigneter Wellenlänge von einer entfernten Quelle beziehen. Das kann entweder ein erdgebundener Laser oder ein Mikrowellensystem sein. Vom Raumschiff wird die Strahlung mit einem geeigneten Empfänger gesammelt und für den Antrieb genutzt. Mit solchen Systemen lässt sich erheblich Gewicht einsparen, da vom Raumschiff keine schweren Energieerzeugungseinheiten wie beispielsweise Kernreaktoren mitgeführt werden müssen. Zwei Systeme sind denkbar: Zum einen wird die Strahlungsenergie direkt durch Fenster in den Raketenmotor gelenkt und erhitzt dort den als Treibstoff dienenden Wasserstoff. Das andere System wandelt die Strahlung über Solarzellen zunächst in elektrische Energie um und nutzt diese dann für einen elektrischen oder elektromagnetischen Antrieb, zum Beispiel ein Ionentriebwerk *(Abb. 57)*.

Um Laserlicht zum Raumschiff schicken zu können, braucht man eine Sendevorrichtung, die einem Spiegelteleskop ähnelt; für Mikrowellen sind Antennen erforderlich, die wie überdimensionale Satellitenschüsseln aussehen. Nach einem physikalischen Gesetz lässt sich der Strahl umso besser bündeln, je größer man den Durchmesser des Spiegels beziehungsweise der Antennenschüssel macht und je kürzer die Wellenlänge der Strahlung ist. Da Mikrowellen eine relativ große Wellenlänge haben, lässt sich die Energie nur über Entfernungen von einigen zehntausend Kilometern übertragen, für größere Distanzen würden die Antennen zu groß. Um beispielsweise einen geostationären Satelliten in rund 36 000 Kilometer Entfernung mit Mikrowellen der Wellenlänge 12,2 Zentimeter zu versorgen, bräuchte man auf der Erde eine Sendeantenne mit zehn Kilometer Durchmesser, und der Satellit müsste eine Empfangsantenne von einem Kilometer Durchmesser mit sich herumschleppen. Mit Wellenlängen im Bereich des nahen Infrarots, bei etwa 0,85 Millimeter, sieht es etwas besser aus: Damit sind Übertragungsentfernungen von der Erde bis zum Mond möglich. Ein Energietransfer über noch größere Entfernungen scheitert in erster Linie an der Richt- und Nachführgenauigkeit der Sendeantennen.

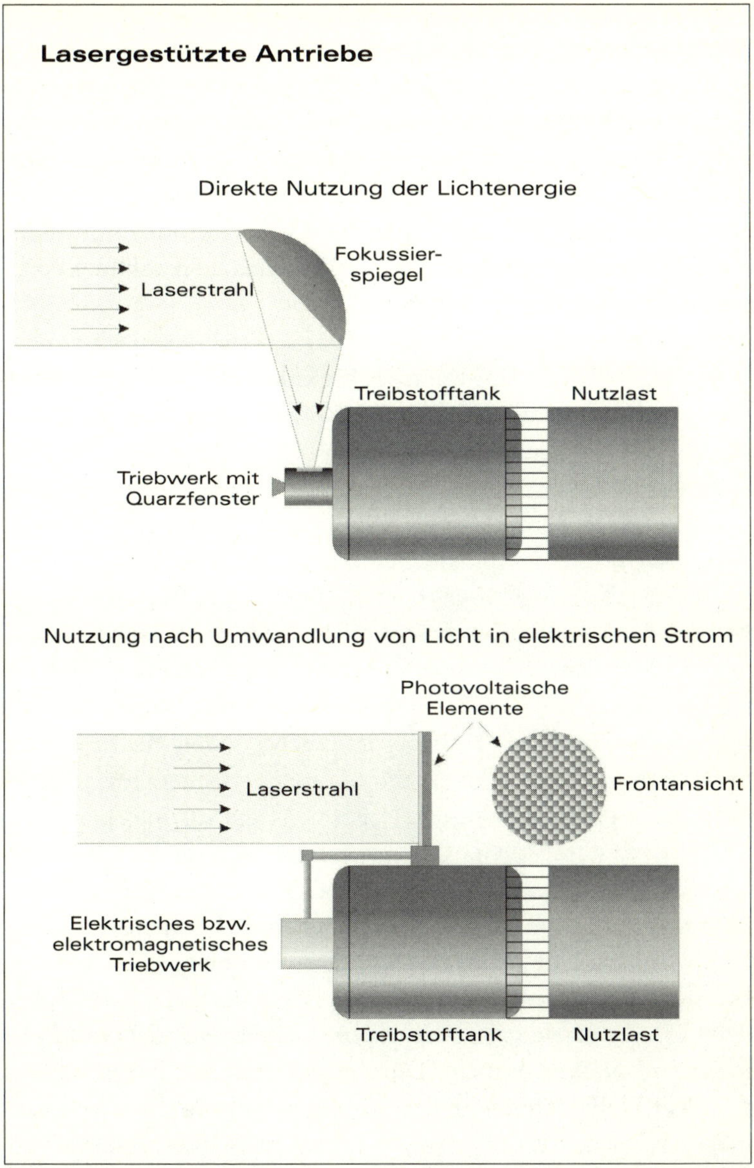

Abb. 57: Für die Aufheizung des Treibstoffs kann das gebündelte Licht eines Lasers genutzt werden, der entweder auf der Erde oder im Weltraum stationiert ist. Dabei heizt der Laserstrahl über ein Fenster im Triebwerk das Gas direkt auf oder erzeugt mittels Fotozellen elektrischen Strom.

Doch es gibt noch eine andere Möglichkeit, die Energie des Lichts zum Antrieb von Raumfahrzeugen zu nutzen. Vorbild sind die Segelschiffe, bei denen der Wind für den Vortrieb sorgt. In ähnlicher Weise könnte man auch Raumschiffe mit so genannten Lichtsegeln ausrüsten und den Strahlungsdruck des Lichts als Antrieb nutzen. Als Lichtquelle könnte die Sonne dienen oder ein gigantischer Laser. Erste Versuche mit Lichtsegeln sind bereits gelaufen und haben die Erwartungen der Techniker voll erfüllt.

Die Funktion von Lichtsegeln beruht auf einem einfachen physikalischen Prinzip: Beim Auftreffen eines Lichtquants auf das Segel und der anschließenden Reflexion wird der doppelte Impuls des Photons übertragen *(Abb. 58)*. Eine wichtige Voraussetzung ist ein hohes Reflexionsvermögen des Segels. Besonders geeignet sind dünne Aluminiumfolien, die 90 Prozent und mehr des einfallenden Lichts reflektieren können. Da die Segel je nach Verwendungszweck Durchmesser von einigen zig Metern bis hinauf zu mehreren Kilometern aufweisen müssen, sind außerordentlich dünne, aber reißfeste Folien erforderlich, um das Gewicht in vertretbaren Grenzen zu halten. Doch das ist heute kein großes Problem mehr, denn Folien, die pro Quadratmeter nur noch zehn Gramm wiegen, gibt es bereits.

Mit derartigen Lichtsegeln ließen sich die für interplanetare Reisen benötigte Zeit sowie die Startmasse von Raumsonden und Transportschiffen beträchtlich reduzieren. Chemischer Treibstoff für ein konventionelles Raketentriebwerk wäre nur noch in der Startphase nötig, um das Schiff auf die Fluchtgeschwindigkeit zu beschleunigen. Einmal außerhalb der Anziehungskraft der Erde, könnte das Lichtsegel den weiteren Antrieb übernehmen.

Denkt man an die Steuerbarkeit von Lichtsegeln, so könnte man vermuten, dass Lichtsegel immer nur in gerader Linie von der Quelle weggetrieben werden. Richtig ist jedoch, dass sie sich durch eine Änderung des Anstellwinkels steuern lassen. Bei der Impulsübertragung des auftreffenden Photons resultiert eine Kraft, die mit der Richtung zusammenfällt, aus der das Pho-

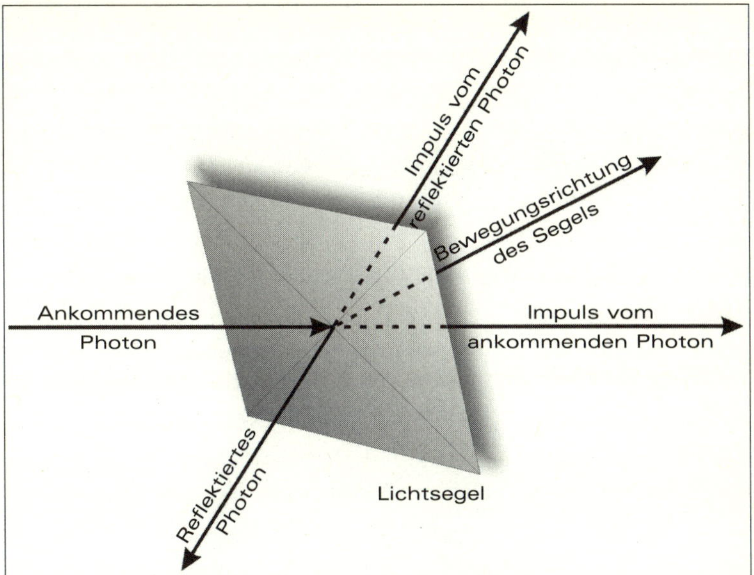

Abb. 58: Funktionsprinzip eines Lichtsegels

ton kommt, bei der anschließenden Reflexion eine Kraft, die in die entgegengesetzte Richtung weist, in die das Photon reflektiert wird. Die Kraft, die schließlich das Segel vorantreibt, ist die Summe dieser beiden Teilkräfte und weist in Richtung der Winkelhalbierenden zwischen den Richtungen der beiden Einzelkräfte. Zugegeben, die Erklärung ist etwas abstrakt, doch ein Blick auf Abbildung 58 macht die Sache sofort deutlich.

Unsere Sonne liefert die für den Vortrieb des Lichtsegels nötigen Photonen praktisch frei Haus und obendrein noch kostenfrei. In einer Entfernung von 150 Millionen Kilometern, entsprechend dem Abstand Erde–Sonne, beträgt der Lichtdruck auf einen Quadratkilometer Segelfläche jedoch nur etwa ein Kilogramm. Der Druck wird umso geringer, je weiter man sich von der Sonne entfernt, da die Bestrahlungsstärke mit dem Quadrat des Abstands abnimmt. Schließlich wird er so klein, dass praktisch kein Vortrieb mehr zu erzielen ist. Sonnensegel bringen uns daher bestenfalls bis an den Rand unseres Sonnensystems.

Verwendet man jedoch das gebündelte Licht eines Lasers, so sieht die Sache anders aus. Ein Laserlichtbündel weitet sich auch in großen Entfernungen kaum auf, sodass auch jenseits des Sonnensystems nahezu der volle Strahlquerschnitt genutzt werden kann. Die Übertragung von Energie in Form von Laserlicht ist eine der wenigen Möglichkeiten, Raumfahrzeuge auf höhere Geschwindigkeiten als zehn Prozent der Lichtgeschwindigkeit zu beschleunigen. Doch wo Licht ist, ist auch Schatten. Um interstellare Entfernungen überbrücken zu können, braucht man zur Bündelung des Laserstrahls Linsen mit einem Durchmesser von einigen hundert Kilometern und zum Auffangen des Laserlichts Segelflächen von mehreren hunderttausend Quadratkilometern. Bei einem Foliengewicht von einem Gramm pro Quadratmeter kommen da schon ein paar hunderttausend Tonnen Segelgewicht zusammen. So was kann man natürlich nicht von der Erde aus in den Weltraum schaffen, vielmehr müsste man die Segel erst in der Erdumlaufbahn zusammenbauen. Die Linsen, am besten aus lichtdurchlässigem Plastikmaterial, müsste man irgendwo im Sonnensystem, beispielsweise zwischen den Planeten, verankern.

Auch die erforderlichen Laserleistungen hätten es in sich. Um eine Nutzlast von 450 Tonnen mit einem Lichtsegel auf rund 20 Prozent der Lichtgeschwindigkeit zu beschleunigen und sie in weniger als 50 Jahren zu einem nahe liegenden Stern zu bringen, wäre eine Laserleistung von etwa zehn Terawatt (10^{13} W) nötig. Das entspricht in etwa der vereinigten Leistung aller Kraftwerke auf unserem Globus! Überdies müssten die Laser während 30 Jahren ohne Unterbrechung betrieben werden. Es wäre daher besser, die Energie für den Betrieb der Laser direkt von der Sonne »abzuzapfen« und die Laser in der Umlaufbahn des Planeten Merkur zu stationieren. Das hätte zwei nicht zu unterschätzende Vorteile: Zum einen ist dort die Strahlungsleistung der Sonne pro Quadratmeter Fläche viel größer als auf der Erde, zum anderen könnten die Laser durch die vom Merkur ausgeübte Gravitation örtlich stabilisiert werden. Die gewaltige Laserleistung verursacht nämlich einen beträchtlichen Rückstoß, den man durch eine entsprechend große Masse kompensieren muss. Und was ist mit der zur Fokussierung des Laserstrahls nötigen Linse? Sie müsste irgendwo zwischen den Planeten Saturn und Uranus stationiert sein und hätte ein Gewicht von etwa 500 000 Tonnen. Damit könnte man Laserenergie aber immerhin bis zu 40 Lichtjahre weit übertragen.

Heute erscheint uns die interstellare »Lichtsegelei« aufgrund der Dimension ihrer Systeme und Komponenten noch undurchführbar. Man darf aber nicht vergessen, dass es sich dabei nicht um eine völlig neuartige Technologie handelt, die wir noch nicht beherrschen, sondern um erprobte oder zumindest in Erprobung befindliche, jedoch relativ kleine Systeme. Jetzt ist »nur« noch eine Übertragung auf andere Größendimensionen nötig, allerdings auf Dimensionen von beträchtlichem Ausmaß. Es besteht also eine gewisse Aussicht auf Realisierung, wenn auch vermutlich nicht mehr in diesem Jahrhundert.

Wenn der Treibstoff auf der Straße liegt

Kommen wir abschließend noch zu einem ziemlich futuristischen Konzept, das interstellares Reisen nicht nur in unserer Galaxis, sondern auch zu anderen, weit entfernten Galaxien ermöglichen könnte.

Robert Bussard, ein Physiker in Los Alamos, hatte die Idee zu einem Raumfahrzeug, das, ausgerüstet mit einem den Staustrahltriebwerken entfernt ähnelnden Motor, seinen Treibstoff auf dem Weg zu den Sternen selbst einsammeln soll. In der Luftfahrt bezeichnet man mit derartigen Antrieben ausgerüstete Flugzeuge auch als »Ramjets«, da der Staudruck, der sich beim Flug vor dem Luftfahrzeug aufbaut, die für die Verbrennung des Treibstoffs nötige Luft praktisch in das Triebwerk hineinrammt.

Wie wir wissen, ist der Raum zwischen den Sternen nicht völlig leer, vielmehr dehnt sich dort das interstellare Medium (ISM) aus, ein extrem dünnes Gas, das im Wesentlichen aus Wasserstoff besteht. Die Dichte des Gases schwankt von einem bis zu etwa 200 Protonen pro Kubikzentimeter. Obwohl der letzte Wert relativ hoch erscheint, ist das ISM noch um einige Zehnerpotenzen dünner als das Restgas in den besten Vakuumkammern irdischer Labors. Bussard kam nun auf die Idee, die wenigen Protonen während des Fluges einzusammeln, sie in einem Fusionsreaktor im Ramjet zu Helium zu verschmelzen und die dabei frei werdende Energie für den Antrieb zu nutzen. Um den »Treibstoff« aus einem möglichst großen Volumen aufsammeln zu können dachte Bussard an ein gewaltiges trichterförmiges Magnetfeld, das vor dem Raumschiff entspringt und am

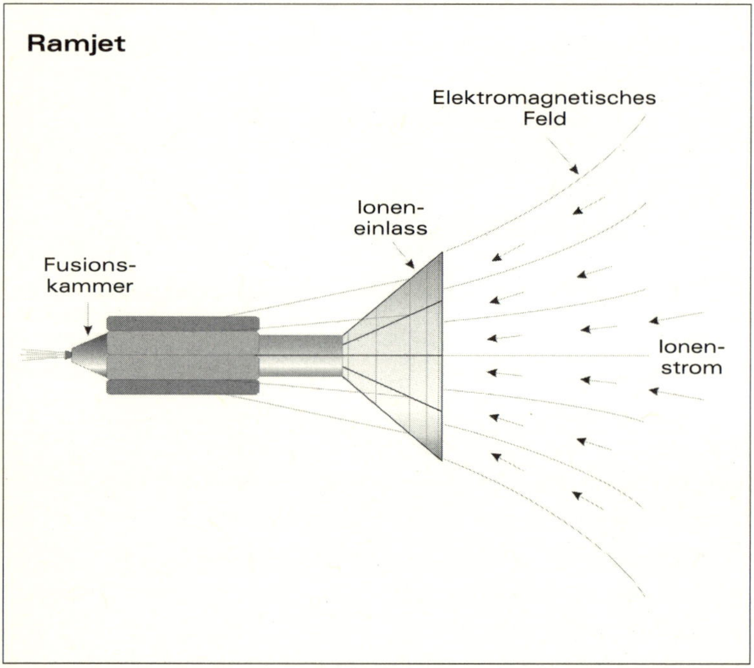

Abb. 59: Mit einem Ramjet ließe sich der für den Vortrieb nötige Treibstoff direkt aus dem Gas des interstellaren Mediums einsammeln.

Trichtereinlass einen Durchmesser von einigen tausend Kilometern hat *(Abb. 59)*. Die vom Magnetfeld erfassten Protonen bewegen sich auf spiralförmigen Bahnen um die Magnetfeldlinien in Bereiche immer höherer Magnetfelddichte in Richtung Raumschiff und werden dort dem Fusionsreaktor zugeführt. Das Ganze funktioniert praktisch wie eine riesige Staubsaugerdüse, die das ISM durchpflügt und dabei die elektrisch positiv geladenen Teilchen einsaugt. Da die Protonendichte im ISM jedoch gering ist, muss das Raumschiff mit einem konventionellen Antrieb zunächst auf etwa ein Prozent der Lichtgeschwindigkeit beschleunigt werden, damit genügend Protonen für den Betrieb des Fusionsreaktors zusammenkommen.

Nach Bussards Berechnungen sollte ein 1000 Tonnen schweres Raumschiff bei einer Dichte des ISM von einem Proton pro Kubikzentimeter und einem Wirkungsgrad des Fusionsreaktors von 100 Prozent kontinuierlich mit 1g beschleunigen können (1g entspricht der Erdbeschleunigung), solange das Einsammeln von Treibstoff nicht unterbrochen wird. Würde das Raumschiff beim Start zunächst mit einem chemischen Antrieb auf eine Geschwindigkeit von etwa zehn Kilometern pro Sekunde gebracht, so könnte es nach zwei Jahren bereits 90 Prozent der Lichtgeschwindigkeit erreichen. Bei fortdauernder Beschleunigung ließe sich das Tempo weiter bis nahe an die Lichtgeschwindigkeit steigern

Wie lange man mit einem derartigen Raumschiff unterwegs wäre, lässt sich mithilfe der Einsteinschen Relativitätstheorie errechnen. Nimmt man an, dass das Raumschiff zunächst auf der ersten Hälfte seines Weges kontinuierlich mit 1g beschleunigt und, um nicht über das Ziel hinauszuschießen, auf der zweiten Hälfte kontinuierlich mit 1g abbremst, so wäre das Schiff schon nach dreieinhalb Jahren bei unserem nächsten Stern Proxima Centauri in 4,3 Lichtjahren Entfernung angekommen. Zum Stern Epsilon Eridani in einer Entfernung von knapp elf Lichtjahren bräuchte man 4,9 Jahre, die Plejaden in einer Entfernung von 400 Lichtjahren wären in 11,5 Jahren erreicht, und in 19,4 Jahren würde das Raumschiff im 25 000 Lichtjahre entfernten

Zentrum unserer Milchstraße ankommen. Die 2,2 Millionen Lichtjahre bis zu unserer Nachbargalaxie Andromeda wären in 27,9 Jahren zu schaffen.

Vergleicht man die Entfernungen mit den entsprechenden Flugzeiten, so hat man den Eindruck, das Raumschiff bewege sich mit Geschwindigkeiten, welche die Lichtgeschwindigkeit um ein Vielfaches übertreffen. Doch das stimmt nicht. Zwar überbrückt das Schiff weite Strecken seiner Reise nahezu mit Lichtgeschwindigkeit, aber immer unterhalb dieses Limits. Des Rätsels Lösung liegt bei den berechneten Reisezeiten. Sie gelten nämlich nur für die Passagiere im Raumschiff. Für die auf der Erde Zurückgebliebenen vergehen Millionen oder auch Milliarden Jahre, bis das Raumschiff sein Ziel erreicht – ein Paradoxon, auf das wir gleich noch zu sprechen kommen.

Hinter dieser Geschwindigkeitsorgie steckt die simple Idee, dass mit wachsender Geschwindigkeit immer mehr Protonen pro Zeiteinheit eingesammelt werden können. Man kann das vergleichen mit der Situation eines Läufers im Regen: Je schneller er rennt, desto mehr Regentropfen prasseln auf seinen Körper. Wenn aber immer mehr Treibstoff in Form von Protonen zur Verfügung steht, kann durch Fusion auch immer mehr Energie erzeugt werden und das Raumschiff immer weiter beschleunigen. Dennoch, wie bereits erwähnt, Lichtgeschwindigkeit ist damit nicht zu erreichen, dafür wäre nach Einstein eine unendliche Energiemenge nötig. Aber theoretisch käme man der Lichtgeschwindigkeit beliebig nahe.

Ist damit endlich der Schlüssel für das Tor zu den fernen Galaxien gefunden? Steht der Erkundung des Universums jetzt noch irgendwas im Wege? Leider ja, denn nimmt man das Ramjet-Konzept etwas genauer unter die Lupe, so stößt man auf einige Ungereimtheiten. Um kontinuierlich mit 1g beschleunigen zu können, müsste das Raumschiff die Protonen aus einem Volumen von mehreren zehntausend Kubikkilometern des ISM einsammeln. Abgesehen von der riesigen Ausdehnung wäre nach Bussards Berechnungen hierzu eine Magnetfeldstärke von etwa zehn Millionen Tesla nötig, ein Feld, das rund 100 Milliarden Mal stärker wäre als das Magnetfeld der Erde. Allein die Erzeugung eines so gewaltigen Magnetfelds verschlingt eine Unmenge Energie. Hinzu kommt, dass sich mit einem Magnetfeld nur elektrisch geladene Teilchen einfangen lassen. Das ISM enthält jedoch in erster Linie nur neutrale Atome, lediglich in unmittelbarer Umgebung von Sternen kann man mit elektrisch geladener Materie rechnen, da hier die Strahlung der Sterne die Ionisierungsarbeit übernimmt. Folglich müsste das vor dem Raumschiff liegende ISM erst durch einen starken Laser ionisiert werden. Welche Energie dazu nötig ist, wird vom Erfinder jedoch diskret verschwiegen. Das dritte Problem entsteht bei der Fusion der eingesammelten Teilchen. Wie wir aus den Vorgängen in der Sonne wissen, vergehen im Mittel zehn Milliarden Jahre, bis sich zwei Protonen zu einem Deuteriumkern zusammenfinden. Anstelle von Protonen sollte also besser Deuterium mit Protonen verschmolzen werden, was nur etwa zehn Sekunden dauert. Aber Deuterium ist ein seltenes Atom im ISM, auf mehrere hunderttausend Wasserstoffatome kommt ein Deuteriumatom.

Sollte es dennoch gelingen, ausreichend Treibstoff zu sammeln, so wirft die Fusion die nächste Schwierigkeit auf. Die fast mit Lichtgeschwindigkeit in die Fusionskammer rasenden Teilchen müssen zunächst einmal abgebremst werden, damit sie sich auch begegnen können. Das ist nur möglich, wenn der Impuls der Teilchen auf andere Massen übertragen wird. Als Bremsmasse kommt lediglich die Masse des Raumschiffs in Betracht. Das aber bedeutet, dass auch das Schiff abgebremst wird. Böse Zungen haben daher schon vorgeschlagen, einen Ramjet-Motor lieber als Bremse für interstellare Raketen zu verwenden als für einen Antrieb.

All diese Probleme haben mittlerweile die anfänglich in den Ramjet-Antrieb gesetzten Erwartungen wieder auf den Boden der Tatsachen zurückgeholt. Dennoch wäre ein solcher Antrieb die bisher einzige Möglichkeit, Brennstoff während der Reise kontinuierlich zu ergänzen und damit fast Lichtgeschwindigkeit zu erreichen. Vielleicht gelingt es ja den Ingenieuren des nächsten Jahrhunderts, einige der geschilderten Probleme zu lösen.

Captain Kirks Superantrieb

Die Fans der guten alten Sience-Fiction-Serie »Raumschiff Enterprise« werden sich vielleicht an den Warp-Antrieb erinnern. Wenn Captain Kirk befahl: »Scotty, Warp-Antrieb, volle Kraft voraus!«, dann schoss das Raumschiff mit Überlichtgeschwindigkeit davon und verschwand in den Tiefen des Alls. Für uns »Erdianer« ist jedoch nach den allseits akzeptierten Theorien und nach allem, was wir bisher erfahren haben, die Lichtgeschwindigkeit nach wie vor die größtmögliche Geschwindigkeit. Schneller geht es nun mal nicht, und deshalb dauern interstellare Reisen auch so lange. Eine weitere Verkürzung der Reisezeit wäre nur möglich, wenn es gelänge, in der Raumzeit durch »Wurmlöcher« zu reisen. Unter einem Wurmloch verstehen die Physiker eine tunnelförmige Abkürzung zwischen zwei weit auseinander liegenden Punkten in der Raumzeit. Antriebe, die zu einer Faltung der Raumzeit in der Lage sind, werden als Warp-Antriebe bezeichnet, das englische Wort »warp« bedeutet »verzerren«. Man kann sich das Prinzip, natürlich sehr vereinfacht, anhand eines Blatt Papiers und eines darauf umherkrabbelnden Käfers klar machen. Will der Käfer von einer Ecke des Blattes diagonal zu einer gegenüberliegenden Ecke, so ist das für ihn ein weiter Weg. Aber wir können ihm behilflich sein und falten das Blatt so, dass die beiden Ecken fast zusammenstoßen. Nun ist es für unseren Käfer nur ein einziger Spreizschritt, um ans Ziel zu gelangen.

Zumindest theoretisch lässt sich auch die Raumzeit falten und ein Wurmloch erzeugen, allerdings nur mit einem ungeheuren Aufwand an Energie. Nach Berechnungen von M. J. Pfenning und A. Everett von der Tufts-Universität in den USA ist zur Erzeugung einer Raumzeit-Blase mit 200 Meter Durchmesser, in der ein Raumschiff Platz hätte, eine Energiemenge nötig, die dem Zehnmilliardenfachen der Masse des gesamten uns zugänglichen Universums entspricht – was soll man angesichts einer solchen Dimension noch sagen? Es bleibt uns wohl nichts anderes übrig, als Captain Kirk einfach davonsausen zu lassen. Einholen werden wir ihn vermutlich nie.

Zeitdilatation und Horizontverengung

Bei der Diskussion der Flugzeiten mit einem Ramjet-Antrieb sind wir auf ein eigenartiges Verhalten der Zeit gestoßen: Bewegt sich ein Raumschiff mit nahezu Lichtgeschwindigkeit, so ist die Zeit, wie sie für ein Besatzungsmitglied an Bord des Schiffes vergeht, bedeutend kürzer als die für die auf der Erde zurückgebliebenen Menschen. Dass das durchaus mit rechten Dingen zugeht, konnte Einstein anhand seiner »speziellen Relativitätstheorie« zeigen. Demnach vergeht für einen Beobachter die Zeit in einem relativ zu ihm bewegten Bezugssystem langsamer. Dass das tatsächlich stimmt, lässt sich an den Satelliten des Global Position System (GPS) beobachten, deren Zeitsignale gegenüber einer Uhr auf der Erde verspätet aufeinander folgen. Bei großen Relativgeschwindigkeiten ist der Effekt drastischer. Bewegt sich beispielsweise ein Raumschiff kontinuierlich mit 60 Prozent der Lichtgeschwindigkeit, so entsprechen acht Jahre an Bord des Raumschiffs zehn Jahren auf der Erde *(Abb. 60)*. Mit anderen Worten: Ein Astronaut, der mit 60 Prozent der Lichtgeschwindigkeit acht Jahre unterwegs ist, stellt bei seiner Rückkehr zur Erde überrascht fest, dass sein Zwillingsbruder plötzlich zwei Jahre älter ist als er.

Dramatischer wird die Sache, wenn der Astronaut fast mit Lichtgeschwindigkeit unterwegs ist, sagen wir: mit 99,9999995 Prozent der Lichtgeschwindigkeit. Wenn er nach zehnjähriger Reise wieder auf der Erde landet, sind dort sage und schreibe 100 000 Jahre vergangen! Vorausgesetzt, die Menschheit hat diese lange Zeit ohne große Veränderungen überdauert, wird sich vermutlich niemand mehr an die 100 000 Jahre zuvor gestartete Mission erinnern. In 100 000 Jahren kann die Tech-

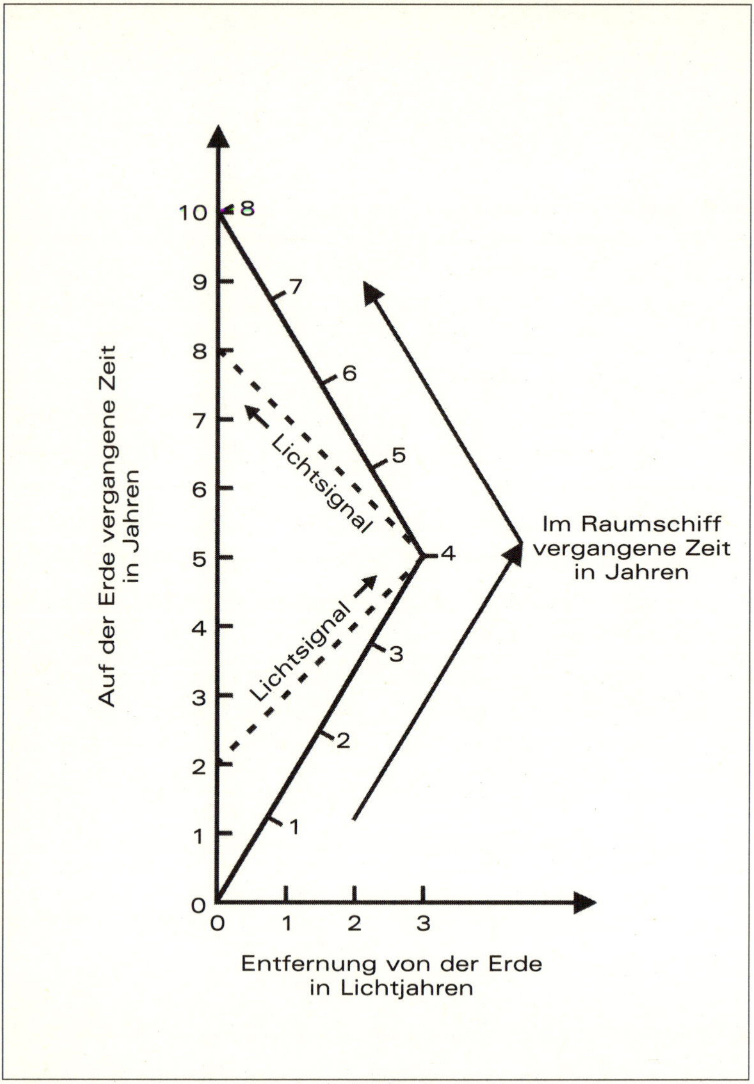

Abb. 60: Entfernt sich ein Raumschiff fünf Jahre lang kontinuierlich mit 60 Prozent der Lichtgeschwindigkeit von der Erde und kehrt dann mit unveränderter Geschwindigkeit um, so sind für die Astronauten an Bord bei der Rückkehr zur Erde statt zehn nur acht Jahre vergangen. Die Antwort auf ein Lichtsignal, das zwei Jahre nach dem Start dem Raumschiff nachgesandt wird, erreicht die Erde erst zwei Jahre vor der Rückkehr des Raumschiffs.

nik gewaltige Fortschritte gemacht haben; vielleicht sind neue Raumantriebe entwickelt worden, mit denen die Menschheit die Erde mittlerweile verlassen hat, um eine bessere Heimat zu finden. Doch auch wenn die Astronauten auf der Erde erwartet würden, so wären sich Raumfahrer und Zurückgebliebene vermutlich ziemlich fremd.

Andererseits ermöglicht diese Diskrepanz in der Zeit aber auch Reisen zu entfernten Galaxien in der den Menschen zugedachten Lebenszeit. Würde im Raumschiff die Zeit gleich schnell vergehen wie auf der Erde, so wären die Astronauten schon lange vor Erreichen ihres Ziels gestorben. So aber altern die Astronauten auf einer Reise zur Andromeda-Galaxie nur um 28 Jahre – vorausgesetzt, sie fliegen mit annähernder Lichtgeschwindigkeit.

Interessant ist auch, wie ein Astronaut in seinem Raumschiff eine Reise mit Beinahe-Lichtgeschwindigkeit erlebt. Selbst erfahren hat es ja noch niemand, doch glaubt man der Theorie, so müsste sich etwa Folgendes abspielen: Solange das Raumschiff nicht schneller als 0,5c (halbe Lichtgeschwindigkeit) fliegt, bemerkt der Astronaut bei einem Blick aus der Kanzel seines Raumschiffs nichts Auffälliges. Vielleicht erscheinen ihm die Sterne in gerader Richtung vor ihm ein wenig heller. Doch ab 0,9c ändert sich das Bild. Während die Sterne unmittelbar vor ihm ihre Position unverändert beibehalten, scheinen die seitlichen Sterne langsam nach vorne zu wandern. Mit wachsender Geschwindigkeit konzentrieren sich die Sterne mehr und mehr um einen Punkt, der in Flugrichtung vor dem Raumschiff liegt. Außerhalb dieser Sternkonzentration ist nichts als pure Schwärze. Ein Blick nach hinten zeigt, dass auch hier alle Sterne auf einen Punkt zuzulaufen scheinen und nur noch sehr schwach und tiefrot leuchten. Steigert der Astronaut die Geschwindigkeit noch weiter, so verändern die vorher gelblich schimmernden Sterne ihre Farbe in bläuliches Weiß, die vorher blau-weiß leuchtenden verschwinden ganz, und neue, vorher gar nicht wahrgenommene Sterne tauchen auf und beginnen rötlich zu leuchten. Fliegt das Schiff schließlich fast mit Lichtgeschwindigkeit, so hat sich das Gesichtsfeld des Astronauten auf einen Bruchteil des Winkels von einem Grad verengt – auf einen Punkt, der so hell ist wie die Sonne. In allen anderen Richtungen herrscht dagegen völlige Dunkelheit. An diesem spektakulären Anblick ändert sich nichts, solange das Raumschiff seine Geschwindigkeit beibehält. Wird es jedoch abgebremst, so beginnen die Ereignisse rückwärts zu laufen, und die Sterne gewinnen wieder ihr ursprüngliches Aussehen und ihre angestammten Plätze zurück.

Mithilfe des Dopplereffekts und der Relativitätstheorie lassen sich diese Erscheinungen erklären. Das Licht einer Quelle, die auf den Beobachter zukommt, wird für den Beobachter zu kürzeren Wellenlängen verschoben, es wird also immer blauer. Da blaues Licht energiereicher ist als rotes, erscheinen diese Sterne zunehmend heller. Das Licht einer Infrarotquelle verschiebt sich in den sichtbaren roten Bereich und die Strahlung einer Ultraviolettquelle in den Bereich der Röntgenstrahlung. Folglich werden die ursprünglich nicht sichtbaren, im Infrarot leuchtenden Sterne plötzlich sichtbar, und die ursprünglich blau leuchtenden Sterne verschwinden, da ihr Licht jetzt in den für das Auge unsichtbaren Bereich der UV-Strahlung verschoben ist. Diese Frequenzverschiebung wird umso drastischer, je schneller das Raumschiff fliegt. Für einen Raumfahrer, der sich mit Beinahe-Lichtgeschwindigkeit durch den Weltraum bewegt, wird quasi jede vor ihm liegende Lichtquelle zu einer Röntgenquelle.

Der Effekt der Gesichtsfeldverengung beruht auf der bei Beinahe-Lichtgeschwindigkeiten eintretenden Lichtablenkung. Man kann den Vorgang vereinfacht mit einem Auto vergleichen, das durch senkrecht herabfallenden Regen fährt. Beim stehenden Auto zeichnen die Regentropfen, die auf die Seitenscheiben des Autos treffen, senkrechte Wasserspuren auf das Glas. Beginnt das Auto zu fahren, so werden mit wachsender Geschwindigkeit die Spuren immer schräger und verlaufen schließlich fast von vorne nach hinten parallel zur Fahrtrichtung. Es hat also den Anschein, als würden die Tropfen nicht senkrecht von oben, sondern direkt von vorne kommen.

Leider hat die Natur dieses Schauspiel ausschließlich für »Expressreisende« reserviert. Keiner der gegenwärtig auf der Erde Lebenden dürfte aller Voraussicht nach in den Genuss kommen, bei der Premiere dieses Stücks dabei sein zu können. Diese Erfahrung werden wir wohl oder übel späteren Generationen überlassen müssen.

Maßanzug für einen Planeten

Lassen wir die einzelnen Raumfahrtkonzepte nochmals Revue passieren, so scheint es nicht ausgeschlossen, dass es der Menschheit in ferner Zukunft gelingen könnte, bis zu den Sternen in die Weiten des Alls vorzudringen. Aber wozu soll das gut sein? Wollen wir zeigen, was wir mit unserer Technik alles zuwege bringen? Wollen wir nur neue Erkenntnisse gewinnen und dann wieder nach Hause fliegen? Oder wollen wir wirklich nachsehen, ob es irgendwo intelligente Lebewesen gibt, mit denen wir in Kontakt treten können, deren Heimat wir besuchen und von denen wir lernen können? Wenn ja, interessiert uns das aus purer Neugierde, aus Lust am Erkunden und Erforschen, um das bereits Erreichte zu verbessern? Oder steckt dahinter vielleicht die alte Kolonisationsidee der Spezies Mensch, Land zu besiedeln und nutzbar zu machen, um sich in einer besseren, schöneren Welt niederzulassen, nicht zuletzt in der Voraussicht, dass es hier auf dieser Erde einmal zu eng, zu ungemütlich oder zu gefährlich werden könnte?

Sollten wir uns wirklich irgendwann unüberwindlichen Problemen wie totaler Überbevölkerung, existenzieller Klimaveränderung oder globaler atomarer Verseuchung gegenübersehen, so müssen wir uns auch mit dem Gedanken vertraut machen, die Erde für immer zu verlassen. Einige Pessimisten haben mit der Planung bewohnbarer Oasen im Universum schon begonnen und denken darüber nach, wie man einen fernen Planeten in eine »Neue Heimat« verwandeln könnte. Die ersten Stützpunkte auf diesem langen Weg werden zunächst Kolonien in der

Raumstation nach Wernher von Braun

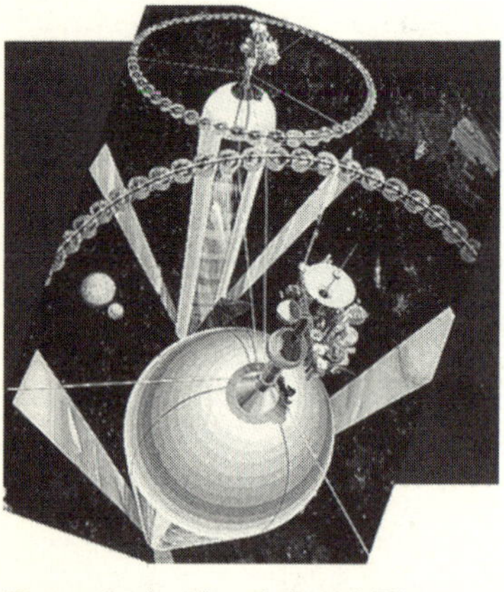

Raumkolonie »Island Three«

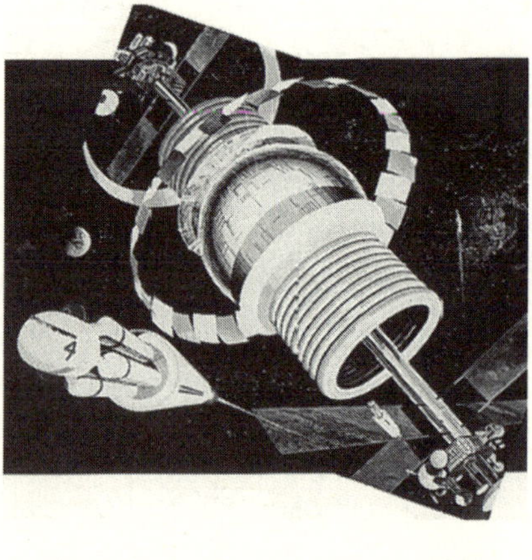

Raumkolonie »Bernal Sphere«

Abb. 61: Raumstationen, die ein Leben in einer Raumkolonie möglich machen sollen. »Island Three«, die größte der Rauminseln, soll einigen Millionen Bewohnern Platz bieten. Folglich sind ihre Abmessungen gewaltig: Durchmesser 6,5 Kilometer, Länge 30 Kilometer. Durch die Rotation der Raumstationen wird eine künstliche Schwerkraft erzeugt.

Erdumlaufbahn und später im interplanetaren Raum sein, künstliche Welten auf relativ kleinem Raum mit künstlicher Schwerkraft und künstlicher Atmosphäre – in jeder Hinsicht unabhängig, aber einsam, sehr einsam und nur auf sich gestellt *(Abb. 61)*. Wie werden die Menschen dort leben, wie die soziologischen Probleme bewältigen, wie werden sie damit zurechtkommen, gefangen zu sein in einer Nussschale im All? Und schlimmer noch: Wie fühlen sich die Passagiere bei Reisen, die in der einem Menschen zugedachten Lebenszeit nicht zu bewältigen sind? Müssen sie sich nicht wie Sklaven einer späteren Generation vorkommen, benutzt als eine Art Brücke in die Zukunft, die man letztlich nicht mehr braucht und hinter sich abreißen kann? Es müssen außergewöhnliche Menschen mit außergewöhnlichen Eigenschaften sein, die all das einmal auf sich nehmen wollen. Aber egal wie lange die Reise auch dauert, einmal wird man einen Ort, einen Planeten finden, der unserer Erde ähnlich ist, der zumindest unserer Erde ähnlich gemacht werden könnte – und dann?

Dann stehen die Flüchtlinge vor völlig neuen, noch größeren Herausforderungen. Die Menschen, die auf einem fernen Planeten landen, können nicht damit rechnen, ein gemachtes Bett vorzufinden, einen Planeten, der exakt ihren Bedürfnissen entspricht. Vielleicht ist es dort viel zu kalt oder zu heiß, vielleicht fehlt eine Atmosphäre, oder sie ist dem Menschen nicht zuträglich, vielleicht gibt es dort Wasser nur in Form von Eis. Wollen die Menschen hier leben, so gilt es, dem Planeten eine Kur angedeihen zu lassen, an den Schrauben für Temperatur und Atmosphäre zu drehen, die neue Heimat einer Metamorphose, einem »Terraforming«, zu unterziehen, sie erdähnlich zu machen. Das hat natürlich nur Aussicht auf Erfolg, wenn der Planet die Ressourcen für ein derartiges Unterfangen auch bereithält, wenn Stickstoff, Kohlenstoff, Sauerstoff oder Wasser entweder gebunden oder molekular in größeren Mengen bereits vorhanden sind und wenn die für die Umstrukturierung nötige Energie in ausreichendem Umfang vom Planeten selbst oder aus der näheren Umgebung bezogen werden kann.

Solche Gedanken sind im höchsten Maße Spekulation, sind Fiktion. Aber gilt das nicht auch für den Weg zu den Sternen? Schauen wir uns doch einmal um in unserem Sonnensystem. Gibt es da nicht Himmelskörper, an denen man – zumindest gedanklich – ein derartiges Experiment einmal ausprobieren könnte? Abgesehen von der Erde, auf der wir schon seit einiger Zeit an einem derartigen, wenn auch ungeplanten Großversuch arbeiten, nämlich das Klima durch die Emission verschiedener Treibhausgase zu verändern – wäre da nicht auch der Mars ein geeignetes Versuchskaninchen?

Tatsächlich hat man bereits ganz konkrete Vorstellungen, wie man den Mars für Menschen bewohnbar machen könnte. Nach allem, was wir bisher wissen, scheint sich dieser Planet heute gegenüber jeglichem erdähnlichen Leben feindlich zu verhalten. Seine Atmosphäre ist zu dünn, zu kalt, nicht atembar, und seine Oberfläche ist schutzlos den zerstörerischen Photonen des ultravioletten Sonnenlichts ausgeliefert. Aber Wasser in gefrorener Form scheint es in größerer Menge in den eisigen Polkappen und vermutlich auch in oberflächennahen Schichten zu geben. Und da der Mars zu den terrestrischen Planeten in unserem Sonnensystem gehört, mangelt es auch nicht an jenen Elementen, welche das Leben und der Mensch für ihren Unterhalt benötigen.

Was also könnte man unternehmen, um den Mars in einen bewohnbaren Planeten zu verwandeln? Experten bei der NASA zerbrechen sich schon seit einiger Zeit darüber die Köpfe. Ihre Pläne sehen vor, zunächst einige Dutzend Milliarden Tonnen des Treibhausgases Fluorchlorkohlenwasserstoff (FCKW) in die Marsatmosphäre einzubringen, um so die Temperatur innerhalb von etwa 20 Jahren um 20 Grad Celsius zu erhöhen. Das FCKW müsste man nicht von der Erde herbeitransportieren, es könnte direkt auf dem Mars produziert werden, vorausgesetzt die Elemente Fluor, Chlor und Kohlenstoff sind ausreichend und leicht zugänglich vorhanden. Sollte das nicht der Fall sein, so empfiehlt eine spektakuläre Variante des Konzepts, einen passenden Asteroiden einzufangen und auf den Mars prallen zu lassen, um die Atmosphäre mit den entsprechenden Komponenten anzureichern.

Ist die Temperatur nach einer Anwärmphase erst einmal auf minus 35 Grad Celsius gestiegen, so würden in der Folgezeit die Polkappen zu schmelzen beginnen, und das frei werdende Kohlendioxid könnte den Treibhauseffekt weiter ankurbeln. Allerdings befürchten die Wissenschaftler, dass das in den Polkappen gespeicherte Kohlendioxid nicht ausreichen könnte, um den Permafrostboden völlig aufzutauen und das dort vermutete Wasser in flüssiger Form freizusetzen. Um dieses Problem zu lösen, sollten, so die NASA, Bakterien auf dem Mars ausgesetzt werden. Bakterien können bei einem Atmosphärendruck überleben, der zehnmal geringer ist als der auf unserer Erde. Ihre Aufgabe soll es sein, den Stickstoff aus der Planeten-Kruste zu verdauen und ihn in Ammoniak, ein ebenfalls sehr effizientes Treibhausgas, umzuwandeln. Wenn das funktionieren würde, hätte der Mars in kurzer Zeit eine Atmosphäre, die so dicht wäre wie die der Erde. Bei einer mittleren Temperatur von etwa null Grad Celsius würden zumindest die oberen Bodenschichten anfangen aufzutauen. Nach den Vorstellungen der Wissenschaftler könnte dieser Zustand bereits 100 Jahre nach Beginn der ersten Einflussnahme erreicht sein.

Zu diesem Zeitpunkt wird der Mars aber noch einer trockenen Wüste ähneln, denn das Wasser ist vornehmlich im Boden gespeichert, und die Atmosphäre ist weder Pflanzen noch Tieren zuträglich. Jetzt muss der Kreislauf des Wassers zwischen Boden und Atmosphäre in Gang gebracht werden. Dazu soll nach den Plänen der NASA eine spiegelnde Platte mit einem Durchmesser von etwa 100 Kilometern im Marsorbit stationiert werden. Dieser Spiegel lenkt Sonnenenergie auf die Marspole, um das Wassereis völlig zum Schmilzen zu bringen. Das Wasser, so glauben die Wissenschaftler, verdampft, steigt in die Atmosphäre auf und verstärkt somit nochmals den Treibhauseffekt. Als Folge davon erhöht sich die Marstemperatur weiter, und der Permafrostboden taut bis hinab zu einer Tiefe von etlichen Dutzend Metern auf. Der in die höheren Schichten der

Atmosphäre aufgestiegene Wasserdampf kondensiert, fällt als Regen zu Boden und füllt die Becken und Flusstäler wieder mit Wasser.

Was für eine lebensfreundliche Umwelt jetzt noch fehlt, ist Sauerstoff in genügender Menge. Die einzige uns bekannte Möglichkeit, mit der man die Zusammensetzung der Atmosphäre grundlegend verändern kann, ist die Photosynthese von Kohlenhydraten durch Pflanzen. Folglich sieht der letzte Schritt des »Terraforming«-Prozesses vor, den ganzen Planeten mit einer widerstandsfähigen Flora zu besiedeln. Sie produziert aus Kohlendioxid, Wasser und Sonnenlicht ausreichende Mengen des lebenswichtigen Sauerstoffs. Aber dieser Prozess geht sehr langsam voran. Nach Schätzung der Wissenschaftler dürften wohl 100 000 Jahre vergehen, bis die Bewohner des Mars endlich die Sauerstoffmasken abnehmen können.

Rückblickend scheint »Terraforming« zwar ein spektakuläres und zeitaufwendiges, aber kein unmögliches Unterfangen zu sein, um einen Planeten den Bedürfnissen seiner Eroberer anzupassen. Sollte es die Menschheit jemals wagen, dieses Experiment an einem unserer nächsten Planeten auszuprobieren, so könnte das dabei gewonnene Know-how als eine Art »Kochrezept« für die Weltraumpioniere der fernen Zukunft dienen.

13.

Warum ist die Welt so, wie sie ist?

Ohne Zweifel sei nicht nur das Leben auf der Erde eine verhältnismäßig rasch vorübergehende Episode, das Sein selbst sei eine solche – zwischen Nichts und Nichts! Es habe das Sein nicht immer gegeben und werde es nicht immer geben. Es habe einen Anfang gehabt und werde ein Ende haben, mit ihm aber Raum und Zeit.

(Thomas Mann: *Bekenntnisse des Hochstaplers Felix Krull*)

Bei unseren Untersuchungen zu Leben im Allgemeinen und im Besonderen auf anderen Planeten hat sich gezeigt, dass eine lange Liste unterstützender Faktoren zusammenkommen muss, damit sich Leben entwickeln kann. Unsere Erde ist bisher der einzige uns bekannte Ort, an dem alle Voraussetzungen gegeben sind. Die Frage, ob noch andere, extrasolare Planeten existieren, die diese Bedingungen in so idealer Weise kombinieren, ist zurzeit noch völlig offen. Bei den bisher entdeckten Planeten ist das jedenfalls nicht der Fall.

Glaubt man jedoch der Drake-Formel, so gibt es bei einer sehr optimistischen Abschätzung der in die Gleichung eingehenden Größen immerhin etwa 100 Millionen intelligenter, kommunikationsbereiter Zivilisationen in unserer Milchstraße. Das bedeutet, dass etwa jeder tausendste Stern unserer Galaxis einen Planeten besitzt, auf dem sich intelligentes Leben entwickelt hat. Doch dieses theoretische Ergebnis kommt nur zustande, wenn man annimmt, dass jeder Stern in unserer Galaxis von mindestens einem erdähnlichen Planeten umkreist wird. Somit stellt sich die Frage, ob man es da mit dem Optimismus nicht etwas zu weit getrieben hat. Erinnern wir uns: Erdähnlich bedeutet nicht nur, dass der Planet so aufgebaut ist wie unsere Erde, sondern dass insbesondere auch Bedingungen erfüllt sind, die auf den ersten Blick wenig mit dem Planeten als solchem zu tun haben, beispielsweise dessen Bahnparameter oder die speziellen Eigenschaften seines Muttersterns. Wie es scheint, sind diese Faktoren bei der optimistischen Einschätzung nicht ausreichend berücksichtigt.

Lässt man andererseits die Parameter der Drake-Formel von einem Pessimisten einstellen, so erhält man als Ergebnis bestenfalls eine Hand voll intelligenter Zivilisationen in der gesamten Galaxis. Natürlich kann es mehr Planeten geben, auf denen es das Leben nicht bis zu intelligenten Wesen gebracht hat, wo es auf einer niedrigen Entwicklungsstufe hängen geblieben ist. Aber wenn wir nach Verwandten im Universum suchen, sind wir daran nicht wirklich interessiert.

Die Optimisten unter den Verfechtern extraterrestrischen Lebens werden uns jetzt entgegenhalten, dass die Milchstraße nur eine unter Abermilliarden anderer Galaxien im Universum ist. Wenn jede auch nur einen Planeten mit intelligenten Lebewesen beherbergt, dann sind das insgesamt doch einige hundert Milliarden Zivilisationen. Aber auch hier müssen wir wieder relativieren: Es ist nicht alles Gold, was glänzt. Nur in bestimmten Galaxientypen und dort wiederum an ausgezeichneten Stellen scheinen die Umstände für Leben günstig zu sein. Vielleicht sollten wir uns wirklich mit dem Gedanken vertraut machen, dass die Wahrscheinlichkeit für erdähnliche Planeten kleiner ist als bisher angenommen. Vielleicht ist die Fülle der Bedingungen für Leben bereits so einschränkend, dass es außer auf der Erde überhaupt kein Leben im Universum gibt.

Wer sich bis jetzt noch immer nicht von der Hoffnung auf eine Vielzahl außerirdischer Zivilisationen hat abbringen lassen, der kann sich auf die neuesten Hypothesen der Kosmologen berufen. Demnach könnte es neben unserem noch andere, vielleicht sogar unendlich viele Paralleluniversen geben, ähnlich den zigtausend Bläschen in der Schaumkrone eines gut gezapften Bieres. Jedes Bläschen ist ein eigenständiges Universum und grenzt direkt an seine Nachbarn. Was sich jedoch innerhalb eines Bläschens abspielt, davon kriegen die Anlieger nichts mit. So erfahren wir auch von einem möglichen Nachbaruniversum nie etwas und können auch nicht mit eventuellen Lebewesen dort in Kontakt treten. Ist man aber prinzipiell bereit, sich andere Universen vorzustellen, so kann man sich genauso gut auch auf dort beheimatete belebte Planeten einlassen. Aber müssen diese Universen, falls es sie denn geben sollte, unserem ähnlich sein? Das ist in der Tat ein interessanter Aspekt. Wenn andere Universen sich von unserem in irgendeiner Form unterscheiden, dann sollte auch ihre Entwicklung anders verlaufen sein. Man kann sich zum Beispiel unterschiedliche Anfangsbedingungen vorstellen oder auch andere Formen der Naturgesetze, die zu veränderten Entwicklungsprozessen führen. Hängt also die Entstehung von Leben nicht nur von den speziellen Größen ab, welche die für das Leben geeigneten Sterne und Planeten charakterisieren, sondern womöglich von noch viel grundlegenderen Parametern, Faktoren, die sich auf das jeweilige Universum als Ganzes beziehen? Eine spannende Frage!

Sehen wir uns doch mal um in unserem Universum. Ist es nicht erstaunlich, wie alles zusammenpasst, wie eins aus dem anderen hervorgeht? Begonnen hat alles mit dem Urknall und der Bildung der Elementarteilchen, den Quarks, den Neutrinos und den Elektronen. Aus den Quarks wurden dann die Protonen und Neutronen mit fast gleicher Masse, dann die ersten leichten Atomkerne und schließlich die ersten kompletten Atome des Wasserstoffs und des Heliums. Verglichen mit dem Alter des Universums ging das alles ziemlich rasch voran. Doch von da ab scheint sich das Universum mehr Zeit gelassen zu haben. Bis die ersten Sterne aufleuchteten, vergingen mindestens 200 Millionen Jahre. Die Sterne waren vermutlich riesig und lebten infolgedessen nicht sehr lange. Aber die der nächsten und die der heutigen Generation sind in der Mehrzahl so bemessen, dass ihr Wasserstoffvorrat ausreicht, um über Milliarden von Jahren

Energie in Form von elektromagnetischer Strahlung ins All hinauszuschicken. Für das Leben auf unserem Planeten ist das von enormer Bedeutung. Damit es überhaupt entstehen und sich zur heutigen Vielfalt entwickeln konnte, ist ein langlebiger Stern eine unabdingbare Voraussetzung, um über Milliarden von Jahren die Energieversorgung zu gewährleisten.

Die Entwicklung unseres Universums ist eine Kette aufeinander folgender und ineinander greifender Prozesse, die nur so ablaufen konnten, weil die Teilchen und die zwischen ihnen wirkenden Kräfte genau die Eigenschaften haben, die sie eben haben. Es sieht so aus, als ob die Anfangsgrößen des Universums gerade so eingestellt waren, dass nur dieser eine Entwicklungsweg möglich war, an dessen vorläufigem Ende heute der Mensch steht. Einstein soll einmal gesagt haben: »Was mich interessiert, ist, ob Gott bei der Erschaffung der Welt eine Wahl hatte.« Hätte vielleicht alles auch ganz anders werden können? Woran liegt es, dass alles so wurde, wie wir es heute beobachten? Versuchen wir doch mal die Frage zu beantworten: Was wäre, wenn? Wie würde sich ein Universum entwickeln, in dem die Parameter der Naturgesetze andere Werte aufweisen?

Werfen wir zunächst einmal einen Blick auf das, »was die Welt im Innersten zusammenhält«. Dass sich etwas ereignet und vor allen Dingen, auf welche Weise es sich ereignet, ist Ausdruck der Naturgesetze in unserer Welt. Das Geschehen im gesamten Universum wird durch die Wirkung eines allgemein gültigen Regelwerks bestimmt. Wie schon mehrmals erwähnt, sind diese Naturgesetze überall gleich, zumindest in den unserer Beobachtung zugänglichen Bereichen des Universums. Dass dem wirklich so ist, können die Physiker auch beweisen: Zum Beispiel ist das Spektrum eines zum Leuchten angeregten Atoms unverändert, gleichgültig ob die Quelle in einem irdischen Labor steht oder ob das Licht von einem Tausende von Lichtjahren entfernten Stern kommt. Im Prinzip sind derartige Untersuchungen nichts anders als ein Test zur universellen Gültigkeit der Quan-

Box 9

Die vier Grundkräfte

Um die Elektronen an die Atomkerne zu binden oder um zu verhindern, dass sich die Protonen des Atomkerns aufgrund gleicher Ladungen gegenseitig abstoßen und somit den Kern sprengen, bedarf es gewisser Kräfte. Mittlerweile kennt man vier Elementar- oder Grundkräfte, welche die Prozesse im Universum bestimmen: nämlich die Gravitation, die elektromagnetische Kraft, die schwache und die starke Kernkraft *(Abb. 62)*. Reichweite, Stärke und die se-

	Starke Kraft	Schwache Kraft	Elektromagnetische Kraft	Gravitation
Reichweite	10^{-15} m	10^{-17} m	unendlich	unendlich
Stärke, bezogen auf »Starke Kraft«	1	10^{-6}	10^{-2}	10^{-38}
Wirkung auf	Quarks Gluonen	Quarks Leptonen	elektrisch geladene Teilchen	alle Teilchen
Austauschteilchen	Gluonen (indirekt beobachtet)	W- und Z-Bosonen	Photon	Graviton (vermutet)

Abb. 62: Alle Vorgänge in unserem Universum werden durch die vier Grundkräfte »starke Kernkraft«, »schwache Kernkraft«, »elektromagnetische Kraft« und »Gravitation« bestimmt, die sich sowohl in ihrer Wirkung auf die unterschiedlichen Teilchen als auch in ihrer Reichweite und in ihrer Stärke unterscheiden. Als Vermittler der Kräfte zwischen den Teilchen dienen so genannte Austauschteilchen.

lektive Wirkung auf Teilchen charakterisieren die einzelnen Kräfte. Als Vermittler der Kräfte zwischen den Teilchen dienen so genannte Austauschbosonen. Die starke

Kernkraft ist von allen Kräften die mächtigste. Setzt man deren Wert gleich 1, so ist die elektromagnetische Kraft um den Faktor $1/137$ schwächer, die schwache Kernkraft um den Faktor 10^6 und die Gravitationskraft gar um einen Faktor 10^{38}.

Die Gravitation
Obwohl die Gravitation die schwächste der genannten Kräfte ist, ist sie aufgrund ihrer unendlichen Reichweite immer und überall wirksam. Die Gravitation wirkt auf alle Teilchen, und ihre Stärke nimmt umgekehrt zum Abstand im Quadrat ab. Sie ist die Ursache für die gegenseitige Anziehung von Massen und letztlich die entscheidende Kraft, welche die Strukturen des Universums auf allen Größenskalen bestimmt. Damit ist die Gravitation die dominierende Kraft im Universum. Vermutlicher Vermittler der Gravitation ist das so genannte Graviton, ein Teilchen, das bisher jedoch nicht experimentell bestätigt werden konnte. Der Theorie entsprechend, sollte das Graviton masselos und ohne Ladung sein.

Die elektromagnetische Kraft
Die elektromagnetische Kraft ist wesentlich stärker als die Gravitation. Sie bewirkt, dass sich gleichnamige Ladungen abstoßen und entgegengesetzte Ladungen anziehen. Wie bei der Gravitation besitzt sie eine unendliche Reichweite, und ihre Wirkung nimmt mit dem Abstand zum Quadrat ab. Da sie nur auf elektrisch geladene Massen wirkt, eine Ansammlung gleich vieler Ladungen jeweils entgegengesetzter Polarität nach außen jedoch elektrisch neutral erscheint, ist ihre Wirkung auf kleine Skalen beschränkt. Im Atom ist sie die Ursache für die Bindung der negativ geladenen Elektronen an den positiv geladenen Kern. Als Träger oder Vermittler der elektro-

magnetischen Kraft dient das Photon. Die Kraftwirkung beruht auf einem Austausch dieser Träger zwischen den beiden Ladungen.

Die schwache Kernkraft

Die Reichweite der schwachen Kernkraft ist mit etwa 10^{-18} Metern außerordentlich klein, sodass sich ihre Wirkung auf die Größenskala der Nukleonen beschränkt. Dass sich ein Quark in ein anderes Quark umwandeln kann, dass also ein Neutron in ein Proton, ein Elektron und ein Antineutrino zerfallen kann, ist eine Folge der schwachen Kernkraft. Als Träger der schwachen Kernkraft fungieren so genannte intermediäre Bosonen, das W^+-, das W^-- und das Z^0-Boson, die zwischen den Quarks ausgetauscht werden. Das Z^0-Boson trägt keine Ladung, wogegen das W^+-Boson positiv und das W^--Boson negativ geladen ist. Beim Zerfall radioaktiver Elemente, den man auch als β-Zerfall bezeichnet, ist insbesondere das W^--Boson beteiligt, das bei der Umwandlung des Neutrons in ein Proton emittiert wird. Das W^--Boson zerfällt anschließend in ein Elektron und ein elektronisches Antineutrino.

Die starke Kernkraft

Der Zusammenhalt der Quarks in den Nukleonen und der Nukleonen in den Atomkernen wird durch die starke Kernkraft bewirkt. Die Reichweite dieser Kraft liegt bei rund 10^{-15} Metern. Als Austauschteilchen zwischen den Quarks, also als Träger der starken Kernkraft, fungieren die so genannte Gluonen. Der Name erklärt sich aus dem englischen Wort »glue« für »Leim«. Insgesamt sind bisher acht Gluonen nachgewiesen worden, vornehmlich bei Experimenten an den Speicherringen des DESY (Deutsches Elektronen Synchrotron). Gluonen sind masselos und besitzen keine elektrische Ladung.

tentheorie. Auch die allgemeine Relativitätstheorie scheint überall im Universum zu gelten, was sich unter anderem anhand des durch Masse verursachten Linseneffekts belegen lässt, den man allerorten im Kosmos beobachten kann. Die Tatsache, dass wir in der Lage sind, so viele Eigenschaften des Universums mit einem einzigen Satz physikalischer Prinzipien zu erklären, von einem Zeitpunkt kurz nach dem Urknall bis zur Gegenwart, macht uns sehr sicher, dass die Naturgesetze auch zeitlich unverändert wirken oder, sollten sie sich dennoch verändern, dies für uns unmerklich langsam geschieht.

Um das Wirken der Naturgesetze besser verstehen zu können, müssen wir einen Blick hinter die Kulissen werfen. Sehen wir mal ab von der »Dunklen Materie«, über deren Zusammensetzung die Kosmologen noch immer rätseln, so ist nahezu alles im Universum aus Protonen, Neutronen, Elektronen und Neutrinos aufgebaut. Über vier so genannte Grundkräfte – die Gravitation, die elektromagnetische Kraft, die starke und die schwache Kernkraft – stehen die Teilchen miteinander in enger Beziehung (siehe auch Box 9). Diese Kräfte sind charakterisiert durch ihre Reichweite, das heißt durch die Entfernung, über die sie wirken. Außerdem gibt es für jede Teilchensorte und jede Kraft eine Größe, die festlegt, welche der Kräfte auf das jeweilige Teilchen wirken und wie stark die Wirkung ausfällt. Diese Größen bezeichnen die Physiker als Kopplungskonstanten. Eine dieser Kopplungskonstanten ist beispielsweise die elektrische Ladung. Sie gibt an, wie stark ein Teilchen von einem anderen angezogen beziehungsweise abgestoßen wird. Neben den Kopplungskonstanten und den Grundkräften gibt es noch die spezifischen Massen der verschiedenen Teilchensorten, auch sie bestimmen die Eigenschaften des Universums entscheidend mit. Insgesamt kennt man rund 20 Parameter, welche einerseits die Teilchen charakterisieren und andererseits die Wirkung der Grundkräfte auf die Teilchen bestimmen. Dass das Universum auf allen Skalen so komplex ist, dass es eine derartige Mannigfaltigkeit an Erscheinungsformen enthält, ist Ausdruck der Vielfalt der Teilchen und der zwischen ihnen wirkenden fundamentalen Kräfte.

Im Laufe der Jahre haben die Naturwissenschaften große Anstrengungen unternommen, um die elementaren Größen der Teilchenmassen und die Werte der Kopplungskonstanten experimentell zu bestimmen. Mittlerweile wissen wir sehr genau Bescheid, wie schwer ein Neutron ist oder welche Ladung dem Elektron zukommt. Aufgrund dieses Wissens hat unser Verständnis der Natur gewaltige Fortschritte gemacht. Heute sind wir in der Lage, sogar die komplexesten physikalischen Prozesse zu erklären, und auch die Milliarden Jahre lange Entwicklung des Universums von kurz nach dem Urknall bis in die Gegenwart können wir recht genau nachvollziehen. Aber eines können wir nicht: Wir vermögen nicht zu erklären, warum die Teilchenmassen und die Kopplungskonstanten ausgerechnet diese und keine anderen Werte haben. Weder die Physik noch eine sonstige naturwissenschaftliche Disziplin geben uns auch nur den leisesten Hinweis darauf, warum die Naturkonstanten so sind, wie sie sind. Es besteht kein zwingender Grund, aus der riesigen Menge der im Rahmen der Naturgesetze möglichen Werte gerade diese auszuwählen. Doch eben diese ersten, wie es scheint, zufälligen Festlegungen haben unser Universum zu dem gemacht, was es heute ist. Wer oder was auch immer diese Auswahl getroffen hat, wir verdanken ihr unsere Existenz!

Im Kapitel »Aufbau der Materie« haben wir erfahren, dass Neutronen aus einem Up-Quark und zwei Down-Quarks und Protonen aus zwei Up-Quarks und einem Down-Quark aufgebaut sind. Da das Down-Quark schwerer ist als das Up-Quark, ist das Neutron massereicher als das Proton. Der Unterschied ist jedoch sehr gering, er beträgt nur rund ein Tausendstel der Neutronenmasse. Andererseits ist die Masse des Elektrons 1838-mal kleiner als die Masse des Neutrons; sie ist sogar kleiner als der Unterschied zwischen der Neutronen- und Protonenmasse. Das hat weit reichende Konsequenzen: Bei diesen Massenverhältnissen bleiben nämlich die Protonen stabil, wogegen freie Neutronen in Protonen, Elektronen und Antineutrinos zerfallen. Den in den Atomkernen gebundenen Neutronen passiert in der Regel nichts, deshalb sind auch die meisten Elemente stabil.

Doch was wäre, wenn die Massenverhältnisse anders wären? Wenn beispielsweise das Elektron schon bei seiner Entstehung nach dem Urknall geringfügig schwerer ausgefallen wäre, auf alle Fälle aber schwerer als der Massenunterschied zwischen Neutron und Proton? Hätte sich das Universum unverändert entwickeln können? Ganz im Gegenteil! Dann wären nicht die Protonen, sondern die Neutronen die stabilen Teilchen geworden, weil die Protonen sofort nach ihrer Entstehung die freien Elektronen eingefangen und sich in Neutronen und Neutrinos verwandelt hätten. Aus diesen Elementarteilchen lassen sich jedoch keine Atome, keine Elemente aufbauen. Entstanden wäre eine elektrisch neutrale Welt ohne Ladungen, nur Neutronen und Neutrinos, eine Welt ohne Planeten und natürlich auch ohne Leben. Das Universum wäre sehr eintönig geblieben. Vielleicht wären Sterne entstanden, allerdings nur Neutronensterne, kleine, einige zig Kilometer große, immens kompakte Materiekugeln, von denen ein Teelöffel voll etwa einige hundert Millionen Tonnen wiegt. Doch diese Sterne würden das Universum in völliger Dunkelheit belassen, da sie nicht im sichtbaren Bereich des Spektrums leuchten. Dass all das nicht geschehen ist, dass wir vielmehr in einem so vielfältig strukturierten Universum leben, verdanken wir der Tatsache, dass in unserer Welt die Elektronenmasse eben kleiner ist als die sowieso schon sehr geringe Massendifferenz zwischen Neutron und Proton.

Als Nächstes wollen wir die Neutronen- und Protonenmasse ein wenig verändern. Da der Massenunterschied zwischen diesen beiden Teilchen so klein ist, sind etwa eine Sekunde nach dem Urknall rund sechsmal so viele Protonen vorhanden wie Neutronen, sodass nach der Entstehung der ersten Elemente (primordiale Nukleosynthese) die Materie in unserem Universum im Wesentlichen zu 75 Prozent aus Wasserstoff und zu 25 Prozent aus Helium besteht. Wäre das Neutron nur zehn Prozent schwerer, so hätten sich fast nur Protonen, also Wasserstoffkerne gebildet. Wäre dagegen das Neutron genauso schwer wie das Proton, so hätte es gleich viele Neutronen und Protonen gegeben, und am Ende der primordialen Nukleosynthese wäre lediglich Helium übrig geblieben. Sterne hätten sich aber in jedem Fall bilden können. Bei nur aus Wasserstoff bestehenden Sternen wäre Helium eben etwas später beim Wasserstoffbrennen entstanden. Dagegen hätte bei reinen Heliumsternen das für das Leben so wichtige, lang andauernde Wasserstoffbrennen gar nicht stattgefunden. Die Sterne hätten sich bedeutend schneller entwickelt, und ihre dramatisch verkürzte Lebenszeit hätte nicht ausgereicht, um das Leben während seiner langen Entwicklungsphase kontinuierlich mit Energie zu versorgen. Und nicht zu vergessen: Es gäbe kein Wasser, denn ohne Protonen können keine Wassermoleküle gebildet werden, und ohne Wasser ist Leben nicht möglich.

Somit verbleibt noch die Frage: Was wäre, wenn sich das Massenverhältnis von Neutron und Proton genau umgekehrt verhielte, wenn das Proton schwerer wäre als das Neutron? Alles hätte sich mit genau entgegengesetztem Vorzeichen abgespielt. Eine Sekunde nach dem Urknall wären sechsmal mehr Neutronen als Protonen vorhanden gewesen, und die primordiale Nukleosynthese hätte zu einem Universum mit 25 Prozent Helium und 75 Prozent Neutronen geführt. Im Prinzip hätte sich das Universum gar nicht so sehr verändert. An die Stelle der Protonen wären Neutronen getreten und umgekehrt. Auch Sterne hätten sich bilden können, in denen statt Wasserstoff eben Neutronen zu Helium verbrannt würden. Der wesentliche Unterschied ist jedoch bei den Prozesszeiten der Kernfusionreaktionen zu suchen: Da die Neutronen elektrisch neutral sind, fänden sie wesentlich schneller zusammen als die sich abstoßenden Protonen. Wie bei reinen Heliumsternen wären auch diese Sterne bereits verlöscht, noch ehe das Leben sich hätte aufrappeln können.

Fassen wir die Ergebnisse unserer Gedankenexperimente zusammen, so wird deutlich: Schon geringfügig veränderte Massen der Kernbausteine schließen die Entstehung von Leben aus.

Bisher haben wir nur mit den Teilchenmassen gespielt. Wären die Auswirkungen ähnlich dramatisch, wenn wir die Skalen der vier Grundkräfte verstellen? Beginnen wir mit der schwächsten, der Gravitation. Diese Kraft besitzt eine unendliche Reichweite, ihre Stärke nimmt jedoch mit dem Quadrat der Entfernung ab. Die Gravitation bewirkt, dass sich zwei Körper gegenseitig stets anziehen, und zwar mit einer Kraft, die proportional ist zum Produkt der beiden Massen. Der Parameter, der die Gravitation bestimmt, ist die so genannte Gravitationskonstante G, eine der Naturkonstanten. Dass die Gravitation die schwächste unter den vier Grundkräften ist, liegt in erster Linie an der Kleinheit dieser Konstanten. Sie ist dafür verantwortlich, dass die Sterne so riesengroß sind. Unsere Sonne, ein absoluter Durchschnittsstern, hat eine Masse von rund 2×10^{30} Kilogramm und einen Durchmesser von gerundet 1,4 Millionen Kilometern. Da sie aufgrund dieser gewaltigen Masse über einen entsprechend großen Vorrat an Wasserstoff verfügt, dauert das Wasserstoffbrennen auch entsprechend lange. Sterne dieser Größenordnung verharren etwa zehn Milliarden Jahre in der Phase des Wasserstoffbrennens. Wäre die Gravitationskonstante größer, so würde bereits eine geringere Sternmasse ausreichen, um den Druck und die Temperatur im Sterninneren auf die Werte ansteigen zu lassen, die für das Wasserstoffbrennen nötig sind. Der Stern wäre folglich kleiner und seine Lebensdauer entsprechend kürzer. Eine um den Faktor zehn größere Gravitationskonstante würde die Lebensdauer unserer Sonne auf etwa zehn Millionen Jahre verkürzen! Auf unserer Erde sind die ersten lebenden Organismen vor etwa 3,5 Milliarden Jahren aufgetaucht. Mit einem Muttergestirn, das bereits nach etlichen zig Millionen Jahren das Wasserstoffbrennen einstellt, wäre die Erde, vorausgesetzt sie hätte sich überhaupt entwickeln können, mit Sicherheit ein toter Planet geworden.

Natürlich können wir die Skala für die Gravitationskraft auch in die andere Richtung drehen und G noch kleiner machen, als es ohnehin schon ist. Zunächst würden die Sterne noch größer und massereicher. Aber die Planeten würden vermutlich – je nachdem wie stark die Masse des Sterns im Verhältnis zur Verringerung von G zunähme – in immer geringerem Abstand um die Sterne kreisen und wären somit in einem viel höheren Maße der Strahlung der Sterne ausgesetzt. Verringert man G noch weiter, so kommt man schnell an einen Wendepunkt, an dem es im gesamten Universum überhaupt keine Sterne, keine Planeten und keine Galaxien mehr geben würde. Schuld daran ist die Ausdehnung des Universums. Ab einer gewissen unteren Schwelle für G wäre die ausdünnende Wirkung der Expansion auf die Materie dem Bestreben der Gravitation, die Materie zu Sternen und Galaxien zusammenzuballen, überlegen, und das Universum bliebe auf ewig strukturlos.

Im Gegensatz zur Gravitation ist die Reichweite der schwachen Kernkraft außerordentlich klein und hauptsächlich auf den Bereich des Atomkerns beschränkt. Diese Kraft ist verantwortlich dafür, dass sich Quarks, die Bausteine der Nukleonen, untereinander umwandeln können. Ein Beispiel ist der so genannte β-Zerfall, wobei ein Neutron in ein Proton, ein Elektron und ein Antineutrino zerfällt. Das Wesentliche ereignet sich dabei im Inneren des Neutrons, wo sich eines der beiden Down-Quarks spontan in ein Up-Quark umwandelt. Erinnern wir uns: Dieser Prozess war verantwortlich dafür, dass im frühen Universum das anfängliche Verhältnis von sechs Protonen auf je ein Neutron binnen weniger Minuten auf sieben zu eins verschoben wurde. Heute ist der Beta-Zerfall die Ursache für die Umwandlung der radioaktiven Elemente in stabile Atome. Im Zusammenhang mit unseren Betrachtungen zur speziellen Einstellung der Parameter unseres Universums ist jedoch der so genannte inverse Beta-Zerfall von Bedeutung, bei dem die Vorgänge in umgekehrter Richtung ablaufen: Aus einem Proton und einem Elektron entstehen ein Neutron und ein Neutrino. Besonderen Einfluss hat diese Reaktion auf das Geschehen in massereichen Sternen. Wie wir schon wissen, brechen diese Sterne am Ende ihres Lebens unter ihrer eigenen Schwerkraft zusammen, wobei die Elektronen in die Protonen hineingepresst werden und der Stern in einer Supernova vom Typ II explodiert. Die dabei entstehenden Neutronen formen im Zentrum einen Neutronenstern, und eine ungeheure Menge Neutrinos rast durch den Sternrest nach außen. Insbesondere diese Neutrinos sind es, die den Stern so stark aufheizen, dass er bei der Explosion nahezu seine gesamte Masse mit all den erbrüteten schweren Elementen ins All hinausschleudert. Bei einer veränderten schwachen Kernkraft gäbe es keine Supernovae und somit auch keine schweren Elemente zum Aufbau von Planeten und den komplexen Molekülen, aus denen sich die belebte Materie zusammensetzt.

Die besondere Rolle der Neutrinos beruht darauf, dass sie nur über die schwache Kernkraft mit Materie wechselwirken. Diese Wechselwirkung ist so gering, dass eine etwa ein Lichtjahr dicke Bleimauer nötig wäre, um sie zu stoppen. Aber genau das ist der entscheidende Punkt bei einer Supernova-Explosion. Das Ausmaß der Neutrino-Wechselwirkung mit Materie ist exakt so eingestellt, dass es in den engen Spielraum passt, in dem es zu einer Supernova-Explosion kommen kann. Bei einer etwas geringeren Wechselwirkung gäben die Neutrinos bei ihrem Weg aus dem Stern zu wenig Energie an die Sternhülle ab, sodass die Materie nicht entsprechend aufgeheizt und der Stern folglich nicht explodieren würde. Wäre die Wechselwirkung etwas stärker, so könnten die Neutrinos den Stern gar nicht verlassen, sondern würden gleich bei ihrer Entstehung im Kern stecken bleiben. Dabei würde zwar der Kern erhitzt, aber aufgrund der hohen Kerndichte käme es zu keiner Explosion. Auch hier zeigt sich wieder, dass scheinbar geringfügige Nuancen das Universum zu dem haben werden lassen, was es heute ist.

Analysieren wir nun noch die starke Kernkraft. Wie bei der schwachen Kernkraft reicht ihr Einfluss nicht über den Radius der Atomkerne hinaus. Wäre die Reichweite auch nur um wenige Millimeter größer, so würde die gesamte Materie im Universum zu riesigen Atomkernen zusammengezogen, die keine Ähnlichkeit mehr hätten mit den Elementen, aus denen unsere Welt aufgebaut ist. Doch das ist noch nicht alles! Dass es überhaupt Leben geben kann, beruht unter anderem auch darauf, dass die starke Kernkraft nur auf die Nukleonen, die Protonen und Neutronen, wirkt, nicht aber auf Elektronen. Das ist ein

Glücksfall, denn andernfalls würden die Elektronen mit hineingezogen in den Strudel der Bildung riesiger Atomkerne, und alle Chemielaboratorien könnten von heute auf morgen zusperren, weil es nämlich gar keine Chemie mehr gäbe. Die chemische Wechselwirkung unter den Atomen, der Aufbau von Molekülen aus den Elementen, beruht ja gerade auf dem gegenseitigen Austausch von Elektronen beziehungsweise darauf, dass sich zwei an der Bindung beteiligte Atome ein oder mehrere Elektronen teilen. Doch wenn es gar keine Elektronen mehr gäbe, wäre auch der »Leim« verschwunden, der die Atome zu Molekülen zusammenfügt.

Die elektromagnetische Kraft ist für das Aussehen des Universums von ähnlicher Bedeutung. Wie auch bei der Gravitation ist deren Reichweite im Prinzip unendlich groß. Da sie jedoch nur auf elektrisch geladene Teilchen wirkt, eine Ansammlung gleich vieler positiver und negativer Ladungen nach außen aber elektrisch neutral ist, ist ihre Wirkung in der alltäglichen Welt auf geringe Entfernungen beschränkt. Im Gegensatz zur Gravitation, die alle Massen nur zusammenziehen will, wirkt sie sowohl anziehend als auch abstoßend. Im Atom ist sie für die Bindung der negativ geladenen Elektronen an den positiv geladenen Kern zuständig. Im Atomkern scheint sich jedoch ihre Wirkung zu einem Problem auszuwachsen. Denn mit Ausnahme des Wasserstoffs vereinigen alle Elemente mehrere positiv geladene Protonen in ihren Kernen, die sich eigentlich abstoßen und zum Auseinanderfallen des Atoms führen müssten. Doch die Kerne fallen nicht auseinander, weil die starke Kernkraft dem entgegenwirkt und die Nukleonen zusammenhält. Damit Atomkerne stabil bleiben, muss also die starke Kernkraft der elektromagnetischen Kraft überlegen sein, aber wiederum nicht so sehr, dass die Kerne nicht doch noch, beispielsweise bei der Kernspaltung, aufgebrochen werden können. Wieder kommt es auf die richtige Balance der Kräfte an. Schon bei einer auf die Hälfte verringerten starken Kernkraft würden nahezu alle Kerne instabil, und bei einer Einschränkung auf ein Viertel der aktuellen Kraft fielen sie spontan auseinander. Das Gleiche würde passieren, wenn die starke

Kernkraft unverändert bliebe, dafür aber die elektromagnetische Kraft ungefähr um den Faktor 10 stärker wäre.

Die elektromagnetische Kraft findet sich aber auch auf einem Gebiet, wo man ihren Einfluss auf den ersten Blick nicht vermuten würde: nämlich dem Licht. Licht ist eine elektromagnetische Welle und transportiert somit Energie. Das trifft natürlich nicht nur für den Bereich des sichtbaren Lichts zu, sondern ganz allgemein für das gesamte elektromagnetische Spektrum. Dem Transport von Energie durch Strahlung begegnen wir überall im Universum, beispielsweise bei den Kühlprozessen der interstellaren Gas-, Staub- und Molekülwolken. Bevor dort Sterne entstehen können, muss die Temperatur der Wolken erst auf einen Wert abfallen, bei dem der Gasdruck in der Wolke der Gravitation nicht mehr die Waage halten kann. Ohne die Strahlungskühlung gäbe es keine Sterne. Doch auch nach seiner Geburt kann ein Stern auf den Mechanismus des Energietransports durch Strahlung nicht verzichten, denn er muss die in seinem Inneren frei werdende Fusionsenergie in Form von Licht wieder loswerden. Wenn das nicht möglich wäre, würde es den Stern zerreißen, sobald die ersten Kernreaktionen stattfänden. Auch bei Sternen, die ihre Energie nicht durch Strahlung, sondern wie in einem Topf mit kochendem Wasser durch das Aufsteigen heißer Blasen, die so genannte Konvektion, nach außen leiten, kann die Energie von der äußersten Sternhülle, der Photosphäre, nur durch Strahlung abgegeben werden.

Kommen wir noch einmal auf den für das Leben so wichtigen Kohlenstoff zu sprechen. Große Mengen dieses Elements sind zum Aufbau des für die Pflanzen so bedeutenden Kohlendioxids und der komplexen organischen Moleküle des Lebens unverzichtbar. Im Kapitel über die schweren Elemente haben wir erfahren, dass Kohlenstoff in den Sternen während des Heliumbrennens aus drei Heliumkernen synthetisiert wird. Dabei lagern sich zunächst zwei Heliumkerne zu einem Zwischenkern Beryllium zusammen. Dieser Kern ist jedoch nicht stabil, sondern zerfällt sehr rasch wieder in seine Bestandteile. Damit Kohlenstoff entstehen kann, muss ein dritter Heliumkern mit dem instabilen Beryllium zusammenstoßen, noch ehe es wieder in zwei Heliumkerne zerfällt. Aber auch dann wäre eine Verbindung zu Kohlenstoff nur in den seltensten Fällen möglich, käme nicht ein weiterer Effekt hinzu. Kohlenstoff besitzt zufällig ein Energieniveau, das geringfügig *höher* liegt als die gemeinsame Energie eine Beryllium- und eines Heliumkerns. Damit ergibt sich ein Resonanzeffekt, der die Kernreaktion erst ermöglicht. Was da geschieht, kann man sich – sehr vereinfacht – anhand eines Beispiels aus dem Alltag klar machen. Angenommen, Sie sitzen in Ihrem Zimmer und auf der Straße fährt ein Lastwagen mit kräftig brummendem Motor vorbei. Plötzlich fangen die Fensterscheiben an zu vibrieren. Dieser Resonanzeffekt kommt immer dann zustande, wenn der mitschwingende Gegenstand eine Frequenz besitzt, bei der er besonders leicht zum Schwingen angeregt werden kann und die wiederum recht genau mit den Schwingungen des Lastwagenmotors übereinstimmt. Ähnlich verhält es sich bei der Anlagerung des Heliumkerns an Beryllium. Der Zusammenprall der beiden Teilchen liefert gerade so viel kinetische Energie, dass nun die Energie der beiden Teilchen plus der Stoßenergie knapp *über* dem Energieniveau des Kohlenstoffs liegt und somit ein Resonanzeffekt zustande kommt. Dadurch wird die Wahrscheinlichkeit einer Verschmelzung beträchtlich erhöht. Wäre das Verhältnis von starker Kernkraft zu elektromagnetischer Kraft geringfügig anders, so würde die Beryllium-Kohlenstoff-Resonanz völlig unterdrückt, und die Rate der Kohlenstofferzeugung in den Sternen wäre praktisch gleich null. Das auf Kohlenstoff aufbauende Leben hätte sich niemals entwickeln können.

Doch die Geschichte ist noch nicht zu Ende, denn auch Sauerstoff hat ein Energieniveau in unmittelbarer Nähe der Energie von einem Kohlenstoff- plus einem Heliumkern. Man könnte also vermuten: Auch zwischen Kohlenstoff und Sauerstoff kommt es zu einem Resonanzeffekt, sodass der zunächst entstandene Kohlenstoff sofort zu Sauerstoff weiterverbrennt. Doch die Energie eines Kohlenstoff- plus eines Heliumkerns liegt geringfügig *über* dem entsprechenden Energieniveau des Sauerstoffs. Da die kinetische Energie beim Zusammenstoß zweier Kerne jedoch immer positiv ist, die resultierende Energie also immer höher ist als das Energieniveau des Sauerstoffkerns, kommt eine Resonanz nicht zustande. So bleibt der Kohlenstoff glücklicherweise unangetastet, und man kann sich nur wundern, wie alles zusammenpasst.

Ein hoher Kohlenstoffanteil im Universum ist nicht nur für das Leben wichtig, sondern auch für die Entstehung neuer Sterne. Wir haben es ja schon erwähnt: Damit sich die interstellaren Gaswolken zu Sternen zusammenballen können, müssen diese erst einmal auf wenige Grad über dem absoluten Nullpunkt heruntergekühlt werden. Sind die Gaswolken zu heiß, so übersteigt der Gasdruck die Gravitation, und eine Kontraktion zu Sternen kann nicht stattfinden. Allein mit den Hauptbestandteilen der Wolken, dem atomaren und dem molekularen Wasserstoff, kann die Temperatur nicht unter zirka 500 Kelvin abgesenkt werden. Erst mit Kohlenstoff in der Verbindung Kohlenmonoxid ist es möglich, mittels Energieabstrahlung die Temperatur auf weit unter 100 Kelvin zu drücken und die Entstehung von Sternen in Gang zu setzen. Ein hoher Kohlenstoffanteil in den Wolken ist also eine wesentliche Voraussetzung für die Entstehung von Sternen.

In Anbetracht der – man muss schon sagen: universellen – Bedeutung des Kohlenstoffs dürfen wir nicht vergessen: Die riesige Menge Kohlenstoff gibt es nur, weil die starke Kernkraft und die elektromagnetische Kraft genau die Stärke haben, die uns bekannt ist, und kein bisschen mehr oder weniger.

Vielleicht hat sich der eine oder andere schon einmal die Frage gestellt, warum das Universum so riesengroß ist und so unvorstellbar alt: so groß, dass darin hunderte Milliarden von Galaxien Platz haben und in jeder Galaxie wieder hunderte Milliarden von Sternen vorkommen, und so alt, dass die Sterne genügend Zeit hatten, die für das Leben unverzichtbaren Elemente auszubrüten. Im Wesentlichen sind zwei Größen dafür verantwortlich: zum einen die Masse in unserem Universum in Form von Sternen, Galaxien, Wolken und »Dunkler Materie« und zum anderen die so genannte kosmologische Konstante. Bleiben wir zunächst bei der Masse. Massen ziehen sich gegenseitig an, und zwar mit umso größerer Kraft, je mehr davon vorhanden ist. Andererseits expandiert unser Universum seit dem Urknall. Anziehung und Expansion zerren also beide in unterschiedlicher Richtung an den Massen. Die Gravitationskraft arbeitet gegen eine Ausdehnung des Universums beziehungsweise sie versucht, das bereits expandierte Universum wieder zusammenschnurren zu lassen, während die allgemeine Expansion zu einer stetigen Vergrößerung und zu einer Verringerung der Massendichte führt. Das Universum darf also nicht zu viel Masse enthalten, sodass die Gravitation nicht die Oberhand gewinnt und alles wieder in sich zusammenfällt. Zu wenig Masse hätte die umgekehrte Folge: Die Materie würde so sehr auseinander gezerrt, dass sie nicht mehr zu Sternen und Galaxien zusammenklumpen könnte. Und ein Universum ohne Sterne ist ein Universum ohne Leben.

In diesem Konzert spielt die kosmologische Konstante eine nicht zu unterschätzende Rolle. Als Einstein seine Gleichungen zur allgemeinen Relativitätstheorie aufgestellt hatte, war ein Ergebnis seiner Berechnungen, dass das Universum instabil sei. Für Einstein war dieser Gedanke unerträglich, da er sich ein expandierendes oder sich zusammenziehendes Universum nicht vorstellen mochte. Trickreich wie er war, führte er einen Parameter in seine Gleichungen ein – die bereits erwähnte kosmologische Konstante – und machte ihren Wert gerade so groß, dass die zusammenziehende Wirkung der Gravitation zu null ausgeglichen wurde. Später konnte der Astronom Edwin Hubble jedoch zweifelsfrei belegen, dass das Universum tatsächlich instabil ist und sich ausdehnt. Als Folge dieser Erkenntnis sah sich Einstein genötigt, seinen Trick als die größte Eselei seines Lebens zu bezeichnen.

Heute hat dieser Parameter, dem die Kosmologen den griechischen Buchstaben Λ (Lambda) gegeben haben, wieder an Bedeutung für die weitere Entwicklung des Universums gewonnen. Λ ist nämlich ein Maß für die Energiedichte des Vakuums, also des leeren Raumes, dem jegliche Masse und Strahlung fehlen, sodass nur noch die so genannte Vakuumenergie zurückbleibt. Nach den Gesetzen der Quantenmechanik bilden sich aus diesem Energievorrat fortwährend extrem kurzlebige Teilchen-Antiteilchen-Paare, die sich sofort wieder gegenseitig vernichten und dabei die zu ihrer Entstehung vom Vakuum entliehene Energie erneut an das Vakuum zurückgeben. Doch wie wirkt sich diese Vakuumenergie auf das Universum aus? Mithilfe der Einsteinschen Gleichung »Energie ist gleich Masse mal Lichtgeschwindigkeit zum Quadrat« könnte man der Vakuumenergie eine Masse zuordnen und vermuten, dass diese einen Beitrag zur Gravitation leistet, dass sie, je nach dem Vorzeichen von Λ, entweder anziehend oder abstoßend auf die Masse der Sterne und Galaxien wirkt. Doch das ist zu kurz gedacht. Der Kosmologe Gerhard Börner vom Max-Planck-Institut für Astrophysik macht denn auch deutlich, dass Λ verblüffenderweise keinerlei Wirkung auf gewöhnliche Massen hat. Vielmehr ist Λ als ein Beitrag zur Krümmung der Raumzeit zu verstehen, als eine Art innerer Druck im Kosmos, der das Universum und die darin enthaltene Materie auseinander treibt.

Dummerweise gibt es keine Möglichkeit, den Wert von Λ direkt zu messen, man kann ihn nur auf Umwegen abschätzen. Heraus kommt, dass Λ außerordentlich klein ist. Die Theorie der Quantenmechanik fordert jedoch für Λ einen Wert, der mindestens um 120 Größenordnungen größer ist. Damit klar ist, was das bedeutet: 120 Größenordnungen besagen nicht, dass das theoretische Λ lediglich 120-mal größer ist als der geschätzte Wert der Kosmologen, sondern dass es mindestens um den gigantischen Faktor 10^{120} größer sein sollte. Wenn das richtig wäre, dann müsste das Universum aufgrund des starken inneren Drucks schon längst auseinander geflogen sein. Da das jedoch nicht der Fall ist, kann das nur heißen, dass die quantenmechanische Vakuumenergie sich nicht gravitativ im Universum auswirkt. – Neben anderen Ungereimtheiten gehört insbesondere diese Diskrepanz zu den großen Rätseln, die es zu lösen gilt, wenn wir das Universum verstehen wollen.

Nun, wie groß auch immer Λ letztlich sein mag – fest steht jedenfalls, dass die zu unserem Universum vereinte Masse und Λ so perfekt zusammenwirken, dass ein Kosmos mit Sternen entstehen konnte. Glücklicherweise hat es dabei für seine Ausdehnung zur heutigen Größe so lange gebraucht, dass den Sternen genügend Zeit blieb, sich in Ruhe zu entwickeln und die Elemente zu produzieren, die das Leben für den Aufbau seiner Strukturen benötigt.

Fassen wir zusammen: Die eingangs geäußerte Vermutung, es könnte für die Entstehung von Leben nicht ausreichen, lediglich einen geeigneten Stern und einen passenden Planeten auszusuchen, hat sich mehrfach bestätigt. Tatsächlich hängen die Entwicklung des Universums und die Bildung von Sternen und Planeten davon ab, wie die Werte einer Reihe fundamentaler Größen ausfallen und wie sie aufeinander abgestimmt sind. Dass das Universum so geworden ist, wie es sich uns heute präsentiert, verdanken wir der Tatsache, dass sowohl die einzelnen Teilchenparameter als auch die Reichweite und die Stärke der Grundkräfte genau die Werte aufweisen, die wir vorfinden. Hätten die Parameter von Beginn an anders ausgesehen, so wäre daraus ein anderes Universum geworden, in den meisten Fällen sogar ein Universum ganz ohne Atome. Geringfügige Änderungen dieser »Grundeinstellung« würden unser heutiges Universum sofort zerstören beziehungsweise hätten es gar nicht erst entstehen lassen. Es ist schon beeindruckend, wie im Wechselspiel der Kräfte und Massen nur Nuancen darüber entschieden haben, dass aus dem Urknall ein Universum hervorgegangen ist, in dem zumindest auf unserer Erde eine Flora und Fauna und natürlich wir selbst entstehen konnten.

Aber warum die Natur so ist, wie sie ist, warum die Naturkonstanten und die Kräfte, welche die Entwicklungsprozesse steuern, genau die Werte und Größen haben, die wir messen, und keine anderen, ist nach wie vor eines der größten Rätsel der

Physik. Wäre es anders gekommen, so gäbe es niemanden, der sich darüber wundern und rätseln könnte. Der Physiker Hans-Joachim Blome vergleicht diese Situation mit der des Überlebenden beim russischen Roulette. Seine Freude, in diesem Spiel gewonnen zu haben, wird gedämpft, sobald ihm klar wird, dass er keine Gelegenheit gehabt hätte sich zu ärgern, wenn er nicht gewonnen hätte – weil es ihn dann nämlich nicht mehr gäbe.

Eine allerdings ziemlich lapidare Antwort auf die Frage nach dem Warum könnte lauten: Eben weil es in unserem Universum Leben gibt, können die Parameter nur die Werte besitzen, welche die Existenz von Leben möglich machen. Diesen logischen Schluss bezeichnet man auch als Anthropisches Prinzip. Anders formuliert heißt das: Die beobachtbaren Werte der Naturkonstanten und die Anfangsbedingungen unseres Universums erfüllen gerade die Bedingungen, welche für die Evolution intelligenten Lebens notwendig sind. Geht man noch einen Schritt weiter und unterstellt, dass der Entstehung des Universums die Absicht zugrunde liegt, ein bestimmtes Ergebnis zu erzielen, so verschärft sich das Anthropische Prinzip zu der Aussage, dass die Parameter so eingestellt sein *mussten*, damit die Entwicklung von Leben möglich wurde. Hinter dieser auch als teleologisch bezeichneten Auslegung des Anthropischen Prinzips steht das Wirken eines allem übergeordneten Willens – eines Gottes, dessen Ziel von Anfang an die Erschaffung von Leben war. Damit verlassen wir jedoch die Erklärungsebene der Physik und müssen uns über die Prozesse, die zur Abstimmung der fundamentalen Größen geführt haben, keine Gedanken mehr machen.

Eine naturwissenschaftliche Antwort auf die Frage, warum die Einstellungen so und nicht anders sind, muss natürlich anders aussehen – aber um es nochmals zu betonen: Die Naturwissenschaften haben keine Erklärung dafür! Wir können nur spekulieren. Es könnte doch sein, dass alles auf einem puren Zufall beruht, dass aus der Menge der im Rahmen der Naturgesetze zulässigen Werte zufällig die in unserem Universum gültigen Bedingungen zum Zuge kamen. Doch wie wahrscheinlich ist das?

Der Quantenphysiker Lee Smolin rechnet uns vor, dass die Wahrscheinlichkeit, bei einer dem Zufall überlassenen Einstellung der Parameter exakt die Wertekombination zu finden, die unser Universum bestimmen, bei 10^{-229} liegt. Nach Roger Penrose, Physiker an der Universität Oxford, ist der Satz der für unser Universum grundlegenden Konstanten sogar nur einer von 10^{1200} möglichen Kombinationen. Mit anderen Worten: Dass auf zufällige Art und Weise unser Universum zustande kam, erscheint – nahezu – ausgeschlossen. Spätestens an diesem Punkt bleibt für manche Naturwissenschaftler nur Gott als Antwort.

Welche Antworten könnte es sonst noch geben? Nehmen wir einmal an, es existiert eine eindeutige, selbstkonsistente Theorie für das gesamte Universum, ein in jeder Hinsicht widerspruchsfreies mathematisches Modell Das hieße: Aufgrund mathematischer Gesetzmäßigkeiten konnte das Universum nur so und nicht anders werden. Gäbe es eine derartige Theorie, so müssten wir sie als Erklärung für unsere Welt hinnehmen. Aber was wäre das für eine schreckliche Erklärung! Der Mensch müsste sich dann als das Ergebnis einer mathematischen, seelenlosen Logik betrachten, und sein Dasein hätte nicht mehr Sinn als eine mathematische Operation.

Eine andere Erklärung beruht auf der Möglichkeit multipler Universen, von denen weiter oben schon die Rede war und von deren Existenz Kosmologen wie Andrei Linde felsenfest überzeugt sind. Es widerspricht nicht den gängigen Theorien über die Entstehung des Universums, dass sich aus dem Quantenschaum des Vakuums fortwährend Blasen abschnüren, die zu neuen Universen expandieren. Jedem dieser Universen liegen vermutlich andere Anfangsbedingungen zugrunde, und in jedem bestimmen andere Gesetzmäßigkeiten und Naturkonstanten die Entwicklungsgeschichte. Bei einer riesigen, vielleicht sogar unendlichen Anzahl von Paralleluniversen muss zwangsläufig auch eines dabei sein, dessen Feinabstimmung der Parameter genau der unseren entspricht. Da wir jedoch prinzipiell nicht über den Rand unserer Blase hinaussehen können – und in Anbetracht der andersartigen Gesetzmäßigkeiten –, werden wir über diese Universen leider nie etwas in Erfahrung bringen.

Vielleicht muss man analog zur biologischen Evolution die spezielle Einstellung der Parameter unseres Universums als das Ergebnis einer Evolution der Naturkonstanten betrachten: Aus einem Universum könnten »Tochteruniversen« hervorgehen, wobei sich die Naturkonstanten leicht verändert vererben. Universen mit »schlechten Genen«, zum Beispiel einer zu großen Gravitationskonstante, würden schnell wieder kollabieren, von der Bühne verschwinden und aussterben. Andere mit »besseren Genen« würden sich weiter »fortpflanzen«. Wie in der Biologie würden schließlich die Arten dominieren, welche die größte Anzahl von Nachkommen hervorbringen. Doch wie soll man sich den Mechanismus der Fortpflanzung bei einem Universum vorstellen? Der Quantenphysiker Lee Smolin glaubt die Lösung in der Entstehung Schwarzer Löcher am Ende des Lebens massereicher Sterne gefunden zu haben. Seiner Meinung nach sind die Zustände in einem Schwarzen Loch nicht von denen des Urknalls zu unterscheiden. In beiden Fällen handelt es sich um eine Singularität, einen Zustand extremer Dichte, Temperatur und Energie. Könnte es aufgrund dieser Analogie nicht sein, dass hinter dem Ereignishorizont eines Schwarzen Lochs ein neues Universum entsteht? Smolin hält es für möglich. Wenn die Parameter des neuen Universums die Bildung von Sternen begünstigen, wird es viele neue Schwarze Löcher hervorbringen und sich weiter fortpflanzen, andernfalls aber aussterben. Anders ausgedrückt: Nur Parameterkombinationen, die zahlreiche Sterne hervorbringen, werden auch zahlreiche Nachkommen haben. Das entspricht dem Prinzip der Evolution und Auslese, wie wir es aus der Biologie kennen, nur dass hier die Naturkonstanten die Rolle der Gene übernehmen.

Laut dieser Hypothese wäre eine Vielfalt von Universen möglich, die unentwegt neue Sterne hervorbringt, welche sich weiterentwickeln, zu Schwarzen Löchern kollabieren und wiederum neue Universen entstehen lassen. Die Sternentwicklung wird zwar aufgrund der jeweiligen Parameterwerte jedesmal etwas anders verlaufen, aber es ist nur eine Frage der Zeit, bis irgendwann einmal ein Universum auftaucht, dessen Naturkonstanten die Bildung von Elementen, Molekülen und schließlich auch die Existenz von Leben ermöglichen, ein Universum mit »unseren« Naturkonstanten. Damit wäre die Entstehung von Leben auch auf der kosmischen Ebene das zwangsläufige Ergebnis einer langen natürlichen Entwicklungsreihe. Weder der Zufall noch eine übergeordnete Macht hätten dem Leben auf die Beine geholfen, sondern dies wäre einer Reihe physikalisch bedingter Ausleseprozesse zu verdanken gewesen.

Und was ist mit den vielen anderen Universen? Unter ihnen gäbe es sicher einige, die unserem Universum sehr ähnlich wären, vielleicht auch mit einer gleichartigen Form von Leben. Leider werden wir nie erfahren, wie das »Parallel-Leben« aussieht, geschweige denn, was sich wirklich in einem Schwarzen Loch abspielt oder beim Urknall geschah.

Ausblick

Ziehen wir Bilanz und wagen wir einen Ausblick in die Zukunft. Es hat sich gezeigt, dass wir ein Universum bewohnen, in dem sich das Leben nicht ausschließlich auf unseren Planeten Erde beschränken muss, sondern auch andernorts entstanden sein könnte. Doch trotz intensiver Suche haben sich bisher keine Anzeichen für außerirdisches Leben finden lassen. Wohl gibt es eine Menge Anhaltspunkte, die erdähnliche Planeten und ein Leben dort möglich erscheinen lassen, aber uns fehlen die Mittel, diese Hinweise auch zu überprüfen. Noch ist alles Fantasie und Hypothese, und noch dürfen wir uns als die alleinige hoch entwickelte Spezies im Universum ansehen.

Doch vielleicht müssen wir uns schon morgen eines Besseren belehren lassen. Vielleicht werden wir bereits bald vom Thron gestoßen und müssen neben der bereits schmerzlich erfahrenen Demütigung, weder der Mittelpunkt des Sonnensystems noch unserer Galaxie, noch der des Universums zu sein, eine weitere Erkenntnis verkraften: nämlich die, dass wir lediglich eine Spezies unter vielen anderen, eventuell sogar höher entwickelten Lebensformen sind. Doch die letzte, endgültige Niederlage steht uns noch bevor, eine Niederlage, die wir nicht allein hinzunehmen haben, sondern die das gesamte Kollektiv des Lebens betrifft, sowohl hier auf der Erde als auch dort, wo auch immer sich Leben im Universum entfaltet haben mag.

Wir sprechen von der Endlichkeit des Lebens, zumindest des Lebens der uns bekannten Art. Etwa 14 Milliarden Jahre sind mittlerweile seit dem Urknall verstrichen, 14 Milliarden Jahre, in denen das Universum zu einer Vielfalt und Komplexität heranreifte, die uns immer wieder staunen macht – 14 Milliarden Jahre, unterteilt in mehrere Zeitalter, die unterschiedlicher kaum sein könnten. Die ersten Epochen des Universums waren tot; das Leben konnte frühestens nach Geburt und Vergehen der ersten Sterne entstehen. Genauso wie ein Kuchen ohne Mehl, Zucker, Milch und Eier nicht gebacken werden kann, fehlten in der Ära vor den Sternen die Zutaten für das Leben, die schweren Elemente. Zu welchem Zeitpunkt die Sterne das interstellare Medium ausreichend mit Kohlenstoff, Stickstoff, Sauerstoff und Metallen, kurzum mit allem, was das Leben für seine Strukturen benötigt, angereichert hatten, wissen wir nicht; aber es hat sicherlich einige hundert Millionen, vielleicht sogar Milliarden Jahre gedauert. Bis dahin war Leben unmöglich.

Und es wird wieder unmöglich werden – nicht nur hier auf der Erde, sondern überall im gesamten Universum! Es wird ein Zeitalter kommen, in dem es keine Sterne mehr gibt, keine über Jahrmilliarden verlässlichen Energiequellen, die das Leben erhalten. Nicht alle Sterne sterben zur gleichen Zeit. Unzählige sind bereits erloschen, unzählige werden im Laufe von Milliarden Jahren noch folgen. Unsere Sonne erleidet dieses Schicksal in etwa vier bis fünf Milliarden Jahren. Sie wird sich zu einem Roten Riesen aufblähen und den Planeten Merkur und sehr wahrscheinlich auch die Venus verschlingen – ein lokales Ereignis, das zwar das Leben auf der Erde ernsthaft bedroht, das aber ohne spürbare Auswirkung auf das übrige Universum sein wird. Doch wenn wir es bis dahin nicht schaffen, auf einen anderen Planeten auszuweichen, vielleicht auf einen Planeten in einem anderen Sonnensystem, dann ist das Schicksal der Spezies Mensch besiegelt.

Doch auch nach einem derartigen Exodus wären wir noch nicht auf der sicheren Seite. Es wird der Moment kommen, da keine neuen Sterne mehr entstehen, weil der Gasvorrat der Galaxien erschöpft ist. Dann werden alle Sterne unserer Galaxis und auch die aller anderen Galaxien ausgebrannt sein, und es wird nirgendwo mehr eine Supernova explodieren und frisches Material für neue Sterne in das All schleudern. Von da an wird es finster sein im Universum, zumindest was das für unsere Augen sichtbare Licht anbelangt, und es wird auf ewig finster bleiben. Anstelle von Sternen wird es dann nur noch Braune und Weiße Zwerge geben, Neutronensterne und Schwarze Löcher. Die Kosmologen schätzen, dass das in etwa 100 Billionen Jahren der Fall sein wird. Spätestens dann wird es kein Leben mehr geben, zumindest keines der uns bekannten Art. Wir wollen nicht behaupten, dass das Universum von da ab für alle Zeiten tot sein wird; vielleicht schafft es das Leben ja, sich im Laufe der unvorstellbar langen Zeit von 100 Billionen Jahren zu völlig anderen, für uns unvorstellbaren Entwicklungsstufen aufzuschwingen, sich zu wandeln und anzupassen an die neuen Verhältnisse. Aber die neuen Verhältnisse werden sehr, sehr fremdartig sein, und dieses Leben wird keine Ähnlichkeit mehr haben mit jenem, wie wir es kennen.

Die Galaxien werden auch im Dunkeln noch für geraume Zeit als zusammengehörige Systeme weiterbestehen, und längst ausgeglühte Planeten werden um ausgebrannte Sternreste kreisen. Aber diese Bindungen halten nicht ewig, Galaxien werden auf ihren Wegen durch das All einander nahe kommen und miteinander kollidieren. Unsere Milchstraße und die Andromeda-Galaxie sind gegenwärtig schon auf Kollisionskurs. In etwa sechs Milliarden Jahren könnte es zu einem Zusammenstoß kommen. Doch auch wenn das zu diesem Zeitpunkt gerade noch einmal gut gehen sollte – langfristig ist eine Kollision unvermeidbar, da die beiden Systeme durch die Gravitation aneinander gebunden sind. Sie umkreisen sich, und weil dabei durch Reibung Energie verloren geht, verschmelzen sie schließlich zu einem riesigen Haufen ungeordneter Sterne.

Für die Sonnensysteme einer Galaxie hat das einschneidende Konsequenzen. Aufgrund der Schwerkraft aneinander vorbeiziehender Sterne werden die Planeten allmählich aus ihren Bahnen geworfen und in das All geschleudert. Wissenschaftler schätzen, dass in rund 100 Billiarden Jahren alle Planetensysteme zerfallen sind. Schließlich bleiben auch die ausgebrannten Sonnen nicht von diesen Auflösungserscheinungen verschont.

Wie bei den Planeten kann bei der Begegnung dreier Sterne der masseärmste aus der Galaxie katapultiert werden. Derartige Drei-Körper-Begegnungen sind zwar relativ selten – sie kommen in einer Galaxie etwa nur ein halbes Dutzend Mal pro einer Milliarde Jahre vor –, aber im Universum spielt Zeit keine Rolle, und auf lange Sicht ist das Ergebnis dramatisch. Irgendwann zwischen einer Trillion (10^{18}) und einer Quatrilliarde (10^{27}) Jahre werden die Galaxien etwa 99 Prozent ihrer Masse verloren und sich somit praktisch aufgelöst haben. Der jeweils verbleibende Rest wird dann zu einem einzigen supermassiven Schwarzen Loch kollabieren.

Jetzt geht es ans Eingemachte, an die eigentliche Substanz. Wenn die Theorien der Elementarteilchenphysiker stimmen, dann löst sich auch die Materie insgesamt auf. Nach etwa 10^{32} Jahren zerfallen nämlich selbst die Protonen, die elementaren Bausteine der Materie, in Positronen und Photonen. Treffen die Positronen auf ein Elektron, so vernichten sich die Teilchen gegenseitig, und es bleiben nur noch Photonen übrig. Letztlich wird also die gesamte feste Materie, werden alle Stern- und Planetenreste in Strahlung verwandelt sein. Dann gibt es im Universum nur noch gigantische Schwarze Löcher, die in einem allumfassenden Meer von Photonen und Neutrinos schwimmen.

Sieht so die Ewigkeit aus? Sie ahnen es schon, verehrte Leserinnen und Leser, die Kosmologen haben noch einen weiteren Trumpf im Ärmel. Sie behaupten, dass auch die Schwarzen Löcher einmal ihr Dasein beenden, indem sie verdampfen. In etwa 10^{80} Jahren sollen diese Prozesse beginnen und erst in 10^{130} Jahren beendet sein. Dann soll es wirklich nichts mehr geben außer Neutrinos und Photonen in Form von extrem langwelliger elektromagnetischer Strahlung in einem extrem kalten, leeren Universum.

Obwohl die Kosmologen auch an diesem Punkt mit ihren Spekulationen noch nicht zu Ende sind, ist es doch für uns an der Zeit, die Gedankenreise in die Zukunft abzubrechen. Schon längst überschreitet das alles unser Vorstellungsvermögen. Was bleiben soll, ist die Erkenntnis, dass dem Leben, wo und wann auch immer es im Universum entstanden sein mag, nur eine zeitlich begrenzte Spanne vergönnt ist. Nur in der gegenwärtigen, glücklicherweise zig Milliarden Jahre andauernden Epoche der Sterne konnte und kann es entstehen, kann es sich entwickeln und gedeihen. Zu keiner Zeit vorher noch irgendwann nachher waren und sind die Verhältnisse geeignet, um Leben zu unterstützen. In den Epochen davor fehlte es an den entsprechenden Bausteinen und Energiequellen, danach gewinnen die destruktiven Kräfte die Oberhand.

Sollen wir über diese Erkenntnis nun in Trübsal verfallen und angesichts der scheinbaren Sinnlosigkeit des Lebens verzagen? Für viele kann hier sicherlich der Glaube an einen Gott hilfreich sein. Aber müssen wir uns wirklich schon heute ängstigen vor einem Szenario, das voraussichtlich erst in etwa zwei Milliarden Jahren Realität wird, wenn es auf der Erde so heiß wird wie auf der Venus und die Meere verdampfen? Zwei Milliarden Jahre, das ist eine Zeitspanne, die rund 10 000 Mal länger ist als die Zeit, die seit dem Erscheinen des ersten hoch entwickelten menschenähnlichen Wesens, des Homo sapiens, vergangen ist. Anstatt die Flinte ins Korn zu werfen, sollten wir lieber alle Kraft darauf verwenden, das Überleben der Spezies Mensch wenigstens für die nächsten 100 000 Jahre sicherzustellen. Dass allein dieses Minimalziel von einer Dimension ist, welche die gesamte Menschheit fordert, zeigt uns der tägliche Blick in die Medien. Wie es scheint, sind wir gerade dabei, unsere Lebensgrundlagen zu zerstören, und weit davon entfernt, einander in friedlicher Koexistenz zu begegnen. Soll sich daran etwas ändern, so muss sich der Mensch endlich seines selbstverliehenen Titels »intelligentes Lebewesen« besinnen und alles unterlassen, was seine Existenz und die der anderen bedrohen könnte. Wenn das gelingt, brauchen wir uns vor der Zukunft nicht zu fürchten!

Anhang A

Die nachfolgenden Stationsbeschreibungen sind der erdgeschichtlichen Zeittabelle des Frankfurter Senckenberg-Museums entnommen. Mehr zu diesem Thema unter der Internetadresse http://www.senckenberg.uni-frankfurt.de.

Eine kurze Geschichte des Lebens auf der Erde

Aus den ersten vier Milliarden Jahren unserer Erde gibt es nur wenige Funde von einzelligen Lebewesen. Erst nachdem bereits 90 Prozent der Erdgeschichte abgelaufen waren, tauchten mehrzellige Lebewesen in großem Umfang auf. Deshalb beginnt unsere Geschichte vor etwa 570 Millionen Jahren im Zeitalter des Kambriums, als das Leben auf der Erde förmlich explodierte. Die Abbildungen 63 und 64 zeigen die Veränderung der Kontinente in den letzten 225 Millionen Jahren und die Entwicklungsspirale des Lebens auf der Erde.

570–510 Millionen Jahre
Kambrium: Gepanzertes Leben im Meer – unbelebtes Festland

Das Kambrium, benannt nach den Kambrischen Bergen in Nordwales, ist durch großräumige Meeresüberflutungen gekennzeichnet. Die Kontinente sind völlig anders verteilt als heute. Afrika, Süd- und Mittelamerika, Indien, Teile von Europa, die Antarktis und Australien bilden den südlichen Großkontinent Gondwana. Andere isolierte Kontinentschollen sind Laurentia (die vereinigten Platten von Amerika), Sibiria (das heutige Sibirien und Teile von Asien) und Baltica (Nordeuropa). Urmitteleuropa liegt dicht am Südpol, die Antarktis am Äquator.

Zum ersten Mal tauchen Panzer, Schalen und Skelette auf, die sich

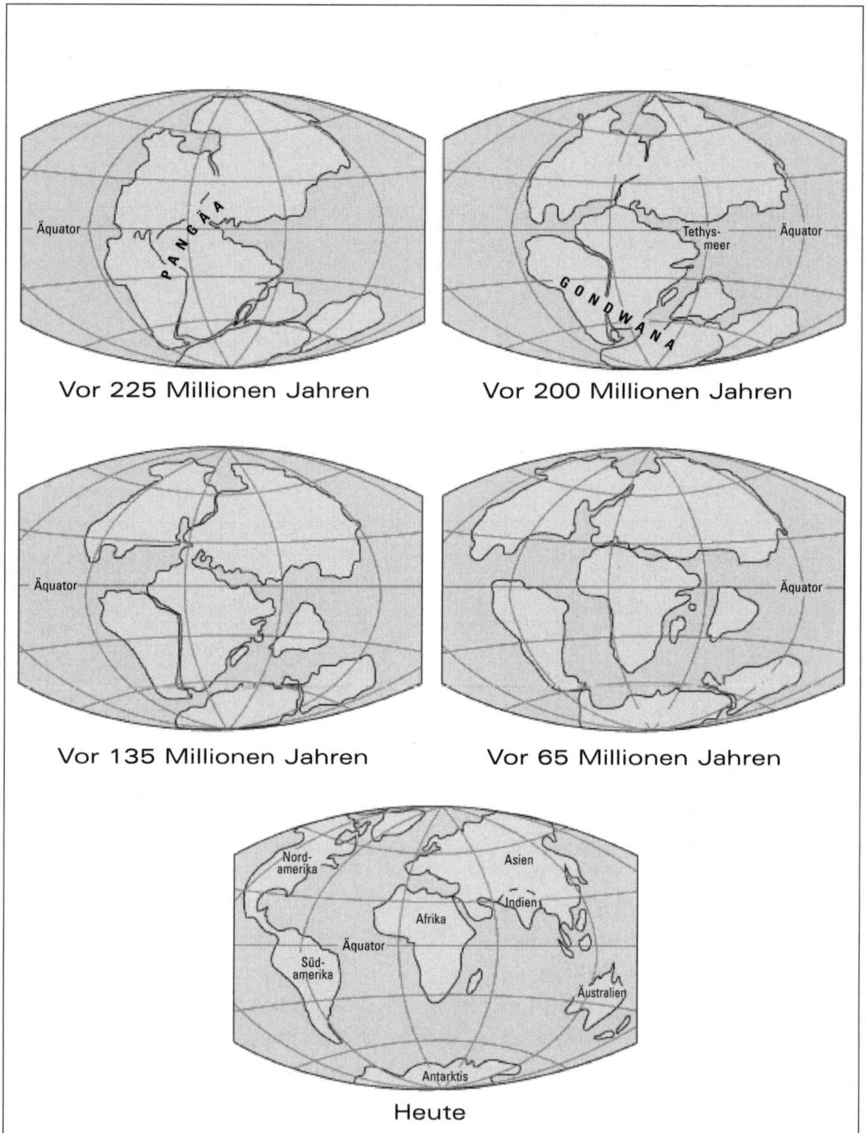

Abb. 63: Im Laufe von Jahrmillionen hat sich das Gesicht der Erde infolge der Verschiebung der kontinentalen und ozeanischen Platten grundlegend gewandelt.

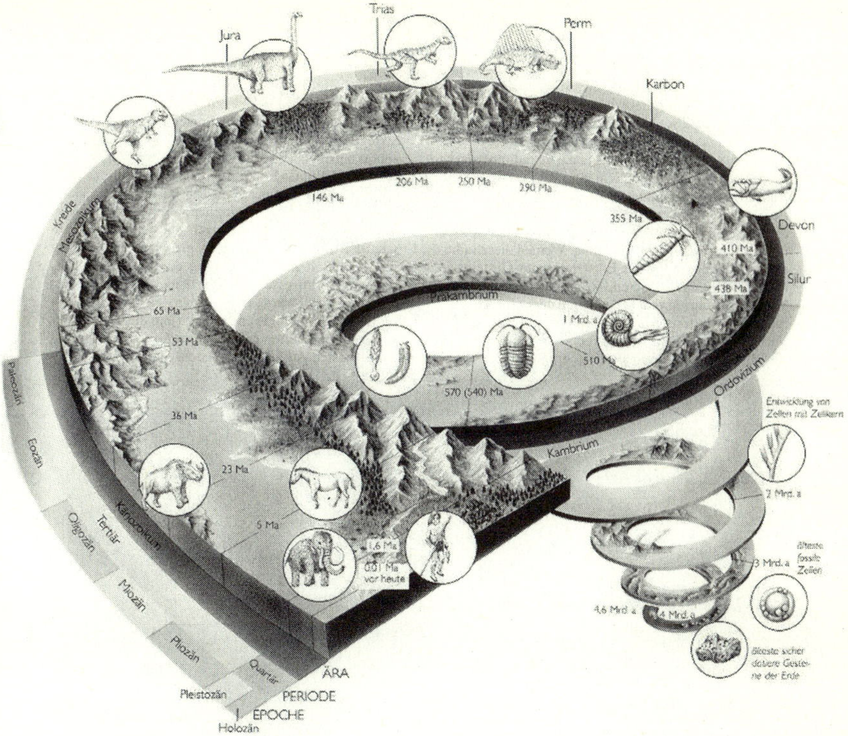

Abb. 64: Das Leben auf der Erde begann vor etwa 3,8 Milliarden Jahren. Seither hat es sich kontinuierlich weiterentwickelt und dabei eine Vielzahl unterschiedlichster Formen hervorgebracht.

als Fossilien erhalten haben. Die Fossilüberlieferung steigt dadurch explosionsartig an. Zu Beginn des Kambriums entstehen völlig neue Tiergruppen. Alle heutigen Tierstämme, auch die Vorläufer der Wirbeltiere, sind dabei. Den Großteil der Fauna stellen Trilobiten – Verwandte der Krustentiere, Insekten und Spinnen –, kleine, wirbellose Kriechtiere und so genannte Brachiopoden, die den heutigen Mollusken verwandt sind. Außer einigen Algen, Flechten und Pilzen gibt es auf dem Festland keinerlei Lebewesen.

510–435 Millionen Jahre
Ordovizium: Die weltweite Vorherrschaft der Meere

Im Ordovizium, benannt nach einem keltischen Volksstamm in Großbritannien, spaltet sich der nördliche Teil des heutigen Mitteleuropa vom großen Südkontinent Gondwana ab und schließt sich mit Baltica zu Urnordeuropa zusammen. Nordafrika als Teil von Gondwana liegt am Südpol. Infolge des allgemein warmen Klimas schmelzen die Eiskappen ab, was zu einem globalen Anstieg des Meeresspiegels und zu weiträumigen Meeresüberflutungen führt. In Laurentia und Sibiria überwiegt tropisches Klima. Dort breiten sich riesige Korallenriffe aus. In den Flachwasserlagunen verdampft Meerwasser, sodass sich große Gips- und Salzschichten bilden. Im Osten von Nordamerika entstehen mächtige Sandsteinböden, die Hinweise auf erste echte Landorganismen enthalten. Auf diese warme Periode folgen vier Eiszeiten. In Europa werden zehn Kilometer dicke Sedimente aus Vulkangestein im heutigen Schottland und Norwegen abgelagert, östlich davon, im baltischen Flachmeer, nur etwa 100 Meter dicke Kalke. Mitteleuropa wird vom teils flachen, teils tiefen Meer umschlossen. Ursüdeuropa gehört noch zu Gondwana und liegt dicht am Südpol.

Die Fauna besteht im Wesentlichen aus wirbellosen Tieren. Erste Wirbeltiere erleben ihren bescheidenen Aufschwung in Gestalt der kieferlosen Fische. Es entstehen die ersten Landpflanzen. Gegen Ende des Ordoviziums, wahrscheinlich aufgrund der plötzlichen Klimaverschlechterung (Eiszeiten), löscht ein globales Massensterben zahlreiche Tiergruppen aus, wovon vor allem die Wirbellosen betroffen sind.

435–410 Millionen Jahre
Silur: Der Großkontinent Euramerika entsteht

In den 25 Millionen Jahren des Silur, benannt nach einem keltischen Volksstamm in Wales, driften auf der Höhe des Äquators Urnordeuropa und Laurentia aufeinander zu und bilden für die nächsten 300 Millionen Jahre den Großkontinent Euramerika, wobei riesige Gebirgsketten aufgeschoben werden. Das nach den vier Eiszeiten im ausgehenden Ordovizium allgemein warme Klima führt zu weiträumigen Meeresüberflutungen. Entsprechende Klimazeugen sind Salzlager im Bereich der äquatorialen Kontinente (Nordamerika und Sibirien) und ausgedehnte Riffablagerungen in den warmen Flachmeeren (Gotland und Australien).

Die Vermischung der Tierwelt von Urnordeuropa und Laurentia begünstigt die Vielfalt der Riffgemeinschaften. Die ersten primitiven Kieferfische erscheinen sowie in den Flach- und Brackwasserbereichen die bis zu zwei Meter großen Riesenskorpione. Nach den Landpflanzen im Ordovizium tauchen im Silur die ersten Gefäßpflanzen auf. Es entwickelt sich eine kleinwüchsige Flora mit Urfarnen und

Urbärlapp, die einen idealen Lebensraum für Tausendfüßer darstellen.

410–355 Millionen Jahre
Devon: Das Land wird erobert

In der Periode des Devon, benannt nach der Grafschaft Devonshire in Südwestengland, liegen die beiden Großkontinente Euramerika und Gondwana auf Kollisionskurs. Dabei wird die mitteldeutsche Gebirgsschwelle aufgewölbt. Die starke Gebirgsbildung erzeugt Abtragungsschutt, der die entstehenden Senken der Binnenmeere auffüllt (Rheinisches Schiefergebirge und die Ardennen). An den verbleibenden Küstenrändern überwiegen Korallenriffe (Eifel und Sauerland). In der Folgezeit werden diese Riffe aber wieder abgetragen. Abermals tritt ein Massensterben der Lebewelt auf.

Die Küstensäume und feuchten Niederungen werden zunehmend von Urbärlapp, Schachtelhalmen, Urfarn und Ursamenpflanzen besiedelt. Während zu Beginn des Devons die Gefäßpflanzen noch niedrig sind, gibt es am Ende der Periode bereits Waldbäume von maximal 30 Meter Höhe. Damit erweist sich das Devon als wichtigster Abschnitt der Erdgeschichte für die Entwicklung der Pflanzen (die ältesten Kohlevorkommen sind ebenfalls im Devon entstanden). Die gut entwickelte Pflanzendecke bietet Milben, Spinnen und flügellosen Insekten Lebensraum. Dem Leben in flachen Binnengewässern haben sich die Quastenflosser angepasst. Ihre paarigen Brust- und Bauchflossen mit knöchernen Stützskeletten leiten stammesgeschichtlich zu den Vierfüßern über. Noch vor Ende des Devon erscheint das erste amphibische Lebewesen. Im Meer tauchen die großen Ammoniten auf.

355–290 Millionen Jahre
Karbon: Rieseninsekten erobern den Luftraum – Wälder werden zu Kohle

Das Karbon, nach dem lateinischen Wort »carbo« für Kohle, ist vor allem durch den auf breiter Front ablaufenden Zusammenprall von Gondwana und Euramerika gekennzeichnet. Riesige Gebirge werden in Mitteleuropa und Nordamerika aufgefaltet. Starke Klimakontraste gegen Ende des Karbons führen zur großräumigen Vergletscherung von Afrika, Indien, Australien und der Antarktis. Mitteleuropa liegt im Tropengürtel, dort lässt sich ein zweigeteilter Ablagerungsraum unterscheiden mit den dem Land näher gelegenen Kohle-Kalk-Schichten des Flachwassers und landfernen Schiefersandschichten des offenen Meeres im Südosten. In mehreren Phasen wird infolge der Norddrift von Gondwana ein bis zu 500 Kilometer breites Gebirge aufgefaltet, das durch ganz West- und Mitteleuropa, von Spanien nach Polen, verläuft. An seinem nördlichen Ufersaum und in festländischen Becken wachsen in tropischen Sümpfen riesige Wälder, aus denen später die mächtigen Kohleflöze in ganz Europa entstehen.

Die Tier- und Pflanzenwelt macht im Karbon enorme Fortschritte. Die altertümlichen Panzerfische werden von Knorpel- und Knochenfischen abgelöst; aus den Amphibien entstehen die Reptilien. Nachdem bereits im ausgehenden Devon üppige Wälder weit verbreitet und die ersten Samenpflanzen entstanden waren, kommen im Karbon Samen- und Sporenpflanzen nebeneinander vor. Das Festland wird jetzt großräumig von Pflanzen bedeckt. Dadurch wird es jetzt auch den Tieren, deren Ernährungsgrundlage die Pflanzen bilden, möglich, das Festland zu besiedeln. Auffällige Tiere sind bis zu zwei Meter lange Tausendfüßer und erste flugfähige Insekten mit Flügelspannweiten von bis zu 70 Zentimetern.

290–250 Millionen Jahre
Perm: Ein Superkontinent und das große Sterben

Das Perm, benannt nach der Stadt Perm im russischen Uralgebirge, erlebt die Bildung des einzigen riesigen Superkontinents, genannt Pangäa, die so genannte Allerde. Obwohl das Klima im Perm allgemein kühler ist als heute, liegt Mitteleuropa in dieser Zeit fast am Äquator. Im Gegensatz dazu werden weite Teile der Südhalbkugel, nämlich Afrika, Indien, Südamerika und Australien, von riesigen Eismassen bedeckt. Wärmere Perioden führen zum Abschmelzen der Gletscher, begleitet vom Anstieg des Meeresspiegels. In Nordamerika bilden sich Wüsten während der Trockenperioden. In Europa endet die Bildung der Kohleschichten, die Vulkanaktivität steigt stark an. In europäischen Binnenmeeren wird Kalk abgelagert, sie sind nur hin und wieder mit dem offenen arktischen Weltmeer verbunden. Ohne den Wasserzufluss aus dem offenen Meer entstehen in den wärmeren Perioden in Mitteleuropa durch Verdunstung bis zu 1000 Kilometer mächtige Salzablagerungen.

Im Perm bilden sich die ersten Nadelwälder aus. Die großen Pflanzengruppen, die im Karbon für die Kohlebildung sorgten (Sporen bildende Bäume), sind zu relativ unwichtigen und meist kleinwüchsigen Arten geschrumpft. In den Seen des Festlands leben Stachelhaie, Süßwasserhaie und altertümliche Knochenfische. An den Seeufern verdrängen die schon im Karbon entstandenen Reptilien mehr und mehr die Panzerlurche. Am Ende des Perms wird die Tierwelt, insbesondere die des Meeres, von einem Massensterben heimgesucht, dem nach Schätzungen etwa 77 bis 90 Prozent aller Arten zum Opfer fallen. Viele Tiergruppen wie zum Beispiel die Trilobiten verschwinden vollständig.

250–205 Millionen Jahre
Trias: Erneuerung des Lebens an Land und Meer

In der Trias, so benannt nach dem lateinischen Wort »trias« für Dreiheit, entsprechend den drei wichtigsten Schichten: Buntsandstein, Muschelkalk und Keuper – beginnt vieles wieder von vorne. Geologisch besonders wichtig ist der allmähliche Zerfall des Superkontinents Pangäa. Infolge der einsetzenden Krustenbewegungen dringt der äußere Ozean in Pangäa ein, es bildet sich zum Beispiel das Urmittelmeer. Dabei werden mächtige Algen- und Korallenriffe, so etwa die heutigen Dolomiten, aufgebaut. Später dringt dieses neue Meer immer weiter in Senkungsbecken vor. Im wüstenhaften Germanischen Becken werden immer wieder in weit verzweigten Flusssystemen und flachen Binnenseen die roten Sande und Tone des Buntsandsteins abgelagert. Später dringt auch hierher das Meer großflächig vor, wodurch sich die zahlreichen Muschelkalkfunde in Norddeutschland erklären lassen. Durch Eindampfung entstehen immer wieder Gips- und Steinsalzablagerungen. Am Ende des Trias setzen kräftige Überflutungen ein.

Das »große Sterben« am Ende des Perms überleben im Meer nur wenige Tiergruppen, auf dem Festland ist das Ereignis nicht so einschneidend. Den säugetierähnlichen Reptilien ist eine letzte Blütezeit vergönnt. Die ersten Dinosaurier erscheinen, aber auch schon erste mausgroße Säugetiere. Frühe Wasserschildkröten und Pflasterzahnechsen gehören zur Tierwelt der Trias. Weit verbreitet sind auch Seelilien, Muscheln und Ammoniten. Neue Korallengruppen bauen mit Kalkalgen große Riffe auf. Bei den Pflanzen überwiegen Farne, Koniferen, Ginkgogewächse und Farnkräuter. Es gibt Gebiete mit großen Bäumen, Vorfahren der Blütenpflanzen tauchen auf.

205–135 Millionen Jahre
Jura: Blütezeit der Ammoniten und Saurier

Im Jura, benannt nach dem Schweizer Juragebirge, werden große Teile von Europa und Asien von Westen her überflutet. Der nördliche

Atlantik öffnet sich, denn Nordamerika wird nach und nach von Eurasien getrennt. Während sich das Meeresbecken der späteren Rocky Mountains im Osten vertieft, wird es im Westen zur Sierra Nevada aufgefaltet. Der Pazifische Ozean zeichnet sich bereits in seiner heutigen Umgrenzung ab. Deutschland liegt quasi komplett unter Wasser. In Süddeutschland entstehen vorwiegend Schwamm- und Korallenriffe. Gegen Ende des Juras werden der Harz und das Weserbergland herausgehoben, im Untergrund Norddeutschlands entstehen Salzstöcke, denn das Wasser zieht sich weiträumig aus Deutschland zurück. Das globale Klima ist so warm, dass die Polgebiete eisfrei sind.

Unter den Tieren dominieren die Dinosaurier, die größten Landtiere aller Zeiten, die eine enorme Artenvielfalt hervorbringen. Ganz unauffällig und klein bleiben dagegen die frühen Säugetiere. Fisch- und Flossenechsen von bis zu 15 Meter Länge sowie die Ammoniten erreichen den Höhepunkt ihrer Entwicklung. Den Lebensraum Luft beherrschen die Flugsaurier und der Urvogel Archaeopteryx. In den Lagunen leben urtümliche Fische mit den ersten modernen Knochenfischen. Das Formenspektrum der Landpflanzen reicht von Farnen bis zu Koniferen und Ginkgoarten.

135–65 Millionen Jahre
Kreidezeit: Aussterben der Dinosaurier – die Pflanzen-Neuzeit beginnt

Es entsteht ein Meer zwischen Europa und Nordafrika. Italien und der Balkan kollidieren mit Europa, wobei die Alpen und die Gebirge auf dem Balkan gefaltet werden. Pangäa ist endgültig zerbrochen. Auch Gondwana zerfällt in einzelne Kontinente: Im Süden löst sich das antarktische Festland, im Südosten Australien; Indien driftet nach Norden und Südamerika nach Westen – damit ist die Neue Welt jenseits des Atlantiks entstanden. Die Anden und die Rocky Mountains werden am Ende der Kreidezeit zu Gebirgsketten. Noch ist das Klima warm genug, um Riffwachstum zu begünstigen. Periodische Überflutungen Mitteleuropas bilden diverse Sandsteinsedimente (Elbsandsteingebirge). Im Nordwesten Europas wird Schreibkreide abgelagert. Sie ist aus zu Boden rieselnden Kalkgehäusen von Einzellern aufgebaut und enthält lagenweise Feuersteine. Gegen Ende der Kreide zieht sich das Meer aus Deutschland völlig zurück. Das Ende der Kreidezeit ist bestimmt durch einen gewaltigen Asteroideneinschlag vor der Küste Mexikos, der zum Aussterben der Dinosaurier, Ammoniten und anderer Tiergruppen beiträgt.

Vor dieser Katastrophe ist die Artenvielfalt der Saurier noch sehr groß (Tyrannosaurus, Triceratops). Die Flugsaurier erreichen eine Flügelspannweite von bis zu zwölf Metern. Die Ammoniten bilden bizarre Gehäuse aus. Bei den Säugern betreten erstmals Beuteltiere und höhere Säugetiere die Szenerie. In den Meeren erleben Seeigel und Einzeller eine Blütezeit. Bei den Pflanzen erscheinen zunächst die ersten Bedecktsamer, die Blütenpflanzen. Damit beginnt die Neuzeit der Pflanzen.

65–1,6 Millionen Jahre
Tertiär: Säugetiere beherrschen das Land
Im Alttertiär trennt ein Meer Afrika, Arabien und Vorderindien vom eurasiatischen Kontinent. Zwischen Europa und Nordamerika besteht eine Landbrücke, die einen Austausch der Säugetierfaunen ermöglicht. Im Jungtertiär wird das Meer zwischen Afrika und Eurasien durch Hebung der großen Faltengebirge, Alpen und Himalaja, weitgehend eingeengt und Indien durch die Gebirgsbildung an Asien geschweißt. Nord- und Südamerika erhalten eine Landverbindung im Panamagebiet. Die Polregionen und die Kontinente nähern sich ihren heutigen Positionen und nehmen allmählich ihre jetzigen Konturen an. In Europa sind Mittelmeer und Nordsee kurzzeitig durch eine Meeresstraße (Rheingraben und Hessische Senke) miteinander verbunden. In den Vorsenken der Mittelgebirge entstehen aus ausgedehnten Wäldern in subtropischem und tropischem Klima große Braunkohlelagerstätten. Die Alpen werden zum Hochgebirge, dadurch wird ein vom Alpenvorland bis nach Asien reichendes Meeresbecken vom Meer abgeschnürt und löst sich in Brackwasser- und Süßwasserseen auf. Einhergehend mit der Gebirgsbildung, kommt es vielerorts zu sehr intensivem Vulkanismus. Gegen Ende des Tertiärs zieht sich das Meer aus Norddeutschland zurück, und auch das Alpenvorland wird Festland. Im Verlaufe des Tertiärs wird es ständig kühler auf der Erde.

Nach dem Aussterben der Dinosaurier entfalten sich auf dem Land die Säugetiere zu großer Blüte. Allmählich modernisiert sich die Pflanzenwelt aufgrund sinkender Temperaturen. Es entstehen durch Austrocknung Savannen und Steppen, in denen sich eine vielfältige Säugetierfauna entwickeln und ausbreiten kann. Gräser und Asterngewächse werden immer wichtiger. Im Meer kommen nach dem Verschwinden der Ammoniten nun Muscheln und Schnecken, aber auch Krebse zu großer Entfaltung. Unter den Fischen entwickeln die Haie und modernen Knochenfische eine große Artenvielfalt, auch Meeressäuger, Wale und Seekühe, gehören zum Faunenbild. In Afrika entsteht der Urmensch fünf Millionen Jahre vor unserer Zeit.

1,6 Millionen Jahre bis heute
Quartär: Gletscher und Moränen – der Mensch breitet sich aus

Die letzten knapp zwei Millionen Jahre, das Quartär, sind gekennzeichnet durch Temperaturschwankungen, es herrschen weltweit Kalt- und Warmzeiten in den gemäßigten sowie Regen- und Trockenzeiten in den warmen Zonen. In den Kaltzeiten kommt es zu den umfangreichsten Vereisungen der Erdgeschichte, über ein Drittel der Festlandoberfläche ist vergletschert. Durch die Bindung von Wasser in dem Eis der Gletscher sinkt der Meeresspiegel, und es bilden sich Landbrücken wie die Bering-Brücke zwischen Asien und Nordamerika. In der Nacheiszeit (Beginn vor rund 10 000 Jahren) dringt das Meer zu den heutigen Küstenlinien vor. In den Zwischeneiszeiten war das Klima oft wärmer als heute. In den Kaltzeiten erstreckt sich ein kalter Korridor zwischen dem skandinavischen Inlandeis im Norden und den alpinen Gletschern im Süden. Typische Ablagerungen der Kaltzeiten sind Moränen, im Vorland der Gletscher sind es Schotter und Löss. Als Reste der Eiszeit verbleiben die Seenplatten Norddeutschlands und die großen Alpenseen. Gegen Ende der Eiszeit macht sich in der Eifel Vulkanismus bemerkbar.

Die Klimaschwankungen wirken sich besonders auf die Säugetiere aus. Tiere der Warmzeiten sind in Mitteleuropa Waldelefanten, Waldnashörner, Flusspferde und Wasserbüffel. In den Kaltzeiten dominieren Steppenelefanten, Wollhaarnashörner, Antilopen, Rentiere und Moschusochsen das Bild. Die Trennung in kalt- und warmzeitliche Faunen verschärft sich mit dem Fortschreiten des Quartärs. Die Pflanzengesellschaften können anders als in Nordamerika nicht nach Süden (Alpen, Mittelmeer) ausweichen und gehen in den Eiszeiten zugrunde. Die heutige Flora von Europa ist deshalb sehr verarmt. Gegen Ende der letzten Eiszeit zieht sich auf der Nordhalbkugel die »Kaltsteppe« zurück, und so sterben eindrucksvolle Säugetiere wie Mammut und Wollhaarnashorn, Riesenhirsch und Steppenwisent aus, wobei jedoch der Mensch kräftig nachgeholfen hat. Der Mensch besiedelt Mitteleuropa erstmals vor etwa einer Million Jahren, der Neandertaler wird vor 30 000 bis 35 000 Jahren, in der letzten Kaltzeit, vom heutigen Menschen verdrängt.

Anhang B

Internet-Adressen

Zum Thema extrasolare Planeten

http://www.obspm.fr/planets
http://dir.yahoo.com/Science/Astronomy/Extrasolar_Planets/
http://exoplanets.org/
http://www.spaceart.org/lcook/extrasol.html
http://www.jtwinc.com/Extrasolar/mainframes.html
http://www.astronautica.com/main.htm
http://cannon.sfsu.edu/~gmarcy/planetsearch/planetsearch.html
http://dir.yahoo.com/Science/Astronomy/Extrasolar_Planets/

Zum Thema Sonnensystem

http://www.seds.org/nineplanets/nineplanets/
http://csep10.phys.utk.edu/astr161/lect/index.html
http://www.solarviews.com/solar/eng/solarsys.htm
http://www.solarviews.com/eng/homepage.htm
http://pds.jpl.nasa.gov/planets/

Zum Thema Kosmologie, Galaxien, Sterne

http://origins.stsci.edu/under/understanding.shtml
http://csep10.phys.utk.edu/astr162/lect/index.html
http://funphysics.jpl.nasa.gov/
http://www.astro.ucla.edu/~wright/intro.html
http://didaktik.physik.uni-
wuerzburg.de/~pkrahmer/home/galax.html#galax

Zum Thema außerirdisches Leben

http://astrobiology.arc.nasa.gov/index.cfm
http://astrobiology.arc.nasa.gov/roadmap/index.html
http://www.pbs.org/lifebeyondearth/
http://www.lifeinuniverse.org/liu.html
http://www.spaceart.org/lcook/seti.html
http://www.planetarybiology.com/
http://www2.astrobiology.com/astro/#life

Zum Thema Raumfahrt

http://www.jpl.nasa.gov/basics/index.html
http://www.mpifr-bonn.mpg.de/

Zu Bildern aus allen Themenbereichen

http://antwrp.gsfc.nasa.gov/apod/astropix.html
http://www.eso.org/outreach/gallery/
http://chandra.harvard.edu/photo/
http://oposite.stsci.edu/pubinfo/pictures.html
http://mars.jpl.nasa.gov/mgs/msss/camera/images/index.html
http://nssdc.gsfc.nasa.gov/photo_gallery/
http://nssdc.gsfc.nasa.gov/photo_gallery/
http://photojournal.jpl.nasa.gov/
http://vestige.lmsal.com/TRACE/POD/TRACEpodoverview.html
http://www.space.com/imagegallery/gallery/

Astronomische Lexika

http://lexikon.astroinfo.org/
http://itss.raytheon.com/cafe/qadir/qanda.html
http://www.astronomie.de/
http://www.treasure-troves.com/astro/

Anhang C

Literaturverzeichnis

Achenbach, Joel: Gibt es Leben im All? *National Geographic*, Januar 2000

Adams, Fred/Laughlin, Greg: Die fünf Zeitalter des Universums. Deutsche Verlags-Anstalt, Stuttgart/München 2000

Anderson, P.: Gibt es Leben auf anderen Welten? Heyne, München 1964

Barrow, John: Der Ursprung des Universums. Goldmann, München 2000

Barrow, John D./Silk, Joseph: Die linke Hand der Schöpfung. Spektrum Akademischer Verlag, Heidelberg/Berlin 1999

Barrow, John D./Tipler, Frank J.: The Antrophic Cosmological Principle. Oxford University Press, Oxford 1996

Bartelmann, Matthias: Galaxien vom Urknall bis heute – Teil 2: Kosmologie. *Sterne und Weltraum*, Special 1/03

Benz, Arnold: Die Zukunft des Univerums. Deutscher Taschenbuch Verlag, München 2001

Bernstein, Max P./Sandford, Scott A./Allamandola, Louis J.: Kamen die Zutaten der Ursuppe aus dem All? *Spektrum der Wissenschaft*, Dossier 3/2002

Binney, James/Merrifield, Michael: Galactic Astronomy. Princeton University Press, Princeton (NY) 1998

Börner, Gerhard: Kosmologie. Fischer Taschenbuch Verlag, Frankfurt/Main 2002

Börner, Gerhard: The Early Universe. Springer Verlag, Berlin/Heidelberg 2003

Börner, Gerhard: Die erste Sekunde. *Sterne und Weltraum,* Special Nr. 2

Borgeest, Ulf: Kosmischer Staub. *Spektrum der Wissenschaft*, Digest. Astrophysik, Nachdruck 1/99

Brockhaus Mensch, Natur, Technik: Vom Urknall zum Menschen. F.A. Brockhaus, Leipzig/Mannheim 1999

Bullock, Mark A./Grinspoon, David H.: Klima und Vulkanismus auf der Venus. *Spektrum der Wissenschaft*, Dossier 3/2001

Burkert, Andreas/Kippenhahn, Rudolf: Die Milchstraße. C. H. Beck, München 1996

Cahn, Robert N.: The Eighteen Arbitrary Parameters of the Standard Model In Your Everyday Life. *Rev. Mod. Phys.*, Vol. 68, No. 3, July 1996

Calvin, W. H.: Die Geschichte des Lebens. Bechtermünz, Augsburg 1997

Crawford, Ian: Ist da draußen wer? *Spektrum der Wissenschaft*, Dossier 3/2002

Delsemme, Armand: Our Cosmic Origins. Cambridge University Press, Cambridge 1998

Davis, Paul: Sind wir allein im Universum? Heyne, München 2000

Die Trabanten der Sonne. *Spektrum der Wissenschaft*, Dossier 3/2001

Elsässer, Hans: Eine Schöpfung ohne Ende. *Sterne und Weltraum*, Special Nr. 2

Fahr, Hans J./Willerding, Eugen A.: Die Entstehung von Sonnensystemen. Spektrum Akademischer Verlag, Heidelberg/Berlin 1998

Finkelnburg, Wolfgang: Einführung in die Atomphysik. Springer Verlag, Berlin/Heidelberg/New York 1976

Genz, Henning: Die Entdeckung des Nichts. Rowohlt, Reinbek 1999

Giovanelli, Franco: The Bridge Between the Big Bang And Biology. International Workshop, Stromboli (Italy), Sept. 13–17, 1999

Goenner, Hubert: Einführung in die Kosmologie. Spektrum Akademischer Verlag, Heidelberg/Berlin 1994

Goldsmith, Donald/Owen, Tobias: The Search For Life in the Universe. University Science Books, Sausalito (CA) ^{3}2001

Gonzales, Guillermo/Brownlee, Donald/Ward, Peter D.: Lebensfeindliches All. *Spektrum der Wissenschaft*, Dossier 3/2002

Greenberg, J. Mayo: Leben aus Sternenstaub. *Sterne und Weltraum*, Special Nr. 2

Guth, Alan: Die Geburt des Kosmos aus dem Nichts. Droemer, München 1999

Herrlich, P.: Was ist Leben. Ueberreuter, Wien 1997

Hester, Jeff/Burstein, David et al.: 21st Century Astronomy. W. W. Norton & Co, New York 2002

Hobom, B.: Erforschtes Leben. Herder, Freiburg 1987

Hollemann, A.F./Wiberg, Egon: Lehrbuch der anorganischen Chemie. Walter de Gruyter & Co., Berlin 1960

Horneck, Gerda/Baumstark-Kahn, Christa: Astrobiology. Springer Verlag, Berlin/Heidelberg/New York 2001

Huisgen, Rolf: Organische Chemie. Lehrmitteldienst des Studentenwerks, München 1961

Jonas, Doris und David: Die Außerirdischen. Fischer Taschenbuch Verlag, Frankfurt/Main 1979

Kayser, Rainer: Licht und Asche des Urknalls. *Sterne und Weltraum*, Special Nr. 2

Kippenhahn, R./Weigert A.: Stellar Structure and Evolution. Springer Verlag, Berlin/Heidelberg/New York 1994

Kippenhahn, Rudolf: 100 Milliarden Sonnen. Piper, München 1981

Kley, Willy: The Tidal Interaction Between Planets and the Protoplanetary Disk. *Astro-ph*/9909394, 23. Sept. 1999

Kulmann, Christoph: Terraforming – Wie man einen Planeten bewohnbar macht. *New Scientist*, 1997

Lanius, K.: Erde im Wandel. Spektrum Akademischer Verlag, Heidelberg/Berlin 1995

Larson, Richard B./Bromm, Volker: The First Stars in the Universe. *Scientific American*, Dez. 2001

Layzer, David: Die Ordnung des Universums. Insel Verlag, Frankfurt/Main, Leipzig 1997

Lesch, Harald/Müller, Jörn: Kosmologie für Fußgänger. Goldmann, München 2001

Liebscher, Dierck-Ekkehard: Kosmologie. Johann Ambrosius Barth, Leipzig/Heidelberg 1994

Long, Michael E.: Überleben im Weltraum. *National Geographic*, Januar 2001

Longair, Malcom S.: Das erklärte Universum. Springer Verlag, Berlin/Heidelberg/New York 1998

Marcy, G.W./Butler R.P.: »Extrasolar Planets – Techniques, Results and the Future«. In: *Physics of Star Formation and Early Stellar Evolution*, NATO Advanced Study Institute, held at Crete, 25 May – 5 June 1998, ed. C. Lada and N.D. Kylafis, Kluwer Academic Publishers, Dordrecht

Margulis, L./Sagan, D.: Leben. Spektrum Akademischer Verlag, Heidelberg/Berlin 1997

Milgrom, Mordehai: Gibt es Dunkle Materie? *Spektrum der Wissenschaft*, 10/2002

Morfill, Gregor: Kugeln, aus Staub geboren. *Sterne und Weltraum*, Special Nr. 2

Padmanabhan, T.: The First Three Minutes. Cambridge University Press, Cambridge 1998

Pappalardo, Robert T./Head, James W./Greeley, Ronald: Der verborgene Ozean des Jupitermondes Europa. *Spektrum der Wissenschaft*, Dossier 3/2002

Pendleton, Yvonne J./Farmer, Jack D.: Leben – eine kosmische Notwendigkeit? *Sterne und Weltraum*, Special Nr. 2

Perryman, M.: Extra-solar Planets. *arXiv:astro-ph*/0005602, 31. Mai 2000

Peterson, Ivars: Was Newton nicht wusste. Insel Verlag, Frankfurt/Main, Leipzig 1997

Planetary Systems. *Science*, Vol. 286, No. 5437, 1. Okt. 1999

Prantzos, Nikos: Our Cosmic Future. Cambridge University Press, Cambridge 2000

Press, Frank/Siever, Raymond: Allgemeine Geologie. Spektrum Akademischer Verlag, Heidelberg/Berlin 1995

Rahmann, Hinrich/Kirsch, Karl A.: Mensch – Leben – Schwerkraft – Kosmos. Verlag G. Heimbach, Stuttgart 2001

Rees, Martin: Exploring Our Universe and Others. *Scientific American*, Dez. 1999

Riedl, Rupert: Die Strategie der Genesis. Piper, München 1984

Ruden, Steven P.: The Formation of Planets. University of California, Irvine, Dep. of Physics and Astronomy, Irvine (CA) 92697

Scheffler, H./Elsässer, H.: Physik der Sterne und der Sonne. Spektrum Akademischer Verlag, Heidelberg/Berlin 1990

Schneider, Jean: Extrasolar Planets Encyclopaedia. http://www.obspm.fr/planets

Schneider, J.: The Search For Life Outside the Solar System. CNRS – Observatoire de Paris, 92195 Meudon (France)

Schneider, Jean: The Study of Extrasolar Planets – Methods of Detection, First Discoveries and Future Perspectives. C.R. Acad. Sci. Paris t. 327, Serie II6b, n.6, p. 621, 1999

Schrödinger, Erwin: Was ist Leben? Piper, München 1999

Schultz, Ludolf: Planetologie. Birkhäuser, Basel 1993

Schultz, Ludolf: Die Geburt der Planeten. *Spektrum der Wissenschaft*, Dossier 3/2001

Schulz, Hartmut: Dunkle Energie – Antrieb für die Expansion des Universums. *Sterne und Weltraum*, 10 und 11/2001

Schulz, Hartmut/Bender Ralf: Geheimnisvolle Schattenwelt – Die Erforschung der Dunklen Materie. *Sterne und Weltraum,* Special Nr. 2

Showman, Adam P./Malhotra, Renu: The Galilean Satellites. *Science*, Vol. 286, 1. Okt. 1999

Silk, Joseph: Die Geschichte des Kosmos. Spektrum Akademischer Verlag, Heidelberg/Berlin 1999

Smolin, Lee: Warum gibt es die Welt? C.H. Beck, München 1999

Stahler, Steven W.: Die Entstehung der Sterne. *Spektrum der Wissenschaft*, Digest Astrophysik, Nachdruck 1/99

Tarter, Jill C./Chyba, Christopher F.: Is There Life Elsewhere in the Universe? *Scientific American*, Dez. 1999

Torrence, V. Johnson: Jupiter und seine Monde. *Spektrum der Wissenschaft*, Dossier 3/2001

Treichel, Michael: Teilchenphysik und Kosmologie. Springer Verlag, Berlin/Heidelberg/New York 2000

Ulmschneider, Peter: Intelligent Life in the Universe. Springer Verlag, Berlin/Heidelberg/New York 2003

Unsöld, Albrecht/Baschek, Bodo: Der neue Kosmos. Springer Verlag, Berlin/Heidelberg/New York 1999

Vaas, Rüdiger: Fremde Intelligenzen – Rarität oder Regel? *Bild der Wissenschaft*, 2/2002

Vaas, Rüdiger: Die Suche nach Signalen. *Bild der Wissenschaft*, 2/2002

Vasek, Thomas: Reisen in unmögliche Welten. *Geo* 11, November 2002

Anhang D

Boxenverzeichnis

Dank

Während der Entstehung des Buches haben mehrere Wissenschaftler das Manuskript in Auszügen oder ganz gelesen und uns mit wertvollen Anregungen und kritischen Kommentaren unterstützt. Insbesondere bedanken möchten wir uns dafür bei Gunthard Born, Gerhard Börner vom Max-Planck-Institut für Astrophysik, Thomas Gehren vom Institut für Astronomie und Astrophysik der Universität München und Christian Kummer von der Hochschule für Philosophie. Bedanken möchten wir uns auch bei Hernn Johannes Jakob vom C. Bertelsmann Verlag für die gute Zusammenarbeit bei der Herstellung dieses Buches. Unser besonderer Dank gilt Frau Carolina Haut und Frau Ilse Holzinger, die sich die Mühe gemacht haben, das ganze Manuskript durchzusehen und mit zahlreichen Vorschlägen die Lesbarkeit des Buches zu erhöhen.

Register

Kursive Seitenangaben verweisen auf Abbildungen.

Abbildungsnachweis

Schwarz-weiß-Abbildungen

Abb. 1, S. 22: nach Bild von S. 94 aus: »Vom Urknall zum Menschen«, F. A. Brockhaus, Leipzig/Mannheim 1999; *Abb. 2*, S. 27: nach Bild von S. 14 aus: »Electro-Optics Handbook«, RCA Staff, RCA, 12/74; *Abb. 3*, S. 39: Lucas Cranch, »Jungbrunnen«; *Abb. 4*, S. 40: Jörn Müller; *Abb. 5*, S. 45: Jörn Müller; *Abb. 6*, S. 51: Jörn Müller; *Abb. 7*, S. 58: Nach Bild aus Bertelsmann Universallexikon 2001 auf CD-ROM; *Abb. 8*, S. 62: S.V. Medaris/University of Wisconsin, Madison; *Abb. 9*, S. 85: Jörn Müller; *Abb. 10*, S. 88: Jörn Müller; *Abb. 11*, S. 110: Kopie von S. 110 aus: »Vom Urknall zum Menschen«, F. A. Brockhaus, Leipzig/Mannheim 1999; *Abb. 12*, S. 119: nach Bild von S. 61 aus: »The Search for Life in the Universe«, University Science Books, 94965 Sausalito (CA) 2001; *Abb. 13*, S.122: nach Bild von S.195 aus: »Vom Urknall zum Menschen«, F. A. Brockhaus, Leipzig/Mannheim 1999; *Abb. 14*, S.132 o: Jörn Müller; *Abb. 15*, S. 132 u: Jörn Müller; *Abb. 16*, S. 138: Jörn Müller; *Abb. 17*, S.142: SZ-Graphik M. Zapletal; *Abb. 18*, S. 143: SZ-Graphik M. Zapletal; *Abb. 19*, S. 144: Schöffel-Gymnasium Lahr; *Abb. 20*, S. 147: nach Bild von S. 191 aus: »Dynamik der Erde«, Spektrum Verlag 1987; *Abb. 21*, S. 149: nach Bild von S. 191 aus: »Dynamik der Erde«, Spektrum Verlag 1987; *Abb. 23*, S. 157: Kopie von S. 10 aus: Frank Press/Raymond Siever, »Allgemeine Geologie«, Spektrum Verlag; *Abb. 24*, S. 162: Kopie von S. 23 aus: Barbara Hobom, »Erforschtes Leben«, Herder, Freiburg 1980; *Abb. 25*, S. 164: nach S. 26 aus: Barbara Hobom, »Erforschtes Leben«, Herder, Freiburg 1980; *Abb. 27*, S. 173: nach Bild von S. 190 aus: »Dynamik der Erde«, Spektrum Verlag 1987; *Abb. 28*, S. 179: nach Illustration aus: Sbrian J. Skinner/Stephen C. Porter/Daniel B. Botkin, »The Blue Planet«, adaptierter Text für USD (University of South Dakota), © 1999 John Wiley and Sons, Inc.; *Abb.*

29, S. 181: Jörn Müller; *Abb. 30*, S. 184: Kopie von S. 109 aus: Armand Delsemme, »Our cosmic Origins«, Cambridge University Press; *Abb. 32*, S. 187: nach Illustration aus: Sbrian J. Skinner/Stephen C. Porter/Daniel B. Botkin, »The Blue Planet«, adaptierter Text für USD (University of South Dakota), © 1999 John Wiley and Sons, Inc.; *Abb. 34*, S. 197: nach Illustration aus: Sbrian J. Skinner/Stephen C. Porter/Daniel B. Botkin, »The Blue Planet«, adaptierter Text für USD (University of South Dakota), © 1999 John Wiley and Sons, Inc.; *Abb. 35*, S. 204: © D. McKay (NASA/JSC)/K. Thomas-Keprta (Lockheed-Martin)/R. Zare (Stanford) NASA; *Abb. 36*, S. 229: © Darwin Mission; *Abb. 37*, S. 232: nach Bild von S. 79 aus: »Vom Urknall zum Menschen«, F. A. Brockhaus, Leipzig/ Mannheim 1999; *Abb. 38*, S. 234: nach Bild von S. 61 aus: »Vom Urknall zum Menschen«, F. A. Brockhaus, Leipzig/ Mannheim 1999; *Abb. 39*, S. 246: Jörn Müller; *Abb. 40*, S. 258: aus: Spektrum der Wissenschaft, Digest Astrophysik, Nachdruck 1/99, S. 77; *Abb. 41*, S. 266: *Abb. 42*, S. 272: NASA; *Abb. 43*, S. 274: © Ann Field/NASA (STScl); *Abb. 44*, S. 275: nach S. 142 aus: »Vom Quark zum Kosmos«, Spektrum der Wissenschaft, Heidelberg; *Abb. 46*, S. 287: Jörn Müller; *Abb. 47*, S. 288: © Darwin Mission; *Abb. 48*, S. 299: C. Ponnamperuma/A. G. Cameron, »Interstellar Communications«, Houghton Mifflin Company; *Abb. 49*, S. 312: nach Bild von S. 127 aus: Nikos Prantzos, »Our cosmic Future«, Cambridge University Press 2000; *Abb. 50:* nach Bild von S. 496 aus: D. Goldsmith/T. Owen, »The Search for Life in the Universe«, University Science Books, 94965 Sausalito (CA) 2001; *Abb. 51*, S. 341: Jörn Müller; *Abb. 52*, S. 344: nach S. 55 aus: Spektrum der Wissenschaft 6/2000; *Abb. 53*, S. 345: *Abb. 54*, S. 347: Jörn Müller; *Abb. 55*, S. 350: Jörn Müller; *Abb. 56*, S. 353: Jörn Müller; *Abb. 57*, S. 359: Jörn Müller; *Abb. 58*, S. 361: Jörn Müller; *Abb. 59*, S. 364: Jörn Müller; *Abb. 60*, S. 370: nach Bild von S. 127 aus: Nikos Prantzos, »Our Cosmic Future«, Cambridge University Press 2000; *Abb. 61*, S. 371: o: NASA, li: News/National Space Society, r: NASA; *Abb. 62*, S. 383: Jörn Müller; *Abb. 63*, S. 410: Sturman/Tapper: »The Weather and Climate of Australia and New Zealand«, Oxford University Press 1996, S. 476; *Abb. 64*, S. 411: Kopie von S. 203 aus: Frank Press/Raymond Siever, »Allgemeine Geologie«, Spektrum Verlag 1995

Abbildungen des Farbteils

Abb. I–VIII: Jörn Müller; *Abb. IX*: NASA and the Hubble Heritage Team (STScI/AURA); *Abb. X/XI*: Jörn Müller; *Abb. XII/XIII*: NASA; *Abb. XIV*: Galileo Project, Voyager Project, JPL, NASA; *Abb. XV*: C.R. O'Dell/S.K. Wong (Rice U.), WFPC2, HST, NASA; *Abb. XVI*: © 1999 John Wiley and Sons., Inc.; *Abb. XVII*: Bild von S. 64 aus: Malcolm Longair, »Das erklärte Universum«, Springer Verlag 1998; *Abb. XVIII*: Michael Freeman (u.a. in »Spektrum der Wissenschaft«, 1/2000, S. 52, und GEO Nr. 4, April 1998, S. 41); *Abb. XIX*: A. Fruchter and the ERO Team (STScI), NASA ∑ STScI-PRC00-07; Abb. *XX*: ESO PR Photo 40f/99 (17. 11. 1999), © European Southern Observatory; *Abb. XXI*: Spektrum der Wissenschaft, 6/2002, S. 41; *Abb. XXII*: Spektrum der Wissenschaft, Dossier 3/2002, Leben im All, S. 61; *Abb. XXIII*: Spektrum der Wissenschaft, 3/2002, S. 37

Die Rechteinhaber der Abbildungen: 22 (S. 150), 26 (S. 169), 31 (S. 186), 33 (S. 190), 45 (S. 276) konnten leider trotz intensiver Recherche bis Redaktionsschluss nicht ermittelt werden. Der Verlag bittet Personen oder Institutionen, welche Rechte an diesen Abbildungen geltend machen, sich zwecks angemessener Vergütung zu melden.

João Magueijo

Schneller als die Lichtgeschwindigkeit

Der Entwurf einer neuen Kosmologie

320 Seiten

Albert Einstein erklärte in seiner Relativitätstheorie die Lichtgeschwindigkeit zur universellen Konstante: Das Licht breite sich unter allen Bedingungen mit derselben Geschwindigkeit aus. Nahezu hundert Jahre lang galt diese Annahme als unumstößlich – eine heilige Kuh der modernen Physik. Doch nun legt João Magueijo, Physiktheoretiker von internationaler Reputation, einen ketzerischen Neuansatz von weit reichenden Folgen vor. Wenn man nämlich mit ihm die Variabilität der Lichtgeschwindigkeit unterstellt – beim Urknall zu Beginn des Universums wies sie offenbar einen höheren Wert auf als heute –, lassen sich zahlreiche Paradoxien der Kosmologie, besonders der allgemein akzeptierten Urknalltheorie, auflösen und es ergeben sich faszinierende Folgerungen, sei es für Superstringtheorie, Raumfahrt, Schwarze Löcher oder für den Traum von einer großen vereinheitlichten Feldtheorie.
João Magueijos Theorie, für die er empirische Beweise vorlegt, hat das Potenzial, unseren Blick auf die Welt und das Universum grundlegend zu verändern und sich als so bahnbrechend zu erweisen, wie es Einsteins Relativitätstheorie zu Beginn des 20. Jahrhunderts gewesen ist.

»Roll over, Einstein... Das Buch ist ein rasanter Report über Magueijos offene Ketzerei... unbekümmert und pietätlos.«
New York Times

»Ebenso forsch wie brillant... fesselnd, erstaunlich offen in seiner Beschreibung des Wissenschaftsbetriebs... und äußerst bezwingend in seinem Streben nach Erkenntnis und Wahrheit.«
Booklist

C. Bertelsmann

Martin Rees

Unsere letzte Stunde

Warum die moderne Naturwissenschaft das Überleben der Menschheit bedroht

224 Seiten

Prophetie oder Schwarzseherei? Sir Martin Rees, international renommierter Astrophysiker, formuliert eine bestürzende These: Die Chancen, dass die Menschheit das 21. Jahrhundert überleben wird, stehen gerade fünfzig zu fünfzig. Denn die Bedrohungen, denen sich die Menschheit heute gegenübersieht, haben eine neue Dimension erreicht. Nuklearenergie, Biotech, Cyberspace und Nanotechnologie, die bislang für die avanciertesten Segnungen des Fortschritts zu stehen schienen, halten gleichzeitig eine Unzahl an Gefahren bereit, die in letzter Konsequenz unser Ende auf diesem Planeten bedeuten könnten. Die Katastrophenszenarien, die Rees entwickelt, sind zugleich kritische Betrachtung der Wissenschaft, politische Analyse und sachkundige Darstellung der aktuellen Forschung.

Unsere letzte Stunde ist eines der provokantesten und aufregendsten Bücher, das ich seit vielen Jahren gelesen habe. Seine Prophezeiungen unseres bevorstehenden Untergangs sind viel bedrohlicher als sogar die apokalyptischen Visionen der Sciencefiction. *Daily Telegraph*

Lesenswert wegen seiner nüchternen Beurteilung der Zukunft des Menschen. *The Independent*

Ernst Mayr

Das ist Evolution

Mit einem Vorwort von Jared Diamond

384 Seiten

Ernst Mayr, der »bedeutendste lebende Evolutionsbiologe« (Stephen Jay Gould) und Nestor des Darwinismus, legt mit seinem neuen Buch die Summe seines Lebenswerkes vor, das der Synthese der Evolutionslehre Darwins mit den neuesten Erkenntnissen der Genetik, Paläontologie und Ökologie gewidmet ist, und gewährt einen faszinierenden Blick auf jene Wissenschaft, die wie keine andere das Verständnis der Menschheit von sich selbst bestimmt.

Der Darwin des 20. Jahrhunderts. *New York Times*

Der Leser erhält von diesem Riesen im Feld der Evolutionsbiologie eine prächtige Basisdarstellung über das sich entwickelnde Verständnis der Evolution von der Antike bis zur Gegenwart.
Scientific American

Niemand kann die Evolution so gut erklären wie Ernst Mayr.
Publishers Weekly

Wir können uns glücklich schätzen, dass Ernst Mayr, der ein Leben lang für Fachkollegen geschrieben hat, seine beispiellosen Erfahrungen hier für die Öffentlichkeit zusammenfasst. [...] Ein besseres Buch über Evolution gibt es nicht. *Jared Diamond*

Ken Alder

Das Maß der Welt

Die Suche nach dem Urmeter

544 Seiten

Im Jahr 1792 machten sich die französischen Astronomen Delambre und Méchain auf, die Welt zu vermessen. Ihr Ziel: die exakte Berechnung des Meters und damit die Etablierung des metrischen Systems als einer globalen Maßeinheit, eines Systems, das »allen Menschen aller Zeiten« gehören sollte. Ken Alder erzählt die abenteuerliche Geschichte einer revolutionären Idee in revolutionären Zeiten – und die Geschichte eines verhängnisvollen Fehlers. Denn der Berechnung des Meters liegt, wie wir heute wissen, ein Irrtum zugrunde. Mit der Akribie des Wissenschaftlers recherchiert, mit der Eloquenz des Romanautors geschrieben – ein spannendes und unterhaltsames Leseabenteuer aus dem Bereich der Wissenschaftsgeschichte.

Wirklich exzellent... Ein wundervolles und unendlich faszinierendes Werk. *Simon Winchester, Autor von »Der Mann, der die Wörter liebte«*

Ken Alder erweist sich als eine höchst seltene Spezies: als Gelehrter, dessen moralischer Kompass so exakt kalibriert ist wie sein (tatsächlich wunderbar scharfsinniger) Verstand. Wie misst sich dieses Buch über das Messen mit anderen auf diesem Gebiet? Die Antwort ist klar: Es steht über allen anderen. *Allen Kurzweil, Autor von »Die Leidenschaften eines Bibliothekars«*

Ken Alder hat seinen Stoff in eine der mitreißendsten Erzählungen gegossen, von der die Wissenschaftsgeschichte zu berichten weiß... Seine Schilderung dieses außergewöhnlichen Unternehmens weist alle Merkmale eines historischen Abenteuerromans auf – als wäre »Längengrad« mit »Eine Geschichte aus zwei Städten« vermischt worden, gewürzt noch mit einer Prise »Don Quijote«. *Richard Hamblyn, The Sunday Times*

C. Bertelsmann